현대의 천문학 시리즈 | 05

Modern Astronomy Series

은하 II

- 은하계 -

소후에 요시아키祖父江義明 · 아리모토 노부오有本信雄 · 이에 마사노리家正則 엮음
노덕규 옮김

지성사

화보 1 은하수(미리내)(본문 19쪽, ⓒSerge Brunier)

화보 2 (위에서부터 차례로)

- 408 MHz(파장 73 cm) 연속파의 전천 이미지(본문 50쪽, Max Planck Institute 제공)
- 전파 방출선(파장 21 cm)의 전천 이미지(본문 53쪽, NASA 제공)
- 41 GHz(파장 1 cm) 연속파의 전천 이미지(본문 51쪽, NASA 제공)
- 원적외선(파장 60 μm)의 전천 이미지(본문 55쪽, NASA 제공)

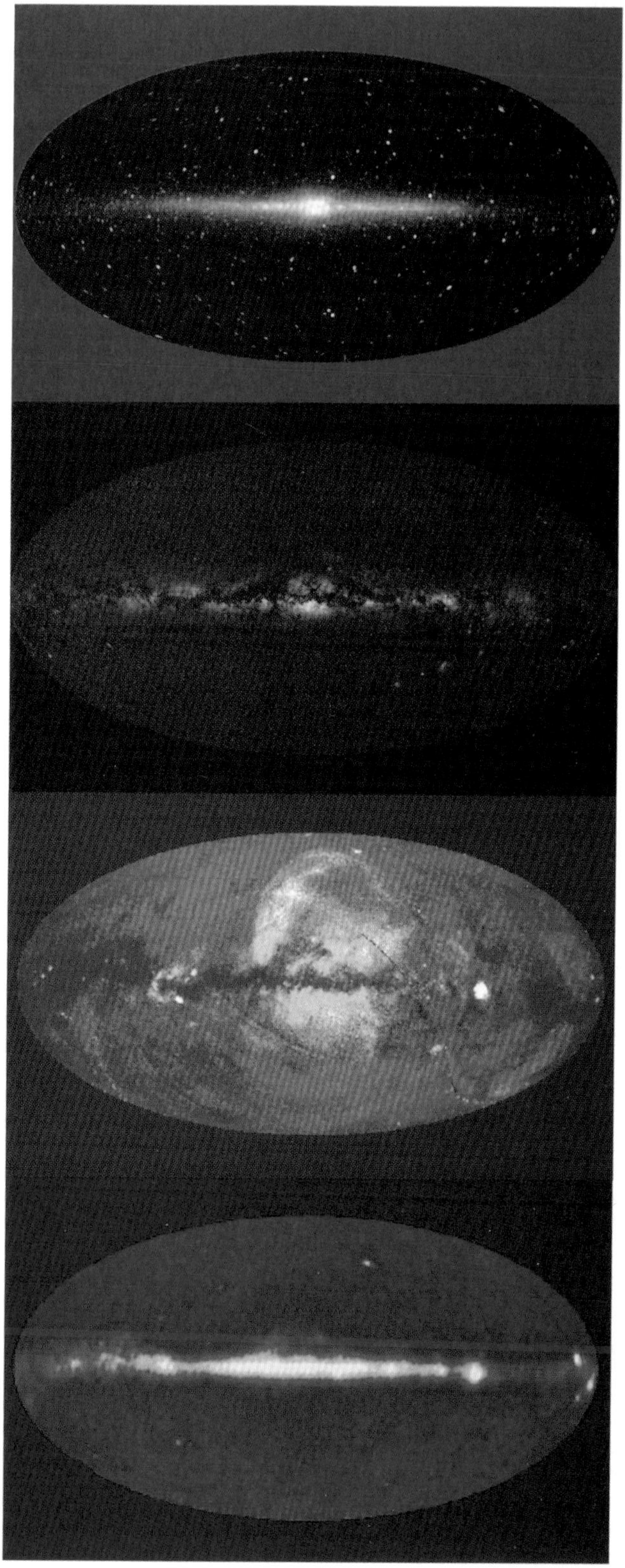

- 적외선의 전천 이미지(본문 56쪽, NASA 제공)
- 가시광의 전천 이미지(본문 57쪽, Axel Mellinger's 제공)
- X선의 전천 이미지(본문 60쪽, Max Planck Institute 제공)
- 감마선의 전천 이미지(본문 61쪽, NASA 제공)

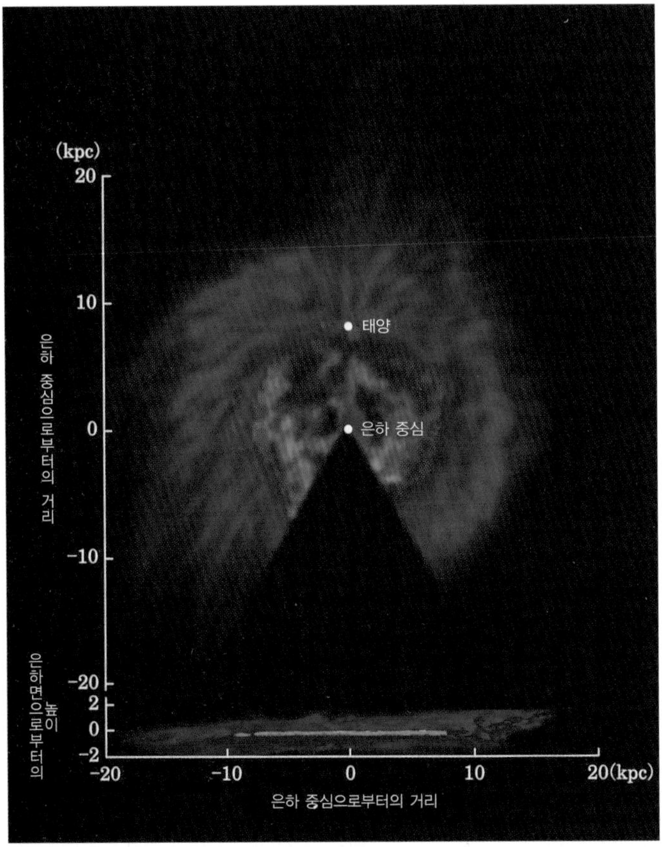

화보 3 (왼쪽 위)
위: 은하좌표계의 북극에서 본 은하계의 성간 가스 분포. 붉은색은 중성수소(HI) 가스, 녹색은 수소분자(H_2) 가스(본문 112쪽)
아래: 은하계의 성간 가스 분포를 은하면에 수직으로 자른 단면도(본문 114쪽)

화보 4 (왼쪽 아래)
은하중심부(은경방향으로 6° 너비)의 10 GHz 연속파의 분포. 한가운데가 궁수자리 A. 노베야마 우주전파관측소 45 m 망원경으로 관측(본문 137쪽)

화보 5 (오른쪽 위)
다섯쌍둥이 성단(왼쪽)과 아치 성단(오른쪽). 허블 우주망원경의 근적외선 카메라로 촬영(본문 153쪽, hubblesite.org 제공)

화보 6 (오른쪽 아래)
105 cm 슈미트 망원경으로 촬영한 안드로메다 대성운 M 31. 왼쪽에는 콤팩트한 타원은하 M 32가, 오른쪽 아래에는 왜소 타원은하 NGC 205가 보인다. NGC 205에는 구상성단이 있지만, M 32에는 구상성단이 전혀 없다(본문 242쪽, 동경대학 이학부 기소관측소 제공)

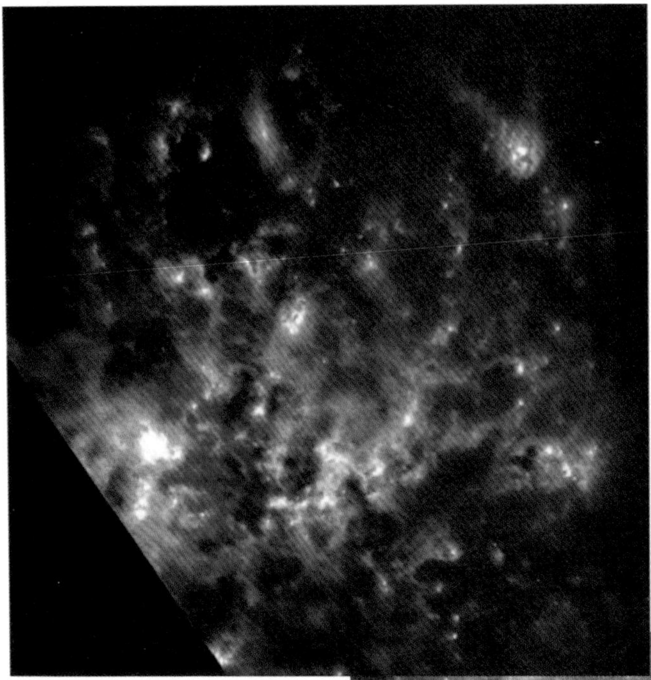

화보 7 (위)
'아카리'에 의한 대마젤란운의 원적외선 이미지. 60 μm, 80 μm, 140 μm의 이미지로부터 유사 컬러 합성을 하였다(본문 317쪽, JAXA 제공)

화보 8 (오른쪽)
소용돌이은하 M 51의 가시광 이미지. 허블 우주망원경 촬영(본문 398쪽, NASA 제공)

시리즈를 발간하며

천문학은 최근 들어 놀라운 추세로 발전하면서 많은 사람들의 관심을 모으고 있다. 이것은 관측기술이 발전함으로써 인류가 볼 수 있는 우주가 크게 넓어졌기 때문이다. 우주의 끝으로 나아가려는 인류의 노력은 마침내 129억 광년 너머의 은하에 이르게 됐다. 이 은하는 빅뱅으로부터 불과 8억 년 후의 모습을 보여준다. 2006년 8월에 명왕성을 행성과는 다른 천체로 분류하는 '행성의 정의'가 국제천문연맹에서 채택된 것도 태양계 외연부의 모습이 점차 뚜렷해졌기 때문이다.

이러한 시기에 일본천문학회의 창립 100주년기념출판 사업으로 천문학의 모든 분야를 망라하는 ≪현대의 천문학 시리즈≫를 간행할 수 있게 되어 큰 영광이다.

이 시리즈에서는 최전선의 연구자들이 천문학의 기초를 설명하면서 본인의 경험을 포함한 최신 연구성과를 보여줄 것이다. 가능한 한 천문학이나 우주에 관심이 있는 고등학생들이 이해할 수 있도록 쉬운 문장으로 설명하기 위해 신경을 썼다. 특히 시리즈의 도입부인 제1권에서는 천문학을 우주-지구-인간의 관점에서 살펴보면서 세계의 성립과 세계 속에서의 인류의 위치를 명확하게 밝히고자 했다. 본론인 제2권~제17권에서는 우주에서 태양까지 여러 분야에 걸친 천문학의 연구대상, 연구에 필요한 기초

지식, 천체현상의 시뮬레이션 기초와 응용, 그리고 여러 파장의 관측기술을 설명하고 있다.

이 시리즈는 '천문학 교과서를 만들고 싶다'는 취지에서 추진되었으며, 일본천문학회에 기부해준 한 독지가의 성의로 가능할 수 있었다. 그 마음에 깊이 감사드리며, 많은 분들이 이 시리즈를 통해 천문학의 생생한 '현재'를 접하고 우주를 향한 꿈을 키워나가길 기원한다.

편집위원장 오카무라 사다노리岡村定矩

머리말

우리가 살고 있는 은하수, 즉 은하계에 대한 연구는 우주의 구석구석까지 존재하는 은하를 이해하기 위한 기초이다. 은하계는 매우 가까이 있기 때문에 예외적으로 정밀한 연구가 진행되고 있는 소용돌이은하이다. 별과 성단을 개별적으로 식별할 수 있고, 성간운의 내부까지 구조와 역학 그리고 물리적 성질을 파악하고, 은하의 구조와 관련하여 상세하게 연구할 수 있다. 거대한 블랙홀인 은하 중심 주변에서는 흔치 않은 활동과 현상이 전개되며, 밀집된 성간물질과 항성계 물리는 연구자의 끊임없는 관심 대상이다.

이 책은 세 부분으로 구성되어 있다. 제I부에서는 은하계가 소용돌이은하로 인식되기까지의 긴 여정을 근대 천문학사와 관련지어 이야기하고, 은하계의 개요에 대하여 기술한다. 다음으로 은하계의 구조와 동역학, 소용돌이은하로서의 보편성과 특이성을 기술한다. 관찰자가 안쪽에 살고 있는 까닭으로 구조 파악이 어려운 점과 그것을 극복하는 좋은 방법에 대해서도 설명한다. 그러한 고생 끝에 얻은 3차원 구조는 외부 은하계의 구조를 논하기 위한 기초가 된다. 또한 중심 영역에 대해 상세하게 설명하며, 거대한 블랙홀 등 은하 중심에서 일어나고 있는 각종 특이 현상에 대해 고찰한다. 그리고 이러한 구조를 가진 은하계가 어떻게 형성되고 진화해 왔는지를 은하 진화론의 입장에서 살펴본다.

은하계는 격리된 은하가 아니다. 그것을 둘러싼 환경은 진화에 큰 영향을 주며 은하계 또한 주변 환경을 변화시킨다. 제II부에서는 은하계가 속한 국부은하군과 그것을 구성하는 안드로메다은하 등의 거대한 은하, 그리고 은하계 형성의 열쇠를 쥐고 있는 수많은 왜소은하에 대해 깊이 고찰한다. 은하계와 그 위성은하인 대소 마젤란성운의 중력 상호작용에 대해 자세하게 해설하고, 상호작용하는 시스템으로서 은하계를 포함하는 국부은하군이 걸어갈 역학적인 운명에 대해서도 다룬다.

제III부에서는 은하계와 은하를 연구하고 이해하는 데 필요한 기본적인 물리 법칙과 기초 방정식 및 그 해법에 대해 설명하며 은하계의 구조를 표현하고 이해하기 위해 도입된 다양한 역학 모델을 소개한다. 또한 중력 다체계의 동역학에 대해 은하계를 해석적으로 또 수치적으로 처리하는 방법을 논한다. 은하계의 특질인 소용돌이 팔이 생겨나는 원인이나 역학적 성질에 대해 소용돌이 구조 이론, 특히 밀도파 이론을 바탕으로 자세하게 해설한다.

≪현대의 천문학 시리즈≫에서는 전체를 통해 우주론과 우주의 대규모 구조 등 규모가 크고 거리가 먼 천체로부터 가까운 천체로 확대해 나가는 구성으로 되어 있다. 제4권과 제5권에서는 은하를 다룬다. 제4권은 『은하 I-은하와 은하단』으로 외부 은하계와 은하단, 그리고 우주론적인 거리에 있는 먼 은하에 대해 해설한다. 그리고 제5권 『은하 II-은하계』에서는 가까운 거리에 있는 대표적인 소용돌이은하인 우리 은하계를 다룬다.

소후에 요시아키祖父江義明

차례

제3장 은하계의 중심

제4장 은하계의 형성과 진화

제 Ⅱ 부 국부은하군과 구성 은하

제5장 국부은하군과 구성 은하

제6장 왜소은하

제7장 마젤란성운

제 Ⅲ부 은하계와 은하의 동역학

제8장 중력 퍼텐셜 이론과 항성계 역학

제9장 소용돌이 구조론

제1장
은하계 훑어보기

태양계는 커다란 별 무리에 속해 있으며, 지구에서 보면 은하수로 보인다. 이 천체를 은하계 또는 우리은하라고 한다. 이 장에서 인류가 이 천체를 인식한 역사적 경위와 현대 천문학에서 알아낸 지식을 살펴보겠다.

1.1 은하계와 은하의 발견

북반구에서 여름부터 가을 즈음에 도시에서 멀리 떨어진 장소를 찾아 달이 없는 맑은 밤하늘을 쳐다볼 때, 눈이 점차 어두움에 익숙해지면, 하늘을 가로지르는 뿌옇게 엷은 구름과 같은 띠를 볼 수 있다. 더욱 웅장한 모습을 보려면 남반구의 남위 30° 부근을 찾아 간다. 이때 한밤중에 그 띠에서 가장 두텁고 밝은 부분이 바로 머리 위에 펼쳐지므로 하늘을 가로지르는 큰 원의 흐름인 '은하수'를 실감할 수 있을 것이다(그림 1.1). 현대에 살고 있는 우리는 이 은하수가 지름이 10만 광년이나 되는 원반의 형태로 1,000억 개나 2,000억 개의 별이 큰 덩어리로 뭉쳐진 '은하계'의 모습이라는 것을 알고 있다.

그렇지만 사실 20세기 후반이 되어서야 겨우 이 은하수의 전체 모습이 은하계라는 것을 확실하게 알게 되었다. 지금부터 그 역사를 차례차례 더 들어 보기로 하자. 더욱이 은하계를 '발견'하는 것이 화제의 중심이었던 20세기 전반에는 시대적 배경이 그러했던 것처럼 서양 연구자의 연구 성과가 중심이었지만, 일본이 발전함에 따라 여러 우수 연구 장비를 개발하여 요즈음에는 일본 연구자가 눈부시게 활약하는 분야로 바뀌었다.

1.1.1 별의 대집단인 은하계

근대 천문학의 관측수단을 이용하여 은하수의 정체를 처음으로 알아내고자 시도한 사람은 이탈리아의 과학자인 갈릴레이G. Galilei였다. 1610년의

그림 1.1 남아프리카에서 본 은하수의 모습(http://www.nao.ac.jp/Gallery/Conste/mwcenter.jpg, 촬영: 후쿠시마 히데오福島英雄).

저서 『별 세계의 보고』에서 갈릴레이는 손수 제작한 망원경으로 구름처럼 보이는 은하수를 관측한 결과 그곳에서 수많은 별들이 관찰되었다고 기록하고 있다. 구름처럼 보이던 것은 기원전 5세기의 그리스 철학자 데모크리투스Democritus의 추론대로 작은 별들의 집합이었다.

이렇게 하여 지금부터 4세기 전에 인류는 처음으로 은하수의 정체에 대해 실마리를 얻었다. 17세기에서 18세기까지는 관측에 바탕을 둔 은하수에 대한 이해가 크게 발전하지는 않았다. 그러나 사람들의 사고까지 멈춰 있었던 것은 아니었다. 영국의 라이트T. Wright가 쓴 『우주의 구조』의 내용에 영향을 받아 프러시아(독일)의 철학자 칸트I. Kant는 1755년에 독자적인 사고를 발전시켰다. 그리하여 은하수는 태양계와 유사하게 어떤 중심의 주위를 회전하는 원반 형태로 분포하는 별 무리가 아닐까 하고 생각하게 되었다. 더욱이 이미 성운이라고 알려진 희미하고 작은 천체가 은하수 바깥에 있는 같은 종류의 천체라는 생각에 도달하여, 이를 '섬 우주'라고 불렀다.

이러한 생각은 요즈음 우리가 가진 추상적인 개념과 지극히 가깝다. 그러나 이 설을 게재한 책이 출판사의 도산으로 압류되었기 때문에 세상에 별로 나돌지 않아서 칸트의 섬 우주설은 사람들에게 널리 알려지지 않았다. 그의 생각은 1925년 허블E.P. Hubble이 명쾌하게 실증하기까지는 170년의 세월이 더 필요했다.

갈릴레이 이후에 은하수를 근대 과학의 방법으로 탐사한 사람은 18세기 후반에 독일에서 영국으로 이주한 허셜W. Herschel이다. 허셜은 태양계의 7번째 행성인 천왕성을 발견(1781년)한 공적으로 영국 왕에게 천문학 연구에 전념할 수 있는 지위를 부여받았다. 그는 주로 구경 47 cm, 초점거리 6 m의 손수 제작한 반사망원경(그림 1.2)을 사용하여, 은하수의 683지역에서 시야 안에 보이는 별의 개수를 헤아린 결과, 1785년에 천구면 위의 단위면적당 별의 개수(별의 면밀도) 분포를 밝혔다. 갈릴레이의 관찰 이후로 170년 이상의 세월이 흘렀다.

그는 은하수의 진짜 구조를 알기 위해서는 개개의 별까지의 거리를 알 필요가 있다는 것을 이해하고 있었지만, 당시에는 불가능한 일이었다. 이때 모든 별의 밝기는 같고, 균등하게 유한한 영역 안에 분포하며, 분포 영역

그림 1.2 허셜이 은하계 탐사에 주로 사용하였던 구경 47 cm, 초점거리 6 m인 반사망원경.

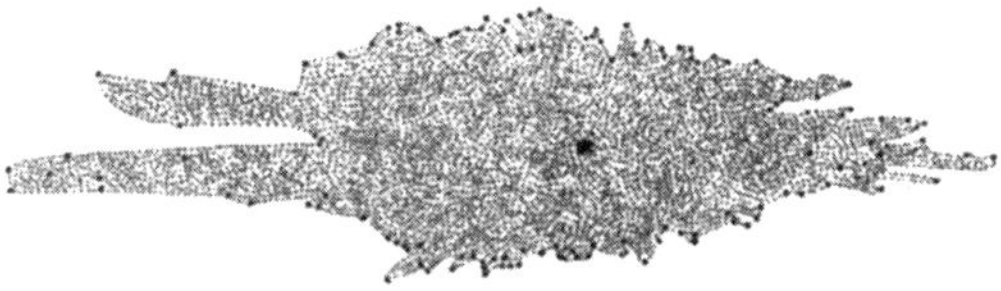

그림 1.3 허셜이 그린 은하계의 모습(Herschel 1785, *Philosophical Transaction of the Royal Society of London*, 75, 213[1]). 중앙에서 약간 오른 쪽의 큰 별표가 태양이다.

의 끝까지 망원경으로 꿰뚫어 본다고 가정하였다. 당시에는 성간물질에 의해 빛이 감쇠되는 정도를 잘 알지 못했기 때문에, 단순화하기 위하여 무시할 수 있는 것으로 보았다.

이에 따라 시야 안에 들어오는 별의 개수(면밀도)가 많은 곳은 별의 분포가 멀리까지 펼쳐져 있고, 적은 곳은 가까운 곳에서 끝나는 셈이 된다. 면밀도는 분포 영역이 끝나는 곳까지의 거리의 세제곱에 비례한다(유사한 입체에서 체적비는 변 비율의 세제곱이 된다). 역으로 면밀도의 세제곱근은 끝까지의 거리에 비례한다. 이 방법으로 얻은 은하수 안의 별은 볼록 렌즈와

1 이 책에 사용한 그림과 표는 담당 집필자가 만들었다. 옮겨 실은 그림과 표는 출처를 명기하였다.

같은 모양으로 분포한다. 태양에서 큰개자리 시리우스까지의 거리를 기준으로 잡으면, 지름이 약 1,000배, 중앙의 두께가 약 250배였다. 태양계는 거의 중심에 위치하고 있다(그림 1.3).

1.1.2 통계 오차와 캅테인의 작은 은하계 모형

은하계의 구조를 밝히기 위하여 기본이 되는 각 별까지의 거리는 1838년에 베셀F.W. Bessel에 의해 백조자리 61번별의 연주시차를 검출하여 처음으로 측정되었다. 그러나 이 방법으로 측정할 수 있는 별의 개수는 그 뒤에도 오랫동안 아주 적은 수에 한정되었다.

그래서 별의 밝기와 개수로부터 거리를 추정하는 방법이 고안[2]되어, 은하계의 구조 연구에 적용되었다. 이 방법에서 가장 단순한 형태가 허셜의 방법이며, 독일의 폰 젤리거H. Von Zeeliger와 네덜란드의 캅테인J.C. Kapteyn에 의해 발전되었다.

폰 젤리거는 천구의 여러 장소에서 밝기가 1등급 증가함에 따라 개수가 얼마나 증가하는가를 조사했다. 그 결과 별의 수밀도가 태양에서 멀어질수록 겉보기에 작아지는 것과 밀도가 떨어지는 정도가 은하수로부터 벗어날수록 급한 것[3]을 정량적으로 보였다. 여기서 얻어낸 은하계의 구조는 결국 허셜의 결과와 거의 동일했다. 또한 그의 방법에서는 은하계의 형태는 알려주지만 구체적인 척도(크기)를 알려주지는 않았다.

캅테인은 19세기 말에 완성된 하늘 전체에 걸친 별의 등급과 위치 목록을 사용하여, 1901년 폰 젤리거의 방법에 별의 절대등급[4]의 분포 효과를

2 이 방법을 통계시차방법이라고 한다. 천문학에서는 천체까지의 거리를 시차라고 하는 습관이 있다.
3 그림 1.3에서 가로 방향 쪽보다 세로 방향 쪽이 밀도가 더 급격히 감소하는 것.
4 별을 10파섹(pc)의 거리에 두었다고 가정하였을 때, 겉보기 밝기등급. 별의 진짜 밝기를 나타내는 지표이며, 기호 M으로 표현한다. 거리 $r$pc의 절대등급 M인 별의 겉보기 밝기등급 m은 $m-M=5\log r-5$로 표현한다(제1권 2.4절 참조).

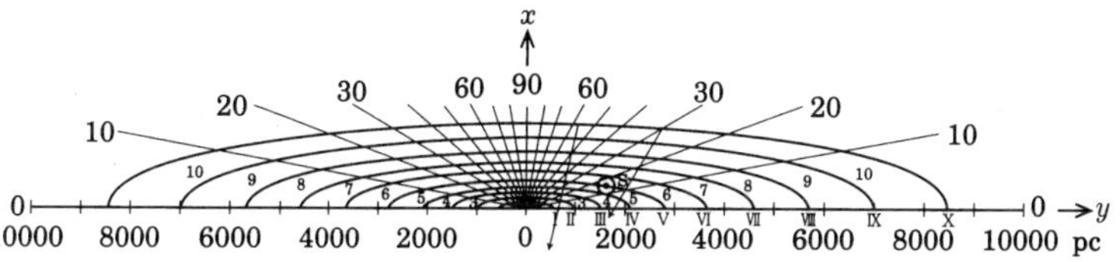

그림 1.4 별의 수밀도 분포를 회전타원체로 표현한 캅테인의 은하계 모형(Kapteyn 1922, *ApJ*, 55, 302). 그림에서는 회전축(x축)을 포함한 평면으로 잘라낸 단면의 등밀도선(타원형의 위쪽 절반)이 그려져 있다. 가장 바깥의 선이 중심부에 비해 100분의 1이 되는 장소를 나타낸다. 태양은 원점, 즉 은하계의 중심에 있다고 가정하였다.

넣어서 정밀한 은하계 모형을 발표했다. 캅테인은 절대등급에 대한 별의 빈도분포가 모든 지역에서 같다는 가정 아래 고유운동[5]을 사용하여 1등급의 차에 대응하는 별의 평균거리를 결정하고, 폰 젤리거의 모형에 척도를 추가했다.

그의 모형은 당대의 많은 연구자가 받아들였다. 1922년에 나온 그의 마무리 논문에서 은하계는 직경(장축)이 16 kpc[6]이고 축비가 5 : 1인 회전 타원체로 표현하였는데, 474억 개의 별로 가득 차 있었다. 또 바깥으로 갈수록 별의 수밀도가 낮아져, 중심부에 비해 장축 방향으로 800 pc 부근에서 약 절반, 8 kpc에서 약 100분의 1까지 낮아진다(그림 1.4). 캅테인도 허셜과 마찬가지로 성간물질에 의한 빛의 감쇠가 주는 영향에 주의를 기울였지만 그것을 잘 결정하지는 못하고, 최종적으로 성간 공간에는 빛의 흡수가 없다고 가정했다.

이 캅테인의 모형은 안타깝지만 몇 개의 결점이 있었다. 가장 바람직하지 못한 점은 여러 가지 고찰을 덧붙였음에도 허셜의 경우와 마찬가지로 태양이 은하계의 중심에 가깝게 위치한다는 것이었다. 지구가 태양계에서

5 시선 방향에 수직한 속도 성분에 의해 시간이 지남에 따라 천구면에서 천체의 위치가 빗나가는 양. 각도/년의 단위로 표현한다.
6 1 pc (파섹) = 3.08×10^{18} cm = 3.26 광년. 1 kpc = 1,000 pc

특별했던 지위에서 물러난 것과 같이 태양계도 은하계에서 특별한 지위를 차지해서는 안 된다고 생각하면, 이러한 태양계의 위치 설정은 캅테인 자신도 받아들이기 힘든 것이었다. 각 별의 거리를 직접 결정할 수 없다는 점과 성간물질에 의한 소광량을 측정할 수 없었다는 점이 은하계의 구조 연구에서 본질적인 어려움으로 가로막고 있었던 것이다.

1.1.3 새로운 거리 결정 방법, 분광 시차와 주기-광도 관계

19세기에 들어서 급속하게 발달한 물리학과 분광학의 수단이 천문학 연구에 도입되어 별의 스펙트럼 형태에서 절대등급을 정하는 새로운 거리 결정 방법인 분광시차법이 개발되었다. 이 계기를 만든 것은 19세기 말에서 20세기 초에 걸쳐 미국의 하버드 천문대장인 피커링E.C. Pickering의 지휘 아래 전천에서 9등급 이상 밝은 22만 개의 별 스펙트럼을 모은 헨리 드리퍼 목록의 편집이라는 대사업이었다.

이 목록은 처음에는 수소원자 스펙트럼선이 강하게 보이는 순서로 A, B, C, … 형이라 분류하였지만, 나중에 해석 팀의 두 번째 지도자가 된 캐논A.J. Cannon이 A, B, C의 순서를 O-B-A-F-G-K-M, -R-N, -S로 바꿔 배열하여 스펙트럼의 하버드 분류가 확립되었다. 나중에 이것이 별의 표면온도가 높은 쪽에서 낮은 쪽으로 옮겨 가는 계열을 나타낸다는 것이 밝혀졌다.

또한 같은 팀의 모리A.C. Maury는 같은 스펙트럼형인 별의 스펙트럼선에서 폭이 다른 것이 있음을 깨달았다. 덴마크의 헤르츠스프룽E. Hertzsprung은 1905년 모리가 찾아낸 스펙트럼 선폭의 차이는 별의 미래 밝기와 관계가 있음을 깨달았다. 그는 표면온도가 동등한 경우에는 밝은 별일수록 표면적, 즉 직경이 크지 않으면 안 된다고 하는 결론에 이르러, 거성이 존재함을 밝혔다. 연이어 1911년에는 플레이아데스 성단과 히아데스 성단의

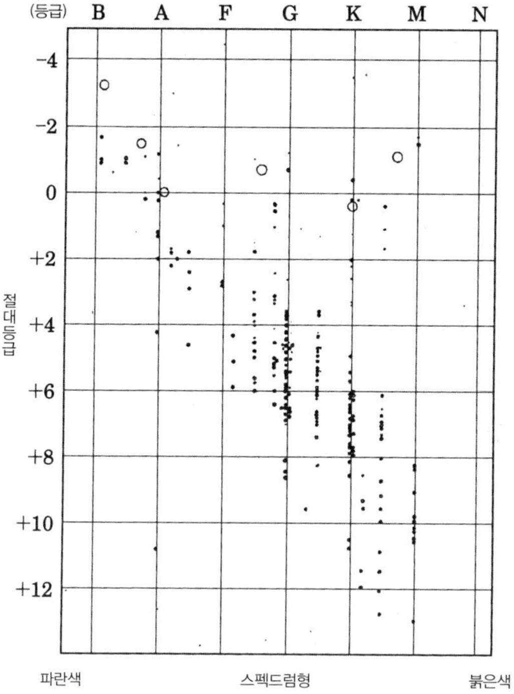

그림 1.5 러셀이 처음으로 출판한 스펙트럼형-절대등급 그림(Russell 1914, *Popular Astronomy*, 22, 275). 붉은 K, M형 별은 절대등급 +9등급 전후와 0등급 전후의 두 유형이 존재함을 알 수 있다.

별에 대하여 가로축을 색, 세로축을 겉보기등급으로 설정한 그림을 발표했다.

한편 미국 프린스턴 대학의 러셀H.N. Russell은 1913년에 별의 크기에 대해 헤르츠스프룽과는 독립적으로 같은 결론에 이르렀고, 현재의 헤르츠스프룽-러셀(Hertsspurung-Russell, HR)도의 원형이 되는 스펙트럼형-절대등급의 그림을 발표했다(그림 1.5). 이렇게 HR도가 완성되어 어떤 별의 상세한 스펙트럼형을 알 수 있다면 그 별의 절대등급을 추정할 수 있으며, 따라서 겉보기등급과의 차이에서 그 별까지의 거리를 추정할 수 있게 되었다(분광시차법).

또 거의 같은 시기에 하버드천문대의 레빗H.S. Leavitt은 다른 방법으로 어느 특정 스펙트럼형을 보이는 별의 절대등급을 정하는 방법을 연구하고 있었다. 그녀는 1908년 마젤란성운에서 그 스펙트럼형의 별은 변광주기가 길수록 광도가 큰 것을 발견했고, 4년 뒤에는 주기의 대수(log)와 등급이 선형 관계에 있다고 하는 주기-광도 관계를 확립했다.

1914년 헤르츠스프룽은 레빗이 발견한 마젤란성운의 변광성이 은하계의 세페우스형(δ Cep형) 변광성[7](세페이드, Cepheid)과 동일한 광도 곡선을 보이는 것을 깨달았다. 그리하여 근방의 세페이드로 주기와 광도의 관계를 정하고, 그것을 적용하여 마젤란성운까지의 거리를 정할 수 있었다. 안타깝게도 연주시차로부터 거리를 결정할 수 있는 근방의 세페이드가 없었지만 고유운동으로부터 통계적으로 절대광도를 정할 수 있었다. 이러한 새로운 거리결정 방법을 사용함으로써 다음에 설명할 새로운 은하계 모델을 만드는 길이 열리게 되었다.

1.1.4 주기-광도 관계와 섀플리의 큰 은하계 모형

미국의 젊은 천문학자인 섀플리H. Shapley는 1916년 구상성단의 분포가 은하면(1.2.1절 참조)의 궁수자리 방향으로 치우쳐 있으며, 또한 은하면의 남쪽과 북쪽에 대해 대칭적이라고 발표했다. 이는 구상성단의 독특한 특성으로서 다른 종류의 천체에서는 발견되지 않는 것이었다.

또한 그는 같은 해에 레빗이 발견한 주기-광도 관계를 이용하여 구상성단 M 13 속의 세페이드의 거리결정에 성공하고, 그 거리가 30 kpc이라고 하였다. 이 값은 M 13이 캅테인의 은하계에서 멀리 바깥에 존재한다는 것을 보여주었다.

7 세페우스자리 델타별(δ Cep)을 대표로 하는 변광성의 종류.

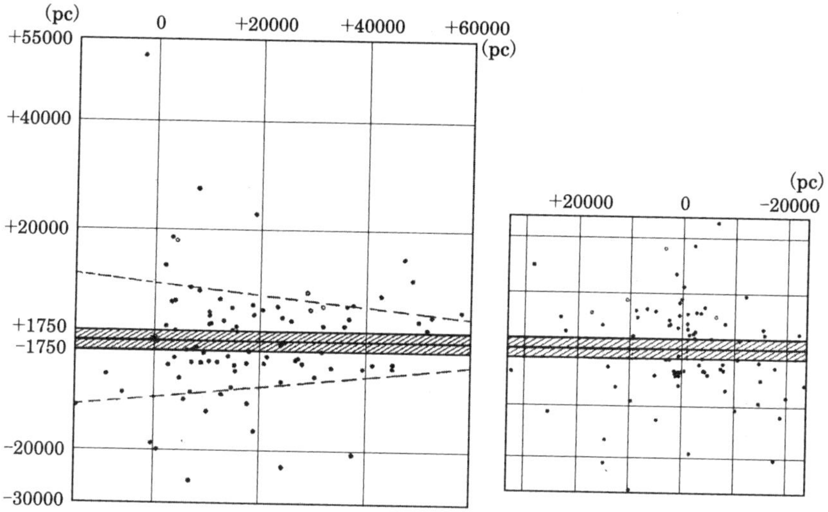

그림 1.6 섀플리가 얻은 86개의 구상성단의 공간분포(Shapley 1919, *ApJ*, 50, 107). 은하면을 옆에서(태양계와 구상성단의 분포중심을 잇는 선이 종이 위로 올라타는 방향에서) 본 분포(왼쪽). 태양은 원점에 있다. 태양계에서 은하중심의 방향(궁수자리의 방향)을 향해 바라본 분포(오른쪽). 빗금을 칠한 부분이 은하계의 원반부이다.

섀플리는 처음에 구상성단을 은하계 바깥의 엄청 먼 곳에 있는 은하계와 같은 크기의 천체라고 생각했다. 그러나 은하계와 아무 관련이 없는 천체라고 하면, 왜 공간분포에 치우침이 보이는가 하는 의문이 남는다. 또한 만일 관련이 있는 천체라고 하면, 이번에는 태양이 은하계의 구석에 존재하는 것이 되고, 은하계의 크기도 그만큼 크다고 해야 한다. 그렇다면 태양계의 위치와 은하계의 크기 모두 캅테인의 모델과 들어맞지 않는다는 문제가 생긴다.

추가적인 연구를 진행하여 보다 상세한 구상성단의 분포를 손에 넣은 섀플리는 1919년 드디어 구상성단은 은하계와 물리적으로 맺어진 천체라고 결론지었다. 그는 은하계가 그때까지 받아들였던 캅테인의 모형보다 약 10배나 큰 지름 100 kpc으로 펼쳐져 있다는 은하계 모형을 제안하고,

태양은 중심에서 20 kpc(현재의 값은 8 kpc)인 장소에 있다고 했다. 물론, 그의 주장을 모든 사람이 쉽게 받아들이지는 않았다. 소용돌이 성운이 은하계와 같은 종류의 천체라면, 이들은 믿을 수 없을 만큼 멀리 있는 천체가 된다는 이유로 일부 천문학자가 반대하여 나중에 논쟁이 시작되었다.

1.1.5 소용돌이 성운의 정체와 은하계의 크기

여기서 은하계와 깊은 관계이고 은하계와 마찬가지로 1920년대에 들어와서도 일치된 견해를 얻지 못해 수수께끼 같은 존재였던 소용돌이 성운에 대하여 언급하고자 한다.

18세기 무렵 망원경의 발달과 함께 천구상에 조그맣게 아물거리는 빛의 얼룩처럼 보이는 천체가 여러 개 알려지게 되었다. 이들을 성운이라 불렀고, 프랑스의 메시에C. Messier가 만든 초기의 목록(1771년, 1781년)은 아주 유명하다.[8] 허셜도 이 정체불명의 천체에 흥미를 가졌으며, 그중 몇 개의 천체는 그의 40인치(1 m) 망원경으로 성단으로 분해되었다는 점을 들어, 모든 성운은 원거리의 항성계로서 그중에는 은하계 바깥의 천체도 있을 것이라는 추론을 저술했다.

1845년에는 영국의 윌리엄 파슨스 백작W. Parsons[9]이 지름 72인치(1.8 m)짜리 반사망원경을 만들어 몇몇 성운에서 소용돌이 구조를 처음으로 육안으로 확인했다. 더욱 1863년에는 윌리엄 허셜의 아들인 존 허셜J. Herschel이 일반 목록(GC)을 출판했다. 이후 드레이어J.L.E. Dreyer가 1888년에 신일반 목록(NGC)을, 그리고 1895년에 목차목록(IC)을 출판하여, 모두 합하여 1만 3,000개 정도의 성운과 성단을 수록한 목록이 편집되었다.

8 이는 메시에 목록이라 불리며, 100여 개의 성운 모양의 천체가 포함되어 있다. 이 천체들은 목록에 기재된 순서를 나타내는 숫자 앞에 M을 붙여서 M31 등으로 부른다.
9 보통 로스 백작이라는 이름으로 알려져 있다.

로웰천문대의 슬라이퍼V.M. Slipher는 이 옅은 소용돌이 성운의 분광관측이라는 어려운 과제에 도전했다. 그 결과 1912년에 예상 밖으로 큰 시선속도와 적색편이[10]를 발견하여 소용돌이 성운이 은하계 바깥의 천체라고 할 수밖에 없는 증거를 얻었다. 1914년에는 소용돌이 성운이 고속으로 회전하고 있음을 발견했다.

1917년 윌슨산천문대의 리치G.W. Ritchey는 소용돌이 성운 NGC 6946을 촬영한 사진에서 겉보기등급으로 15등급의 신성을 우연하게 찾아내어 소용돌이 성운의 거리를 결정하는 계기를 만들었다. 커티스H.D. Curtis는 소용돌이 성운 속의 신성의 평균 밝기가 은하계 내 신성의 약 1만 분의 1이라는 것을 알아내어, 이들이 평균적으로 약 100배 멀리 있는 천체라는 것을 깨달았다. 그는 그 밖에도 소용돌이 성운 내부의 고유운동을 측정하려고 시도하였으나 전혀 검출할 수 없어 소용돌이 성운은 아주 멀리 있는 천체라고 결론지었다. 한편 그는 은하계의 크기에 대하여 그 연구 방법상 절차의 정당성을 이유로 캅테인 모형을 지지했다.

리치의 의뢰로 시간차를 두고 촬영한 사진을 비교하여 소용돌이 성운 내의 고유운동을 측정한 반 마넨A. van Maanen은 1916년에 커티스와 달리 소용돌이 성운의 회전을 검출하였다고 주장했다. 다만, 그 고유운동의 크기와 커티스가 결정한 소용돌이 성운까지의 거리를 사용하면, 그 회전속도가 있을 수 없을 정도로 큰 값이 되어 버린다는 문제가 생겼다. 반 마넨의 결과가 옳다면 소용돌이 성운은 은하계 안의 가까운 천체가 된다는 것이다. 또 반 마넨이 발견한 회전은 슬라이퍼의 결과와 방향이 거꾸로였다. 당시 '큰 은하계' 모형을 제창하던 섀플리는 소용돌이 성운에 대하여 반 마넨의 결과를 받아들여 은하계 내의 천체라는 견해를 가졌다.

10 분광관측으로 얻는 스펙트럼에서 스펙트럼선이 파장이 긴 쪽(적색)으로 빗나가는 것을 적색편이라고 한다. 빗나간 양으로 시선 방향의 속도를 알 수 있다.

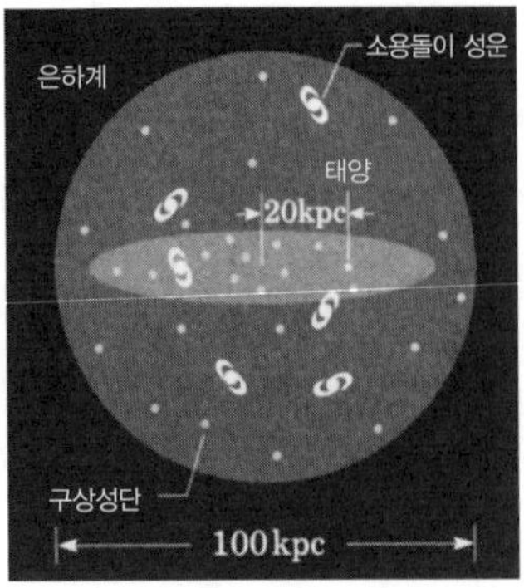

섀플리의 우주 모습

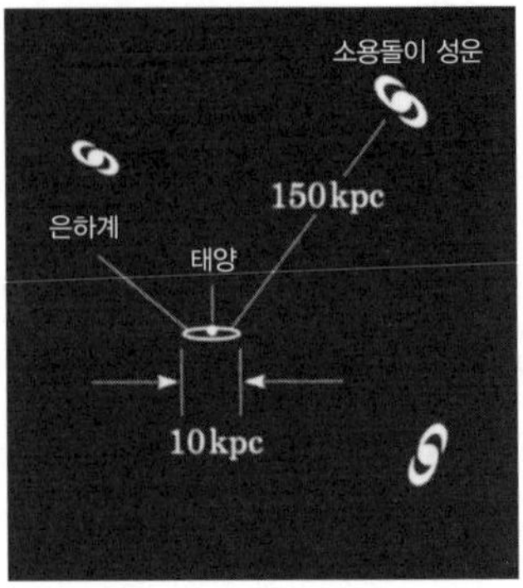

커티스의 우주 모습

그림 1.7 섀플리와 커티스가 각각 주장한 은하계의 모습.

이처럼 1910년대가 끝나갈 무렵에는 커티스가 제창하는 캅테인의 작은 은하계와 멀리 있는 소용돌이 성운, 그리고 섀플리의 큰 은하계와 가까이 있는 소용돌이 성운이라고 하는 두 이론이 제시되었다(그림 1.7). 즉, 은하계의 크기와 소용돌이 성운의 거리에 관하여 통일된 견해를 구하기에는 꽤 곤란한 상황이었다.[11]

이 두 이론의 우열을 결정하는 돌파구를 연 것은 영국의 우수한 이론가 진스J.H. Jeans였다. 그는 1923년 반 마넨의 결과를 설명하기 위해서는 중력법칙을 변경해야 하는 심각한 문제가 발생한다는 것을 밝혀, 소용돌이 성운이 은하계 내의 천체라고 할 수 없다고 지적했다. 그리하여 소용돌이 성운의 정체에 대해 최후의 심판을 내린 이는 허블이었다.

그는 윌슨산천문대의 60인치와 100인치 망원경을 사용하여 NGC 6822, M 31, M 33의 바깥 가장자리를 촬영하여 개개의 별로 분해하는 데 성공했다. 그리고 세페이드를 찾아내어 섀플리의 주기－광도 관계식을 이용하

11 후세에서 보아도, 둘 다 절반 옳고 절반 틀렸다는 점이 흥미롭다.

여 그 변광성들이 214 kpc, 263 kpc, 285 kpc으로 대단히 멀리 있는 천체라는 것을 밝혔다. 이 결과는 1924년 말에 열린 회의에 보고되었으며, 각각 1925년, 1926년, 1929년에 출판되었다. 또한 소용돌이 성운이 은하계에 버금가는 엄청 큰 항성계라는 점도 확실하게 되었다.

또한 반 마넨에 의한 고유운동의 검출에 대하여 허블은 반 마넨이 사용한 사진 건판을 포함하여 자신이 직접 재해석한 결과 고유운동을 찾아낼 수 없다는 것을 밝혀 섬 우주론이 완전하게 정착하게 되었다.[12]

이리하여 천구 상에 보이는 천체에는 은하계를 구성하는 천체와 그보다 엄청 멀리 있으며 은하계와 비슷한 크기를 갖는 별종의 천체가 다수 있다는 것을 알게 되었다. 이와 함께 은하계의 크기도 확정할 수 있었다.

1.1.6 은하계는 고속으로 회전하고 있다

1920년대까지 은하계는 볼록 렌즈 꼴로 뭉쳐 있는 별의 거대 집단이라는 것, 소용돌이 성운과 비슷한 크기의 천체라는 것, 소용돌이 성운은 고속으로 회전하고 있다는 것 등이 밝혀졌다. 그래서 자연스럽게 우리 은하계도 고속으로 회전하고 있다고 생각하게 되었다. 그 관측적 증거는 19세기 끝 무렵부터 알려지기 시작한 고속도 별의 공간운동의 연구에서 이끌어 왔다. 여기서 고속도 별이란 태양에서 보았을 때 커다란 시선속도를 가지며 태양계에 점점 다가오거나 멀어지는 것처럼 보이는 별을 말한다.

최초의 증거는 이미 19세기에 일단 발견되었다. 스웨덴의 길덴H. Gilden은 1871년 고속도 별의 운동이 비대칭 분포를 나타낸다는 점을 알아냈다. 하늘의 어떤 부분에서 잰 여러 별의 고유운동이 무리지어 한 방향을 향하고 있다는 것이다. 고유운동이 가장 큰 하늘 영역에 수직인 방향에는 이

12 반 마넨의 고유운동 검출은 건판 상의 천체위치 측정의 정밀도 한계 근처에서 생긴 오차였을 가능성이 높다는 것이 몇 년 뒤 지적되었지만, 그렇다고 단정할 수는 없다.

계통적인 운동이 보이지 않았다. 그는 이 현상을 태양계가 은하계 중심의 주변을 고속으로 회전하고 있어 고속 회전하고 있지 않는 별들을 뚫고 지나가기 때문에 생기는 것으로 생각하여, 은하 회전이 나타난 것으로 올바르게 해석했다. 그러나 너무 앞서 나간 연구였기 때문에 발표 당시에는 주목받지 못하고 묻혀 버렸다.

은하계의 고속 회전을 다시 발견한 것은 보스B. Boss가 고속도 별의 운동방향이 비대칭적임을 지적한 것에서 시작되었다. 애덤스W.S. Adams와 콜슈터A. Kohlschutter는 1914년 관측된 고속도 별의 대부분이 음의 속도(태양에 다가온다)를 보이는 것을 깨달았다.

애덤스와 조이A.H. Joy는 1919년 시선속도가 큰 기준으로 고른 37개의 고속도 별에 대해 실제 공간 속도를 결정하여, 그 어떤 별도 은경 l^I이 322°에서 0°를 지나 131° 사이에 해당하는 반구 속으로 향하는 것을 피하는 경향이 있음을 밝혔다.[13]

스트룀버그G. Strömberg는 1922년 태양 근처의 별에 대하여 공간운동을 연구하여 랜덤 운동[14]이 큰 별무리일수록 태양에 대한 평균운동도 크다는 것을 발견했다. 결국 고속도 별은 랜덤 운동도 크다.

네덜란드의 캅테인의 휘하에서 고속도 별의 연구를 더 진행한 오르트J.H. Oort는 1922년 수집한 고속도 별의 자료에서 은경 l^I이 162°에서 310° 사이에서는 모든 고속도 별이 양의 속도(멀어진다)이고, 그 반대 방향의 부채꼴 영역에서는 모든 고속도 별이 음의 속도(다가온다)를 가지고 있음을 재확인했다. 그 위에 새롭게 이 비대칭성이 속도의 크기에 의존하며, 초속

13 은하 원반(은하수)을 따라가는 방향을 경도(은경), 원반에 수직인 방향을 위도(은위)로 하는 천구 상의 좌표계에 의한 표기. 여기서 사용되는 은경 l^I은 현재 사용하는 l^{II}와 정의가 다르다. 상세한 것은 1.2.1절을 참조할 것.

14 무리의 평균운동에 대한 흐트러짐. 한 무리의 별이 모두 한 방향으로 운동하고 있는 경우, 랜덤 운동은 0이다.

63km 이하에서는 등방성等方性을 보이지만 그 이상에서는 지금 설명한 것처럼 운동의 방향이 커다란 비대칭성을 가진다는 점을 밝혔다.

그는 캅테인의 은하계 모형에 맞추어 이러한 관측 사실을 설명하려 했으며, 1926년에 제출한 학위논문에서 여러 가지 가능성을 논의하였다. 만약 초속 63km가 은하계의 중력을 벗어날 수 있는 탈출속도라고 하면 캅테인의 모형에 비하여 실제의 은하계가 무척 가벼워지는 것을 알아냈다. 한편, 등방 대칭인 속도 분포를 보이는 대부분의 별이 역학적 평형상태라고 하면, 이들의 시선속도의 평균인 초속 15km는 은하계가 캅테인의 모형에 비하여 훨씬 무겁다는 것을 시사한다. 캅테인의 모형을 전제로 한 그는 이 불일치를 설명할 수 없었다. 그리하여 구상성단의 은경 분포가 특정한 범위에 집중되는 것에서, 은하계는 캅테인의 모형에 비하여 더 먼 곳까지 계속되고 있지 않나 하고 추측했다. 이미 알고 있는 19개 구상성단의 시선속도가 평균 초속 92km이므로 캅테인의 모형으로는 중력만으로 붙잡아 둘 수 없다는 것을 밝히고, 약 200배의 질량을 갖는 항성계가 필요하다고 거론했다. 그중 대부분은 은하면 내의 흡수물질에 의해 숨겨져 있다는 것이다. 그리하여 태양계가 은하계의 중심 주변을 고속도로 움직이고 있다고 추측했다.

스웨덴의 린드블라드B. Lindblad는 1927년 은하계의 모형으로서 다양한 각속도로 회전하는 항성계가 중첩되어 있는 것을 고안했다. 태양계의 혜성처럼 각 항성계는 은하 중심의 주변을 타원궤도를 그리며 회전하고 있어서 그 모양이 찌그러진 정도를 나타내는 이심률, 장반경, 궤도면이 다양한 값을 갖는다고 생각했다. 그 경우 대단히 길고 좁다란 궤도를 갖는 것은 원은점[15]에서 매우 느린 속도를 갖는다. 그러면 그의 이론에서 비교적

15 은하 중심에서 가장 먼 위치.

시선속도가 큰 고속도 별이 태양계 운동방향의 앞쪽 또는 뒤쪽에 나타나는 것과, 고유운동에 은하계의 중심부터 바깥으로 향하는 흐름과 안으로 향하는 흐름의 두 가지가 인정되는 점 등의 관측 사실이 잘 이해된다.

오르트는 1927년 은하계의 회전 각속도가 장소에 따라 다른 경우에 시선속도 V_r이 $V_r = DA\sin(2(l-l_0))$로 나타낼 수 있음을 보였다. D는 태양에서 별까지의 거리, l과 l_0는 각각 별과 은하 중심의 은경이다. 또한 고유운동에 관련된 접선속도 V_t가 $V_t = D(A\cos 2(l-l_0)+B)$로 되는 것도 보였다(상세한 것은 2.2.6절 참조). 측정량에서 A, B를 추정함으로써 은하계 역학 모형의 인수를 결정할 수 있게 되어, 특히 은하 중심까지의 거리 R_0를 구할 수 있게 되었다. 이 정수 A, B를 오르트 상수라고 한다(상세한 것은 2.2절 참조).

그는 최종적으로 $R_0 = 6.3 \pm 2.0\,\mathrm{kpc}$을 얻었다. 오르트가 결정한 은하 중심의 방향(옛 은경 $l^I = 323^\circ \pm 2.^\circ4$)은 섀플리가 결정한 방향($l^I = 325^\circ$)과 거의 일치했다. 한편 은하계의 크기는 3배 정도 다르지만, 그것은 성간 소광의 문제와 함께 나중에 해결되었다.

오르트의 연구 이전부터 멀리 있는 O, B형 별[16]의 스펙트럼 자료를 축적하고 있던 캐나다의 플라스켓J.S. Plaskett과 피어스J.A. Pearce는 곧 그들의 시선속도 자료에 오르트의 해석을 적용하여, 은하 중심 방향의 은경 $l_0^I = 324^\circ \pm 1.^\circ8$, 오르트 정수 $A = 15.5 \pm 0.7\,\mathrm{km \cdot s^{-1} \cdot kpc^{-1}}$(오르트는 $A = 19 \pm 3\,\mathrm{km \cdot s^{-1} \cdot kpc^{-1}}$)라는 오르트와 잘 일치하는 값을 얻었다. 별의 시선속도에 기초하여 오르트 상수 A를 정할 때, 별까지의 거리가 클수록 상대 정밀도가 좋아진다. 따라서 절대광도가 크고 멀리 있는 것까지 관측 가능한 O, B형 별은 정밀도가 좋은 측정을 가능하게 하여, 오르트의 결과를

16 표면온도가 5만~15만 K인 청백색의 밝은 별.

높은 정밀도로 확인하게 되었다.

1.1.7 수수께끼를 푸는 열쇠, 성간흡수

린드블라드와 오르트의 활약에 의해 볼록 렌즈 모양의 별의 대집단인 은하계가 고속으로 회전한다는 것이 밝혀졌다. 또 은하의 크기는 캅테인 및 섀플리와는 독립적으로 추정되었다. 그 결과 캅테인의 은하 모델은 너무 작고 또한 태양계의 위치도 맞지 않는 것이 밝혀졌다. 한편, 섀플리의 은하 모델이 바람직하기는 하지만, 오르트의 모델과는 3배의 차이가 남았다. 이를 해결하려면 성간 공간에 숨어서 빛을 흡수하는 물질에 대해 이해하는 것이 필요했다.

원래 캅테인은 만약 성간물질에 의한 소광이 1 kpc당 1등급 또는 2등급 정도 존재하면 폰 제리거가 처음으로 발견한 태양에서 멀어질수록 별의 공간 밀도가 낮아 보이는 현상을 설명할 수 있다고 인식하고 있었다. 따라서 그는 성간흡수량을 결정하려고 다양하게 시도해 보았지만, 이 난제에 대한 명백한 결론을 얻지 못하고, 차츰 흡수는 무시할 수 있다는 생각으로 기울어졌다.

섀플리 또한 캅테인과 마찬가지로 성간흡수의 영향을 우려하고 그 크기를 결정하려고 시도했다. 1917년 그는 구상성단 연구에서 적화[17]는 0.01등급·kpc^{-1} 이하임을 알아내고, 성간흡수는 무시할 수 있다고 결론지었다. 그러나 이것은 은하면에서 떨어진 성간흡수가 없는 방향의 구상성단을 사용하여 얻은 결과이며, 은하면에 가까운 영역에 적용할 수 있는 것이 아니었다. 실제로 은하면에 가까운 영역에서 구상성단이 보이지 않는다는 것

17 파장이 짧은 빛일수록 강하게 성간흡수되므로, 성간흡수가 일어나면 별이 어두워 보이는 것 외에 그 색깔이 붉게 바뀐다. 이렇게 붉어지는 현상을 적화라고 한다. 적화의 정도는 두 밴드에서 측정한 등급차(색 지수)의 변화로 측정한다.

이 흡수가 없다고 가정한 섀플리의 숙제였다. 아이러니하게도 캅테인은 성간흡수량을 스스로 결정하지 못했기 때문에 섀플리가 제시한 작은 값을 받아들이게 되었다. 그 결과 똑같이 흡수가 없다는 가정에서 출발하였음에도 불구하고, 섀플리와 캅테인의 은하 모형의 크기는 10배나 다르게 되어 버렸다.

성간물질에 의한 빛의 감쇠가 존재한다고 처음 주장했던 사람은 바너드E.E. Barnard였다. 그는 1889년에 은하수 속의 별 구름 사진을 찍기 시작했다. 별 구름이란 별이 밀집되어 있어서 하나하나 분리되지 않고 구름처럼 보이는 것을 말한다. 필연적으로 그는 은하수의 암흑 영역도 동시에 상세하게 본 셈이었다. 암흑 영역의 존재 자체는 허셜의 시대부터 알려져 있었지만, 정체는 알려지지 않았다. 그곳에는 별이 적은 것인지 아니면 숨겨져 있는 것인가에 흥미를 느낀 바너드는 암흑 영역을 계속 검사하다가, 마침내 1919년 성간 공간에 일반적으로 흡수 물질이 있다고 강하게 주장하기에 이르렀다. 한편, 커티스는 옆면이 보이는 소용돌이 성운의 사진에서 흔히 은하 원반면을 따라 존재하는 암흑 띠에서 유추하여, 은하계에도 고리 모양 또는 소용돌이 모양의 흡수 물질이 있다고 추론하고, 은하면 부근에서 구상성단이 잘 관측되지 않는 사실을 설명하여, 바너드가 다루고 있던 암흑 성운이 그 원인이라고 생각했다.

성간물질이 존재하는지에 대한 직접적인 증거는 이미 알려져 있던 성간 가스 흡수선이다. 1904년 하트만J. Hartmann이 오리온자리 δ별에서 쌍성의 스펙트럼 중 선폭이 좁고 시선속도가 변화하지 않는 흡수 성분을 발견했다. 이를 계기로 소용돌이 성운의 회전을 발견한 슬라이퍼가 많은 쌍성을 관측하여 별의 스펙트럼에 겹쳐진 칼슘 K선의 흡수선을 차례차례로 발견했으며, 이 흡수선들은 도플러 효과에 의한 파장의 변화가 거의 없는 것을 알아냈다. 이것은 별의 전방에 칼슘 가스가 있고, 그것이 주변의 별에 대하여 실제로 정지하고 있다는 것을 나타낸다. 이로써 태양계 바깥의 성간 공간에 가스구름이 존재한다는 것도 알게 되었다. 1923년에는 플라스켓이 칼슘 가스구름은 사방에 있고, O, B형 별은 그 속을 고속으로 이동하고 있다는 생각을 제안했다.

1920년대 중반, 영국의 유명한 이론가 에딩턴A.S. Eddington이 성간흡수선이 나타나는 방법에 대한 이론을 제시했다. 그리고 칼슘 구름은 은하 전체에 충만하고 연속적인 구름으로 존재하고 별에 대해서는 거의 정지하고 있다고 결론지었다. 그는 별에서 나오는 복사에너지를 고려하여 성간가스의 온도와 칼슘의 이온화 상태를 계산하고, 성간 칼슘선의 일부에 대해 관측적 특징을 모순 없이 설명했다.

에딩턴이 칼슘 가스는 성간 공간에 연속적으로 존재하고 있다고 예측한 것은, 1928년 스트루베O.L. Struve, 1929년 게라시모피치V. Gerasimovich와 스트루베에 의해 입증되었다. 그들은 1.1.6절에 언급한 오르트의 연구에서 나온 DA 값의 평균값을 관측에서 결정하여, 가스에 대한 값이 별에 대한 값의 절반이라는 것을 보였다. 이것은 가스가 별까지의 공간에 연속적으로 가득차 있다는 것을 의미한다. 그 무렵 충분한 데이터를 가지고 있던 플라스켓과 피어스도 별에 대한 DA의 평균값이 가스의 값에 비해 정확히 2배인 것을 확인했다. 그러나 성간가스의 양을 구해 보면, 그것이 강한 소광을 불러오는 흡수의 주된 요소로 볼 수는 없었다.

성간 소광의 존재를 결정지은 것은 1930년에 발표된 트럼플러R.J. Trumpler의 연구였다. 그는 산개성단이 별의 중심 집중도와 어떤 일정한 범위에 포함된 별의 개수로 분류될 수 있다는 점과, 비슷한 성단들은 비슷한 공간적 분포를 갖는다는 점을 이미 보여주었다. 이를 바탕으로 그는 성단의 거리 결정에 두 가지 독립적인 방법을 도입했다. 하나는 별의 겉보기등급과 HR도에서 얻어지는 절대등급을 비교하는 것이며, 다른 하나는 같은

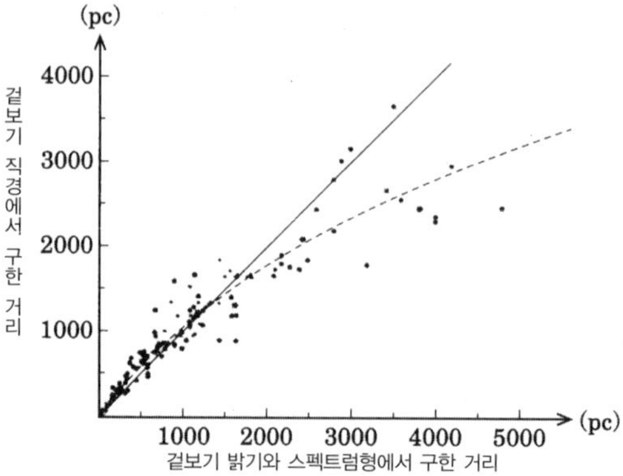

그림 1.8 트럼플러가 두 가지 독립적인 방법으로 구한 은하계의 산개성단까지의 거리간 관계(Trumpler 1930, *PASP*, 42, 214). 실선은 흡수가 없다고 할 때 예상되는 관계이고, 점선은 0.7등급 · kpc^{-1}의 흡수가 있다고 했을 때의 관계.

종류의 성단에서 겉보기 직경이 거리에 반비례하는 것을 사용했다.

그 결과 두 가지 방법으로 구한 거리가 먼 곳에서는 일치하지 않는다는 것이 밝혀졌다(그림 1.8). 가까운 성단을 기준으로 잡고 먼 성단을 겉보기등급에서 구한 거리에 두었을 때, 그 거리에서 예상되는 겉보기 직경이 실제보다 훨씬 컸다. 이것은 거리와 함께 성단이 더 커지거나 흡수가 존재하거나 둘 중 어느 하나로 해석하는 수밖에 없다. 트럼플러는 성단의 색에 대한 관측 결과와 아울러 생각하여 후자라고 결론지었다. 또한 두 방법의 불일치를 해소하려면 사진 등급으로 0.7등급·kpc^{-1}의 흡수가 필요하고, 구상성단의 색이 붉어지지 않은 것은 흡수 물질이 산개성단과 마찬가지로 은하면에 집중하고 있기 때문이라고 설명했다.

따라서 흡수 물질에 의한 빛의 감쇠를 고려하면 캅테인, 섀플리 및 오르트의 은하 모형의 모순점이 모두 해소되고, 섀플리의 은하는 3분의 1 크기가 되었다. 또 이때 은하계와 소용돌이 성운을 서로 모순 없이 깔끔하게 이해할 수 있게 되었다. 그리하여 현재는 고체 미립자(먼지)가 성간 소광의 주된 원인 물질이라고 생각하게 되었다.

1.1.8 별의 종족과 은하계의 크기

1920년 윌슨산의 60인치(1.5 m) 망원경으로 허블은 소용돌이은하 M 31과 M 33의 소용돌이 팔spiral arm을 별로 분해하여 적색 초거성, 노란색 세페이드, 파란색 초거성을 검출함으로써 소용돌이 성운의 정체에 대한 논쟁을 끝냈다. 그는 M 31의 중심부(벌지)에도 도전해 보았으나 그곳에서는 아무리 해도 별을 분해할 수 없었다. 또한 M 31의 옆에 있는 타원형 위성은하[18]의 어느 쪽에서도 역시 여러 번 시도했지만 별을 분리할 수 없었다.

허블과 함께 윌슨산 천문대에 있던 바데W. Baade는 그로부터 대략 20년 후인 1943년에 100인치(2.5 m) 망원경을 사용하여 그 일을 이루어냈다. M 31의 벌지, 위성은하 M 32와 NGC 205를 처음으로 개개의 별로 분해하여 촬영하는 데 성공한 것이다. 여기에는 일본이 진주만을 공격한 이후의 등화관제로 로스앤젤레스 근교인 윌슨산의 하늘이 어두웠던 것과, 바데가 독일인이었기 때문에 적국 사람으로서 홀로 윌슨산에 틀어박혀 그 망원경을 자유롭게 사용하면서 세심한 준비를 할 수 있었던 것이 유리하게 작용했다고 알려져 있다.

그는 처음에 허블과 마찬가지로 푸른빛에 잘 반응하는 청색 건판을 사용했지만, 역시 같은 벽에 부딪쳤다. 그래서 이제 막 개량되어 나온 붉은빛에 잘 반응하는 적색 건판을 사용하기로 했다. 그는 M 31의 벌지가 노란색 또는 주황색으로, 청색 건판에는 별이 찍히지 않기 때문에 가장 밝은 별은 푸르지 않고 붉을 가능성이 있다고 생각한 것이다. 또한 적색 건판의 파장에서는 하늘이 어둡기 때문에 여러 시간 동안 노출할 수 있는 장점도

18 동반은하라고도 한다.

있었다.

그러나 후일 바데는 그것만으로 성공한 것은 아니라고 회상하였다. 더욱 중요한 것은 대기가 안정되어 있어서 별이 매우 선명하게 보이는 밤을 선택한 것이다. 또한 낮 동안 돔 내부가 데워지고 밤에 차가워질 때 아지랑이가 생겨 상이 나빠지는 것을 막기 위해 낮에 한 번씩 환기하여 돔 내부를 냉각했다. 게다가 관측하는 동안 정기적으로 가이드 별을 검사하고 망원경의 초점 변화를 엄격히 감시하면서 틀어진 것을 발견하면 곧바로 보정했다. 이렇게 검출 능력이 향상되기 위한 준비기간이 1년이나 필요했다.

이러한 세심한 준비를 끝낸 뒤에 M 31 중심부의 별을 분리하여 검출하는 데에 더 이상의 어려움은 없었다. 그는 M 31의 벌지를 시작으로 연달아 4개의 타원은하에서도 별을 분해했다. 이 은하들에서 가장 밝은 별은 예상대로 청색 초거성이 아니라 주황색 거성이었다. 1944년 바데는 이러한 발견을 보고하는 두 편의 기념비적인 논문을 발간하고, 은하를 다룰 때는 두 종류의 별 종족을 구별해야만 한다는 것을 밝혔다.

첫째는 가장 밝은 별이 청색 초거성이며, 소용돌이 팔과 산개성단을 구성하는 종족 I이다. 두 번째는 가장 밝은 별이 주황색 또는 적색거성으로 소용돌이은하의 벌지, 타원은하, 구상성단 등을 구성하는 종족 II이다.

이 종족이라는 개념을 얻은 후에 다시 한 번 소용돌이은하 M 31의 변광성을 바라본 바데는 허블이 M 31의 거리를 유도할 때에 기초로 한 세페이드에 대하여 섀플리가 구한 주기-광도 관계식이 종족 I의 세페이드와 같은 변광 주기이나 4분의 1의 밝기를 가진 종족 II의 처녀자리 W별 형의 변광성과 혼동하였다는 것을 깨달았다.

바데는 몇 년 동안 허블이 결정한 M 31까지의 거리를 사용하면, M 31의 구상성단에 비해 은하 구상성단이 4배나 밝은 것 외에도 신성이나 다른 어떤 대응되는 천체도 은하계 쪽이 더 밝게 되는 점 때문에 당황하고 있었다. 또한 M 31이 허블의 추정처럼 가깝다면 새로운 팔로마산의 200인치(5 m) 망원경으로는 M 31에서 거문고자리 RR형 변광성을 많이 발견할 수 있어야 하지만, 실제로는 발견하지 못했다. 게다가 허블의 거리를 사용하면 은하계가 다른 어떤 외부 은하보다 커져 버린다는 받아들이기 어려운 결과가 되었다.

두 종류의 별 종족을 구별함으로써 그러한 문제를 해결했을 뿐만 아니라 은하계와 M 31에서 대응하는 천체의 밝기가 일치하게 되어 은하계는 M 31보다 작은 보통의 은하가 되있다.

1.1.9 원반 은하, 소용돌이은하로서의 은하계

1940년대까지 은하계는 수많은 별과 그 사이를 채우고 있는 가스와 고체 입자의 성간물질로 구성되며, 그들이 얇은 원반 모양으로 분포하고 있는 천체라고 알았다. 또한 별은 형성 연대가 다른 두 개의 큰 그룹인 종족 I, II로 나뉜다는 것을 이해하기 시작했다. 이러한 특징은 은하계 밖에 있는 소용돌이 성운(이 책에서는 이제부터 소용돌이은하라고 한다)과 공통적인 것으로, 은하계도 아마 아름다운 소용돌이가 발달한 '섬 우주'가 아닐까 하는 생각이었다.

실제로 72인치(1.8 m) 망원경을 완성한 로스 경이 M 51에 소용돌이 구조를 발견한 이래, 네덜란드의 이스턴C. Easton을 비롯한 여러 사람으로부터 은하계가 소용돌이은하라는 설득력 있는 제안이 나왔지만 그 입증은 쉽지 않았다. 이를테면 오르트와 반 레인P. van Rhijn에게 배운 네덜란드의 복B. Bok은 1930년대 후반 별 헤아리기 방법으로 소용돌이 팔을 찾아내려는 연구에 몰두하지만 끝내 아무것도 발견할 수 없었다.

그 어려움을 깬 것은 M 31의 소용돌이 팔에만 O, B형 별이 분포한다고 하는 바데의 관측 결과였다. 그는 O, B형 별의 거리, 즉 절대등급을 결정함으로써 은하계의 모양을 결정할 수 있을 것이라고 제창하였다. 이 아이디어를 도입한 미국 야키스 천문대의 모건W. Morgan은 샤플리스S. Sharpless, 오스터브룩D. Osterbrock의 협력을 얻어 1940년대에 멀리 있는 O, B형 별의 절대등급과 거리를 순차적으로 정리해 나갔다. 절대등급을 결정할 때에는 정밀한 스펙트럼 분류가 필요했지만 기존의 하버드 분류(헨리 드레이퍼 카탈로그)에서의 O, B형 별의 분류는 정확성이 부족했다. 그러나 모건은 이 연구를 시작할 때까지 별의 스펙트럼 분류를 정밀화하는 큰 프로젝트에 몸담고 있었기 때문에 그런 미세한 차이를 정확하게 식별할 수 있었다. 그는 하버드 분류를 답습하는 한편, 광도 계급 I, II, III, IV, V를 도입하고 키넌P. Keenan과 함께 정확한 스펙트럼 분류를 확립하였다. 이 분류가 오늘날 표준적인 스펙트럼 분류가 되었고, 그들의 머리글자를 따서 MK 분류라고 부른다.

그러나 모건 등은 곧 O, B형 별만으로는 깨끗한 소용돌이 팔을 그려 낼 수 없다는 것을 알았다. 모건은 1950년 바데가 보여준 안드로메다은하의 이온화 수소 영역(H II 영역)[19]의 사진에서 다시 힌트를 얻어, 1950년부터 1951년에 걸쳐 샤플리스와 오스터브룩과 함께 이번에는 은하계 안의 큰 H II 영역을 Hα 방출선을 통해 확인하고 그 안에 있는 O, B형 별을 이용하여 H II 영역까지의 거리를 결정하였다. 여러 개의 O, B형 별로부터 결정된 거리는 더 좋은 정밀도를 갖게 된 것이다.

그 결과 1951년에는 태양이 속하는 오리온 팔과 그 바깥의 페르세우스 팔을, 2년 뒤에는 안쪽의 궁수자리 팔을 그려내는 데 성공했다. 은하계가 소용돌이은하임을 보여주는 첫 관측적 증거였다. 1951년의 보고는 12월

19 O, B형 별에서 나온 자외선으로 가열되어 주위의 수소 가스가 이온화된 영역. 수소 원자가 방출하는 Hα선으로 잘 보인다.

미국 천문학회에서 오르트가 좌장을 맡은 세션에서 발표되어 청중으로부터 열렬한 환영을 받았다. 그러나 이 발견 보고는 결코 완전한 논문으로 출판되지 않았다. 모건은 1952년에 잠시 마음의 병을 앓았으며 그 해에 회복했지만, 이미 다른 연구자에게 꽤 뒤처져 버렸기 때문에 그 결과를 완전한 논문으로 정리하지 못하고 끝났다. 그 후 연구는 발전하였지만 가시광에 의한 O, B형 별과 H I 영역의 탐사는 은하면을 아주 멀리 내다볼 수 없으므로 소용돌이 팔의 부분적인 모습을 그려내는 데에 그쳤다.

1.1.10 새로운 관측 수단이 그려내는 소용돌이 팔과 원반

은하계 전체를 바라본 소용돌이 팔 지도는 새로운 관측 방법인 전파 관측으로 소개되었다. 1933년 미국의 전신전화회사, 벨 연구소의 기술자였던 잰스키K. Jansky는 은하계의 원반에서 방출되는 파장 14.6 m, 주파수 20.5 MHz의 전파를 검출했다. 또한 미국의 리버G. Reber는 1940년 손수 만든 직경 9 m의 포물경으로 파장 1.85 m, 주파수 162 MHz의 전파 복사를 잡아냈다. 그 전파는 은하면에서 강하고, 은하 중심에서 최댓값을 나타냈다. 그 외에도 몇 개의 피크가 있었다(그림 1.9). 그러나 그들의 성과는 그다지 미국 국내 천문학자의 관심을 끌지 못했다.

그러나 나치 점령 아래 네덜란드에 있던 오르트는 1944년 리버의 보고를 보고 그 중요성을 즉시 이해했다. 그는 학생인 반 드 헐스트H. van de Hulst에게 전파천문학을 효과적으로 사용하는 길이 뭐가 없을까 물었다. 그러자 우수한 그는 예상대로 그 답을 찾아왔다.

반 드 헐스트는 가장 보편적인 수소에 주목했다. 그의 계산에 따르면 양성자와 전자로 이루어진 수소 원자는 각각의 스핀 각운동량이 평행 상태에서 역평행 상태로 약 1100만 년에 1번 꼴로 천이하며, 그때 파장 21 cm의 전파를 방출한다. 이는 극히 드문 현상이지만, 그것을 벌충하고도 남음

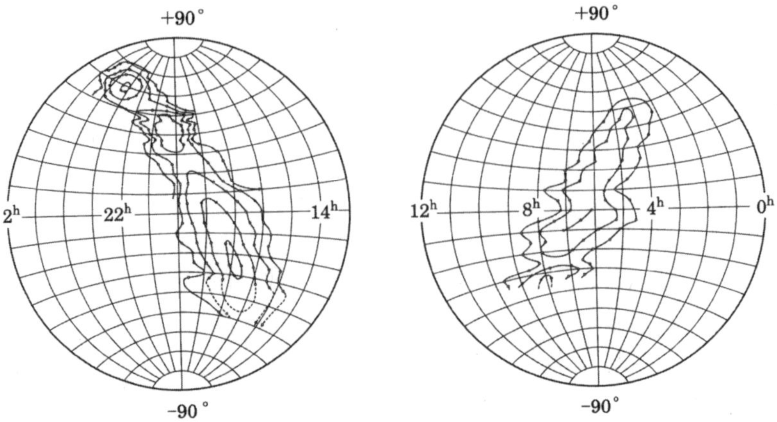

그림 1.9 리버가 만든 파장 1.85 m의 전파로 본 은하수의 지도(Reber 1944, *ApJ*, 100, 279). 좌표계는 적경($0^h \sim 24^h$)과 적위($-90° \sim +90°$).

이 있을 정도의 엄청난 수의 수소 원자가 존재하기 때문에 충분히 강한 전파 방출선이 관측될 것이라고 그는 예언했다.

제2차 세계대전 직후 이 중성수소(H I) 21 cm 방출선의 검출 경쟁이 시작되었다. 전쟁의 상처도 아직 아물지 않은 네덜란드의 라이덴 대학 오르트 그룹이 처음에 앞서가고 있었지만 실험실에 불이 나는 불운을 겪고, 미국 하버드 대학의 이웬H. Ewen과 퍼셀E. Purcell이 1951년에 제일 먼저 결승점에 도착했다. 그로부터 한 달 반 후에 네덜란드 팀이, 그 다음의 2개월 후에 호주 팀이 검출에 성공했다. 이후 주로 네덜란드와 호주 팀의 노력으로 H I 21 cm 방출선을 사용한 은하계의 전체지도 만들기가 진행되었다(그림 1.10).

그리하여 1953년에는 최초의 지도가 만들어지고, 이어서 1958년의 지도에서 인류는 처음으로 은하계 중심의 건너편의 모습을 손에 넣었다. 거기에는 바로 직경 20 kpc에 달하는 매우 얇은 가스로 된 거대한 원반이 회전하고 있던 것이다.

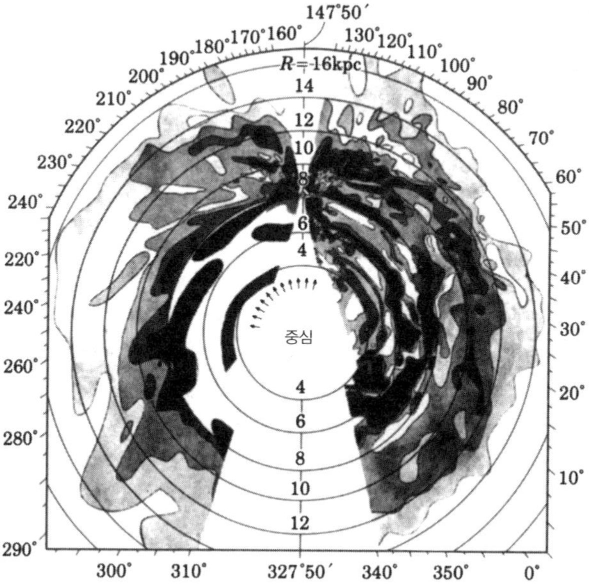

그림 1.10 중성수소(HI) 방출선으로 본 은하계 가스 원반의 전체 모습(Oort *et al.*, 1958, *MNRAS*, 118, 379).

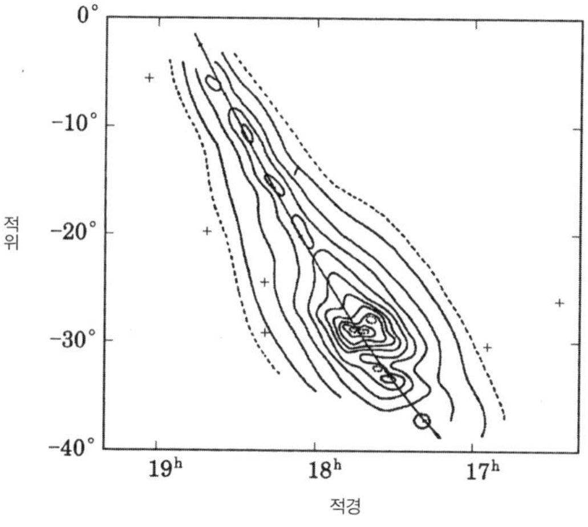

그림 1.11 오쿠다 등에 의한 은하계 벌지의 발견(Okuda *et al.*, 1977, *Nature*, 265, 515).

1960년대에 들어서면서 가시광에 비해 훨씬 멀리까지 은하계 속을 꿰뚫어 보며 별의 분포를 파악할 수 있는 적외선을 검출하는 기술이 천문학의 세계에 도입되어, 은하계의 구조에 대한 이해는 더욱 발전했다. 적외선 관측의 여명기에 풍선에 탑재한 망원경을 사용하여 은하면을 탐사한 교토대학의 오쿠다 하루유키H. Okuda 등과 나고야 대학의 이토 코지K. Itoh 등은 각각 1977년, 파장 2.4미크론의 적외선에서 은하계의 중심부에 원반에서 튀어나온 벌지의 존재를 처음으로 확인했다(그림 1.11). 또한 주목할 만한 점으로, 오쿠다 등은 2.4 미크론에서 본 벌지는 중심에서 은경이 양의 방향과 음의 방향에서 밝기의 차이가 있음을 보고했다.

이어서 교토 대학의 마이하라 토시노리T. Maihara 등이 1978년에 더욱 자세한 구조를 보고하고, 벌지의 전체 광도를 태양광도의 약 200억 배라고 유도했다. 또한 이에 앞서 1975년에 이론 면에서 동경천문대 미야모토 마사노리M. Miyamoto와 나가이 류자부로R. Nagai가 이후 오랫동안 은하와 은하 일반 연구에서 표준이 되는 질량 분포 모델을 발표한 것은 특별히 기록할 만한 가치가 있다.

1983년에 발사된 적외선 천문위성 IRAS로 만들어낸 하늘 전체 25만 개의 적외선 점광원 목록에서 1985년에 네덜란드 하빙H. J. Habing은 개별 점광원의 집합체로서 벌지의 존재를 그려내었다. 그리고 도쿄대학의 나카타 요시카즈Y. Nakada 등은 1991년 IRAS 점광원 분포를 자세하게 분석하는 것으로, 은하계 벌지의 막대 모양 구조를 발견하기에 이르렀다. 이 막대 구조는 근적외선 영역의 벌지의 밝기 분포가 은경 방향으로 비대칭인 것을 깨달은 블리츠L. Blitz에 의해 곧바로 추인되었다.

그 후 대기권 밖에서의 광역 고정밀 근적외선 관측(예를 들어 우주배경복사 탐사위성COBE) 및 지상에서의 정밀 대량 측광 관측(예를 들어 광학 중력렌즈 실험OGLE)[20]의 시대를 맞아 은하계의 벌지와 원반 구조에 대한 연구는 새로운 단계에 들어섰다. 또한 차세대 적외선 관측 위성과 별 위치 정밀측정 위성 등의 활약을 눈앞에 두고 있으며, 한층 더 비약할 것으로 기대한다.

1.2 여러 파장에서 본 은하계

1.2.1 은하수와 은하 좌표

태양계는 은하계의 내부에 위치한다. 그래서 은하계의 전체 모습을 알기 위해서는 하늘 전체에 걸친 관측이 필요하다. 특히 지상에서의 관측은 지구 자체가 방해되기 때문에 여러 지점에서 관측 결과를 종합해야 한다는 것은 쉽게 이해할 수 있다. 이를 위해 은하계의 전체 모습을 관측으로 연구하려면 북반구와 남반구에서 거의 동일한 규격으로 관측하여 이를 종합하거나 궤도를 도는 인공위성에서 관측 데이터를 이용하는 것이 보통이다. 또한 전천全天 서베이 관측과 우주배경복사 연구를 목적으로 한 관측 데이터를 이용하는 것도 최근에는 많아지고 있다.

어느 방법이든 주어진 전천 이미지는 천구를 안쪽에서 바라본 구면의 이미지가 된다. 그래서 이것을 평면상에 한 번에 살펴볼 수 있도록 표시하기 위해서는 세계지도를 그리는 것과 같은 작도법(투영법)을 사용하는 것이 좋다. 특히 세계지도와 같이 몰바이데 도법(Mollweide projection, 전천을 가로로 긴 타원 위로 펼치는 작도법)이나 그와 유사한 작도법으로 표현하는 것이 보통이다. 다음의 전천 이미지(그림 1.13 등)에서는 세계지도의 적도에 대응하는 방향을 은위 0°의 면으로 하고, 그림의 중앙을 은경 0° 방향으

20 Optical Gravitational Lensing Experiment의 약칭. 은하계 벌지에 존재하는 수많은 별의 밝기를 장기간 모니터하고 중력렌즈 효과에 의한 변광으로부터 암흑물질의 성질을 조사하는 프로젝트를 가리킨다.

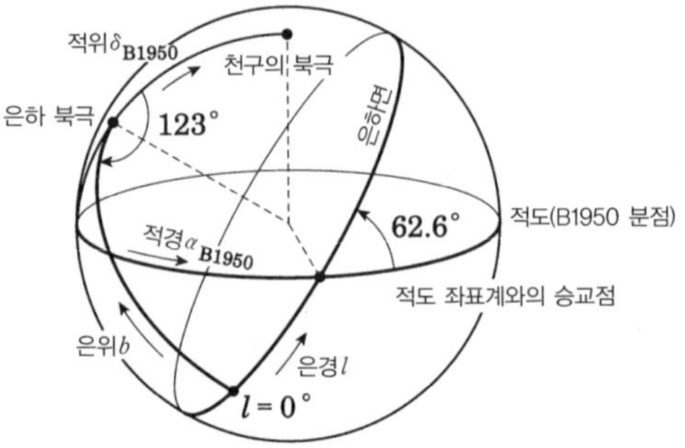

그림 1.12 적도 좌표계와 은하 좌표계.

로 표시하고 있다. 그러나 출처가 다르기 때문에 여기에 게재한 모든 그림이 완전히 동일한 작도법으로 그려져 있는 것은 아니므로 엄밀하게 비교하려고 할 때에는 주의하기 바란다.

은경 · 은위를 사용하는 좌표계를 은하 좌표계라고 한다. 관례적으로 은경은 l, 은위는 b를 사용하여 나타낸다. 은하수가 나타나는 은하 원반의 중앙면과 천구의 교선이 은위 0° 선으로 그에 따라 은하계의 중심 방향을 은경 0°로 한다(그림 1.12). 그러나 이 의미에 너무 얽매이면 기준이 되는 좌표계로서 엄격하게 정의할 수 없으므로 실용적으로는 B 1950.0 분점[21]의 적도 좌표에 대해 다음과 같이 정의한다.

$$\text{은하 북극}(b = +90^\circ) \quad (\alpha,\ \delta)_{\mathrm{B1950}} = (12^{\mathrm{h}}\,49.0^{\mathrm{m}},\ +27^\circ 24.0')$$

$$l = 0 \text{ 선의 은하 북극에서의 적도 좌표계에 대한 위치각} \quad \theta = 123^\circ$$

21 지구의 적도면과 남북 축을 기준으로 하여 천구에 그려진 좌표계. 적도와 황도의 교점(γ점, 춘분점)을 적경 0°로 정한다. 지구의 세차운동 등으로 춘분점이 이동하므로 적경 · 적위(α, δ)도 어긋나게 된다. 그래서 몇 년 몇 월의 춘분점을 적경 0°로 했을 때의 적도 좌표계라고 단서를 달 필요가 있다. B1950 분점은 1950년의 춘분점을 이용한 적도 좌표계라는 뜻이며, 교점을 2000년의 값으로 둔 것을 J2000 분점 적도 좌표계라고 한다.

이것은 1958년 국제천문연맹(International Astronomical Union, IAU) 총회의 결의에 따라 구한 값으로 브라우A. de Blaauw의 1960년 논문에 게재되었으며, 공식적으로 1958년판 은하 좌표라고 한다.

구면 좌표 변환을 적용하면 주요 지점의 좌표와 경사각은 다음 값이 된다. 단 은하 좌표계 원점의 적경 · 적위 값만은 근삿값이다.

적도 좌표계와의 승교점 위치	$l = 33^\circ,\ \alpha_{B1950} = 18^h\ 49^m$
은하 좌표계 원점	$(l,\ b) = (0^\circ,\ 0^\circ),$
	$(\alpha,\ \delta)_{B1950} \simeq (17^h 42.4^m,\ -28^\circ 55.0')$
적도면과의 경사각	$i = 62.6^\circ$

참고로, 대응하는 J 2000년 분점의 근삿값을 나타내지만, 여기에는 1아크미니트 정도의 반올림 오차가 있으므로 유의하기 바란다.

은하북극(북은극)	$(\alpha,\ \delta)_{J2000} \simeq (12^h 51^m 26.3^s,\ +27^\circ 7' 42'')$
적도좌표계와의 승교점 위치	$l \simeq 32^\circ 56',\ \alpha_{J2000} \simeq 18^h 51.4^m$
은하좌표계 원점	$(\alpha,\ \delta)_{J2000} \simeq (17^h 45.6^m,\ -28^\circ 56.0')$
적도면과의 경사각	$i \simeq 62^\circ 52'$

또한 이것 이전에도 1930년대에 정의된 은하 좌표가 있으며, 1960년 이후에도 잠시 이용되었다. 이는 특히 은경의 값이 크게 다르기 때문에 오래된 문헌을 참조할 때에 주의할 필요가 있다. 특별히 이 둘을 구별할 필요가 있는 경우 옛 은하 좌표는 l^I과 b^I, 1958년판 은하 좌표는 l^{II}와 b^{II}로 나타낸다(이를테면 1.1.6절에서 사용된 l^I과 b^I은 옛 은하 좌표이다). 그러면 파장 순으로 다양한 관측 결과를 살펴보자.

그림 1.13 지상 관측에 의한 408 MHz 연속파의 전천 이미지(화보 2 참조, http://www.mpifr-bonn.mpg.de/survey.html).

1.2.2 낮은 주파수의 연속전파

전파천문학의 관측 중에서는 비교적으로 낮은 주파수인 408 MHz(파장 73 cm)의 연속파에서는 고에너지 전자가 자기장과 상호작용하여 발생하는 싱크로트론 복사(3.1.1절 참조)가 두드러진다. 따라서 이 파장의 전파 세기는 고에너지 전자 또는 자기장 세기의 분포를 보일 것으로 생각된다(그림 1.13). 대략적으로 말하면 두 값은 비례한다고 생각되기 때문에 어느 것을 반영하고 있다고 생각해도 된다.

그림에서 가장 눈에 띄는 것은 은하수가 밝게 빛나고 있다는 점이다. 이것은 고에너지 전자 밀도와 자기장 세기가 은하면에 집중되어 있다는 것을 나타낸다. 은하면 중에서도 그림의 중심에 해당하는 은하 중심 방향이 특히 강하다. 이쪽 방향이 은하계의 시선 방향 깊이가 가장 길기 때문이기도 하지만, 그 효과보다는(3차원적인 의미에서) 은하 중심 부근에 고에너지 전자와 자기장 에너지가 집중되어 있는 효과가 훨씬 크다. 그 밖에도 은하면을 따라 군데군데 전파가 강한 곳이 있다. 이러한 방향은 은하계의 소용돌이 팔의 접선 방향에 해당한다. 고에너지 전자 밀도와 자기장 세기가 소

그림 1.14 WMAP 위성에 의한 41 GHz 연속파의 전천 이미지(화보 2 참조, http://lambda.gsfc.nasa.gov/product/map/current/m_images.cfm(NASA and the WMAP Science Team)).

용돌이 팔에서 높아지는 것을 반영한다.

408 MHz의 그림에서 다음으로 눈에 띄는 것은 은하 북극을 향해 은하면으로부터 펼쳐지는 구조이다. 이것을 '북극 박차(North Polar Spur, NPS)'라고 한다. 북극 박차는 태양계 근방에 있는 거대한 거품의 벽을 보고 있다는 설이 유력하다. 태양계의 주위에는 여러 초신성 잔해가 연결된 거대한 고온 가스의 거품 구조가 존재한다. 초신성 잔해와 마찬가지로 이 거대한 거품 구조의 주위에는 폭발 팽창으로 압축된 가스 및 자기장이 집중되어 있을 것이며, 그것이 북극 박차로 보이고 있다는 설이다. 그 밖에도 은하 중심에서 나온 거대한 충격파라고 하는 설도 있다. 좀 더 자세히 살펴보면, 그 밖에도 은하면에서 극 방향으로 줄무늬 모양의 구조가 여러 개 보이는 것을 알 수 있을 것이다. 이러한 구조는 은하면과 수직 방향에도 물질과 에너지의 흐름이 있음을 시사한다.

1.2.3 높은 주파수의 연속전파

전파천문학으로는 비교적 높은 주파수라고 할 수 있는 10~40 GHz 부근

그림 1.15 지상 관측에 의한 10 GHz 연속전파의 은하면 이미지(부분). 전파에서 밝은 천체는 이온화된 수소 영역과 일부 초신성 잔해이다. 각 분해능을 높이면 이온화된 수소 가스 기원의 연속전파는 주로 이온화된 수소 영역 등의 콤팩트 천체를 기원으로 하는 반면, 싱크로트론 복사는 특정 천체에 수반되지 않고 그러한 천체 사이에 펼쳐진 성분이 강한 점 등 차이도 알게 된다(Handa *et al.*, 1987, *PASJ*, 39, 709를 기반으로 작성).

에서 연속전파의 세기 분포를 보면, 역시 은하면에 집중하고 있는 것을 알 수 있다(그림 1.14, 그림 1.15). 이 파장에서는 고에너지 전자의 싱크로트론 복사 이외에 이온화된 수소 가스의 열 제동 복사가 보이기 시작한다.

이온화된 수소 가스는 원시성에서 나오는 자외선에 의해 만들어지므로 10~40 GHz 부근에서 연속전파의 세기 분포는 원시성의 분포를 반영하고 있는 셈이다. 408 MHz의 그림과 비교하면 북극 박차가 거의 보이지 않는 것을 알 수 있다. 이러한 차이를 알아내는 것이 천체의 생성 원인을 이해하는 데에 주요 단서가 된다.

1.2.4 전파 방출선

전파 방출선으로는 성간 가스의 분포를 알 수 있다. 파장에 따라 관측 가능한 가스의 종류나 상태가 다르다. 파장 21 cm의 전파 방출선으로는 중성수소 원자(H I)의 분포를 알 수 있다(그림 1.16). 21 cm 방출선의 세기 분포는 은하면에 강한 집중을 보인다는 특징이 있다. 408 MHz 연속전파(그림 1.13)에 비해 은위(남북) 방향으로 좁고 집중도가 높은 것을 알 수 있

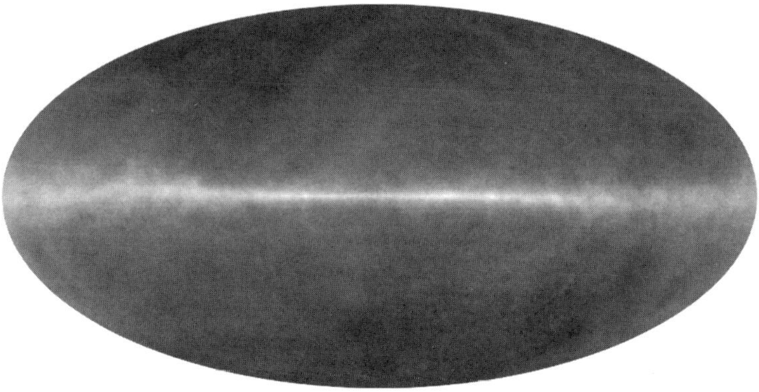

그림 1.16 지상 관측에 의한 H I 방출선의 전천 이미지(화보 2 참조, http://antwrp.gsfc.nasa.gov/apod/ap010113.html, Dickey & Lockman 1990, *ARA&A*, 28, 215).

다. 이에 비해 은하 중심의 집중도는 낮다. 이것은 은하 중심 부근에는 H I 가스가 적은 것을 나타낸 것이다. 이는 시선속도를 이용하여 나타낸 은하 중심 거리에 대한 분포에서도 확인된다. 21 cm 방출선에서도 은하면과 수직 방향으로 줄무늬 모양의 구조가 보이고 있다.

115 GHz와 230 GHz의 일산화탄소 전파 방출선으로 수소 분자 가스의 분포를 알 수 있다. 방출선의 경우 도플러 효과에 의한 주파수의 편이를 사용할 수 있기 때문에 천구상의 분포뿐만 아니라 시선속도에 관련한 구조도 조사할 수 있다. 이와 같이 공간 구조와 속도 구조를 관련지어 조사하고 싶은 경우에는 천구상의 분포를 보는 것만으로는 불충분하고, 위치와 속도를 두 축으로 잡은 세기 분포도, 즉 위치-속도도가 아주 유용하다.

넓은 범위의 은경에 걸친 위치-속도도를 보면 전파 방출선을 볼 수 있는 영역은 어떤 은경과 속도의 범위에 한정되어 있음을 잘 알 수 있다(그림 1.17). 이는 은하계가 거의 원운동을 하고 있으며 성간 가스가 은하 원반의 일정 반경 이내에 집중되어 있다는 것을 나타낸다. 또한 이 영역 내에서도

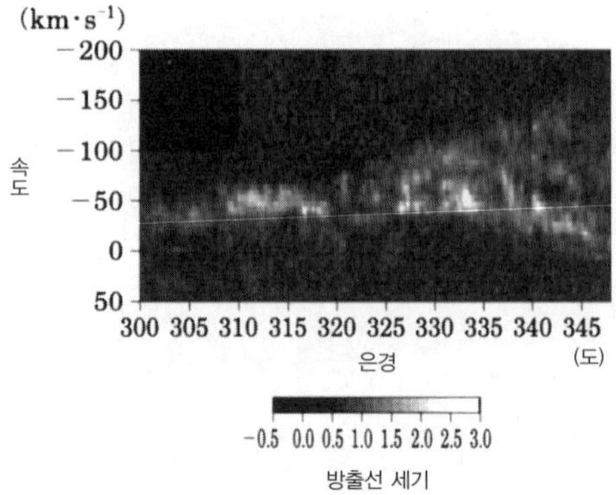

그림 1.17 지상 관측에 의한 일산화탄소 분자 방출선의 은하면 방향으로 따라가는 위치-속도도(부분). 그림에 나타난 방출선 세기의 차이로부터 분자 가스의 분포가 제한되어 있는 것이나 소용돌이 팔에 집중되어 있는 것 등을 알 수 있다.

전파 세기가 일정하지는 않다. 이것은 동일한 은경이라도 시선속도가 시선 방향의 깊이에 단순히 비례하지는 않으며, 또한 은하 원반 위의 가스 분포가 균일하지 않다는 것을 반영한다. 전파 세기가 강한 장소 중 곡선을 따라가는 곳의 대부분은 소용돌이 팔에 가스가 집중되어 있다는 것을 나타낸다고 생각된다.

1.2.5 **원적외선**

파장이 더 짧은 60~100 μm 정도의 전자파를 천문학에서는 원적외선이라고 한다. 원적외선에서는 가스 대신에 성간 먼지[22]가 방출하는 열복사가 나타난다.

전천을 살펴보면 은하수를 따라가는 분포가 선명하게 보인다(그림 1.18). 성간 먼지는 성간 가스에 혼합되어 있고, 별의 가시광이나 자외선에 의해

22 성간흡수의 원인인 고체 미립자.

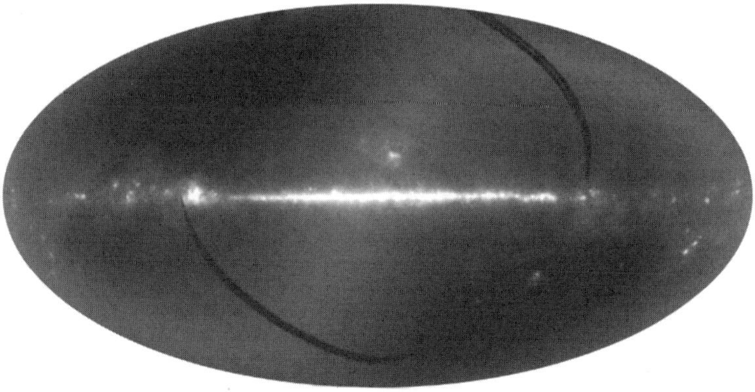

그림 1.18 적외선 천문 위성 IRAS에 의한 12, 60 및 100 μm의 적외선 세기를 합성한 전천 이미지(화보 2 참조). 활 모양으로 검은 부분이 몇 군데 보이는 것은 관측되지 않은 부분을 나타낸 것이다 (http://www.ipac.caltech.edu/Outreach/Gallery/IRAS/allsky.html).

가열되며, 저온의 성간 먼지는 수십 K, 고온의 성간 먼지는 수천 K라고 추정한다. 성간 가스에는 H I 가스 이외에 수소 분자(H_2) 가스도 있으며, 성간 먼지는 분자 가스 속에 더 많이 포함되어 있다. 이 때문에 원적외선의 분포는 분자 가스의 분포를 잘 반영하고, 21 cm 전파 방출선에서는 볼 수 없었던 구조가 있다는 것을 알 수 있다. 이들은 성간 분자 가스를 검출할 수 있는 전파 관측 결과와 맞추어 보면 확인해 볼 수 있다.

그러나 그림 1.18의 이미지에서는 S자 모양의 약간 희미한 띠 모양의 구조도 볼 수 있다. 이것은 주로 12 μm에서 검출되는 구조로서 그 방향이 황도면과 일치한다. 이 때문에 태양계의 행성 공전면에 집중되어 있는 행성 간 먼지가 태양광으로 데워져서 열복사를 내고 있기 때문에 나타난 구조임을 알 수 있다. 즉, 이 구조는 은하계의 전체 구조와는 무관하므로 주의가 필요하다.

그림 1.19 COBE 위성에 탑재된 DIRBE 관측 장치에 의한 적외선의 전천 이미지(화보 2 참조, http://lambda.gsfc.nasa.gov/product/cobe/dirbe_image.cfm(NASA and the COBE Science Team)).

1.2.6 근적외선

좀 더 짧은 파장의 적외선은 비교적 저온의 별에서 나오며, 이 파장의 전자파는 성간 먼지에 의한 흡수의 영향이 가시광에 비해 훨씬 작기 때문에 별의 진짜 분포를 알아낼 수 있다. COBE 위성에 의한 근적외선 이미지를 보면, 은하면으로 집중되는 점과 은하 중심으로 집중되는 점이 명확하다(그림 1.19). 다음에 나타내는 가시광으로 보는 것보다도 은하면으로 집중되는 것이 강하며 공간적으로 연속적으로 분포하는 것은 흡수의 영향이 작기 때문이다.

또한 은하계가 벌지를 갖고 있는 것도 명확하게 알 수 있다. 벌지의 겉보기 모양을 자세히 측정한 결과, 벌지가 막대 구조를 가지며 동쪽(그림에서 왼쪽)이 태양계에 가까운 상태로 기울어져 있음이 알려졌다.

1.2.7 가시광

가시광은 잘 알려진 것처럼 별이나 다양한 성운을 볼 수 있다. 가시광의

그림 1.20 지상에서 사진 촬영에 의한 가시광의 전천 이미지(화보 2 참조, http://home.arcor-online.de/axel.mellinger/allsky.html).

전천 이미지(그림 1.20)를 보면 중앙에서 좌우로 은하수가 길게 뻗어 있는 것을 알 수 있다. 세계지도라면 적도에 해당하는 위치이다. 이것은 은하수가 천구상에서 큰 원을 그리고 있기 때문이며, 원반 모양 별 무리의 내부에 태양계가 포함되어 있는 것을 직접적으로 나타낸다.

전천 사진을 보면 은하수는 곳곳에서 별의 겉보기 밀도가 낮은 부분이 흩어져 있는 것이 눈에 띈다. 이것은 별의 분포가 두드러지게 고르지 않아서가 아니라 암흑 성운[23]에 의한 현상이다. 암흑 성운도 마찬가지로 은하수를 따라 분포하고 있기 때문에 부분적으로 별의 겉보기 밀도가 낮은 영역이 산재해 있는 것처럼 보인다. 이것을 역으로 이용하여 별의 겉보기 분포 밀도에서 성간흡수량을 추정할 수 있다. 이것을 별 헤아리기 방법이라고 한다. 허셜이 사용한 은하계의 별 분포를 구하는 방법과 근본적으로 동일한 방법이지만, 그가 무시하였던 성간흡수가 오히려 별의 겉보기 분포 밀

23 성간 가스와 먼지가 짙게 모여 있는 영역. 배후의 빛이 차단되어(흡수되어) 암흑처럼 어둡게 보이는 것에서 이 이름이 붙었다.

도에 큰 영향을 주고 있는 것을 역이용하는 방법이다. 이 방법으로 얻은 가장 넓은 범위의 성간흡수 분포를 그림 1.21에 나타냈다.

암흑 성운에 의한 성간흡수의 영향을 고려하고 대략적인 별의 분포를 보면 그림 1.20 중심부 부근에서 은하수의 폭이 넓어지고 있는 것을 얼추 알아볼 수 있다. 이것으로부터도 그림의 중심 부근이 은하계의 중심 방향임을 짐작할 수 있을 것이다.

암흑 성운과 별이 혼재하고 있는 것에서도 알 수 있듯이 은하계는 별과 성운 등 다양한 천체의 집합체이다. 따라서 은하계의 전모를 알기 위해서는 각각의 천체를 관측하기에 알맞은 다양한 파장의 전자기파로 관측할 필요가 있다. 이를테면 캅테인이 얻은 은하계의 모습이 실제로는 은하계의 일부에 한정되었던 것은 실제의 성간 소광이 당시의 예상보다 훨씬 컸기 때문이다.

1.2.8 X선

X선의 세기 분포에도 은하면 및 은하 중심에 집중되어 있는 경향을 보인다(그림 1.22). 그러나 다른 파장의 그림과 크게 다른 점은 은하면에 아주 가깝고 좁은 띠 모양의 영역이 오히려 어두워져 있는 것이다. 여기에서 보이는 X선은 수백만 K의 고온 가스에서 방출되고 있기 때문에 X선 세기 분포는 초고온 가스의 분포를 반영한다. 즉 이러한 가스도 은하면에 집중되어 있는 것을 보여주지만, 띠 모양으로 어두워져 있는 것은 가시광의 경우와 마찬가지로 X선이 전방의 성간물질에 의해 흡수(산란 소광)되고 있기 때문이다. 그러한 상황에도 불구하고 은하계 중심이 매우 밝은 것으로부터 초고온 가스가 은하 중심 영역에 눈에 띄게 집중되어 있는 것으로 판단할 수 있을 것이다.

은하면 이외에는 X선으로도 북극 박차에 대응하는 구조가 보이는 것이

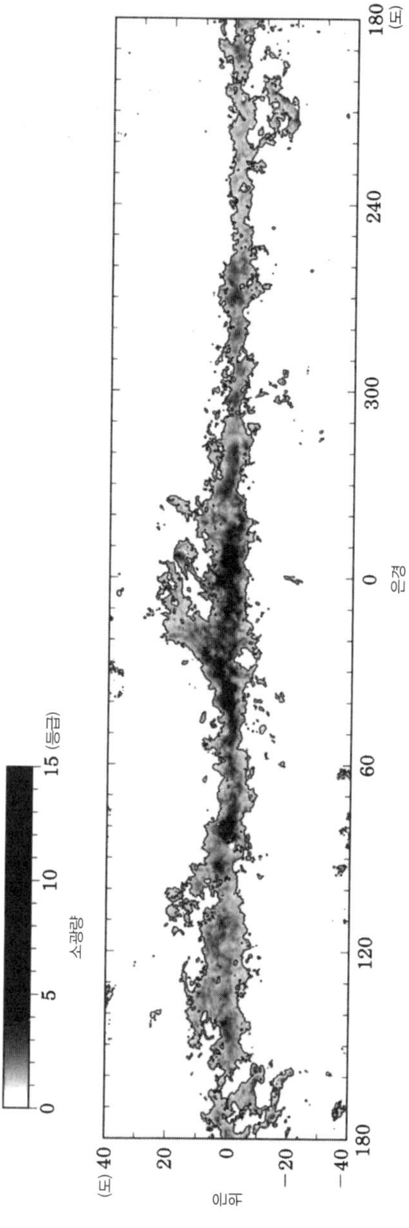

그림 1.21 별 헤아리기 방법에 의한 은하수 영역의 성간흡수량 분포(Dobashi *et al.*, 2005, *PASJ*, 57, SP1).

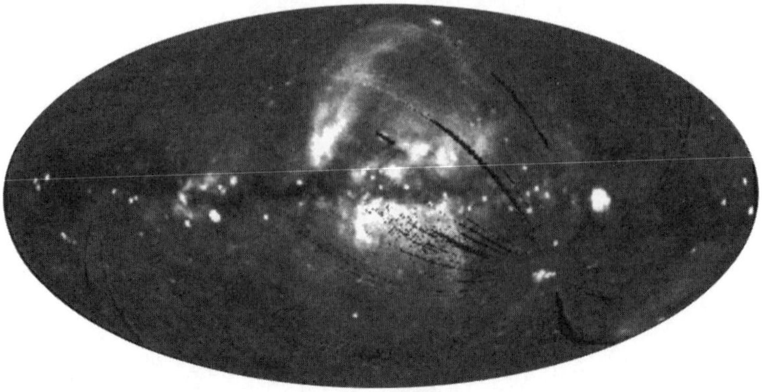

그림 1.22 ROSAT 위성에 의한 광자 에너지가 0.75 keV인 X선에서의 전천 이미지(화보 2 참조). 활 모양으로 검게 나타낸 부분은 관측되지 않은 부분을 나타낸다(http://wave.xray.mpe.mpg.de/rosat/images/survey, ROSAT Mission, Max-Planck-Institut für Extraterrestrische Physik).

특징이다. 초신성 잔해의 내부는 초고온 가스가 가득 차 있어서 X선으로 빛나는 것으로 알려져 있다. 따라서 북극 박차가 X선 및 낮은 주파수의 연속전파에서 보이는 것 자체가 북극 박차가 초신성 잔해와 유사한 구조라는 근거가 된다.

1.2.9 감마선

감마선에서는 은하면이 명확하게 보인다(그림 1.23). 이처럼 넓게 펼쳐진 감마선은 고에너지 우주선과 성간가스(분자 가스와 중성 원자 가스를 포함) 중의 양성자가 상호작용하여 방출하는 것으로 추정한다.

성간가스가 은하면에 집중되어 있는 것은 21 cm 전파 방출선 등에서 본 바와 같고, 고에너지 우주선이 은하면에 집중되어 있는 것은 낮은 주파수의 연속전파의 모습에서 상상할 수 있다. 따라서 모두 은하면에 집중되어 있기 때문에 감마선 세기 분포가 은하면에 집중되어 있는 것이 당연하다. 그러나 여러 가지 관측 사실을 통일적 및 정량적으로 설명할 수 있다

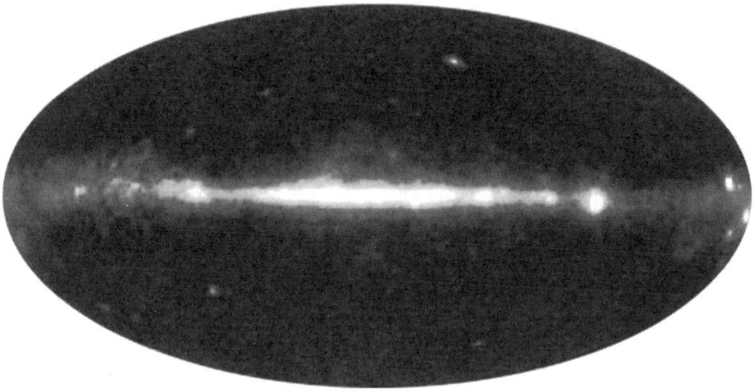

그림 1.23 콤프턴 감마선 천문대 위성 CGRO에 탑재된 EGRET 관측 장치에 의한 광자 에너지가 100 MeV 이상인 감마선에서의 전천 이미지(화보 2 참조, http://cossc.gsfc.nasa.gov/docs/cgro/egret/).

는 것이 천체의 진짜 모습을 밝히는 데에 매우 중요하다는 점을 생각하면, 감마선 세기 분포가 이렇게 보이는 것은 당연한 사실이 아니라 독립적인 하나의 관측 사실로 받아들여야 한다.

1.3 기본적인 관측량

1.1절에서 언급한 19~20세기의 연구를 통해 은하계는 약 2,000억 개의 별(정확하게는 2,000억 개의 태양 질량에 해당하는 별)이 고속으로 회전하면서 볼록 렌즈 모양으로 모인 천체라는 것이 밝혀졌다. 또한 별과 별 사이에는 성간물질이 존재한다. 성간물질은 가스와 고체 미립자로 구성되며, 각각 전체 별 질량의 약 20분의 1 및 약 2,000분의 1을 차지하고 있다.

그들은 별처럼 또는 그보다 더 얇은 원반 모양으로 분포하며, 별과 함께 고속으로 회전하고 있다. 원반 표면에는 이온화된 수소 영역을 따르는 푸르고 밝은 대질량성이 소용돌이 팔을 그리고 있어 전형적인 소용돌이은하라는 것이 확인되었다. 또한 원반 중심부에 부풀어 오르고 밀집된 별 집단인 벌지의 존재도 확인되었다. 최근 벌지는 막대 모양 구조를 갖고 있다는 것도 공통적으로 인식되고 있다. 반면 원반 표면에 수직 방향을 따라서는 별의 개수 밀도가 기하급수적으로 급격히 감소하고, 원반에서 조금 벗어나면 원반과는 다른 역학적 · 화학적인 특징을 갖는 헤일로라는 영역이다. 구상성단은 이 헤일로의 대표적인 구성원이다. 헤일로는 구상성단의 분포 영역을 훨씬 넘어서 더 바깥으로 계속되고 있다고 생각한다.

이처럼 은하계는 크게 나누어 원반, 벌지, 헤일로의 3가지 성분을 가진 소용돌이은하로 알려졌다(그림 1.24).

이러한 세 성분의 차이점은 예전에는 별의 분포나 운동과 구별하여 다뤄 왔지만, 현재 은하계 형성 역사의 흐름 속에서 파악한 결과, 그 형성 과정과 형성 시기의 차이에서 비롯되었음이 밝혀졌다.

1.3.1 은하계의 크기와 질량

은하계의 원반 부분은 팬케이크 모양을 보이고, 바깥 가장자리 부분은 반경 약 15~20 kpc 정도까지 펼쳐져 있는 것으로 추정한다. 태양계는 중심에서 8 kpc[24] 바깥에 위치하며 두께 방향으로는 원반의 중앙면, 엄밀하게는 은하면에서 40 pc 정도 떨어져 있다.

일반적으로 소용돌이은하의 별 원반은 중심에서 바깥으로 향할수록, 또 원반면에서 멀어질수록 거의 기하급수적으로 밀도가 떨어지는 모습을 적용하여 정량화되어 있다. 그런 원반은 중심의 별 밀도, 중심에서 반경 방향으로 나갈 때 밀도가 $1/e$(e는 자연로그)로 감소하는 길이(눈금 길이), 은하면에서 수직 방향으로 나갈 때 밀도가 $1/e$로 감소하는 높이(눈금 높이)로

24 IAU에서 결의된 1980년대 당시(정확하게는 1985년)의 권장 값은 8.5 kpc이였다. 현재는 더 작은 값으로 관측되고 있다(2.2.1 참조).

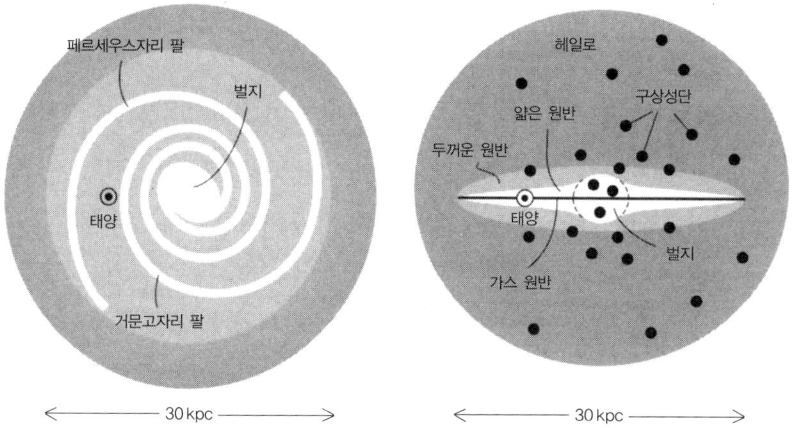

그림 1.24 현대 은하계 모습의 개략. 원반 정면에서 본 구조(왼쪽)와 원반 측면에서 본 구조(오른쪽).

표현한다.

은하계의 경우, 중앙에서 원반 성분의 별 밀도는 약 0.8 별 pc^{-3}(1 pc 입방체 안에 별이 평균 0.8개 있음), 눈금 길이는 약 3.5 kpc, 눈금 높이는 약 0.3 kpc으로 생각되고 있다. 근사적으로는 직경이 두께의 12배인 원반으로 볼 수 있다. 태양 근처의 별 밀도는 약 0.1 별 pc^{-3}이다. 더 자세하게 보면 이 원반 성분의 눈금 높이는 별의 질량과 금속 함량(즉 나이)에 따라 다르며, 현재는 두 가지(경우에 따라서는 세 가지) 성분으로 나누어 설명되는 경우가 많다. 이들로부터 원반의 질량은 약 1,000억 태양 질량($M_\odot$)[25]이라고 알려져 있다.

은하계의 벌지는 중심에서 바깥으로 향해 별 밀도가 내려가는 편평한 회전 타원체로 간주하고 있다. 정밀도가 낮은 근삿값이지만, 약 100억 $M_\odot$ 별을 포함하고 있다고 생각된다. 그러나 상세한 별 분포는 아직 조사

25 $1\ M_\odot = 1$ 태양 질량 $= 10^{30}$ kg, 천체 질량의 단위로 사용된다.

되어 있지 않다. 이는 성간 소광의 영향으로 가시 영역에서 별 헤아리기 조사 자체에 어려움이 많기 때문이다.

벌지 크기에 대해 감을 잡을 수 있도록 일부러 개략적인 값으로 나타낸다면, 직경 4 kpc, 중앙의 두께 3 kpc 정도의 회전 타원체에 주요 부분이 포함되어 있다고 할 수 있다. 벌지의 표면밝기[26]를 드 보쿨레르G.H. de Vaucouleurs의 $r^{1/4}$ 법칙[27]으로 표현한 경우, 유효 반경이 약 0.3 kpc이다. 여기서 유효 반경은 2차원에 투영할 때 벌지 전체 빛의 반이 포함된 반경을 말한다. 또한 최근에는 벌지의 전체 형상은 회전 타원체보다는 세 축의 길이가 모두 다른 럭비공을 약간 눌러 찌그러뜨린 느낌의 3축 부등 타원체로 생각되고 있다. 그 장반경은 약 2 kpc이고, 은하 중심과 태양을 잇는 선으로부터 은경이 증가하는 방향으로 20° 정도 기울어진 방향이다. 3축 반경의 비는 대략 1 : 0.5 : 0.3으로 생각된다.

헤일로는 원반과 벌지를 둘러싼 광대한 공간이다. 그 별 밀도는 거문고자리 RR형 변광성과 구상성단의 분포로부터 은하 중심에서의 거리의 약 3.5제곱에 반비례하여 감소한다는 것이 알려져 있다. 구상성단이 속하는 영역은 내부 헤일로 또는 별 헤일로라고 하며, 반경 약 25 kpc에 이르는 구 모양의 영역이다. 한편, 더 외부로 펼쳐져 있는 헤일로는 고온의 희박한 가스로 채워져 있다는 것이 최근의 전파와 X선 관측으로 밝혀졌다. 헤일로에서 더 멀리 가면 거기에는 은하계 주위를 도는 왜소은하와 대 · 소 마젤란은하(거리 약 50 kpc)가 존재하며, 은하계의 이웃에는 마찬가지로 왜소은하를 여럿 거느린 안드로메다은하 M 31(거리 약 700 kpc)이나 M 33 등의 소용돌이은하가 있다. 은하계는 M 31, M 33과 함께 국부은하군을 형성하고 있다.

26 천구상의 단위 면적당 밝기 또는 단위 입체각당 밝기.

27 표면밝기를 $e^{-(r/r_0)^{1/4}}$에 비례하는 함수로 나타내는 것. r_0는 상수.

1.3.2 은하계의 운동과 누락 질량

은하계의 원반, 벌지, 헤일로 모두에서 별과 성간물질은 은하계 전체의 중력에 끌려 쪼개지지 않고 모여 있다. 한편 그 중력에 맞서는 운동에 의해 각각의 형태를 유지하고 있다. 세 성분에 속하는 별의 평균적인 운동은 그 형태에서 짐작할 수 있는 것과 같이 중력에 대해 지탱하는 방법이 달라서 원반, 벌지, 헤일로의 순서로 은하 중심 주위를 회전운동하는 정도가 작아지며 일정치 않은 운동도 섞여 있다.

원반의 별과 성간물질은 태양계의 행성과 마찬가지로 거의 동일한 평면 내에서 은하 중심 주위를 회전하고, 원심력이 중력과 균형을 이뤄 일정한 형태를 유지하고 있다. 태양 근처의 별은 초속 약 220 km로 은하 중심 주위를 거의 원운동하고 있는 것으로 알려져 있다. 원운동에서 벗어난 정도는 작으며, 크더라도 초속 수10 km 정도의 차이밖에는 없다. 이 정연한 원운동이 은하계 원반을 형성한다. 원반에 속하는 별은 원반 표면에 수직인 방향, 즉 원반에서 벗어나는 방향으로도 어느 정도의 속도를 가지고 운동하고 있다. 따라서 수직 방향으로 어느 정도의 두께를 갖는다. 또한 두께는 뒤에서 다루겠지만, 나이와 관련되며 오래된 것일수록 두껍다. 이러한 두께의 기원에 대해서는 여러 후보가 제안되어 있고, 은하계의 형성 역사와 관련지어 연구가 진행되고 있다.

벌지도 전체적으로 원반 부분와 같은 방향으로 함께 회전하는 성분이 상당히 존재하고 있다는 것이 최근의 행성상 성운이나 적외선 천체의 전파 관측에서 확인된다. 그러나 원반 부분에 비하면 그 정도는 절반 이하이다. 그만큼 일정치 않은 운동에 의해 유지되고 있는 비율이 높다. 벌지의 3축 부등 타원체 모양을 만들려면 은하 중심 주위의 단순한 원 궤도나 타원 궤도 외에 다양한 형태의 복잡한 궤도를 많이 채택해야 한다고 생각한다.

그러나 아직 상세하게 이해할 수 있는 단계는 아니다.

헤일로는 그 형상으로부터 추측할 수 있는 것처럼 체계적인 회전은 작고 전체적으로 주로 일정치 않은 운동에 의해 중력에 맞서고 있다. 즉, 태양계의 혜성처럼 여러 방향으로 다양한 크기의 타원운동을 하는 천체의 집합체로 파악되고 있다.

여기에서 태양 근방의 질량 밀도에 대해 언급해 두고자 한다. 태양 근방 별의 은하면에 수직 방향의 운동으로부터 은하계 중력의 은하면에 수직 방향의 성분이 얻어지며, 거기에서 태양 근방의 역학적인 질량 밀도가 추정된다. 이미 1922년의 논문에서 캅테인이 이 방법으로 태양 근방의 질량 밀도를 구하는 방법에 대해 서술했다. 그 제자인 오르트는 1932년 역학적으로 구한 질량 밀도가 전자파로 관측된 천체를 모두 합친 질량 밀도에 비해 더 크다는 것을 지적하고, 보이지 않는 질량의 존재를 지적했다. 1960년에 그가 얻은 새로운 질량 밀도의 추정값도 전자파로 관측된 질량 밀도에 비해 역시 약 2배 큰 것이었다. 이러한 불일치는 누락 질량Missing Mass이라고 불리며 오랫동안 수수께끼였지만, 1989년 쿠아이켄K. Kuijken과 길모어G. Gilmore에 의한 일련의 연구를 통해 해소되었다는 의견이 우세하다. 그러나 이에 대해서는 이견이 있으며 완전한 결론에 도달하지 못했다고 하는 사람도 있다.

오르트의 문제 제기로 많은 연구자들이 누락 질량 문제에 관심을 갖게 되고, 그 결과로 은하계의 회전 곡선, 구상성단과 대 · 소 마젤란은하의 운동, 주목하는 규모가 커질수록 불일치가 심각한 문제가 된다는 것 등이 밝혀져 왔다. 요즘에는 불일치의 원인이 되는 물질을 암흑물질이라고 부른다. 전자파의 관측에서 직접 파악할 수 있는 물질의 약 8배의 질량을 가진 직경 180kpc 정도에 이르는 헤일로가 은하계를 감싸고 있다고 하면 불일치가 없어진다고 한다. 암흑물질의 정체는 아직 명확하지 않으며, 천문학에서 큰 문제 중 하나이다.

1.3.3 금속 함량과 별의 분류

은하계의 원반, 벌지, 헤일로의 주요 세 가지 성분은 역학적으로 다른 특징을 가지고 있을 뿐만 아니라 원소 조성의 측면에서도 서로 다른 특징을 가지고 있는 것으로 밝혀졌다. 우주 초기의 빅뱅에 의한 원소 합성에서는 수소, 헬륨, 질량수 7인 리튬만 만들어지고, 질량수 6인 리튬과 베릴륨보다 무거운 원소는 만들어지지 않는다. 천문학에서는 헬륨보다 무거운 원소를 중원소 또는 금속이라고 하며, 그 양을 중원소 함량 또는 금속 함량이라고 한다. 중원소는 주로 별의 내부에서 만들어지고 초신성 폭발과 성풍에 의해 성간 공간으로 환원된다. 성간가스에서 별이 형성되고 성간 공간으로 중원소가 환원되는 횟수가 거듭될수록 별도, 성간가스도 금속 함량이 증가한다. 따라서 금속 함량의 차이가 형성 과정의 차이에 이어지고 있다.

원반에 속하는 천체의 금속 함량은 대략 태양 근방과 같은 정도의 값을 갖는 것으로 생각되고 있다. 또한 전파 관측의 발달에 의해 이온화된 수소 영역의 가스 관측에서 은하 중심으로부터의 거리가 커질수록 금속 함량이 감소하는 것으로 밝혀졌다.[28]

벌지를 구성하는 대부분의 별은 나이가 많은 별이며 스펙트럼형이 O, B, A, F형 별은 거의 보이지 않는다. 거성의 분광에서 얻은 결과에서는 벌지 천체의 금속 함량은 평균적으로 태양 근방에 비해 큰 차이가 없다고 보고되고 있다.

헤일로에 속하는 별은 일반적으로 나이가 많고 금속 함량이 낮은 것이

28 태양계에서 2배 바깥으로 가면 약 3분의 1 정도로 감소한다.

많다. 역사적으로 헤일로의 전형적인 천체는 운동과 금속 함량의 두 가지 측면에서 원반의 별과는 크게 다른 천체로 인식되어 왔다. 구상성단을 자세히 살펴보면 그 안에는 금속 함량이 더 많은 것과 적은 것이 있으며, 금속 함량의 차이가 분포와 운동의 차이에 연관되어 있음이 최근 밝혀졌다. 금속 함량이 태양의 1/6보다 많은 구상성단은 은하 중심 영역에 집중되고 게다가 전체적으로 크게 회전하고 있다. 반면, 그보다 적은 구상성단은 헤일로에 퍼져 있고 회전도 작다. 이에 대해 앞으로 더욱 자세하게 연구될 것으로 기대한다.

한편, 바데가 도입한 별의 종족이라는 개념은 후속 연구를 통해 기본적으로는 그 별이 속한 집단에서 별이 형성되기 시작한 이후의 경과 시간의 차이를 나타내고 있는 것으로 밝혀졌다. 별 형성 시기의 차이는 관측적으로는 형태나 분포, 운동, 금속 함량, 나이 차이로 나타나기 때문에 이 네 가지 측면에서 원반, 벌지, 헤일로의 연구가 정밀화되고 체계적인 분류로 진화를 거듭하고 있다. 그 결과 연구자에 따라 다소 차이는 있지만 태양 근처의 별 연구에서 현재는 대체로 표 1.1과 같이 별을 분류하여 논의하는 것이 대부분이다.

속도분산 항인 (U, V, W)는 각각 은하 중심과 태양계를 연결한 방향, 은하 중심 주위를 도는 방향, 은하면에 수직인 방향을 축으로 한 별의 속도 분산을 나타낸다. 또 평균 속도 항은 태양계 근방 별의 평균값에 대한 속도를 나타낸 것이다. 이 표에서 나이가 오래된 것일수록 속도분산이 크고, 회전 운동이 작으며, 금속 함량이 적은 것을 알 수 있다.

참고를 위해 각 분류에 속하는 구체적인 천체의 이름을 나열해 보면, (i) 중에서도 특히 젊은 별은 시리우스, 베가, 플레이아데스 성단, 히아데스 성단 등이고, 상대적으로 나이가 오래된 별은 태양, 켄타우루스자리 α별, 산개 성단 M 67, 산개 성단 NGC 188 등이다. (ii)에는 아르크투루스, 구

표 1.1

분류	태양 근방의 비율	눈금 높이 (pc)	속도분산(U, V, W) (km · s⁻¹)	평균 속도 (km · s⁻¹)	평균 금속 함량 Z/Z☉*
(i) 새로운 얇은 원반	96%	300	35, 25, 20	−10	0.8
(ii) 오래된 두꺼운 원반	4%	1,000	65, 50, 40	−30	0.3
(iii) 헤일로(타원 성분)	0.1%	—	130, 100, 90	−200	0.02

* 태양의 금속 함량 $Z_\odot=0.02$

상성단, 큰부리새자리 47번 별 등이 있고, (iii)에는 캅테인의 별, 그룸브리지 1830, 구상성단 M 13, 구상성단 M 92 등이 있다.

여기에서 벌지 성분이 표에 들어가 있지 않은 것은 실제 성분 분석에서 다룬 것이 태양 근방의 별로 제한되어 있어서 그 안에서는 벌지 성분과 헤일로 성분을 구분하기가 곤란하며, 벌지와 헤일로를 하나의 타원체 성분으로 다루는 모델이 일반적이기 때문이다. 그들을 구별하는 설명은 앞으로 연구의 진전을 기다릴 필요가 있다.

1.4 은하로서의 은하계

소용돌이은하와 타원은하 등 오늘날 은하라고 부르는 천체는 허블이 밝혀낸 거리 추정값 이외에도 1920년대까지 밝혀진 수많은 관측적인 증거에 의해 은하계 바깥에 있는 천체라고 판명되었다. 이에 따라 은하계 같은 천체는 우주에서 유일한 것이 아니라 수많이 존재하는 동종의 천체 중 하나에 불과한 것으로 밝혀졌다.

그러면 다른 은하와 비교하면 은하계는 어떤 은하라고 말할 수 있을까. 여기에서는 은하 자체의 유사점과 차이점에 대해 논의하기 전에 관찰 대상으로서 은하계와 다른 은하는 어떤 관계에 있는지를 먼저 언급하겠다.

다른 은하에 비해 은하계가 갖는 가장 두드러진 차이점은 대상까지의 거리이다. 태양계는 은하계의 내부에 있기 때문에 은하계는 다른 은하계와는 비교가 되지 않을 정도로 가까이에 있는 은하라고 할 수 있다. 즉, 각 분해능이 같은 관측 장치를 사용할 경우 다른 은하와는 비교가 되지 않을 정도로 높은 공간 분해능으로 내부 구조를 알아낼 수 있다. 이것은 은하와 같은 천체의 경우 다른 은하에서 공간적으로 분해할 수 없는 천체와 현상을 분해할 수 있으며, 그것이 어떤 천체와 현상이 겹쳐져 나타나는지를 직접 관측할 수 있다는 것을 의미한다.

그러나 관찰자 자신이 은하면 가까이 있기 때문에 깊이 방향의 분포와 구조를 결정하기 어렵다는 곤란함도 있다. 예를 들어 북극 박차를 둘러싼 논쟁 등에서 그러한 예를 볼 수 있다. 또는 세페이드가 은하계 내에서 다수 발견되고 있었음에도 그 변광 주기와 광도에 관계가 있는 것은 소마젤란은하 안의 변광성을 관측할 때까지 알아볼 수 없었던 것도 이러한 일례로 생각할 수 있을 것이다.

태양계는 은하계의 원반 부분에 포함되어 중심에서 한참 벗어난 위치에 있다. 따라서 은하계는 완벽하게 옆으로 향한 은하로 관측된다. 은하계가 태양계에서는 띠 모양의 천체, 즉 은하수로 관측되는 것은 이러한 사실이 직접적으로 반영된 것이다. 원반 부분에는 성간 가스구름이 집중되어 있고 그 안에 포함된 성간 먼지에 의한 산란의 영향으로 가시광으로는 은하계 전체 모양뿐 아니라 중심핵 부근의 모습도 확인할 수 없으며, 원반을 옆으로 보고 있다는 것은 소용돌이 팔로 대표되는 원반 표면에 펼쳐 있는 구조를 천구상의 분포로서 직접 관측할 수 없다는 것을 의미한다. 즉 원반 표면에 펼쳐 있는 구조를 알아내기 위해서는 대상이 되는 개별 천체까지의 거리를 어느 정도 이상의 정확도로 추정할 필요가 있다.

이때 가장 많이 사용되는 것이 운동학적 거리라는 방법이다. 이 구체적인 방법은 다음 장에서 설명하겠지만, 은하계의 원반 부분에 있는 천체가 은하 중심 주위를 원운동하고 있다는 모델을 이용한다. 그러나 운동학적 거리는 태양에서 은하 중심까지의 거리를 단위로 그에 대한 비율로만 얻을 수 있기 때문에 태양-은하 중심 거리를 독립적으로 측정해야 한다.

은하계 내의 개별 천체가 은하 중심 주위를 완전하게 원운동하는 경우, 운동학적 거리는 매우 효과적인 거리 결정 방법이지만 실제로는 원운동으로부터 차이가 있다는 것이 알려져 있으며, 이것이 운동학적 거리의 큰 오차 요인이 된다. 특히 소용돌이 팔 부근이나 막대 모양 벌지의 영향이 있으면 계통적으로 원운동으로부터 차이가 나타난다는 것이 다른 은하의 관측에서 알려져 있으며, 은하계에서도 당연히 이런 경향이 있다고 추측된다.

이러한 계통적인 차이는 은하계의 경우는 추정하기 곤란하지만, 일정치 않은 차이에 대해서는 개별 천체의 운동을 통계 처리하여 추정할 수 있다. 실제로 태양의 경우 주변 별의 평균값에 대하여 초속 20 km 정도의 고유 운동(태양 운동이라고 함)을 갖는다고 관측으로부터 알려져 있다(2장 참조).

이러한 조건을 염두에 둔 후 관측한 데이터를 기반으로 은하로서의 특징에 주목해 보기로 하자.

이미 언급한 바와 같이 가시광만으로는 은하계 전역을 꿰뚫어 볼 수 없다. 성간 먼지에 의한 소광(성간 소광)이 너무 강해서 강력한 망원경을 이용해도 은하면 방향으로 태양계에서 3 kpc 정도까지 밖에 관측할 수 없다. 하지만 그래도 별 분포가 원반 모양인 것은 가장 직접적인 관측 데이터인 개개의 별까지 거리를 종합하면 그려낼 수 있다. 별까지의 거리를 최소한의 가정으로 측정하는 방법은 연주시차를 이용하는 방법이다. 현재 가장 광범하고 고정밀도로 측정된 별까지의 연주시차 데이터는 유럽의 위치 천문학 위성 히파르코스에 의해 관측된 성표이다. 이에 따라 태양 근방 별의 위치를 3차원 분포로 그려 보면 별이 원반 모양으로 분포하고 있는 것을 직접 보여줄 수 있다. 자세히 보면 천체의 종류에 따라 두께가 다른 것이 알려져 있으며, 나이든 세대의 천체일수록 두꺼워지는 경향을 보인다. 다른 관측 데이터와 종합하면 별이나 고온 가스에 주목한 경우에 원반의 두께는 일반적으로 1.3 kpc 정도이다.

저온의 성간 가스(분자 가스)는 운동학적 거리를 이용하여 분자 가스 원반에 수직 방향의 두께 분포를 얻을 수 있다. 이는 나이든 세대의 별에 비해 훨씬 얇고, 전형적으로 325 pc 정도로 추정된다. 은하계 이외에서 분자 가스의 두께 방향 분포를 얻을 수 있는 은하는 현재 NGC 891 등 극소수에 한정되어 있지만 그들과 큰 차이가 없다.

현재 관측 기술로 연주시차에 의해 충분한 정밀도로 거리가 측정되는 한계보다 더 멀리까지 별의 분포를 확인하려면 스펙트럼형에서 추측되는 절대등급을 이용하는 방법이 효과적이다. 또한 세페이드는 변광 주기에서 절대등급을 추정할 수 있다. 이러한 방법으로 별까지의 거리를 조사해 그 분포를 살펴보면 은하계의 원반 표면 위에 대략 세 가닥의 줄이 나타난다(그림 1.25). 이러한 줄은 질량이 크고 수명이 짧은 주계열성의 분포를 나타내는 것으로 다른 소용돌이은하에서 소용돌이 팔을 따라 집중되는 것을 볼 수 있다고 알려져 있다. 여기에서 세 가닥의 줄은 태양계 근방에 세 개의 소용돌이 팔이 지나가고 있는 것을 반영하는 것이라고 예상된다. 이 중에서 태양계를 포함하는 모양으로 분포하는 줄을 오리온자리 팔 또는 국부 팔이라고 한다.

전파 방출선 관측에 의해 얻어진 HI 가스와 분자 가스의 원반 표면 위의 분포를 운동학적 거리를 기준으로 그려 보면 역시 소용돌이 팔 모양으로 분포하는 것을 알 수 있다. 앞서 말한 오차 때문에 이 방법으로 소용돌이 팔의 정확한 모습을 그려내는 것은 어렵지만 태양계 바로 내부와 외부에 소용돌이 팔이 지나간다는 것 등을 알 수 있으며, 은하계의 가스 분포

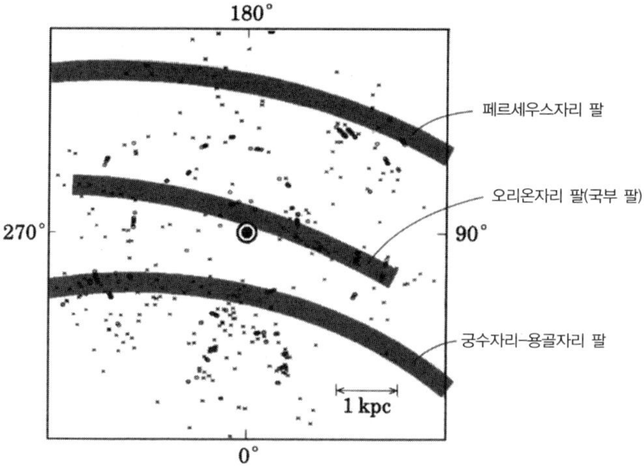

그림 1.25 개별 천체에 대한 거리 추정값을 단서로 하여 얻은 태양 근방 3kpc 이내의 O형 별의 은하면 위의 분포. ○는 산개 성단에 속한 별, ×는 그 밖의 별. 중앙의 ⊙는 태양계의 위치, 그림 주위의 숫자는 은경. 회색의 굵은 선은 성간 가스의 분포 등에서 예상되는 태양 근처의 3줄의 소용돌이 팔을 표시한 것. O형 별이 소용돌이 팔에 집중되어 있는지가 불명확하지만 알아볼 수는 있다(Garmany & Conti 1982, *ApJ*, 263, 777).

의 전체 그림도 이미 그려져 있다(그림 1.26).

원반의 두께 방향에 대해서는 직접 관측에서 중심부가 부풀어올라 있는 것을 알 수 있고, 다른 소용돌이은하에서 볼 수 있는 것과 같은 벌지를 가진다는 것을 알 수 있다. 이 벌지를 살펴보면 중심에 대해 동쪽과 서쪽에서 몇 가지 성질이 비대칭인 것으로 알려져 있다. 이를테면 HR도 위에서 주계열과 다른 밝은 별의 계열인 점근거성가지 별이라는 절대등급이 거의 일정한 일종의 적색거성의 거리 분포를 살펴보면 동쪽($0° \leqq l \leqq 3°$)이 서쪽($-3° \leqq l \leqq 0°$)에 비해 계통적으로 가까운 별이 많다. 적외선으로 본 벌지의 겉보기 두께를 조사해 보아도, 동쪽이 서쪽보다 원반에 수직한 분포가 약간 넓은 것으로 알려져 있다. 또한 최근에는 적색거성과 마찬가지로 절대등급이 거의 동일하다고 알려져 있는 레드클럼프 별을 이용하여 벌지 중

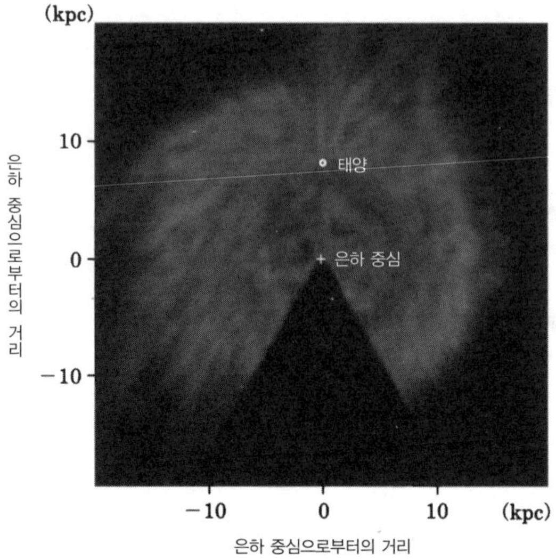

그림 1.26 운동학적 거리를 단서로 21cm 방출선 및 일산화탄소 분자 방출선의 전천 서베이 관측 데이터를 분석하여 얻은 은하계의 전체 성간 가스 분포(Nakanishi 2005 PhD Thesis, Univ. Tokyo).

앙축의 은경 별 거리를 구하는 것도 이루어지게 되었다(그림 1.27). 이러한 관측 결과, 은하계의 벌지는 비非축대칭이며, 동쪽(은경이 양(+)인 방향)이 앞으로 나와 있는 것으로 예상된다.

성간 분자 가스를 밀리미터파인 분자 방출선(CO)과 센티미터파인 분자 흡수선(OH)으로 비교하면 동쪽이 서쪽보다 흡수량이 적은 것을 알 수 있다. 이를 정량적으로 평가하여 은하면과 수직인 방향에서 본 분자 가스의 분포를 그릴 수 있다(그림 1.28의 왼쪽). 이것을 보면 은하 중심에 수반된 센티미터파인 연속전파의 분포에 대하여 분자 가스가 동쪽에서는 앞으로 분포하는 것을 알 수 있다. 이것도 벌지가 막대 모양이고 동쪽이 앞으로 나와 있음을 보여주고 있다. 이 관측 결과는 성간 분자 가스가 다른 은하의 막대 모양 벌지 주위에서 볼 수 있는 비원운동과 같은 운동을 하고 있는 것을 보여준다(그림 1.28의 오른쪽).

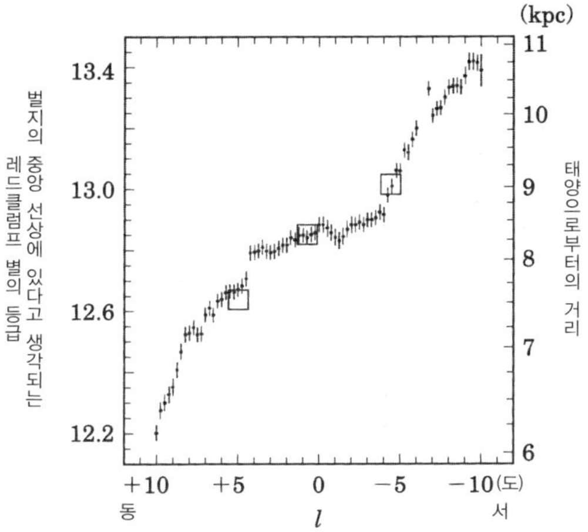

그림 1.27 레드클럼프 별의 평균 거리에 대한 은경 분포(Nishiyama *et al.*, 2005, *ApJ*, 621, L105).

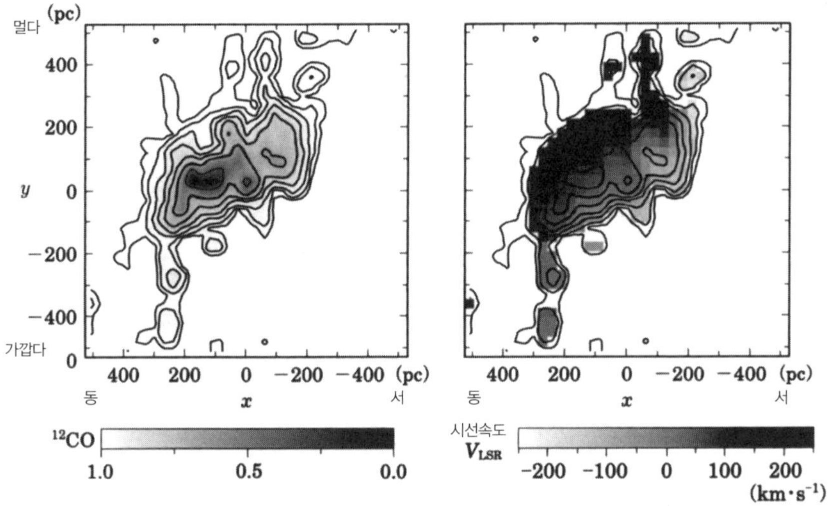

그림 1.28 은하 중심 · 벌지 방향에서의 분자 가스를 은하면과 수직인 방향에서 본 분포(Sawada *et al.*, 2004, *MNRAS*, 349, 1167). 태양계는 y축상에서 음의 방향(지면의 아래 방향)에 있다.

이렇게 보면 은하계는 크기도 모양도 전형적인 소용돌이은하이고, 게다가 벌지가 약간 비대칭인 막대기 소용돌이은하라는 것을 알 수 있다. 우리는 은하계의 모습을 외부에서 직접 관찰할 수 없지만, 이렇게 하여 그 전체 그림을 그릴 수 있다.

은하계 주위에는 왜소은하들이 흩어져 있는 것으로 알려져 있다. 그중 하나는 궁수자리 왜소은하이며 은하계로 떨어져 들어오고 있으며, 이윽고 합체될 것으로 생각한다. 대마젤란은하와 소마젤란은하도 은하계 바로 옆에 있는 은하로, 은하계의 중력에 의한 조석력의 영향을 강하게 받고 있다. 실제로 이들 은하와 은하계를 연결하는 HI 가스의 꼬리가 관측되어 마젤란운류라고 한다. 이 외에도 작은 은하가 조석력에 의해 파괴된 잔해로 추측되는 별의 집단이나 가스가 발견되고 있어서 은하계가 고립된 시스템은 아니라는 것이 명확하다.

현재의 우주론에서는 우주 초기에 은하끼리의 합체가 빈번했다는 설이 유력하며, 은하계와 같은 큰 은하는 여러 은하가 합체 성장하여 만들어졌다고 보는 연구자가 많다. 지금도 은하끼리 합체에 의한 은하계의 성장이 계속되고 있다고 생각해야 할 것이다.

칼럼 은하수 은하와 은하계, 두 개의 이름

이 책에서 소개했듯이 태양계는 하나의 은하에 속해 있다. 이 은하를 어떻게 부르는지에 대해서는 몇 가지 주장이 있지만, 자주 볼 수 있는 것으로 은하계the Galaxy와 은하수 은하Milky Way Galaxy가 있다.

은하는 원래 은하수를 가리키는 한자어이지만, 현대 천문학에서는 이것을 고유명사가 아니라 별과 성운의 큰 집단인 어떤 유형의 천체를 가리키는 단어로 여긴다. 1장에서 언급한 바와 같이 태양계가 속한 은하는 1920년경까지 우주에서 유일한 은하이며, 태양계를 중심으로 펼쳐져 있다는 생각이 주류였다. 그런데 사실은 당시의 생각보다 훨씬 큰 천체이며, 게다가 비슷한 천체가 우주에 다수 존재하는 것으로 밝혀졌다.

'거대한 은하' 라는 이미지는 지금까지 은하라고 했던 것(은하수로 보이는 태양계 주변의 별 집단)이 그보다 훨씬 거대한 체계의 일부라는 것을 나타낸다. 은하계라는 말은 거기에서 생성된 것이다. The Galactic System은 지금도 국제천문연맹 분과회의의 명칭에서 볼 수 있지만, 보통은 the Galaxy 또는 our Galaxy로 표현하며, 이를 일본의 많은 천문학자들은 은하계라고 번역한다.

'수많은 은하' 라는 이미지는 이것과는 다른 발상을 가져다준다. 안드로메다은하, 부자 은하(M 51), 더듬이 은하(NGC 4038/4039), M 82 은하라고 하는 것처럼 은하수 은하라고 부른다는 발상이다. 영어도 Milky Way Galaxy라는 표현이 최근 학술 논문에서도 사용하는 경우가 늘고 있다. 문부과학성의 학술용어집에서도 the Galaxy의 번역어는 '은하수 은하' 에 이어 '은하계' 라는 순서로 되어 있다.

이상을 감안하여 이 책의 편집회의에서도 논의한 결과, 이 책에서는 은하계라고 부르기로 통일했다. 비슷한 논의는 모두 대 · 소 마젤란성운의 호칭에서도 생길 수 있을 것이다.

제2장
은하계의 구조

은하계는 중심부가 조금 부풀어오른 렌즈 같은 모양의 소용돌이은하이다. 개략적으로 나타내면 그림 2.1처럼 (1) 중심 부근 타원형의 벌지 성분, (2) 얇은 렌즈와 같은 원반 성분, (3) 벌지와 원반 성분을 둘러싼 구형 헤일로 성분으로 분류할 수 있다. 이 장에서는 먼저 이러한 성분의 대표적인 성격을 소개하고, 이어서 은하계의 운동에 대해 배우면서 뼈대라고도 할 수 있는 질량 분포를 살펴보겠다. 또한 운동을 조사하여 밝혀진 은하계의 3차원적인 구조, 은하계의 자기장 구조에 대해서도 검토해 보자.

2.1 은하계의 구성 성분

2.1.1 벌지

은하계의 중심부에는 벌지라는 타원체 성분이 존재한다(그림 2.1). 은하 중심 방향은 가시광에서는 성간 먼지로 인해 약 30등급까지도 소광되기 때문에 벌지 성분의 관측이 어렵지만, 은경 $l=1^\circ$, 은위 $b=-3.9^\circ$의 방향으로 소광량이 2등급인 '바데의 창'이라는 작은 영역이 있다. 이 영역의 변광성을 관측함으로써 벌지는 종족 II의 늙은 별이 많다고 알려져 있다. 벌지 영역에서 근적외선을 관측하여 색-등급도를 만들면 색지수 J−H=0.3등급, J밴드 등급[1]이 17.5등급 근처에서 주계열성이 주계열을 벗어나려는 점(전향점)이 있음을 알 수 있다(그림 2.2). 이 점이 별 집단의 나이를 나타내며, 이 그림에서 벌지의 주계열성의 나이는 100억 년 이상이라는 것을 알 수 있다.

1 J밴드 등급은 파장 1.22 μm를 중심으로 한 일부의 빛만 통과시키는 필터를 이용하여 측정한 등급. H밴드 등급은 파장 1.63 μm에서의 등급. 색지수 J−H는 J밴드 등급과 H밴드 등급의 차이이며, 값이 작을수록 색이 푸르고, 클수록 붉게 나타난다.

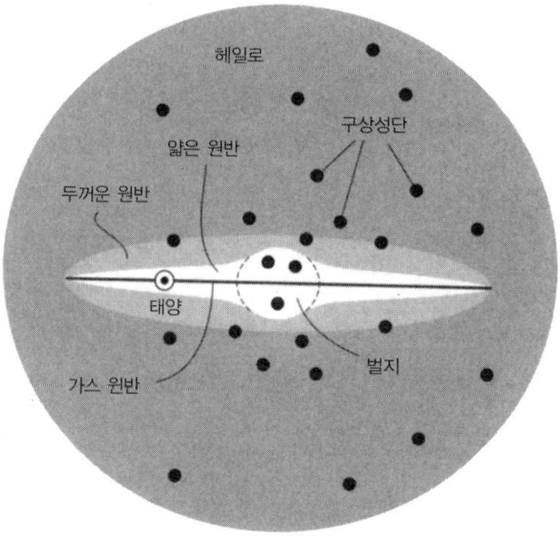

그림 2.1 은하계의 개략도.

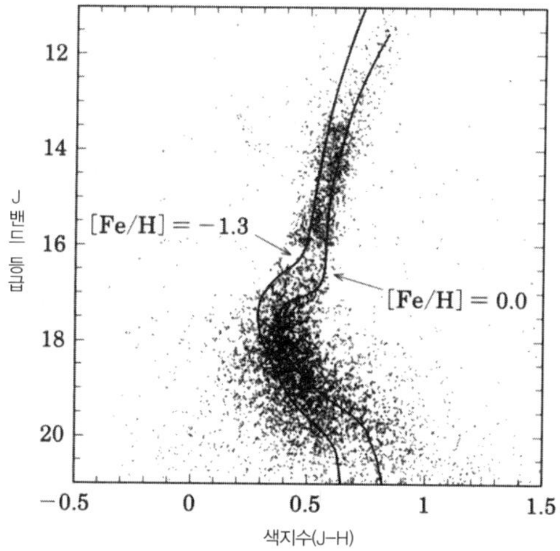

그림 2.2 벌지에 있는 별의 색-등급도. 곡선은 별의 나이가 100억 년일 때의 등시 곡선이다. 중앙에서 오른쪽 아래가 주계열성, 17.5등급 근처의 전향점에서 오른쪽 위로 나뉘어 갈라진다. 이 위치가 나이의 지표가 된다(Zoccali *et al.*, 2003, *A&A*, 399, 931).

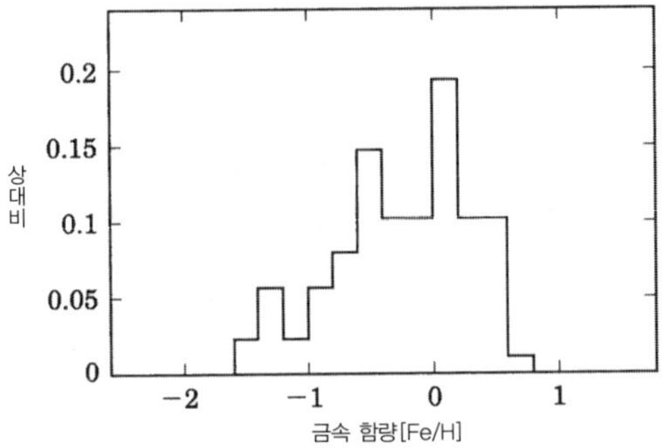

그림 2.3 벌지에 있는 적색거성의 금속 함량 분포(Fulbright *et al.*, 2006, *ApJ*, 636, 821).

벌지에 있는 별의 금속 함량은 바데의 창에 있는 K형 거성의 분광 관측을 통해 조사되었다. 그림 2.3에서 보이는 것처럼 금속 함량 [Fe/H][2]는 −1.29에서 +0.51이라는 넓은 범위에 걸쳐 있으며 평균값은 −0.25 정도이다. 벌지에는 구상성단과 같이 종족 II의 별이 많지만 금속 함량의 평균값은 구상성단의 값보다 크고, 오히려 태양 근처의 별과 비슷하다. 또한 금속 함량 분포의 분산이 크다는 경향도 있다. 이러한 금속 함량 분포는 은하계의 별 생성 역사를 감안한 화학진화 모델에서 잘 재현할 수 있다(4장 참조).

가시광은 은하면에서는 성간 먼지에 의한 흡수가 강하기 때문에 벌지 성분은 적외선 관측이 유리하다. IRAS 위성에 의한 적외선 관측 데이터를 이용하여 벌지의 모양을 조사하기 위하여 원반 부분의 지수함수 성분을 제거하면, $(R/R_e)^{-1/4}$(여기서 R_e는 유효 반경)에 비례하는 함수로 표현

2 [Fe/H]는 수소 원자의 개수 밀도 $n(\mathrm{H})$와 철 원자의 개수 밀도 $n(\mathrm{Fe})$의 로그비를 태양의 값을 단위로 대수적으로 나타낸 것. 즉 $[\mathrm{Fe/H}]=\log n(\mathrm{Fe})/n(\mathrm{H})-\log(n(\mathrm{Fe})/n(\mathrm{H}))_{\odot}$. $[\mathrm{Fe/H}]=-1$, -2는 각각 철이 태양의 1/10, 1/100이라는 것을 나타낸다. 금속 함량은 4.2.3절 참조. 중원소 함량이라고도 한다.

되는 타원체 성분이 남는다. 이것은 다른 소용돌이은하의 벌지 모양과 유사한 분포이다. 유효 반경 R_e의 값은 현재까지의 연구에서 0.3 kpc 정도로 추정한다.

나카타 요시카즈中田好一 등은 IRAS 위성 데이터를 이용해 적외선 점광원 분포를 자세하게 분석하고, 은경이 양인 쪽에 벌지의 별 개수가 많다는 경향을 발견했다. 이러한 은하계 중심의 비대칭성은 은하계의 벌지 부분이 막대 모양으로 되어 있다고 생각하면 잘 설명할 수 있다. 즉 은하계는 막대 소용돌이은하라는 것이다. 실제로 중성수소와 일산화탄소 가스의 운동에 대한 연구에서 은하계는 중심부에서 비원운동을 하는 것으로 알려져 있다. 이 점에서도 은하계가 막대 소용돌이은하라는 결과와 모순되지 않는다. 막대 구조는 태양과 은하 중심을 연결하는 선에 대하여 은경이 양인 쪽이 태양에 가깝게 되도록 20°±10° 기울어져 있으며, 장반경은 2 kpc 정도라고 한다. 최근에는 이 막대 구조 안에 더 작은 막대 구조가 존재하고 있음이 알려졌다.

2.1.2 원반 성분

은하계에서 가장 중요한 성분은 반경 10 kpc 이상에 이르는 원반 성분이다. 별과 가스는 이 지역에 집중적으로 분포하고 있으며, 태양도 이 원반 성분에 속한다. 원반 부분에 존재하는 별의 대부분 종족 I로 분류된다.

별의 밀도는 은하계를 포함한 많은 소용돌이은하에서 반경 방향의 분포가 지수함수로 나타난다. 은하계에서 원반 성분의 유효 반경(최댓값의 $1/e \fallingdotseq 0.37$이 되는 반경)은 3~4 kpc으로 추정하고 있다.

소용돌이은하에서 원반 두께 방향의 분포는 별 분포에 대해 푸아송 방정식 및 정역학적 평형식을 고려하면 다음과 같은 함수로 나타내는 것으로 알려져 있다.

$$n(z) = n(0)\mathrm{sech}^2\left(\frac{z}{h}\right)^3 \tag{2.1}$$

여기에서 z는 은하면에서의 거리, $n(z)$는 z에 대한 모든 별의 개수 밀도, h는 밀도가 $z=0$일 때 밀도의 0.42배가 되는 높이를 나타낸다. 은하면 부근에서는 가우스 분포, 은하면에서 벗어나면 지수 분포와 유사한 양상을 갖는 함수이다.

관측 데이터에서 은하면에 수직인 방향으로 별의 분포를 자세히 살펴보면 그 분포는 그림 2.4과 같다. 간단히 다루기 위해 (식 2.1) 대신에 두 개의 지수함수로 표현한 $n(z)=n_1e^{-z/z_1}+n_2e^{-z/z_2}$를 이용하면 관측 결과를 잘 재현하기 때문에 원반에는 두 가지 성분이 있다고 생각된다. 여기에서 n_1, n_2는 $z=0$일 때의 밀도에 비해 $1/e$이 되는 눈금 높이를 나타낸다. 이들 중 얇은 쪽, 두꺼운 쪽을 각각 얇은 원반, 두꺼운 원반이라고 한다. 위 식의 z_1, z_2를 두께라고 정의하면, 얇은 원반의 두께는 $z_1=300\sim400$ pc 정도이고, 두꺼운 원반의 두께는 $z_2=1\sim1.5$ kpc 정도이다(그림 2.4).

원반 부분에 존재하는 별의 대부분은 얇은 원반 중에 있으며, 젊은 대질량성은 모두 이 안에 존재한다. 젊은 별의 집단인 산개 성단은 얇은 원반 부분에 많이 볼 수 있다.

얇은 원반과 두꺼운 원반에 속하는 별은 금속 함량이 다르다. 두꺼운 원반에 포함된 별은 [Fe/H]가 −0.4보다 작고 얇은 원반에 포함된 별보다 금속 함량이 적다. 금속 함량은 별의 나이를 나타내며, 두꺼운 원반에 속한 별의 나이는 100억 년 이상이라고 추정된다. 두꺼운 원반에 대해서는 4장을 참조하기 바란다. 한편, 얇은 원반은 금속 함량이 많고([Fe/H] >

3 $\mathrm{sech}\, x=\frac{2}{e^x+e^{-x}}$ (쌍곡선 시컨트 함수).

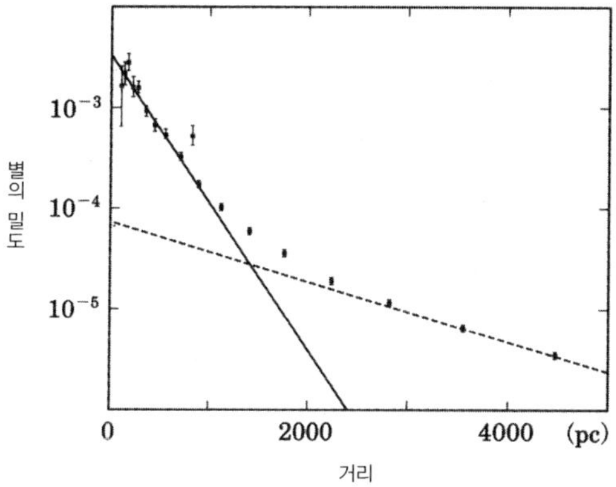

그림 2.4 절대 광도가 4등급에서 5등급의 범위에 있는 별의 밀도를 은하면에 수직인 방향으로 살펴본 분포. 실선과 점선은 각각 $1/e$이 되는 두께가 300 pc, 1,350 pc인 지수 분포를 나타내고 있다. 각각 얇은 원반, 두꺼운 원반이다(Gilmore & Reid 1983, *MNRAS*, 202, 1025).

−0.4), 나이가 100억 년 미만인 젊은 별이 많다.

2.1.3 성간물질

성간물질은 은하의 원반 부분에 존재한다. 성간물질의 대부분은 수소로 이루어져 있으며 온도 · 밀도에 따라 중성수소 원자(H I) 가스, 중성수소 분자(H_2) 가스, 이온화 수소(H II) 가스의 3가지 형태로 분류할 수 있다.

중성수소 원자 가스

중성수소 원자는 천문학에서 H I으로 표기하고 '에이치 원' 으로 읽는다. H I 가스는 주파수 1.4 GHz 파장 21 cm의 전파 방출선으로 관측된다. 1950년대부터 네덜란드의 오르트 등의 그룹, 호주의 커어F.J. Kerr 등의 그룹에 의해 은하계에 대한 H I 가스의 대규모 관측이 시작되었다. 그 후 보다 고감도의 관측 장치가 개발되어 더 양질의 H I 서베이 관측 데이터가 순차적으로 공개되었다.

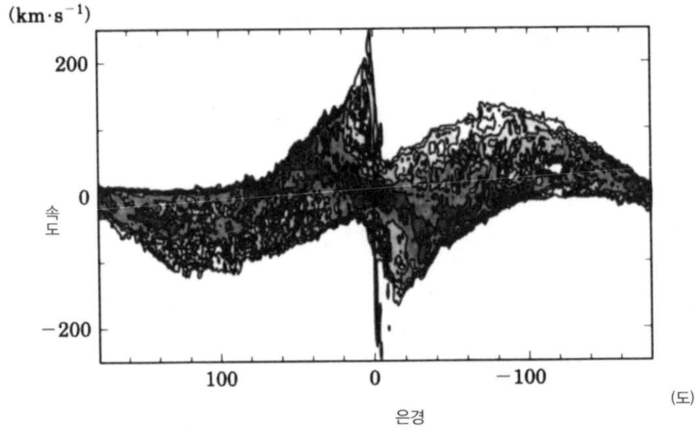

그림 2.5 HI 서베이 관측 데이터의 위치(은경)-속도도.

HI 가스는 크게 나누어 '차가운 성분'과 '따뜻한 성분'이 존재한다. 차가운 성분은 구름으로 분포하며 일반적 HI 구름이라고 한다. 평균 밀도는 35 cm^{-3},[4] 평균 온도는 130 K라고 한다. 구름의 전형적인 크기는 5 pc, 질량은 40~70 $M_{\odot}$이라고 추정된다. 따뜻한 성분은 구름 사이의 가스라고 하며, HI 구름 사이를 채우고 있는 것처럼 존재하고 있다. 이 성분의 평균 밀도와 평균 온도는 각각 0.36 cm^{-3}, 4,500 K로 추정되고 있다.

은하면($b=0°$)을 관측하여 얻은 스펙트럼 데이터에 대하여 가로축을 은경(l), 세로축은 속도(v)로 하여 세기 분포를 그린 것을 위치(은경)-속도도라고 한다. 최신 HI 서베이 관측 데이터의 위치-속도도를 그림 2.5에 나타냈다.

이 그림에서 가장 눈에 띄는 특징은 그 대칭성으로 제1사분면과 제3사분면(중심에 대하여 오른쪽 위, 왼쪽 아래) 및 제2사분면과 제4사분면이 깔끔하게 대칭성을 갖고 있으며, 이는 은하계 원반이 회전하고 있다는 사실을

4 '1 cm^{-3}당 수소 원자가 35개'라는 밀도를 이렇게 표기한다.

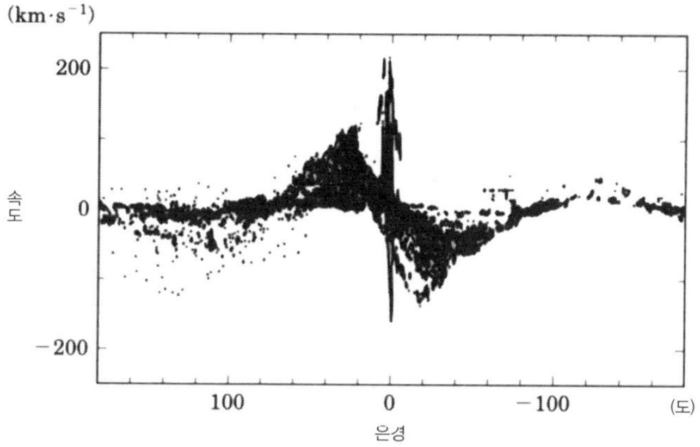

그림 2.6 1.2 m 망원경으로 얻은 은하계 CO 가스 데이터의 위치-속도도.

반영한다. 제2와 제4사분면은 태양이 위치한 원 안의 은하 원반에 해당하며, 제1과 제3사분면은 그 원 바깥[5]의 은하 원반에 해당한다. 또한 각 방향에 대해 속도 분포는 유한한 폭을 가지며, 제2사분면의 최대 속도(또는 제4사분면의 최소 속도)를 특히 종단 속도라고 한다.

분자운

수소 가스 밀도가 더 높아지면 수소 분자(H_2)로 존재한다. 분자 가스의 평균 밀도는 $3 \times 10^3\ cm^{-3}$이고 온도는 10 K이다.

대부분의 H_2 가스는 몇 10 K 정도의 저온이지만, H_2 가스 자체에서 나오는 복사는 고온 영역에서만 검출된다. 그래서 보통 H_2 자체의 복사 대신에 CO 가스의 전파 방출선을 관측하는 경우가 많다. 왜냐하면 분자운에서 일산화탄소(CO)의 전파 방출선이 강하고, CO 방출선의 세기와 H_2의 양이 비례 관계에 있다는 것이 관측적으로 확인되고 있기 때문이다. ^{12}CO

5 2.2.1절 참조.

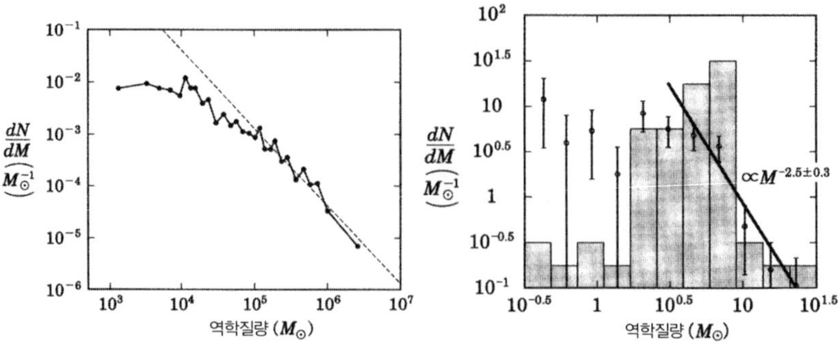

그림 2.7 CO 방출선 관측으로 알아낸 분자운의 질량 스펙트럼(왼쪽). 점선은 기울기 $-1.5(\alpha=-0.5)$의 지수함수를 나타낸다(Solomon & Rivolo 1989, *ApJ*, 339, 919의 그림 1을 수정). $H^{13}CO^+$ 방출선으로 알아낸 고밀도 분자운 핵의 질량 스펙트럼(오른쪽). 기울기는 $-2(\alpha=-1)$(Onishi *et al.*, 2002, *ApJ*, 575, 950).

세기(K·km·s^{-1})를 H_2 가스의 기둥 밀도(cm^{-2})로 변환하는 변환 계수 X는 태양 근방에서는 $X=1\sim3\times10^{20}$ 이라는 값을 사용한다.

은하계의 ^{12}CO 가스에 대한 서베이 관측은 1970년대부터 시작되었다. 구경 14 m의 5개 대학Five Colleges 전파망원경을 이용한 은하계의 제1사분면($-4° < l < 140°$)의 서베이 관측, 미국 뉴욕 및 칠레 세로 톨롤로의 1.2 m 망원경을 이용한 전체 은하면의 서베이 관측 등이 있다. 1.2 m 망원경에서 얻은 CO 데이터의 위치-속도도를 그림 2.6에 나타냈다. 위치-속도도는 H I 가스와 거의 비슷한 경향이지만, H I 같은 매끄러운 분포가 아니라 우둘투둘하게 분포되어 있어서 H I 가스에 비하면 작은 크기의 구름을 형성하고 있음을 알 수 있다.

5개 대학 전파망원경을 이용한 ^{12}CO 방출선 데이터의 분석에 따르면 분자 구름의 크기가 수 pc에서 수십 pc 정도이며, 질량은 $10^3\sim10^6\,M_\odot$의 범위에 있다. 질량과 그 질량을 가진 분자운의 수 사이의 관계는 '질량 스펙트럼' 이라는 별의 질량 분포와 거의 같은 개념이다(4장 참조). 분자운의 질량 스펙트럼은 그림 2.7의 왼쪽과 유사한 형태이다. 이 그림은 질량이 약

$10^5 M_\odot$ 이하의 분자운에서 헤아리지 못한 부분이 있으므로 실제보다는 과소평가되고 있다. 질량이 약 $10^5 M_\odot$ 이상인 분자운의 질량 스펙트럼은 다음과 같은 지수함수로 표현한다.

$$\frac{dN}{dM} \propto M^{\alpha-1} \tag{2.2}$$

여기에서 N, M은 분자운의 수와 질량을 나타낸다. 지수 α는 분자운의 경우 -0.5로 추정되고 있다. 이것은 별의 질량 스펙트럼의 지수와 비교하면 상당한 차이가 있다.

그러나 노베야마 45 m 전파망원경을 이용한 고밀도 가스의 관측에 의해 $H^{13}CO^+$ 방출선으로 분자운 속의 핵(코어)의 질량 스펙트럼에 대해 살펴보면 지수 $\alpha = -1$이라는 값을 갖는다고 알려졌다(그림 2.7의 오른쪽). 이것은 별의 질량 스펙트럼과 거의 같은 값이다. 분자운의 핵은 분자운의 분열 과정에서 생기므로 별의 질량 스펙트럼이라는 것은 분자운의 질량 스펙트럼이라기보다는 분자운의 분열 과정에 의해 결정되는 것이 아닐까 하고 생각하게 되었다.

이온화 수소 가스

O형 별이나 B형 별 같은 대질량성은 강한 자외선을 복사하기 때문에 이로 인해 주위의 가스는 이온화(전리)된다. 이러한 영역을 이온화된 수소 영역이라고 한다. 중성수소 원자를 HI으로 표기하는 것처럼, 이온화 수소 가스는 HII라고 표기하고 '에이치 투' 라고 읽는다. 이온화 수소 가스는 파장 656.3 nm인 $H\alpha$[6] 등의 방출선에서 관측된다. 전형적인 밀도는

6 수소 분자의 발머계열 α선.

$10^2 \sim 10^3\ cm^{-3}$이고 온도는 약 6,000 K이다. O, B형 별의 수명은 짧기 때문에 HII 영역은 별이 태어나고 얼마 지나지 않은 영역이라고 생각할 수 있다. 즉 Hα 등의 복사선은 별 탄생의 지표가 된다. 분자 가스 등이 존재하여 가스가 풍부한 영역에서는 별 탄생도 활발하게 일어나며 HII 영역이 함께 있는 경우가 많다.

그 밖에 초신성 폭발 등의 충격파로 가열되어 가스가 이온화되는 경우가 있다. 백조자리의 망상 성운 등이 그렇게 생겨난 이온화 가스이다.

2.1.4 헤일로

헤일로는 원반을 둘러싼 구 모양의 성분이다. 원반 부분에 비하면 헤일로에서는 별도 가스도 압도적으로 적다. 헤일로에는 산개성단은 거의 없고, 구상성단이 많이 분포하고 있다.

은하계의 회전 속도로부터 질량 분포를 추정하면, 별과 가스를 합하여 추정하는 질량에 비해 훨씬 크다. 그로부터 은하계에는 암흑물질이 존재하고 있으며, 특히 헤일로는 암흑물질로 채워져 있다고 생각하고 있다. 그 때문에 암흑헤일로라고도 한다.

은하계는 작은 덩어리가 합체하여 형성되었다는 우주의 계층적 구조 형성 이론에 따르면, 은하계 헤일로 내부의 질량은 밋밋하게 분포하는 것이 아니라 작은 덩어리 형태로 나뉜 질량들의 집합체라고 생각한다. 이러한 작은 덩어리를 서브 헤일로 구조라고 한다. 은하계에서는 근방의 왜소은하가 서브 헤일로에 해당하지만, 실제로 관측된 왜소은하의 수는 이론적으로 예측하는 수에 비해 크게 밑돌고 있다는 문제가 있다. 이것을 '잃어버린 위성은하 문제'라고 하며, 은하 형성 이론 등에서 큰 파문을 일으키고 있지만, 현재 다양한 방법으로 해결하려고 시도하는 중이다(6장 참조).

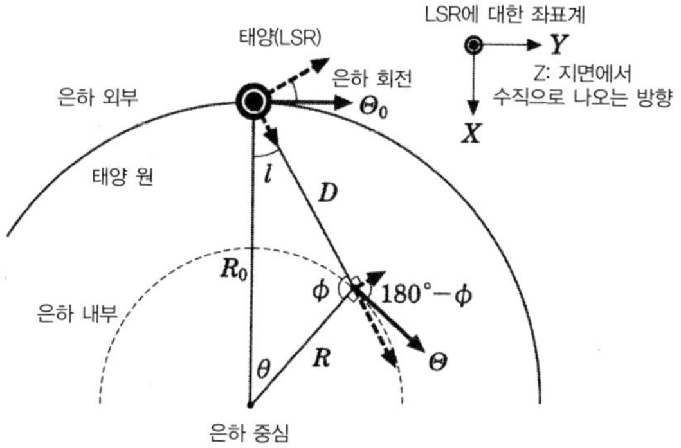

그림 2.8 은하계 원반을 원반의 위쪽(북은극 방향)에서 보았을 때의 개략도. 태양(LSR), 은하 중심, 태양 원 등의 위치 관계와 천체의 은하 회전운동을 LSR에서 관측할 때의 시선 및 접선속도 성분을 표시하였다. 오른쪽 위의 좌표계는 LSR에 대한 운동을 표현할 때 사용하는 좌표계이다.

2.2 은하계의 운동

2.2.1 국부정지기준계와 은하 상수

국부정지기준계(Local Standard of Rest, LSR)[7]는 '태양의 위치에서 은하 중심 주위를 원운동하는 가상적인 점' 으로 정의되며, 은하계의 회전을 생각할 때의 기준이 되는 중요한 개념이다. 그림 2.8과 같이 LSR과 은하 중심 사이의 거리를 R_0, LSR이 갖는 은하계의 회전 속도는 Θ_0로 나타낸다. 이 두 상수를 은하 상수라고 하며, 태양 위치에서 은하계의 회전을 나타내는 가장 기본적인 양이다.

은하 상수의 값에 대해서는 많은 연구가 있으며, 1985년 국제천문연맹(IAU)의 결의에서는 당시까지 연구된 평균값으로서 다음의 값을 권장하고 있다.

7 별은 각각 고유운동을 하고, LSR에 대해 움직이고 있다. 태양도 LSR에 대해 초속 20 km의 속도로 $\alpha=18h$, $\delta=+30°$(1900년 분점의 적경 · 적위 : 태양 향점이라고 한다) 방향으로 운동하고 있다.

$$R_0 = 8.5\ \mathrm{kpc}, \quad \Theta_0 = 220\ \mathrm{km \cdot s^{-1}} \tag{2.3}$$

후속 연구에서 나온 값을 보면, R_0은 위의 값보다 약간 작은 7~8 kpc 정도의 값이며, 또 Θ_0도 최소 180 km·s^{-1}에서 최대 270 km·s^{-1}까지 광범위한 값이다. (식 2.3)도 이 정도의 부정확성을 포함한다. 이 책에서는 따로 언급하지 않는 한, R_0=8.5 kpc을 사용하기로 한다.

태양을 포함한 모든 별은 은하계 회전 이외에 별마다 고유의 랜덤 운동 성분을 가지고 있다. 태양계의 LSR에 대한 운동 속도는 다음과 같은 1985년 국제천문연맹의 권장값으로 되어 있다.

$$(U_\odot,\ V_\odot,\ W_\odot) = (10.0,\ 15.4,\ 7.8)\ \mathrm{km \cdot s^{-1}} \tag{2.4}$$

세 축 방향은 그림 2.8에 나타난 것과 같으며, X 방향(속도 U 성분)은 은하 중심 방향으로, Y 방향(속도 V 성분)은 은하계 회전 방향으로, Z 방향(속도 W 성분)은 북쪽 은위 방향으로 잡는다.

LSR과 함께 은하계를 논의할 때 자주 사용하는 개념 중 하나가 태양 원이며, 이것은 은하 중심을 중심으로 하는 반경 R_0인 원으로 정의된다(그림 2.8). 태양계는 물론 이 원 위에 존재한다. 또한 태양 원을 경계로 은하 원반을 둘로 나누어 태양 원 안쪽을 은하 내부, 바깥쪽을 은하 외부라고 한다.

칼럼

태양-은하 중심 간의 거리 R_0

은하계를 인식하는 데 기본이 되는 것은 먼저 그 크기이다. 천문학으로 크기라는 것은 반지름과 질량을 가리킨다. 또 광도와 나이, 그리고 그 모양이 은하계를 설명하는 데 중요하다. 신체 측정에 비유한다면 키, 체중, 나이, 그리고 활동 및 용태라고 하겠다. 반경은 그중에서도 가장 기본이 되는 양이다. 반경이 정해지면 회전 속도에서 질량이 구해지고, 별의 밀도 분포와 광도 분포를 사용하여 은하계 광도를 알 수 있다. 본문에서 소개한 방법으로 입체 지도로 나타낼 수도 있어서 은하계가 어떤 모습을 하고 있는지(형태)를 상상할 수도 있다. 여기서 반경이라고 해도 상대는 은하이므로 뚜렷한 경계선은 없다. 그래서 은하계에서는 두 가지 기준을 사용한다. 하나는 은하계 원반의 표면 휘도가 $1/e$이 되는 반경, 다른 하나는 표면밝기가 $(1'')^2$ 당 25등급이 되는 반경이다. 전자는 약 3.5 kpc, 후자는 대략 15 kpc이다.

그리고 이 모든 것의 근원이 되는 것이 태양이 은하계의 어디에 있는지를 나타내는 양, 태양-은하 중심 간의 거리 R_0이다. 위에서 언급한 모든 양은 R_0가 정해진 다음에야 비로소 계산할 수 있는 양이기 때문이다. 따라서 논문에 여러 가지 값이 사용되면 문젯거리가 된다. 그래서 1985년 국제천문연맹(IAU) 총회에서 8.5 kpc을 권장값으로 사용하기로 합의하였고, 많은 책과 논문에서 이 값을 인용해 왔다. 그러나 그 후, 은하 중심 거리가 7.5kpc 정도라는 측정이 많이 보고되어, 현재는 8.5 kpc이 참값이라고 생각하는 연구자는 적다. 연구 논문에서는 7.5~8 kpc을 사용하는 경우가 많으며, 쓰기에 편리한 8 kpc을 사용하는 연구자도 많다. 이 책에서는 태양-은하 중심 간의 거리 R_0를 8 kpc으로 했다. 단, 측정값이 아닌 하나의 기준이며, 참값은 좀 더 작은 값으로 생각하는 것에 유의하자.

2.2.2 시선속도와 접선속도

천체가 은하계 회전에 의해 완전한 원운동을 하고 있는 상황을 생각하면, LSR에서 천체를 관측할 때 시선 방향의 속도 V_r과 접선속도 V_t를 구해 보자. 이때 V_r과 V_t는 관측 천체와 LSR의 속도 성분의 차이로 주어지므로 그림 2.8에 의해 다음과 같이 된다.

$$V_r = \Theta \sin(180^\circ - \phi) - \Theta_0 \sin l \tag{2.5}$$

$$V_t = \Theta \cos(180^\circ - \phi) - \Theta_0 \cos l \tag{2.6}$$

여기서 Θ는 관측 천체 위치에서의 은하 회전 속도이다. 삼각 함수의 성질에서 $\sin(180^\circ - \phi) = \sin \phi$, $\cos(180^\circ - \phi) = -\cos \phi$이며, 또 사인 법칙에서 $\sin \phi / R_0 = \sin l / R$가 성립된다. 게다가 그림 2.8의 기하학적 관계에서 $R_0 \cos l = D - R \cos \phi$의 관계를 얻을 수 있으므로 이러한 관계식을 (식 2.5)와 (식 2.6)에 대입하여 정리하면 다음의 관계식을 얻을 수 있다.

$$V_r = \left(\frac{\Theta}{R} - \frac{\Theta_0}{R_0} \right) R_0 \sin l \tag{2.7}$$

$$V_t = \left(\frac{\Theta}{R} - \frac{\Theta_0}{R_0} \right) R_0 \cos l - \frac{\Theta}{R} D \tag{2.8}$$

이것이 은하계 내의 천체를 LSR에서 관측했을 때의 속도를 기술하는 기본식이다. 또한 코사인 법칙에서

$$R^2 = D^2 + R_0^2 - 2D R_0 \cos l \tag{2.9}$$

의 관계가 있으므로 D는 R_0, R, l을 이용하여 다음과 같이 나타낼 수 있다.

$$D = R_0 \cos l \pm \sqrt{R^2 - R_0^2 \sin^2 l} \tag{2.10}$$

우변의 두 번째 항이 0이 되는 경우는 $R = \pm R_0 \sin l$일 때이다. 이 점은 은하 중심을 중심으로 하는 원과 LSR에서 관측하는 시선이 서로 만나는 점이 되며, 이러한 점의 집합은 R_0를 직경으로 하는 원이 된다. (식 2.10)에서 두 번째 항의 부호가 양이 되는 경우는 이 원의 외부 영역이다.

2.2.3 오르트 상수

(식 2.7)과 (식 2.8)을 태양 근처의 별에 적용하여 은하계의 회전을 처음으로 실증한 것은 오르트이다. 그때 오르트는 태양 근처 별까지의 거리 D가 은하계 중심 거리 R_0 및 R에 대해 충분히 작다는 근사를 이용하였다. 이와 같은 근사에서는 우선 다음과 같은 관계가 성립한다.

$$R \approx R_0 - D \cos l \tag{2.11}$$

또 (식 2.7)을 태양계 근방에서 테일러 전개하고 1차 항까지 사용하면 다음 식이 된다.

$$V_r \approx \left[\frac{d}{dR}\left(\frac{\Theta}{R}\right)\right]_{R_0} (R - R_0) R_0 \sin l$$

여기서 (식 2.11)과 다음과 같이 정의하는 오르트의 A 상수

$$A \equiv \left[-\frac{R}{2}\frac{d}{dR}\left(\frac{\Theta}{R}\right)\right]_{R_0} = \frac{1}{2}\left[\frac{\Theta}{R} - \frac{d\Theta}{dR}\right]_{R_0} \tag{2.12}$$

를 도입하면, 최종적으로 다음 식을 얻을 수 있다.

$$V_r \approx AD \sin 2l \tag{2.13}$$

즉, 태양 근처 별의 시선속도는(개별 천체의 랜덤 운동 등 원운동으로부터 편차가 없으면) 오르트 상수 A, 천체 거리 D 및 은경 l을 이용하여 (식 2.13)과 같은 간단한 형태로 쓸 수 있다.

또한 접선속도의 (식 2.8)에 대해서도 1차 항까지 테일러 전개하면

$$V_t \approx \left[\frac{d}{dR}\left(\frac{\Theta}{R}\right)\right]_{R_0}(R-R_0)R_0 \cos l - \frac{\Theta_0}{R_0}D$$

로 되고, (식 2.11), (식 2.12) 및 다음처럼 정의되는 오르트의 B 상수

$$B \equiv \left[-\frac{1}{2R}\frac{d}{dR}(R\Theta)\right]_{R_0} = -\frac{1}{2}\left[\frac{\Theta}{R}+\frac{d\Theta}{dR}\right]_{R_0} \tag{2.14}$$

를 도입하면, 최종적으로 다음 식을 얻을 수 있다.

$$V_t \approx (A \cos 2l + B)D \tag{2.15}$$

즉, 태양 근처 별의 접선속도에 대해서도 오르트 상수 A와 B, 천체 거리 D, 은경 l을 이용하여 근사적으로 (식 2.15)와 같이 간단한 형태로 표현할 수 있다. 오르트는 태양 근처 별에 이러한 식을 적용하여 오르트 상수 A와 B를 구하고, 이를 통해 은하계가 회전하는 것을 1927년에 처음으로 이끌어 내었다(1장 참조).

그림 2.9는 히파르코스 위성 데이터를 이용하여 오르트 상수를 결정하는 예를 나타낸 것으로, (식 2.15) 대신에 천체의 고유운동 $\mu \equiv V_t/D$를 그린 것이다. 관측된 고유운동은 분명히 주기 180°의 사인파로 나타낼 수 있어서 (식 2.15)과 일치한다.

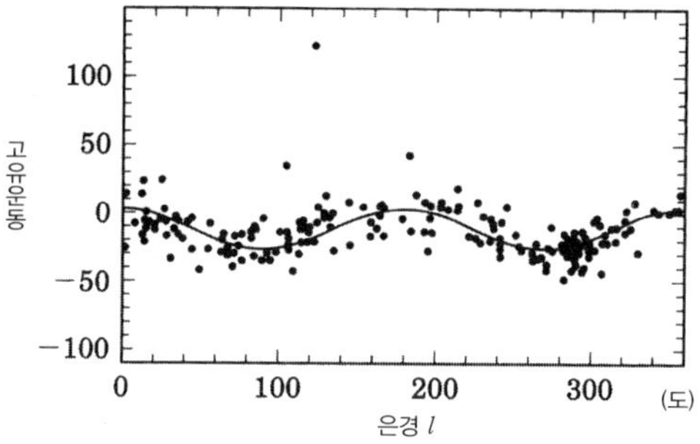

그림 2.9 오르트 상수의 결정 예. 히파르코스 위성이 관측한 세페이드에 대하여 고유운동 $\mu \equiv V_t/D$를 l의 함수로 나타낸 것(Feast *et al.*, 1997, *MNRAS*, 291, 683).

오르트 상수 A, B와 은하 상수 R_0, Θ_0 사이에는 다음과 같은 중요한 관계가 있다.

$$A-B=\frac{\Theta_0}{R_0}\equiv\Omega_0 \tag{2.16}$$

$$-(A+B)=\left(\frac{d\Theta}{dR}\right)_{R_0} \tag{2.17}$$

여기서 Ω_0는 LSR에서 은하계 회전의 각속도이다. 이러한 관계는 오르트 상수로부터 은하 상수를 구하거나 그 역을 구할 때 이용된다. 오르트 상수와 은하 상수를 정밀하게 결정하는 것은 현재도 최선두에 해당하는 연구 대상이다. 1985년 IAU 결의의 권장값 및 기타 연구의 대표적인 값을 표 2.1에 정리했다.

2.2.4 주전원 근사

지금까지는 별 운동이 완전한 원 운동인 경우를 생각해 왔는데, 이제 원운동에서 약간 벗어난 경우를 생각하자. 이 경우 은하계 회전을 따라 원운동

표 2.1 오르트 상수의 측정 결과(단위 : km·s^{-1}·kpc^{-1}).

저자	*A*	*B*	자료
오르트(1927)	19.0 ±3	−24 ±5	O, B형 별, 세페이드
IAU 권장값(1985)	14.4 ±1.2	−12.0 ±2.8	여러 연구의 평균
미야모토 등(1993)	12.2 ±0.6	−8.2 ±0.6	K, M형 거성
피이스트 등(1997)	14.8 ±0.8	−12.0 ±0.6	세페이드*
미니얼(2000)	14.5 ±1.0	−11.5 ±1.0	K, M형 거성*

* 히파르코스 위성의 자료를 사용하였다.

하는 가상적인 점(예를 들어 LSR)에 대하여 그 주위를 작은 궤도운동하는 것처럼 별의 운동을 근사적으로 나타낼 수 있다. 이러한 작은 궤도를 주전원epicycle이라고 하며, 이런 방법으로 별의 운동을 나타내는 방법을 주전원 근사라고 한다.

은하계의 천체 위치를 원통 좌표(R, ϕ, z)로 나타내고, 회전 대칭인 은하계의 퍼텐셜 $\Phi(R, z)$를 생각하자. 이때 천체의 운동방정식에서 반경 방향의 성분은 다음과 같다.

$$\ddot{R} = \frac{V^2}{R} - \frac{\partial \Phi}{\partial R} \tag{2.18}$$

여기서 $\ddot{R}$은 R의 시간에 대한 2차 미분이며 반지름 방향의 가속도를 나타낸다. 한편, 각운동량角運動量에서 은하면 내의 운동에 해당하는 성분 L_z는 보존되기 때문에

$$L_z = R^2\dot{\phi} = \text{const.} \tag{2.19}$$

로 되며 (식 2.18)에 대입하여 정리하면 다음과 같다.

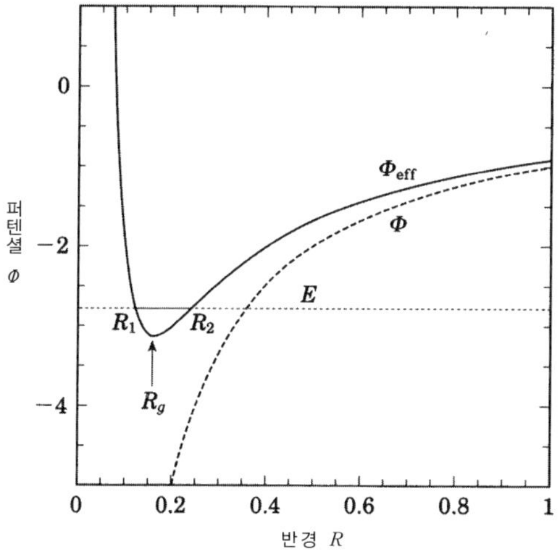

그림 2.10 실효 퍼텐셜의 개략도. 질점 중력장의 퍼텐셜(Φ: 점선)에 대한 유효 퍼텐셜의 예를 나타내고 있다. $0>E>\Phi_{eff}$일 때, 입자는 유효 퍼텐셜 장벽 사이를 진동한다.

$$\ddot{R} = -\frac{\partial \Phi_{eff}}{\partial R}, \qquad \Phi_{eff} = \Phi + \frac{L_z^2}{2R^2} \tag{2.20}$$

여기서 Φ_{eff}는 보통의 중력 퍼텐셜과 원심력의 퍼텐셜을 합친 실효 퍼텐셜이다. (식 2.20)의 양변에 $\dot{R}$를 곱하여 적분하면,

$$\frac{1}{2}\dot{R}^2 + \Phi_{eff} = E \quad (=\text{const.}) \tag{2.21}$$

로 되어, 에너지 E가 보존량으로 얻어진다.[8] 이때의 에너지와 유효 퍼텐셜 간의 관계를 통해 도달 가능한 R의 범위는 그림 2.10에 나타낸 (R_1, R_2)의 구간이 된다. 만약 에너지가 유효 퍼텐셜의 극솟값과 같다면, (식 2.21)에서 항상 $\dot{R}=0$이 되므로 원운동이 된다. 또한 만약 에너지가 양($E \geqq 0$)

8 여기에서는 z방향의 속도가 0인 상태를 생각한다.

인 경우에는 운동 가능한 구간이 무한하게 되어, 무한히 먼 곳으로 날아가 버린다.

에너지 E가 Φ_{eff}의 극솟값보다 약간 크고, 원운동에서 약간 벗어나서 유한한 R의 범위 내에서 진동하는 상황을 생각하자. 먼저, 에너지 E가 Φ_{eff}의 극솟값과 같을 경우에 원운동을 하는 점을 안내 중심guiding center이라고 하고, 이 안내 중심이 그리는 원운동의 반경을 R_g라고 나타낸다. 이때 안내 중심에 대한 천체의 반지름 방향의 미소 변이를 $x \equiv R - R_g$로 나타내고, 유효 퍼텐셜 Φ_{eff}를 R_g 근방에서 테일러 전개하면, (식 2.20)은 다음과 같이 쓸 수 있다.

$$\ddot{x} = -x \left[\frac{\partial^2 \Phi_{\mathrm{eff}}}{\partial R^2} \right]_{R_g} \tag{2.22}$$

여기에서 $[\partial\Phi_{\mathrm{eff}}/\partial R]_{R_g}=0$인 것을 사용하였다. (식 2.22)는 단진동의 식이고 그 답은 다음과 같이 주어진다.

$$x = X_0 \cos(\kappa t + \theta_0), \quad \kappa^2 \equiv -x \left[\frac{\partial^2 \Phi_{\mathrm{eff}}}{\partial R^2} \right]_{R_g} \tag{2.23}$$

여기서 X_0는 단진동의 진폭이며, κ는 주전원 각속도이다. 또한 θ_0는 초기 위상을 나타내는 상수이다. κ를 구하려면, (식 2.18)에서 원운동의 경우 $\partial\Phi/\partial R = V^2/R = R\Omega^2$($\Omega$는 원운동의 각속도)임을 이용한다. 그러면 다음의 식을 구할 수 있다.

$$\kappa^2 = \frac{d}{dR}\left[R\Omega^2 \right] + \frac{3L_z^2}{R^4} = 4\Omega^2 + 2R\Omega\frac{d\Omega}{dR} = -4B\Omega \tag{2.24}$$

여기서 마지막 식은 태양 근방의 경우에 해당하는 식으로 B는 오르트의

B 상수이다. 태양 근방에서 B값은 음수이기 때문에 κ^2은 양수이고, κ가 실수로 되기 때문에 주전원 근사가 성립한다. 만약 B가 양수이면(κ가 허수인 경우) (식 2.22)의 해는 지수함수적인 형태가 되고, 안내 중심으로부터의 거리가 시간에 따라 증가하는 불안정한 해가 된다. 특별한 경우로, 강체 원반(Ω=const.)일 때 $\kappa=2\Omega$, 고전적인 질점 중력장(케플러 운동)일 때 $\kappa=\Omega$이며, 현실적인 은하에서는 다소 극단적인 이 두 예의 중간이 될 것이므로, $2\Omega \geqq \kappa \geqq \Omega$이다. 태양 근방에서 κ값은 $\kappa \simeq 1.4\Omega$이며, 이 범위에 포함된다.

다음으로 y방향으로의 운동에 대해서는 각운동량의 보존 법칙에 의해

$$\dot{\phi} = \frac{L_z}{R^2} = \frac{\Omega R_g^2}{(R_g+x)^2} \approx \Omega \left(1-\frac{2x}{R_g}\right) \tag{2.25}$$

이다. 이 중에서 오른쪽의 첫 번째 항은 안내 중심의 원운동에 대응하며, 두 번째 항은 주전원에서 원 궤도의 y 성분에 대응하고 있다. 따라서 (식 2.23)을 (식 2.25)에 대입하여 두 번째 항을 시간 적분하면, y는 다음과 같다.

$$y = -\frac{2\Omega}{\kappa} X_0 \sin(\kappa t+\theta_0) \tag{2.26}$$

(식 2.23)과 (식 2.26)으로 구한 주전원을 그림 2.11에 나타냈다. 일반적으로 주전원은 타원형이며, 그 축비는 $2\Omega/\kappa$가 됨을 알 수 있다. 태양 근방의 경우 $\kappa \simeq 1.4\Omega$이며, 주전원은 y 방향으로 긴 타원이 된다. 또한 그림 2.11에 나타낸 바와 같이 주전원에 따른 회전 운동은 안내 중심 자체의 회전 운동과는 반대 방향이다. 이는 각운동량 보존 법칙에 의해 안내 중심의 궤도 안쪽에서 속도가 증가하고 외부에서 속도가 감소하기 때문이다.

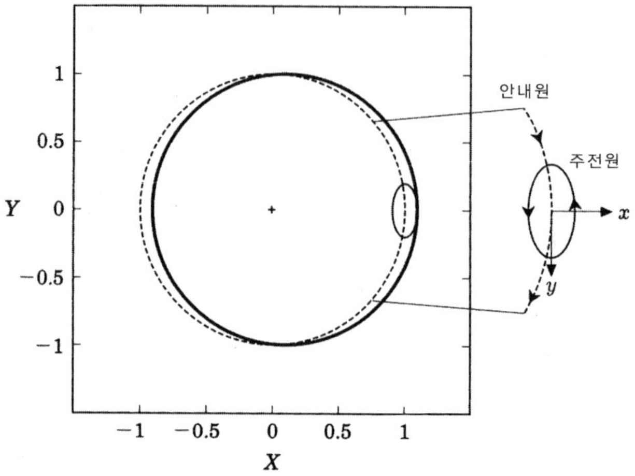

그림 2.11 주전원의 예. 반경 1인 안내원(점선)과 그 주위를 도는 진폭 $X_0 = 0.1$인 주전원(가는 실선) 및 그 둘의 합성으로 얻을 수 있는 타원 궤도(굵은 실선). 질점 중력장의 경우($\kappa = \Omega$)를 가정. 오른쪽에는 주전원 좌표 및 회전 방향을 나타냈다.

2.2.5 속도 타원체

태양계 근방의 별은 원운동뿐만 아니라 랜덤 성분을 가지고 있는 것으로 알려져 있다. 속도 분포는 다음과 같은 3차원 가우스 분포로 대략 설명할 수 있다고 알려져 있으며, 최초로 이러한 분포를 제창한 사람을 기념하여 슈바르츠실트Schwarzschild 분포라고 한다.

$$f(\boldsymbol{v})d\boldsymbol{v} = \frac{n_0\ d\boldsymbol{v}}{(2\pi)^{3/2}\sigma_R\sigma_\phi\sigma_z}\exp\left[-\left(\frac{v_R^2}{2\sigma_R^2}+\frac{v_\phi^2}{2\sigma_\phi^2}+\frac{v_z^2}{2\sigma_z^2}\right)\right] \quad (2.27)$$

속도 공간상에서 이 분포의 등밀도선을 그리면, 3축의 비가 $\sigma_R : \sigma_\phi : \sigma_z$인 타원체가 되기 때문에 이 타원체를 속도 타원체 또는 슈바르츠실트의 속도 타원체라고 한다.

속도 타원체의 축비가 은하 회전과 어떤 관계에 있는지를 2.2.4절에서 살펴본 주전원 근사를 이용하여 알아보자. 현재 태양계 근방에 있는 별은 R_0와 다른 반경 R_g를 가진 원의 주위를 주전원 운동하고, 지금 현재(우연히도) 태양 근처에 있다고 하자(즉 $x=R_0-R_g$). 이때 이 별을 LSR에서 볼 때, y 방향의 속도 v_y는 다음과 같이 쓸 수 있다.

$$v_y = R_0\dot{\phi} - R_0\Omega_0 \tag{2.28}$$

(식 2.25)을 대입하여 정리하면 다음과 같이 된다.

$$v_y = -x\left[2\Omega + R\frac{d\Omega}{dR}\right]_{R_0} = 2Bx \tag{2.29}$$

한편 x방향 성분의 속도는 (식 2.23)을 시간 미분하여 얻을 수 있으므로, 양축 방향의 속도 제곱의 기댓값의 비율은

$$\frac{\langle v_y^2\rangle}{\langle v_x^2\rangle} = \frac{4B^2\langle x^2\rangle}{\kappa^2\langle x^2\rangle} = \frac{4B^2}{\kappa^2} = \frac{-B}{A-B} \tag{2.30}$$

이 되며, 양축의 속도 분산의 비는 오르트 상수로 표현할 수 있다. 따라서 (식 2.27)의 슈바르츠실트 분포가 주전원 운동을 하는 많은 별에 의해 이루어져 있다고 하면, 그 타원체의 축비에 대해서도 위와 마찬가지로 다음과 같은 관계가 성립한다.

$$\frac{\sigma_y}{\sigma_x} = \sqrt{\frac{-B}{A-B}} \tag{2.31}$$

2.2.6 종단속도와 은하계 회전속도의 관계

지금까지 태양 근방의 별 운동을 주로 살펴보았으니 다음으로 은하계 전역에서의 회전운동을 생각해 보자. 이를 고려하는 데는 HI 가스의 관측이 중요한 역할을 한다.

먼저 그림 2.5 위치(은경)－속도도에서 임의의 은경 l방향에서 속도의 극댓값 V_{term}(종단속도라고 한다)이 어떻게 결정되는가에 대해 살펴보자. 관측되는 HI 가스가 은하 회전에 따라 원운동하고 있다면, 그 시선속도는 (식 2.7)과 같이 쓸 수 있다. 어떤 방향 l의 종단속도는 $\partial V_r/\partial D=0$이 성립되는 곳에서 얻을 수 있으므로, (식 2.7)을 미분하여

$$\frac{\partial V_r}{\partial D} = \frac{\partial}{\partial R}\left(\frac{\Theta}{R}\right)\frac{\partial R}{\partial D}R_0 \sin l = 0 \tag{2.32}$$

여기서 $\partial R/\partial D$는 (식 2.9)에 의해 다음과 같다.

$$\frac{\partial R}{\partial D} = \frac{D-R_0\cos l}{R} \tag{2.33}$$

따라서 회전속도 Θ에 관계없이 $D-R_0\cos l=0$를 만족하는 점이 종단속도를 결정한다. 이 점은 은하 중심을 중심으로 한 원과 태양계에서 관측하는 시선이 만나는 장소이며, 이런 점의 집합은 은하 중심과 태양계를 연결하는 직선을 지름으로 하는 원이 된다. 종단속도가 정해지는 점에서는 다음과 같은 관계가 성립하며, 종단속도 V_{term}에서 직접적으로 은하 회전속도 $\Theta(R)$을 결정할 수 있다.

$$R = R_0 \sin l,\quad V_{\mathrm{term}} = \Theta(R)-\Theta_0 \sin l \tag{2.34}$$

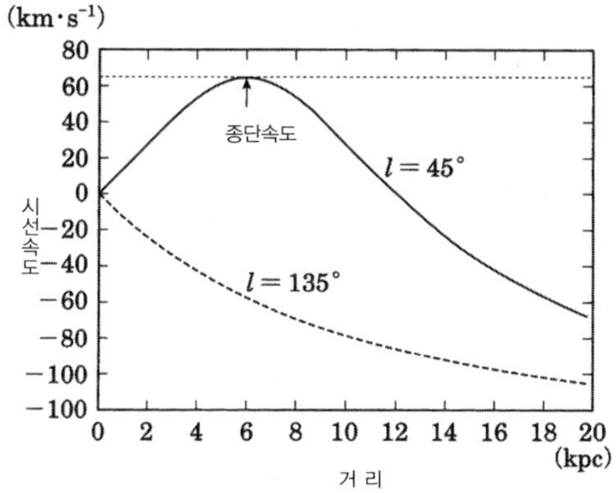

그림 2.12 시선을 따라 잰 거리 D와 시선속도 V_r의 관계도. $\Theta(R) = \Theta_0 = 220\,\mathrm{km \cdot s^{-1}}$의 평탄한 회전곡선과 $R_0 = 8.5\,\mathrm{kpc}$을 가정. 두 개의 곡선은 위쪽이 $l = 45°$, 아래쪽이 $l = 135°$에 해당한다. 태양 원의 안쪽에서 시선속도의 극댓값(종단속도 V_{term})이 존재한다.

한편, 종단속도를 정할 수 있는 점은 태양 원의 외부에는 존재하지 않기 때문에 태양 원의 외부에서는 (식 2.34)를 이용한 회전속도를 결정할 수 없다. 이러한 상황을 나타내기 위하여 시선속도 V_r을 시선 방향의 거리 D의 함수로서 그림 2.12에 나타냈다. 태양 원 내부($-90° \leq l \leq 90°$)에서는 시선속도의 극댓값 V_{term}이 존재하지만, 태양 원 외부에서 시선속도는 시선 방향의 거리 D에 대해 단조롭게 변화하고 극댓값은 존재하지 않는다.

2.2.7 은하계의 회전곡선

은하 회전의 속도를 은하 중심 거리의 함수로 표시한 것을 회전곡선이라고 한다. 회전곡선은 소용돌이은하의 동역학적 성질을 논의할 때 가장 기본적인 정보의 하나이다.

은하계의 회전곡선은 은하계 내의 수많은 별과 가스구름에 대하여 거리와 운동을 관측하여 결정할 수 있다. 이미 유도한 것처럼 은하 회전을 따라 원운동하는 천체의 시선속도는 다음과 같이 표현할 수 있다.

$$V_r = \left(\frac{\Theta}{R} - \frac{\Theta_0}{R_0} \right) R_0 \sin l \tag{2.35}$$

은하 상수 R_0, Θ_0를 이미 알고 있다 하고, 시선속도 V_r을 갖는 천체에 대해 은하 중심에서의 거리 R을 결정할 수 있으면, 그 위치에서의 $\Theta(R)$을 결정할 수 있다. 이를 다양한 R을 갖는 수많은 천체에 대해 결정하면 은하계 원반 전역에서 회전곡선을 얻을 수 있다. 그러나 천체의 거리를 결정하는 것이 어렵다는 점과 수많은 관측이 필요하다는 점이 이 방법의 단점이었다.

이러한 방법 대신에 태양 원 내부에서는 앞서 본 바와 같은 종단속도 $V_{\rm term}$를 회전곡선의 결정에 이용하였다. 종단속도 $V_{\rm term}$은 H I과 일산화탄소(CO)의 위치−속도도에서 얻을 수 있으며, 또한 거리의 부정확성이 개입되지 않는 것이 특징이다. 한편, 태양 원의 외부에서는 종단속도가 존재하지 않으므로 별도의 연구가 필요하게 된다.

태양 원의 외부에서 회전곡선을 결정하는 방법으로는 H I 가스 원반의 기하학적 두께를 이용하는 방법이 정밀도가 좋다. 이 방법은 은하계의 H I 가스 원반을 동심원 모양으로 둥글게 잘라 각각의 고리(동심원)에서는 가스의 두께(은하면에 수직 방향)가 일정하다고 둔다. (식 2.35)에 의해 다음과 같이 된다.

$$V_r = W(R) \sin l, \quad W(R) \equiv \left(\frac{\Theta}{R} - \frac{\Theta_0}{R_0} \right) R_0 \tag{2.36}$$

W가 일정하게 되는 시선속도를 각 l방향에서 가져 오면, 은하 원반의 H I 가스를 고리 모양으로 잘라내는 셈이 된다. 이때 가스 원반의 겉보기 두께 b_a는 다음과 같다.

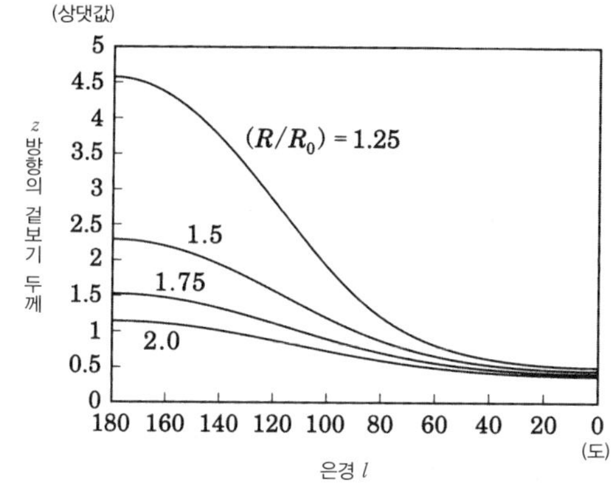

그림 2.13 은하계의 H_I 원반을 동심원 모양으로 잘라 태양계에서 관측했을 때 z방향의 겉보기 두께를 나타낸 것(식 2.37). 관측 데이터를 그림과 같은 곡선에 맞춤으로써 R/R_0을 결정할 수 있다. 고리의 반경을 결정할 수 있다면, 회전곡선 $\Theta(R)$도 결정할 수 있다.

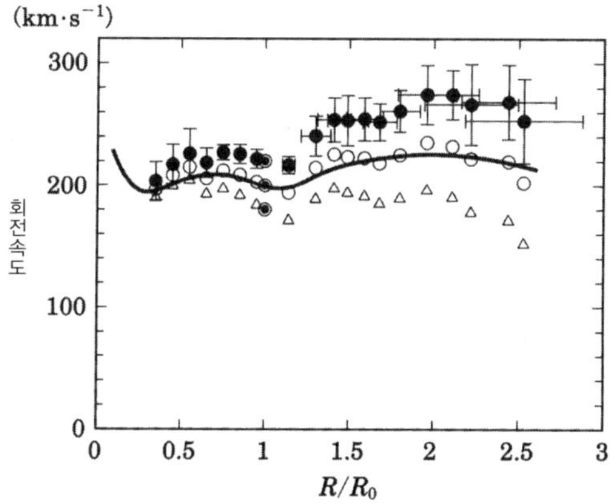

그림 2.14 은하계 회전의 회전곡선. $\Theta_0=180\,km\cdot s^{-1}$(△), $200\,km\cdot s^{-1}$(○), $220\,km\cdot s^{-1}$(●)의 경우에 대해 나타냈으며, 회전곡선이 Θ_0에 강하게 의존하는 것을 알 수 있다. 실선은 $\Theta_0=200\,km\cdot s^{-1}$인 경우를 매끄럽게 연결한 것이다(Honma & Sofue 1997, *PASJ*, 49, 453의 데이터로 작성).

$$b_a = \arctan\left(\frac{z_0}{D}\right) = \arctan\left(\frac{z_0}{R_0 \cos l + \sqrt{R^2 - R_0^2 \sin l}}\right) \quad (2.37)$$

여기서 z_0는 실제 가스 원반의 두께이며, 또 D와 R의 관계식은 (식 2.10)을 이용하였다(부호는 태양 원 바깥에 해당하는 것을 채용했다).

(식 2.37)을 몇몇 고리에 대해 그림으로 나타낸 예가 그림 2.13이다. 그림 2.13에서 고리의 반경 R/R_0이 다르면, (식 2.37)의 l에 대한 행동도 크게 바뀐다는 것을 알 수 있다. 실제로 잘라낸 고리의 겉보기 두께를 (식 2.37)과 비교하면, 최종적으로 고리의 반경 R/R_0과 두께 z_0/R_0를 동시에 결정할 수 있다(R_0로 규격화한 값이 얻어지므로 주의). 이 R/R_0의 값을 (식 2.36)의 $W(R)$에 대입하면, 고리 위에서의 회전 속도 $\Theta(R)$을 결정할 수 있다.

이러한 방법들을 조합하여 구한 은하계의 회전곡선을 그림 2.14에 나타냈다. 태양계 근방에서는 10 $\mathrm{km \cdot s^{-1}}$ 정도, 또한 가장 바깥쪽 영역에서도 30 $\mathrm{km \cdot s^{-1}}$ 정도의 오차로 회전속도가 결정되어 있다. 그 모양은 대체로 평탄한 회전속도법칙을 나타내며, 이것은 은하계와 동등한 규모의 다른 원반 은하에서 관측된 회전곡선의 형태와 일치한다. 그러나 그림 2.14에는 은하 상수 Θ_0가 220, 200, 180 $\mathrm{km \cdot s^{-1}}$의 세 가지 경우를 나열하고 있으며, Θ_0를 바꾸면 태양 원 외부($R/R_0 > 1$)에서 회전속도가 작으나마 변화하는 것을 알 수 있다. 또한 은하 중심 거리 R은 은하 상수 R_0로 규격화되어 있으므로 회전곡선은 R_0, Θ_0의 두 은하 상수에 의존하고 있다는 것을 알 수 있다. 이것은 모든 관측이 태양계에서 이루어지기 때문에 은하 회전을 구할 때 태양계의 은하 회전을 보정할 필요가 있다는 것이다. 따라서 위의 방법으로 구한 은하의 회전곡선을 절대적인 값으로 확립하기 위해서는 은하 상수 R_0 및 Θ_0를 정밀하게 결정하는 것도 아울러 필요하다.

2.2.8 은하계의 회전에 대한 미래 계획

지금까지의 논의는 어느 것이든 속도 정보로서 시선속도만을 이용하여 은하 중심 거리를 구하는 데 다양한 연구를 거듭하는 것이었다. 한편, 천체의 운동속도는 3차원이고 3차원의 위치와 아울러 총 6차원의 위상공간 정보를 모두 측정할 수 있다면 원운동의 가정도 하지 않고 은하계의 동역학적 구조를 알아낼 수 있다. 이렇게 하기 위해서는 천체의 위치를 높은 정밀도로 측정하고 고유운동 측정과 함께 연주시차에 의한 거리 결정도 할 수 있어야 가능하다. 현재 은하계를 정밀하게 측량하는 것을 목표로 삼은 여러 계획이 진행되고 있으며, 일본에서는 VLBI 기술을 이용하여 전파로 은하계의 위치천문 측정을 수행하는 VERAVLBI Exploration of Radio Astrometry가 진행되고 있다.

VERA는 은하계의 별 형성 영역과 만기형 별이 내는 메이저 복사[9]를 관측하며, 위상 보상 VLBI라는 특수 기술을 사용하여 대기 흔들림에 의한 천체 위치의 부정확성을 소거하는 것으로, 10마이크로 아크세컨드라고 하는 전인미답의 높은 위치측정 정밀도를 달성한다. VERA는 2003년 말부터 정상 관측을 시작하고, 2006년에는 5 kpc 이상의 먼 천체에 대해 연주시차 측정에 세계 최초로 성공하는 등 앞으로 이 분야에 공헌이 기대되고 있는 상황이다. 또한 구미에서는 SIM과 GAIA가 위성 계획으로 같은 유형의 과학적인 연구를 지향하고 있어서,[10] 2020년경에는 이러한 관측 데이터를 바탕으로 하는 은하계 연구의 새 시대가 틀림없이 올 것이다.

9 별 주위를 둘러싸고 있는 물 등의 분자가 별의 적외선 복사에 의해 들뜨게 되어 전파 대역에서 메이저 현상이 생길 때 복사되는 전파.

10 SIM은 미국 NASA의 계획인 Space Interferometry Mission의 약자, GAIA는 유럽 우주기관의 계획인 Global Astrometric Interferometer for Astrophysics의 약자.

2.3 은하계의 3차원 구조

중성수소 가스의 전파 데이터는 은하계 전체의 구조를 탐구하는 데 적합하다. 그 이유는 첫째, 가시광에서는 성간 먼지에 의한 소광이 뚜렷하여 먼 곳까지 꿰뚫어볼 수 없지만, 전파는 성간 먼지의 영향이 적어서 멀리까지 꿰뚫어볼 수 있다. 둘째로, 수소 가스는 은하의 주요 성분 중 하나이며, 일반적으로 소용돌이은하에 넓게 분포하고 있다. 셋째로, 성간 가스는 방출선 스펙트럼으로 관측되기 때문에 도플러 효과에 의한 시선속도의 측정이 가능하다.

이 절에서는 은하계 가스의 3차원 분포를 구축하는 방법을 소개하고, 은하계의 3차원 구조의 여러 성질을 설명하기로 한다.

2.3.1 은하계의 속도장과 운동학적 거리

은경 l과 은하 중심 거리 R, 회전속도 Θ, 은하 상수 R_0, Θ_0가 결정되면 (식 2.35)를 이용하여 관측되어야 하는 시선속도 V_r을 계산할 수 있다. 이미 언급했듯이 은하 상수는 오르트 상수로 구할 수 있고, 회전속도는 종단속도에서 계산할 수 있으므로 이 값들은 이미 알고 있는 값으로 간주할 수 있다. 은경 l과 은하 중심 거리 R은 은하계 내의 위치를 알려주는 것으로, (식 2.35)를 이용하면 은하 내의 위치와 시선속도의 관계를 알 수 있다. 이 관계를 사용하여 은하계 내의 속도장을 그려 보면 그림 2.15처럼 된다. 이 그림에서는 은하계 내의 각 점에서 국부정지기준계(LSR)에 대한 시선속도[11]를 등속도선으로 표현하였다. 선의 간격은 20 $\mathrm{km \cdot s^{-1}}$이며, 양의 속도는 실선, 음의 속도는 점선으로 나타냈다. 시선속도가 측정되어 있으면 이

11 태양에서 본 시선속도(태양에 대한 상대 속도의 시선 방향 성분)의 분포.

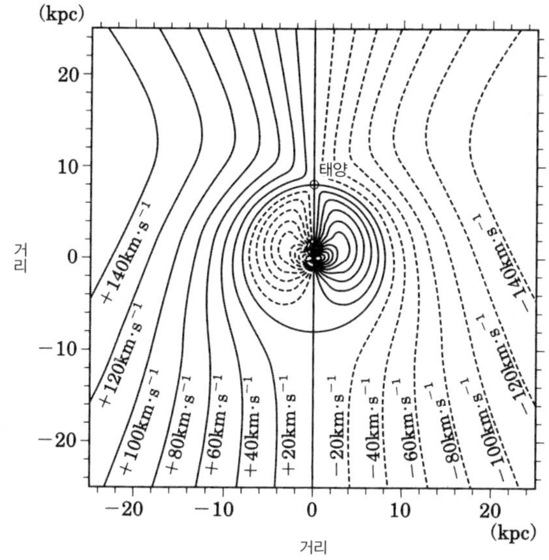

그림 2.15 은하계의 속도장. 국부정지기준계(LSR)에 대한 시선속도를 등속도선으로 표현했다. 선의 간격은 20 km·s^{-1}이고 양의 속도는 실선, 음의 속도는 점선으로 나타냈다.

그림을 사용함으로써 은하계 내에서의 위치를 바로 알 수 있기 때문에 편리하다. 운동학적 거리는 이렇게 결정한 태양으로부터의 거리이다. 그러나 태양 원 내에서는 동일한 속도를 나타내는 점이 2점 존재하는 것에 주의할 필요가 있다.

2.3.2 3차원 분포

은하계는 우리가 살고 있는 가장 가까운 은하이지만, 우리가 그 안에 위치하고 있기 때문에 그 외관이 어떤 모양인지 알아내기 어렵다. 그러나 운동학적 거리를 이용함으로써 은하계의 구조를 살펴볼 수 있다.

나카니시 히로유키中西裕之와 소후에 요시아키祖父江義明는 최신 은하계의 HI, CO 서베이 관측 데이터와 회전 곡선 데이터를 사용하여 가스의

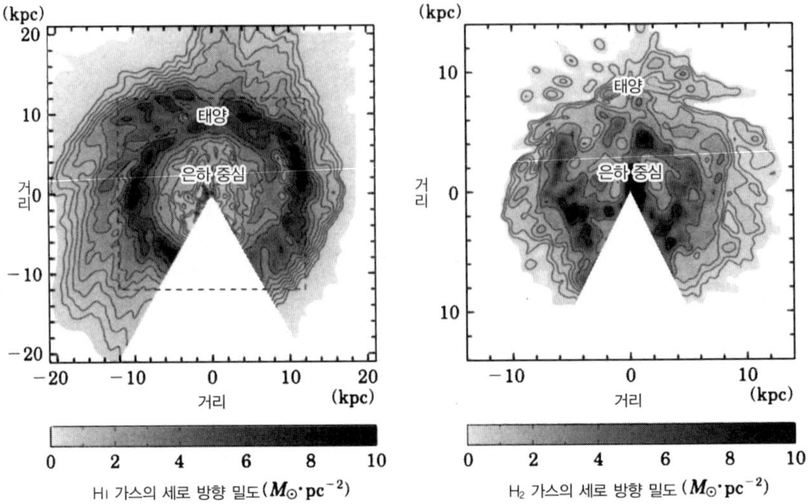

그림 2.16 북은극 방향에서 본 은하계 전체의 H I(왼쪽) 및 H_2(오른쪽) 가스 분포도(화보 3 참조). 왼쪽 그림의 점선은 오른쪽 그림의 영역을 나타내고 있다. 등밀도선은 H I 가스의 분포도에서 0.5, 0.7, 1.0, 1.4, 2.0, 2.8, 4., 6.4, 8.0, 9.6$M_\odot \cdot pc^{-2}$에 나타냈다. H_2 가스 분포도에서는 0.2, 0.4, 0.8, 1.6, 3.2, 6.4, 12.8$M_\odot \cdot pc^{-2}$에 나타냈다.

운동학적 거리를 계산하여 가스의 3차원 분포를 작성했다. 그림 2.16은 북은극北銀極 방향에서 본 H I 가스(왼쪽)와 H_2 가스(오른쪽)의 분포이다. 이 그림에서 알 수 있듯이 은하계의 중심에는 H_2 가스가 풍부하며 바깥쪽 가장자리에서는 H I 가스가 더 풍부하다. 전체 가스량(H I과 H_2 가스의 합계)에 대한 H_2 가스의 비 f_{mol}을 고려하면, 은하 중심에서 f_{mol}이 1에 가깝고 바깥쪽 가장자리에서는 0에 가까워진다. f_{mol}은 반경 6~8 kpc 부근에서 급격하게 변화한다. 이것을 분자 전선이라고 하며, 소후에, 혼마 마레키本間希樹 등에 의해 모델과 관측 간의 비교가 활발하게 이루어졌다. 여기서 f_{mol}은 가스 밀도, 금속 함량 및 자외선 세기에 의해 결정되는 것으로 생각한다. 가스 밀도와 금속 함량이 클수록 또는 자외선 세기가 약할수록 f_{mol}은 커진다. 특히 금속 함량에 의한 영향이 크다.

3차원 분포도를 은하면에 수직으로 자른 것을 그림 2.17에 나타냈다. 이 단면은 그림 2.16의 태양과 은하 중심을 연결하는 선을 은하 중심 주위로 80°만큼 반시계 방향으로 회전한 방향에서 자른 단면이다. 등밀도선 및 회색의 농도는 각각 H I, H_2 가스의 분포를 나타낸다. H I 가스에 비해 H_2 가스의 원반은 두께가 얇고 크기도 작기 때문에 H_2 가스는 H I 가스에 둘러싸인 모양이며 마치 H_2가 팥빵의 팥고물과 같은 형태를 하고 있다.

또한 H I 가스 원반의 두께는 은하 중심에서 100 pc 정도이지만, 외부로 갈수록 두꺼워지는 경향이 있으며, 반경 20 kpc보다 외부에서는 약 1 kpc에 달한다. H I 가스 분포의 가장 옅은 성분을 보면 은하계는 제4사분면(왼쪽 아래) 방향으로 뻗어 있으며, 이러한 현상은 '치우친 H I 원반'이라고 한다(그림 2.16의 왼쪽).

2.3.3 소용돌이 팔

가스 분포를 조사함으로써 은하계는 소용돌이 팔을 가진 소용돌이은하임을 알 수 있다. 은하계의 소용돌이 팔을 개략적으로 나타내면 그림 2.18과 같은 형태를 보이며, 각각의 소용돌이 팔은, 1. 직각자자리 팔, 2. 방패자리-남십자자리 팔, 3. 궁수자리-용골자리 팔, 4. 오리온자리 팔, 5. 페르세우스자리 팔, 6. 바깥쪽 가장자리 팔이라고 한다. 태양계는 오리온자리 팔 안에 있는 것으로 알려져 있는데, 이 소용돌이 팔은 다른 소용돌이 팔에 비해 눈에 띄지 않는 팔이다. 이러한 소용돌이 팔은 동심원의 접선에 대한 각도(피치 각)가 항상 동일하다. 이것은 수학적으로는 반경의 로그와 중심각이 비례 관계에 있음을 의미하므로 로그 팔이라고 한다. 은하계의 경우 피치 각은 12° 전후이다.

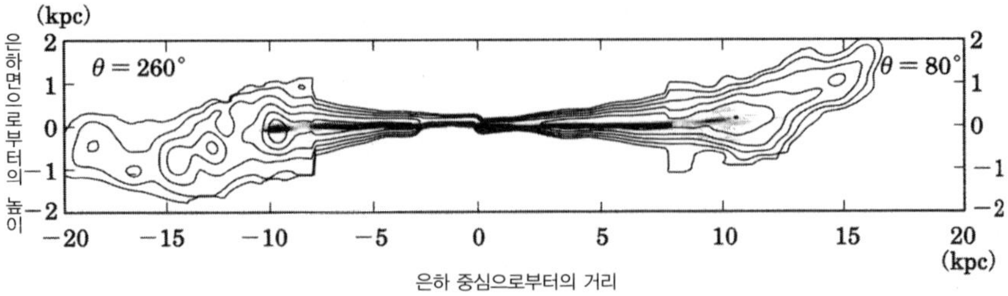

그림 2.17 은하면에 대해 수직 방향으로 은하계를 자른 단면도(화보 3 참조). 그레이 스케일은 H_2 가스의 밀도 분포를 나타내고 있다. 등고선은 HI 가스의 밀도가 바깥에서부터 0.01, 0.02, 0.04, 0.08, 0.16, 0.32 cm^{-3}의 분포를 나타내고 있다. 세로축 눈금이 가로축의 눈금에 비해 확대되어 있는 것에 주의.

2.3.4 휨

그림 2.17을 보면 HI 가스 원반은 반경 12 kpc의 바깥에서 은하면으로 크게 구부러져 있는 것을 알 수 있다. 그림 2.17 오른쪽에서 북은극 방향으로, 반대편에서는 남은극 방향으로 약 1 kpc 정도 벗어나 있는 것을 알 수 있다. 이를 HI 가스 원반의 '휨' 이라고 한다. 그림 2.17의 단면은 이 휘는 정도가 가장 커지는 각도로 자른 것이다. 소용돌이은하의 약 절반이 이러한 휨 구조를 가지고 있으며, 휨 구조는 소용돌이은하의 일반적인 구조라고 할 수 있다. 외부 은하의 관측에서 휨 구조는 (i) 별의 원반 가장자리 근처에서 시작한다, (ii) 별 원반의 안쪽에서는 휨의 능선이 직선적이다, (iii) 별 원반의 바깥에서는 휨의 능선이 완만하게 말려드는 것 같은 소용돌이팔이 된다는 특징이 있다고 알려져 있다. 휨 구조의 기원으로는 (i) 헤일로와의 상호작용에 의해 발생한다는 설, (ii) 위성은하[12] 등에서 쌓여 왔다고 하는 설, (iii) 위성은하에 의한 조석력에 의해 발생했다는 설 등으로 여겨지고 있다.

12 은하에 딸려 있는 작은 은하. 마젤란은하는 은하계의 위성은하. 동반은하라고도 한다.

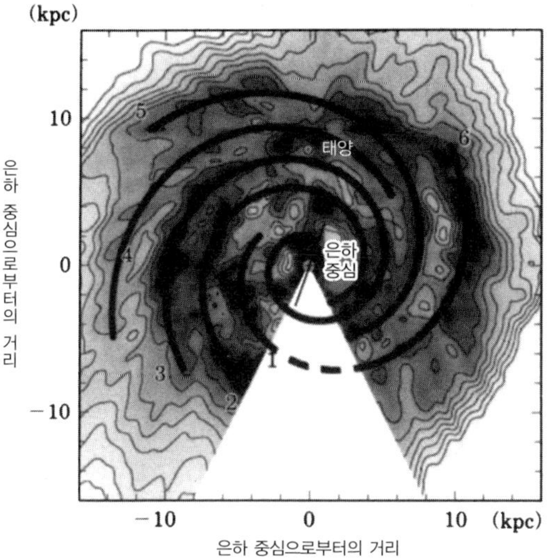

그림 2.18 소용돌이 팔의 구조. 1. 직각자자리 팔, 2. 방패자리-남십자자리 팔, 3. 궁수자리-용골자리 팔, 4. 오리온자리 팔, 5. 페르세우스자리 팔, 6. 바깥쪽 가장자리 팔. 중심에 그린 선분은 은하의 막대 구조를 나타낸다(Nakanishi 2005 PhD Thesis, Univ. Tokyo).

은하계 바깥쪽 가장자리에서 볼 수 있는 HI 가스의 굴곡 외에도 은하 내부 영역에서도 가스 원반이 은하면에서 상하로 약간 어긋나 있는 것이 발견되었다. 이것은 '주름' 등으로 부르고 있다. 그 진폭의 크기는 수십 pc이며, 은하의 크기에 비하면 매우 작은 규모이다.

2.4 은하계의 질량분포와 암흑물질

이 절에서는 은하계의 질량분포와 암흑물질에 대해 설명하기로 한다. 먼저 별과 HI 가스의 운동속도에서 태양계 근방의 질량분포 및 은하계 전역에서의 질량분포를 구하는 방법을 설명하고, 질량·광도 비율에 대해서도 검토해 보자. 그리고 은하계 내에도 많은 암흑물질의 존재가 시사되고 있음을 보여주고, 마지막으로 암흑물질의 정체를 탐구하는 방법의 하나로 중력 마이크로 렌즈 현상에 대해서도 살펴보자.

2.4.1 태양 근방의 질량분포

먼저 태양계 근방의 질량분포를 구하는 방법에 대해서 이야기하겠다. 은하계의 퍼텐셜을 축대칭인 $\Phi(R, z)$로 나타내고, 또 원반에 대해 수직 방향의 중력가속도 $K_z = \partial\Phi/\partial z$를 도입하면, 퍼텐셜과 밀도분포를 관계 짓는 푸아송 방정식으로부터 다음과 같은 관계를 얻을 수 있다.

$$4\pi G\rho(z) \approx \frac{\partial^2\Phi}{\partial z^2} = \frac{\partial K_z}{\partial z} \tag{2.38}$$

또, z방향의 속도분산 σ_z^2와 퍼텐셜 사이에는 다음의 관계가 있다.

$$\frac{1}{n}\frac{\partial(n\sigma_z^2)}{\partial z} = \frac{\partial\Phi_z}{\partial z} = K_z \tag{2.39}$$

여기서 n은 별의 개수 밀도를 나타낸다. 이러한 수식과 z방향의 별의 속도분산 σ_z의 관측을 결합하여 태양 근방에서 수직 방향의 밀도분포 $\rho(z)$를 얻을 수 있다.

이러한 방법으로 태양계 근방의 밀도 구조를 처음으로 논의한 사람은 오르트이며, 그의 이름을 따서 태양 근방의 질량 밀도 $\rho_0 = \rho(z=0)$ 오르트 한계라고 한다. 지금까지 $\rho_0 = 0.1 \sim 0.2\ M_\odot\ \mathrm{pc}^{-3}$ 정도의 값을 구했다. 값에 따라서는 태양 근처의 별과 가스를 합한 밀도 $\rho_{\mathrm{obs}} \approx 0.1\ M_\odot\ \mathrm{pc}^{-3}$ 을 초과하고 있기 때문에 태양 근방의 은하 원반에 암흑물질이 존재하고 있다는 가설도 제창되어 있다. 그러나 최근에는 이러한 가설을 부정하는 연구도 여럿 있다.

2.4.2 회전속도와 질량분포

다음으로 앞 절에서 얻은 회전곡선을 이용하여 은하계 규모의 질량분포를 도출하는 방법에 대해 알아보자. 편의상 구 대칭의 질량분포를 가정하고, 어떤 반경 r 이내에 포함된 질량을 M_r이라고 한다. 이 같은 질량분포 속을 원운동하는 천체를 생각하면 원심력과 중력의 균형에 의해 다음의 관계식이 성립한다.

$$\frac{v_c^2}{r} = \frac{GM_r}{r^2} \tag{2.40}$$

여기서 v_c는 원운동 속도이다. 이 식을 M_r에 대해 풀면 다음과 같다.

$$M_r = \frac{rv_c^2}{G} \tag{2.41}$$

한편 M_r은 밀도분포 $\rho(r)$과 다음과 같은 관계식으로 연결되어 있다.

$$M_r = \int 4\pi r^2 \rho(r) dr \tag{2.42}$$

이 관계식을 이용하면 원운동 속도로부터 어떤 반경 이내의 질량 M_r과 밀도분포 $\rho(r)$을 얻을 수 있다. 특히 지수함수 모양의 밀도분포 $\rho \propto r^{\alpha}$를 고려하면, $\alpha = -2$일 때 $M_r \propto r$가 되어, (식 2.41)로부터 v_c가 일정하게 된다. 즉 구 대칭 분포를 가정하면, 은하계와 외부 은하에서 관측되는 평탄한 회전 곡선으로부터 $\rho \propto r^{-2}$가 구해진다.

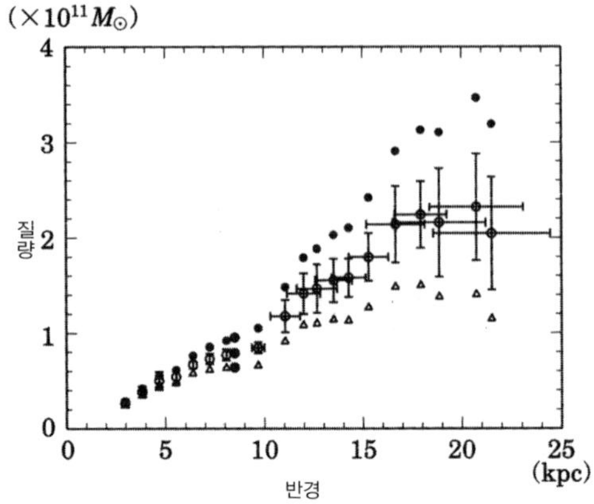

그림 2.19 그림 2.14의 은하계 회전에서 구한 어떤 반경 이내의 은하계 질량 $M_r \cdot \Theta_0 = 180\mathrm{km \cdot s^{-1}}$(△), $200\mathrm{km \cdot s^{-1}}$(○), $220\mathrm{km \cdot s^{-1}}$(●)의 경우에 대해 나타냈다. 는 8.5kpc으로 하였다.

2.4.3 은하계의 질량분포

앞의 수식을 이용하여 은하계의 회전 곡선에서 은하계의 질량분포를 구할 수 있다. 실제 은하는 구 대칭 분포는 아니지만 근사적으로 (식 2.41)의 관계를 이용한다. 은하계와 일반적인 은하를 생각할 때의 단위계로서 은하 중심 거리 R을 kpc, 회전속도 V를 $\mathrm{km \cdot s^{-1}}$, M_r을 태양 질량 $M_\odot$으로 나타내는 경우가 많다. 이 단위계에서는 다음과 같이 된다.

$$M_r = 2.32 \times 10^5 \left(\frac{R}{\mathrm{kpc}}\right)\left(\frac{V}{\mathrm{km \cdot s^{-1}}}\right)^2 M_\odot \tag{2.43}$$

태양 원 내부의 은하계 질량은 은하 상수 R_0, Θ_0의 값을 대입하면 $M_r \sim 10^{11} M_\odot$이 된다.

그림 2.14의 회전 곡선에 이 방법을 적용하여 얻은 M_r을 그림 2.19에 나타냈다. 이 그림에서 알 수 있는 것처럼 어떤 반경 이내의 질량 M_r은 은하 중심 거리와 함께 일정하게 증가한다. 회전 곡선이 관측되어 있는 가장

바깥쪽 위치에서 은하계의 질량 M_r은 은하 상수 Θ_0의 값에 따라 다르며 $1\sim3\times10^{11}\ M_\odot$ 정도가 된다. 은하계의 질량을 정밀하게 평가하기 위해서는 은하 상수와 회전곡선을 정확하게 결정할 필요가 있다.

은하 원반의 광도 분포는 외부 원반 은하와 마찬가지로 지수함수적으로 감소하는 밝기 분포 $I=I_0 \exp(-R/h)$로 표현되고, $h=3$ kpc 정도이다. 만약 원반의 질량 면밀도 분포가 밝기 분포와 마찬가지로 지수함수적으로 감소한다면, 10 kpc 이내에 원반 총 질량의 85%가 존재하는 중심집중도가 높은 분포를 보인다. 따라서 원반의 질량만으로는 그림 2.19에서 10 kpc보다 바깥에서도 큰 폭으로 질량이 증가하는 것을 설명할 수 없다. 즉 그림 2.19의 질량분포는 은하계의 바깥쪽에 빛이나 전파로 관측할 수 없는 암흑물질이 대량으로 존재하는 것을 시사하고 있다.

2.4.4 암흑헤일로

H I 가스로 결정할 수 있는 회전 곡선은 H I 가스 원반이 펼쳐져 있는 범위(은하 중심 거리~20 kpc 이내)뿐이며, 그 바깥쪽의 정보는 얻을 수 없다. 이 헤일로 영역의 질량분포를 구하기 위해서는 은하 중심에서 수십~수백 kpc 정도의 거리에 있는 구상성단과 동반은하의 운동을 사용한다.

헤일로 영역에 존재하는 이 천체들이 은하계 중력으로 갇혀 있다고 하면 (식 2.43)에서 은하계의 질량을 추정할 수 있다. 이에 따라 은하계 전체의 질량분포를 구하면, 200 kpc 이내에 $\sim10^{12}\ M_\odot$ 정도가 분포하고 있는 것을 알 수 있다. 이것은 그림 2.19의 가장 바깥쪽의 값보다 더 크고, H I 가스 분포의 바깥쪽에도 암흑물질이 존재하는 것을 시사한다. 이와 같이 암흑물질은 은하 원반보다 바깥 영역에 은하계를 둘러싸고 있는 것처럼 분포되어 있으며, 암흑헤일로라고 한다. 암흑물질의 정체로는 갈색 왜성, 백색 왜성, 블랙홀 등 빛을 내지 않는 천체나, 상호작용을 거의 하지 않는 입자 등이 후보로 거론되고 있다. 암흑헤일로의 분포 범위와 총질량, 그리고 암흑물질의 정체를 밝히는 것은 현대 은하계 천문학에서도 미해결된 중요한 과제로 남아 있다.

2.4.5 질량 · 광도비

은하계의 질량이 어떤 물질로 구성되어 있는지를 나타내는 지표로, 질량 · 광도 비율이라는 지표가 자주 이용된다. 이것은 질량 M과 광도 L의 비율이라는 의미로 M/L으로 표현되며, 일반적으로 태양의 질량 $M_{\odot}$ 및 광도 $L_{\odot}$로 규격화된 값으로 나타낸다. 즉,

$$M/L = \frac{(M/M_{\odot})}{(L/L_{\odot})} \tag{2.44}$$

이며, 정의에 의해 태양의 경우 $M/L=1$이다. 또한 광도에 대해서는 어떤 관측 대역인지 명시하기 위해, 예를 들어 가시광의 V밴드의 경우 M/L_V라고 표기하여 사용한다. 태양보다 무거운 별은 질량당 밝기가 크기 때문에 M/L 비율은 1보다 작고, 반대로 태양보다 어두운 별은 1보다 커진다. 만약 은하계 대부분의 질량이 태양과 같은 별로 구성되어 있는 경우, M/L 비율은 대략 1이 될 것으로 예상된다. 은하 원반의 밝기는 $L_V \approx 1.4 \times 10^{10}\, L_{\odot}$이라고 추정하고, 2.4.4절의 은하계 회전 곡선에서 구한 질량 $M \approx (1\sim3) \times 10^{11}\, M_{\odot}$을 이용하여 은하계의 M/L 비율을 구하면 다음과 같다.

$$M/L \approx 7\sim21\ (R < 2R_0)$$

이것은 태양의 M/L 비율에 비해 상당히 크다. 또한 구상성단 및 위성은

하의 운동에서 구한 은하계의 질량 $M \approx 1 \times 10^{12} M_{\odot}$에서 은하계 전체의 비율을 구하면

$$M/L \approx 70 \ (R < 200 \text{ kpc})$$

으로 되어, 은하를 구성하는 물질의 대부분은 일반 별이 아니라 빛을 발하지 않는 암흑물질이라고 생각한다.

2.4.6 중력 마이크로 렌즈에 의한 암흑물질 탐사

헤일로의 암흑물질을 직접 검출하는 방법으로 최근 활발히 연구되는 것이 중력 마이크로 렌즈 현상을 이용한 어두운 천체의 검출이다. 만약 암흑물질이 태양 정도의 질량을 가진 천체인 경우, 그 중력장이 렌즈로 작용하여 우연히 암흑물질의 뒤에 있던 광원의 관측에 영향을 준다.[13] 이러한 중력렌즈를 일으킬 가능성이 있는 헤일로의 암흑 천체를 총칭하여 마초(MAssive Compact Halo Object, MACHO)라고 한다.[14]

광원 천체, 렌즈 천체(상), 관측자가 각각 그림 2.20과 같이 거의 일직선 위에 정렬되어 광원이 중력 렌즈의 영향을 받고 있는 상황을 생각한다. 이때 광원의 본래 위치각 β와 렌즈의 영향을 받은 상의 위치각 θ 사이에는 다음과 같은 관계가 있다.

$$\theta - \beta = \alpha \frac{D_{\mathrm{LS}}}{D_{\mathrm{S}}} \tag{2.45}$$

13 일반적으로 지구 질량 정도 이상이면 이러한 효과를 관측할 수 있다. 실제로 최근 외계 행성을 찾는 방법의 하나로 중력 마이크로 렌즈가 이용되고 있다.

14 MACHO에 속하지 않는 암흑물질의 후보로는 상호작용을 하지 않는 소립자(Weakly Interacting Massive Particles, WIMPs)가 있다. 여담으로 macho는 남자다운 남자, wimp는 겁쟁이라는 뜻이다.

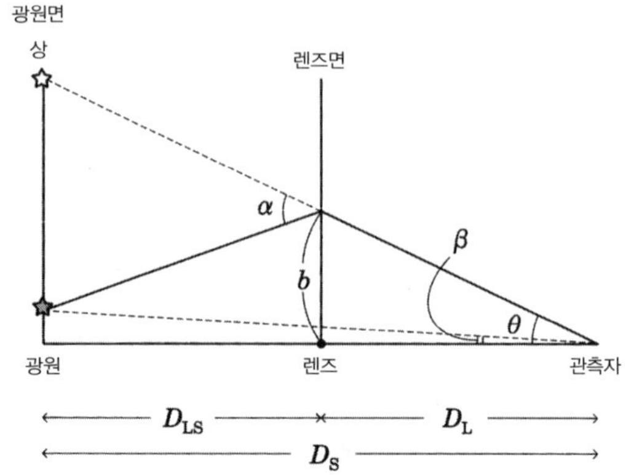

그림 2.20 중력 렌즈에서 관측자, 렌즈, 광원의 위치 관계를 나타낸다.

한편, 중력장에 의한 빛의 굴절각 α는 일반 상대성 이론에 의하면 다음과 같이 쓸 수 있다.

$$\alpha = \frac{4GM}{c^2 b} \tag{2.46}$$

여기서 M은 렌즈 천체의 질량이며, b는 광선이 렌즈에 가장 가까이 접근했을 때의 거리이고, $b = D_L\theta$이다. 만약 관측자와 렌즈 및 광원이 완전히 일직선 상에 늘어선 경우에는 상은 고리 모양이 되고, 그 반경 R_E는 (식 2.45)에서 $\beta = 0$으로 대입하여 다음과 같이 구한다.

$$R_E \equiv \left(\frac{4GM}{c^2} \frac{D_L D_{LS}}{D_S} \right)^{1/2} \tag{2.47}$$

이 고리를 아인슈타인 링이라고 한다. 아인슈타인 링의 반경 R_E로 규격화한 렌즈면 상의 위치,

$$r \equiv \frac{D_L}{R_E}\theta, \quad u \equiv \frac{D_L}{R_E}\beta \tag{2.48}$$

을 도입하여 (식 2.45)를 정리하면 다음과 같은 관계식을 얻는다.

$$r^2 - ur - 1 = 0 \tag{2.49}$$

이 식의 해는 2차방정식의 해로 다음과 같다.

$$r_{1,2} = \frac{u \pm \sqrt{u^2+4}}{2} \tag{2.50}$$

즉, 질점 렌즈의 경우에 상 2개가 생성된다.

$u \ll 1$일 때, $r_{1,2} \approx \pm 1$이 되기 때문에 (식 2.47)로 정의되는 아인슈타인 링의 반경 R_E는 렌즈의 대략적인 크기를 알려준다. 이를테면 마젤란은하($D_S = 50$ kpc) 방향의 헤일로 천체를 생각하고, 렌즈의 거리 $D_L = 10$ kpc, 렌즈의 질량 $M = 1\,M_\odot$을 가정하면, $R_E \approx 8$AU(천문단위)가 되어, 아인슈타인 링의 겉보기 크기는 $\theta_E \equiv R_E/D_L = 0.8$ 밀리 아크세컨드가 된다. 일반적인 광학 망원경의 분해능으로 이 각도를 분해하는 것은 어렵다.

한편, 마이크로 렌즈의 두 상이 분해되지 않더라도 두 상의 밝기의 합에서 마이크로 렌즈 현상을 감지할 수 있다. 중력 렌즈는 공간이 일그러지는 효과이기 때문에 천체의 밝기는 불변이고, 상이 밝아지는 것은 상이 늘어나서 겉보기 크기가 변화하기 때문에 발생한다. 상의 확대는 렌즈와 관찰자를 연결하는 시선에 대해서 회전 대칭이며, 반지름 방향으로 확대되어 밝기가 변하므로, 증광 비율을 A라고 하면($A = 1$은 렌즈가 없는 상태) 다음 식으로 쓸 수 있다.

$$A_{1,2} = \left| \frac{r_{1,2}\, dr_{1,2}}{u\, du} \right| = \left| \frac{r_{1,2}^4}{r_{1,2}^4 - 1} \right| \tag{2.51}$$

첨자 1, 2는 (식 2.50)의 해에 대응된다. 두 상을 분해할 수 없는 때, 실제로 관측되는 것은 다음 식으로 나타내는 두 상의 밝기의 합이 된다.

$$A = |A_1| + |A_2| = \frac{u^2+2}{u\sqrt{u^2+4}} \tag{2.52}$$

$u=0$(광원, 렌즈, 관측자가 일직선 상에 왔을 때)에 근접하면 $A \approx u^{-1}$가 되어 무한대로 발산한다. 실제로 광원은 유한한 크기를 가지고 있기 때문에 무한대의 광도가 되지는 않지만, $u=0$에 근접하면 A가 100을 초과하는 마이크로 렌즈 현상도 실제로 관측되고 있다.

$u=\infty$는 렌즈가 없는 경우에 해당하며, 물론 $A=1$이다. 또한 $u=1$인 경우(아인슈타인 링의 반경에 광원이 있는 경우) $A=3/\sqrt{5}=1.34$가 되어, 30% 정도의 증광률을 보인다.

2.4.7 마이크로 렌즈의 광도 곡선

마이크로 렌즈 현상을 관측하면 광원의 겉보기 밝기는 광원과 렌즈의 위치에 의존하여 (식 2.52)에 따라 변한다. 광원과 렌즈가 크기 μ인 상대 고유운동을 가질 때, 광원과 렌즈의 각거리 β는 다음과 같이 쓸 수 있다.

$$\beta = \sqrt{\beta_0^2 + (\mu t)^2} \tag{2.53}$$

여기서 β_0는 광원과 렌즈가 가장 접근했을 때의 이각離角이고, t는 가장 접근했을 때의 시각을 0으로 한 시각이다. 위의 식을 (식 2.48)처럼 규격화하면 다음과 같다.

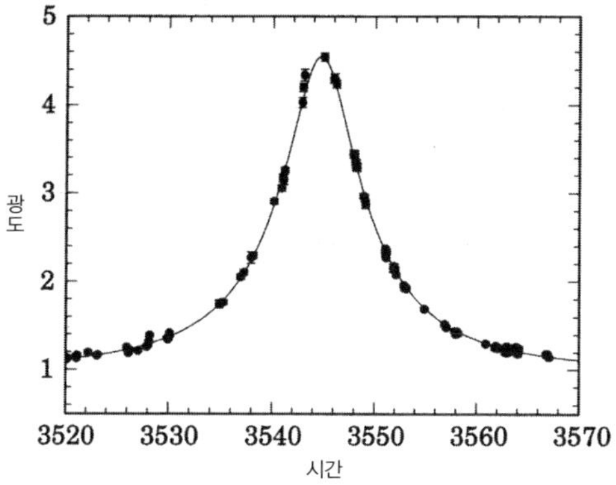

그림 2.21 마이크로 렌즈의 광도 곡선의 예. MOA[15]에 의한 관측점과 이론 곡선을 모두 나타냈다.

$$u = \sqrt{u_0^2 + (t/t_{\mathrm{E}})^2} \tag{2.54}$$

t_{E}는 아인슈타인 링의 반경을 가로지르는 시간으로 다음과 같다.

$$t_{\mathrm{E}} \equiv \frac{R_{\mathrm{E}}}{\mu D_{\mathrm{L}}} \tag{2.55}$$

(식 2.54)로 알 수 있듯이 마이크로 렌즈 현상에서 광도의 시간 변화(광도 곡선)는 u_0와 t_{E}로 특징지을 수 있다. (식 2.52)와 (식 2.54)로 계산되는 마이크로 렌즈의 광도 곡선과 실제 관측 예를 그림 2.21에 나타냈다. 그림에 나타난 바와 같이 관측된 마이크로 렌즈 현상은 위의 이론식으로 깔끔하게 재현된다.

아인슈타인 반경을 통과하는 시간 t_{E}는 (식 2.47) 및 (식 2.55)에 의해 렌즈 천체의 질량에 의존한다. 따라서 렌즈 현상에서 지속 시간의 관측에서

15 MOA(Microlensing Observations in Astrophysics). 나고야 대학을 비롯한 일본 및 뉴질랜드의 연구 프로젝트.

렌즈 천체의 질량에 대한 제한을 찾을 수 있다. 예를 들면 질량 $M=1\,M_\odot$, 거리 $D_L=10\,\mathrm{kpc}$, 속도 $u_\perp\equiv\mu D_L=200\,\mathrm{km\cdot s^{-1}}$의 렌즈 천체를 고려할 때 $t_E\approx70$일이 되며, 수 개월간에 걸쳐 관측함으로써 광도 곡선을 추적할 수 있다.

2.4.8 마이크로 렌즈의 발생 확률

다음으로 마이크로 렌즈 현상이 발생할 확률을 계산하자. 어떤 별을 관측했을 때 그 별이 렌즈의 영향을 받고 있는 확률을 나타내는 양 τ를 광학적 두께라고 한다. 중력 렌즈의 단면적이 아인슈타인 링의 면적 πR_E^2으로 주어진다는 점에서 이것은 다음과 같이 쓸 수 있다.

$$\tau=\int\pi R_E^2\,\frac{\rho}{M}\,dD \tag{2.56}$$

여기서 D는 시선을 따라 잰 관측자로부터의 거리를 나타내고, M은 렌즈 천체의 질량, ρ는 렌즈 천체의 질량 밀도 분포를 나타낸다. 아인슈타인 링의 반경 R_E의 (식 2.47)을 (식 2.56)에 대입하면, 질량 M이 사라지고 다음의 형태로 바꿀 수 있다.

$$\tau=\frac{4\pi G}{c^2}\int\rho(D)\,\frac{D_L D_{LS}}{D_S}\,dD \tag{2.57}$$

즉 마이크로 렌즈의 광학적 두께는 천체 질량에 관계없이 밀도 분포 ρ에 달려 있음을 알 수 있다. 이를테면 초속 200 km의 평탄한 회전 곡선을 가지며, 밀도 분포 $\rho\propto r^{-2}$인 헤일로를 생각하면, 마젤란은하의 방향에서 발생할 확률은 $\tau_{\mathrm{exp}}\approx5\times10^{-7}$ 정도가 된다. 즉 마젤란은하 방향에서는 200만 개 중에 1개의 별이 헤일로 천체에 의한 마이크로 렌즈 현상의 영향을 받는 것으로 예상된다.

이러한 방법으로 은하계 내의 암흑물질을 탐사하는 가능성을 최초로 제창한 사람은 파친스키B. Paczynski이다. 그의 제안을 받아 대규모 중력 렌즈 현상의 탐사가 MACHO(미국과 호주)와 EROS(프랑스)라는 두 팀에 의해 수행되었으며, 1993년에 처음으로 마이크로 렌즈의 검출이 보고되었다. 이어서 OGLE(폴란드와 미국), MOA(일본 및 뉴질랜드) 등의 그룹도 비슷한 관측을 실시하여 지금까지 많은 마이크로 렌즈 현상이 관측되고 있다.

특히 MACHO 그룹은 1992년부터 1999년까지의 관측으로부터 대마젤란은하의 방향에서 17개의 마이크로 렌즈 현상을 관측하고, 이 방향의 마이크로 렌즈의 광학적 두께 $\tau=1.2\times10^{-7}$이라는 결과를 얻었다. 이는 평탄한 회전 곡선에서 예상되는 $\tau_{\rm exp}$의 25% 정도밖에 되지 않으며, MACHO 천체만으로 은하계의 암흑물질을 설명하는 것은 어렵다는 것을 알게 되었다. 또한 마이크로 렌즈의 지속 시간 $t_{\rm E}$의 분석에서 전형적인 질량으로 $0.5\,M_\odot$ 정도의 값을 구했으나 그 정체에 대해서는 아직 명확한 답을 얻지 못했다.

헤일로 속에서 MACHO 천체가 차지하는 질량의 비율이나 개별 MACHO 천체의 질량을 더 강하게 제한하기 위해서는 수많은 마이크로 렌즈 현상을 발견하여 통계적 정밀도를 높이는 것이 중요하다. 현재도 MOA와 OGLE 같은 국제 공동 관측 팀이 마이크로 렌즈 탐사를 계속하고 있으므로 앞으로 더 정밀도가 좋은 결과를 얻을 수 있을 것이라 기대하고 있다.

2.5 은하계의 자기장 구조

소용돌이은하에는 대규모 자기력선이 지나가고 있다(제4권 3장). 우리 은하계에도 소용돌이 모양의 자기력선이 지나간다. 그 세기는 자기장의 압력(에너지 밀도)이 성간 가스의 압력과 균형을 이루고 있다. 즉 에너지의 등분배 법칙이 성립한다고 하면 태양 근방에서 약 3마이크로 가우스(μG)이다. 또한 자기장의 에너지 밀도와 우주선의 에너지 밀도가 등분배되어 있다고 가정하면, 은하수의 전파 세기 측정값으로 계산해도 역시 수μG의 자기장 세기인 것으로 알려져 있다. 이 절에서는 은하계의 자기력선이 어떤 형상인지를 고찰하기로 한다.[16]

2.5.1 퀘이사 및 펄서의 패러데이 회전

은하계의 자기장 구조를 알아내기 위해서는 은하 원반을 통해 도달한 퀘이사나 펄서의 직선 편광을 사용하여 그 패러데이 회전량[17]으로부터 광 경로에 있는 자기력선의 세기와 방향을 추정하는 방법을 사용[18]한다.

패러데이 회전량(RM)은 다음 식으로 표현한다.

$$\mathrm{RM} = 0.81 \int_0^x n_e B_{//} dx \sim 0.81 n_e B_{//} L \ (\mathrm{rad \cdot m^{-2}}) \qquad (2.58)$$

$B_{//}$는 자기장의 시선 방향 성분의 세기, n_e는 성간 가스에 포함된 열전자의 밀도, x는 시선 방향의 거리, L은 깊이이다. 자기장은 μG, 전자 밀도

16 태양 근처의 성간 구름과 별 탄생 영역의 국부적인 성간 자기장은 별빛의 편광, 성간 먼지의 적외선 편광, 또는 중성 수소 21 cm 선의 제만 효과를 이용하여 조사한다.

17 선형 편광된 전파가 방향성이 있는 매질(지금의 경우는 자기장)을 통과할 때 편광면이 회전하는 현상.

18 외부 은하에서는 은하 원반 자체가 내는 싱크로트론 복사의 선형 편광을 관측하여 더 정확하게 자기장의 구조를 알 수 있다(제4권 참조). 고에너지 전자(우주선)가 자기력선과 상호작용하여 복사되는 전자파를 싱크로트론 복사라고 한다.

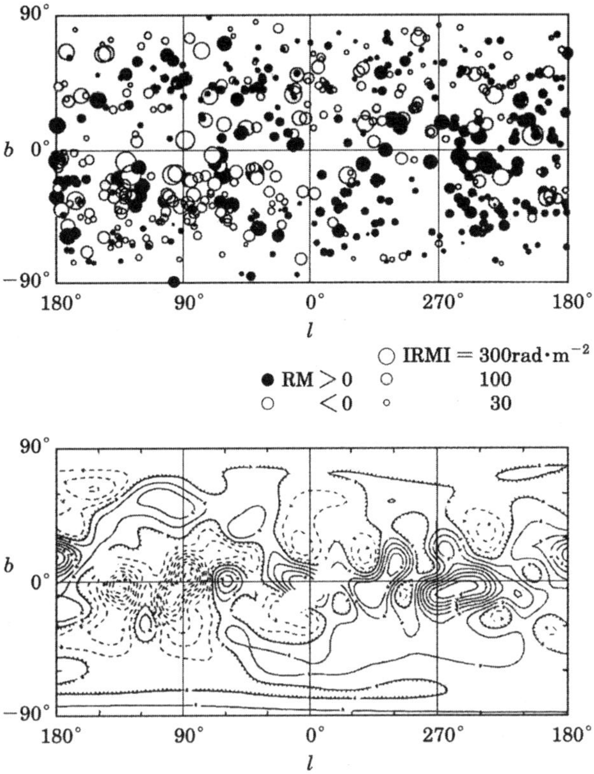

그림 2.22 퀘이사의 패러데이 회전량 RM을 천구 위에 나타낸 것(위). ●는 RM이 양수, 즉 자기력선이 시선에서 멀어지는 방향으로 지나가고 있는 것을 의미하고, ○는 역방향(음수)의 시선 자기장을 나타낸다. 동그라미의 크기는 RM의 절댓값의 크기를 나타낸다. 퀘이사의 RM값을 평균하여 등고선(등RM선)으로 나타낸 그림(아래)(Sofue & Fujimoto 1983, *ApJ*, 265, 722).

는 cm^{-3}, 거리는 pc, 각도는 라디안(rad), 파장은 m로 측정한다. 또한 RM은 자기장이 관측자에서 멀어지는 방향으로 지나가는 경우를 양수, 반대인 경우를 음수로 정의한다. 자기력선의 세기는 RM을 시선 방향의 전자 밀도 n_e와 거리 L의 곱 n_eL로 나누어 얻을 수 있다. 그러나 n_e와 L은 별도의 관측으로 구해 둘 필요가 있다.

그림 2.22는 퀘이사의 RM값을 동그라미의 크기로 나타내고, RM의

부호, 즉 자기력선의 시선 방향 성분의 방향을 검은색과 흰색으로 나타낸 것이다. 또한 이러한 RM의 값을 15°의 빔으로 평균하여 매끄러운 분포로 나타낸 것이 아래쪽 그림이다. 이 그림에서 은경 90° 방향에서 RM이 음수이고, 그 반대편의 270° 방향에서 양수임을 알 수 있다. 이 때문에 태양 궤도의 약간 안쪽에서는 자기장이 태양 방향을 향해 지나가고 있다는 것을 알 수 있다. 또 은하 중심 방향의 양쪽, 은경 300°에서 60° 근처에는 RM의 부호가 20~30°의 규모로 진동하듯이 변하는 것을 알 수 있다.

2.5.2 은하계의 대국적 자기장

이렇게 구해진 퀘이사의 RM 분포에서 자기력선은 대국적으로 소용돌이 팔을 따라가는 것과 어떤 팔에서 다음 팔로 반전하는, 이른바 쌍 대칭 소용돌이 모양의 자기장 구조가 나타나는 것을 알 수 있다. 실제로 원반 모양의 성간 전자 밀도분포와 그림 2.23과 같은 소용돌이 모양의 자기력선 구조를 가정하여 계산해 보면 관측되는 RM 분포를 잘 재현할 수 있다.

이러한 소용돌이 모양의 자기력선 구조는 M 51 등 보통의 소용돌이은하에서 흔히 발견되는 구조로, 은하계도 그중의 하나인 것을 알 수 있다. 은하계의 자기력선은 태양에서 약간 안쪽에 있는 궁수자리 팔에서는 은경 90°의 방향에서 태양으로 접근하는 방향으로 지나가며, 바깥쪽의 페르세우스자리 팔에서는 반전하는 것을 알 수 있다. 대국적으로 보면 자기력선은 은하의 바깥쪽에서 들어와서 소용돌이 팔을 따라 감겨들며, 반대편 팔에서 밖으로 나가는 것 같은 구조이다.

다음으로 퀘이사와 펄서에 의한 패러데이 회전량을 비교해 보면, 퀘이사의 RM이 펄사의 RM보다 크다는 것을 알 수 있다. 이것은 자기장을 포함하는 원반(은하계의 자기 원반)의 두께가 펄서가 분포하는 원반의 두께 약 300 pc에 비해 훨씬 두껍다는 것을 보여준다. 즉, 보통의 원반보다 위쪽

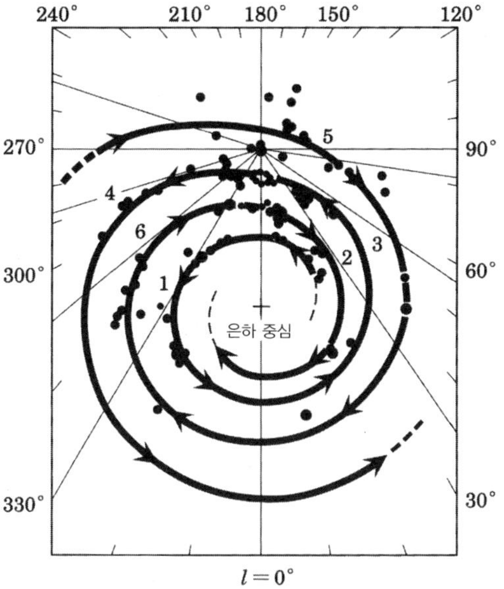

그림 2.23 은하계의 대국적인 자기력선 구조. 소용돌이 팔마다 자기장의 방향이 반전되는 BSS 소용돌이 자기장 모델은, 관측된 퀘이사의 패러데이 회전량의 분포가 잘 재현된다. 검은 원은 소용돌이 팔에 해당하는 이온화 가스(HII) 영역의 분포를 나타낸다. 1. 직각자자리 팔, 2. 방패자리 팔, 3. 궁수자리 팔, 4. 용골자리 팔, 5. 페르세우스자리 팔, 6. 켄타우루스자리 팔.

공간인 은하 헤일로에도 자기장이 존재하는 것으로 나타나 있다. 퀘이사의 RM 분석의 해석에서 헤일로 자기장의 세기는 1 μG 정도로 추정한다. 헤일로 자기장의 기원은 원반 자기장이 차동회전差動回轉으로 증폭되고, 그 일부가 헤일로로 빠져나가기 때문이라고 생각한다. 또한 이와 같이 자기장이 빠져나가는 현상 덕분에 원반 부분의 자기장이 정상적으로 유지된다.

제3장
은하계의 중심

은하계의 중심 영역은 가장 가까운 거리(8 kpc)에 있는 소용돌이은하의 중심이다. 그렇게 가깝기 때문에 먼 거리에 있는 다른 은하의 중심 영역에서도 일어나는 다양한 활동 현상을 자세히 관측할 수 있다. 은하 중심에도 다른 은하와 마찬가지로 거대한 블랙홀이 존재한다. 가시광에서는 시선 방향에 놓인 은하 원반의 많은 성간 먼지로 인해 약 30등급이나 소광되기 때문에 은하 중심을 관측할 수 없다. 그래서 성간흡수가 적은 전파, 적외선, X선 등이 주요 관측 수단이 된다. 이 장에서는 이러한 관측 수단으로 밝혀진 은하 중심 영역의 모습을 살펴보겠다.

3.1 전파로 본 은하 중심

3.1.1 전파 복사의 메커니즘

전파 관측은 연속 스펙트럼(연속 전파)을 관측하는가, 선 스펙트럼을 관측하는가에 따라 보이는 대상이 다르다. 연속 전파에는 고에너지 전자와 자기장 분포의 모습이 보이는 비열적 복사(싱크로트론 복사)와 이온화 가스의 분포가 보이는 열적 복사가 있다. 선 스펙트럼은 중성 가스로부터 나오는 분자의 회전 천이 방출선과 이온화 가스의 재결합선 등이 있다.

싱크로트론 복사

전파(전자기파)는 전자 등의 하전 입자가 가속도 운동을 할 때 방출된다. 성간 공간의 고에너지 전자(1 GeV 정도 이상의 우주선 전자)는 그 운동에 의한 전류가 자기장에 수직 방향으로 힘(로런츠힘)을 받기 때문에 자기력선을 감아 도는 모양의 궤도로 휘어진다. 이 전자의 가속도 운동에 의해 방출되는 전파를 싱크로트론 복사라고 한다. 신호 세기는 연속적인 스펙트럼이며, 주파수가 높아지면 급격하게 약해진다. 따라서 주로 센티미터파보다 긴 파장(낮은 주파수)에서 관측된다. 자기력선에 직각 방향으로 선형 편광되므로 세기와 함께 편파를 조사하여 자기력선의 세기 및 구조를 알아낼 수 있다.

열적 복사

이온화 수소(HII) 영역 등 이온화된 성간 가스(10^4 K 정도의 플라스마)에서 이온과 열전자의 충돌이 빈번하게 일어나고, 전자의 궤도가 구부러져 가속도 운동을 하기 때문에 전파를 방출한다. 이를 열적 전파(열 제동 복사)라고 하며, 낮은 주파수에서 높은 주파수까지 거의 같은 세기의 평평한 연속 스펙트럼을 갖는다. 센티미터파보다 짧은 파장에서는 주로 열적 전파가 관측된다. 세기는 전자 밀도의 제곱에 비례하며, 플라스마의 밀도를 측정하는 데 사용된다. HII 영역에서는 이온화된 수소 이온이 전자와 재결합하여 중성이 되고 더욱 낮은 들뜸 상태로 내려갈 때 방출하는 재결합 선이 관측된다. 열적인 연속 전파와 재결합 선 관측을 종합하여 HII 영역의 온도를 측정한다.

분자선

은하 중심에서 저온의 성간 가스는 주로 분자운 상태로 있고, 일산화탄소(CO) 방출선 등의 분자선을 강하게 방출한다. 분자선은 분자의 회전에 의한 각운동량 양자수가 높은 들뜸 상태에서 낮은 상태로 떨어질 때 방출되는 것으로, 회전 천이 분자선이라고 한다. 방출선의 세기에서 분자 가스의 밀도를, 그리고 들뜸 상태가 다른 스펙트럼선의 세기 비比로부터 가스의 온도를 추정할 수 있다.

3.1.2 궁수자리 A 및 그 밖의 전파원

연속전파로 은하 중심을 보면 세기가 강한 전파원은 은하면에 집중되어 있고, 그들을 감싸는 성분이 펼쳐져 있다(그림 3.1, 그림 3.2 및 화보 2의 10 GHz 전파지도 참조). 이들은 은경 ±1.5°(약 200 pc)의 범위에 특히 집중되어 있으며, 은하계의 중심 원반을 옆에서 바라본 모습이다. 또한 중심 원반에서 수직 방향으로 여러 전파 봉우리가 솟아나 있어 풍부한 가스와 우주선의 분출 현상이 있음을 알려주고 있다. 전파원은 미터파의 세기가 강한 순으로 궁수자리 A, B, C, D 등의 이름을 붙였다. 은하 중심(거리 8 kpc)에서 겉보기 크기 1°는 140 pc에 해당한다.

궁수자리 A(Sgr A)는 은하계의 역학적인 중심, 즉 은하 회전의 중심과 거의 일치하며, 매우 강력한 전파원이다. 10 GHz의 전파 플럭스 세기는 대략 100 Jy[1]로, 그림에 나타낸 은하 중심 영역 전체의 전파 세기 약 1,000 Jy의 약 10%를 차지하고 있다. 궁수자리 A는 고분해능 전파 관측에서는 궁수자리 A West(서쪽)와 궁수자리 A East(동쪽)라는 두 개의 천체로 나뉜다.

궁수자리 A West는 은하계의 중심핵을 이루며, 매우 콤팩트한 전파원이며, 궁수자리 A*('A 스타' 라고 읽는다. 0.001 아크세컨드 이하)와 그것을 둘러싼 HII 영역으로 구분된다. 뒤에 설명하는 것처럼 궁수자리 A*는 거대한 블랙홀에 동반된 전파원으로, 10 GHz의 신호 세기는 1 Jy 정도이다. HII 영역은 길이가 수pc인 3개의 소용돌이 팔(미니 소용돌이 팔, 아래에 설명)로 이루어져 있으며, 그 바깥에 분자운 고리로 둘러싸여 있다. 궁수자리 A East는 비열적(싱크로트론) 복사를 하는 공 껍질 모양의 구조를 하고 있

1 잰스키라고 읽는다. $1\,Jy = 1 \times 10^{-26}\,Wm^{-2} \cdot Hz^{-1}$

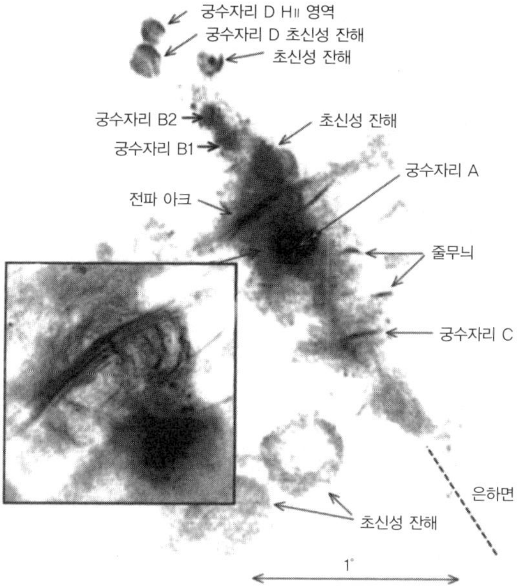

그림 3.1 VLA에서 파장 90 cm로 본 은하 중심 영역(LaRosa *et al.*, 2004, *ApJ*, 607, 302에서 전재). 삽입된 그림은 VLA에서 파장 20 cm로 관측한 궁수자리 A와 전파 아크를 확대한 것(Yusef-Zadeh & Morris 1987, *ApJ*, 322, 721).

그림 3.2 노베야마 45 m 전파망원경으로 관측한 10 GHz 연속전파의 세기 분포(화보 4 참조). 은경(가로) ±3°, 은위(세로) ±1.5°의 영역. 가운데의 강한 전파원이 궁수자리 A(Handa *et al.*, 1987, *PASJ*, 39, 709).

으며, 중심핵 부근에 있는 초신성 잔해라고 생각되고 있다.

궁수자리 B와 궁수자리 C는 둘 다 은하 중심 영역의 HII 영역이다. 궁수자리 B도 매우 강한 전파원이며, 궁수자리 B1과 B2의 두 전파원으로 나뉜다. 궁수자리 B2의 10 GHz 연속전파의 세기는 대략 50 Jy로서, 중심 원반의 전파 복사의 약 5 %를 차지하고 있다. 궁수자리 B2는 궁수자리 A에서 100 pc 이상 떨어져 있는데 거대한 분자운에 둘러싸여 있다. 은하 중심 영역에서는 가장 강한 별 생성 활동을 하고 있는 영역이다. 또한 여기에는 활발한 별 생성의 증거인 강한 물 메이저 원이 있는 것이 알려져 있다. 마지막으로 궁수자리 D는 HII 영역과 그에 인접한 초신성 잔해이다.

3.1.3 수직 자기장과 제트

은경이 양인 쪽에는 궁수자리 A에서 40 pc 정도 떨어진 곳에 은하면을 수직 방향으로 가로 지르는 필라멘트 모양의 전파 봉우리가 솟아나 있는데 이를 전파 아크라고 한다. 궁수자리 A에서 이 아크를 향해 다리가 걸쳐져 있는 모양으로 이온화 가스의 아치 필라멘트가 자라나 있다. 전파 아크는 은하면에 수직인 여러 개의 필라멘트 다발로 구성되어 있으며, 선형 편파 비율이 매우 높고, 자기장 및 고에너지 전자에 의한 싱크로트론 복사를 내고 있다. 전파의 세기로부터 추정되는 자기장의 세기는 대략 1 mG로, 태양 근방의 은하 자기장(수μG)에 비해 10^3배라는 강력한 자기력선이 지나고 있는 것을 알 수 있다. 자기력선의 양쪽 끝은 은하면에서 아래위로 약 150 pc까지 성장하여 편파 깃털이라는 구조를 만들고 있다. 또한 패러데이 회전(2.5절 참조) 관측으로 자기력선의 방향을 측정할 수 있는데, 자기력선은 중심 원반의 회전에 이끌리듯 휘어져 있다고 생각된다.

전파 아크는 더 위쪽으로 성장하여 궁수자리 C에서 양의 은위 방향으로 성장하는 또 다른 전파의 봉우리와 쌍을 이루고 있다. 이들을 종합한 구조를 전파 로브라고 한다. 은하면의 상공에 그려진 Ω자와 같은 모양을 하고 있어서 Ω 로브라고도 한다. 전파 로브를 동일한 은위에서 고리처럼 잘라 보면 원통형 복사원이 갖는 특유의 세기 분포를 나타내고 있다. 이 때문에 로브는 고속으로 회전하는 중심 원반에 의해 수직 자기력선이 뒤틀려서 은하면 바깥을 향해 급격하게 압력이 내려가는 자기장 압력의 기울기가 형성되어 그에 휘말린 가스가 상공으로 뿜어져 올라가는 원통형의 우주 제트라고 생각하고 있다.

3.1.4 은하 중심 분자운의 대국적 분포

은하 중심의 분자운은 주로 일산화탄소(CO) 분자의 방출선 스펙트럼으로 관측된다. 대국적으로 보면 분자 가스는 은하면에 달라붙어 있고, 반경 약 200 pc, 두께 수십 pc인 얇은 중심 원반을 형성하고 있다. 이 원반은 그림 3.3에서는 은하면을 따라 늘어선 분자운의 봉우리 구조로 관측된다. 이 겉보기 분포를 은하 중심 분자운 띠라고 한다. 그 분포는 균일하지 않고, 군데군데 덩어리로 분포하고 있다.

중심 원반의 분자 가스에 대해 은하 회전 모델을 사용하여 시선속도의 분포(아래에 서술하는 위치-속도도)를 분석하면 깊이 방향의 분포를 추정할 수 있다. 이에 따르면 원반 가스는 반경 120 pc, 두께 10~20 pc인 영역에 집중되어 있으며, 회전하는 좁은 고리를 형성하고 있는 것을 알 수 있다. 이 분자 고리의 양 끝에는 1.4절에서 언급한(그림 1.28) 한 쌍의 분자 가스의 팔이 막대 모양으로 늘어나 있어 은하계가 막대 소용돌이은하임을 시사하고 있다.

3.1.5 중심 분자 원반의 질량과 별 탄생

은하 중심의 분자운은 은하계 원반부의 분자운에 비해 평균 밀도가 높다.

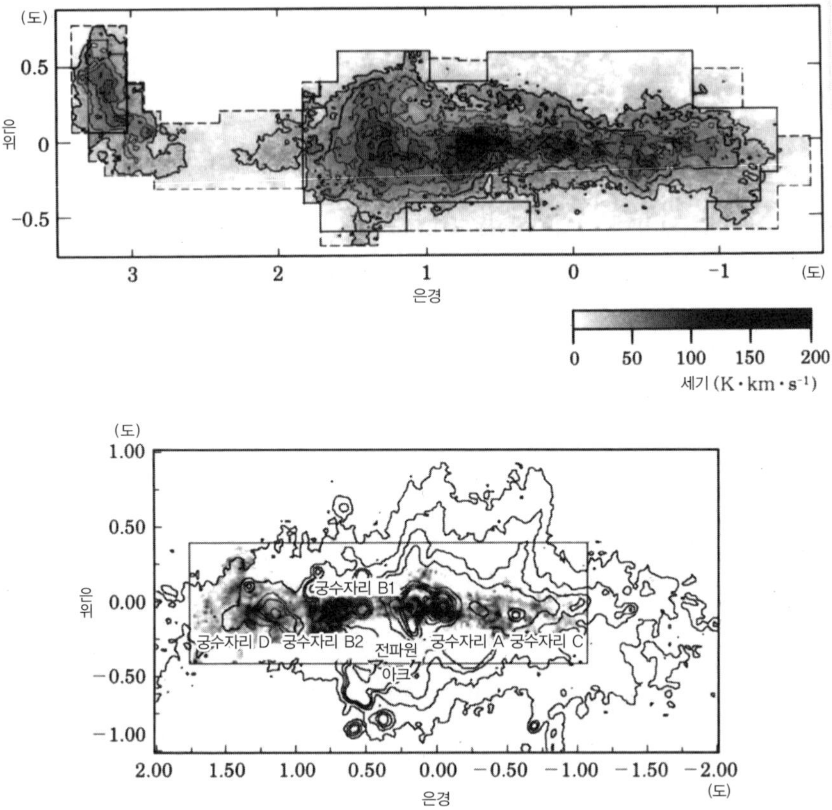

그림 3.3 노베야마 45 m 전파망원경에 의한 시선속도 −200에서 200 km·s^{-1}인 은하 중심 분자운의 분포(위). 분자운(회색 농담으로 표시)을 10 GHz 연속전파 분포의 등고선도(Handa *et al.*, 1987, *PASJ*, 39, 709)에 겹쳐 나타낸 것(아래).

또한 속도폭도 초속 10~50 km로 원반부 분자운의 수배에 이른다. 그림 3.3은 노베야마 우주전파관측소 45 m 전파망원경으로 관측한 시선속도 −200에서 200 km·s^{-1}인 은하 중심 분자운의 분포이다. 중심에서 300 pc의 영역에 포함된 분자(H_2) 가스의 질량은 대략 $1 \times 10^8\ M_\odot$이다. 이 밖에 분자 가스의 수% 정도의 질량을 갖는 수소 원자(H I) 가스가 존재한다. 반면, 은하 회전에서 계산되는 이 영역의 총질량은 $2 \times 10^9\ M_\odot$이므로, 별에 대한 가스의 질량비는 5% 정도이다. 이 비율은 원반부와 비슷하다. 분자 가스의 평균 밀도는 $10^2\ H_2\ cm^{-3}$ 정도 이상이다.[2] 또한 평균적인 별 생성 효율은 원반부와 동일한 정도이다.

이 영역에서 가장 별 생성이 활발한 곳은 궁수자리 B2 영역이다. 거기에는 거대한 분자운이 존재하고 매우 넓은 속도폭의 분자 가스 성분도 관측되고 있다. 또한 공 껍질 모양의 분자운도 발견되었는데, 별 형성 영역에서 고온 가스(HⅡ 영역)의 팽창 또는 초신성 폭발에 기인한 현상이라고 생각된다.

3.1.6 분자 가스의 회전과 운동

전파 분광기를 사용하여 방출선의 도플러 효과에 의한 파장(주파수)의 이동을 측정하면 분자 가스의 시선속도에 대한 자세한 정보를 얻을 수 있다. 천구의 어떤 선을 따라 측정한 위치에 대해 그 위치에 있는 가스의 시선속도 분포를 나타낸 것을 위치-속도도라고 한다. 위치-속도도는 가스의 분포와 운동을 조사하기 위한 중요한 정보를 제공한다. 은하 중심 원반의 회전과 운동을 확인하려면 시선속도 분포를 은경에 대해 나타낸 위치(은경)-속도도가 효과적이다.

그림 3.4는 CS 방출선의 관측에서 얻은 위치-속도도이다. 이 그림에서 은하 중심 영역 수 100 pc 이내의 가스는 시선속도가 $\pm 100\ km \cdot s^{-1}$의 범위에 집중되어 있으며, 은경이 음에서 양으로 이동함에 따라 시선속도가 음에서 양으로 변하는 것을 알 수 있다. 이것은 대국적으로 가스가 은하계와 함께 고속으로 회전하고 있다는 것을 나타낸다. 그러나 자세히 보면 위치-속도도에서 분자 가스의 분포는 중심에 대해 매우 비대칭적이며, 이

2 $H_2\ cm^{-3}$ 은 $1\ cm^3$당 수소분자 H_2의 개수 밀도를 나타낸다.

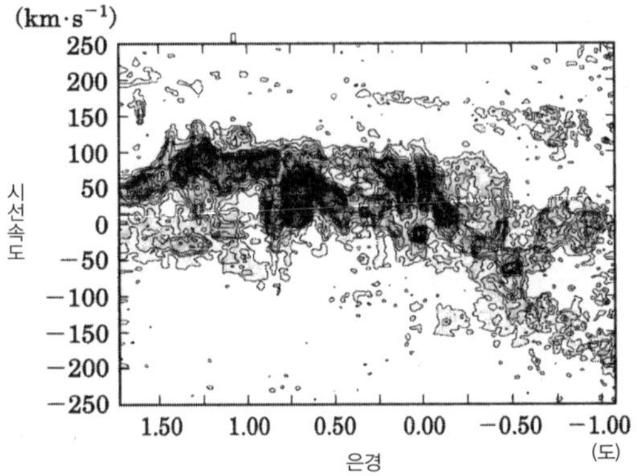

그림 3.4 은하 중심 영역의 분자운의 위치(은경) – 속도도(노베야마 45 m 전파망원경에 의한 CS 방출선 관측 데이터로부터 작성).

영역의 분자운이 은하의 역학적 중심 주위를 단순하게 원운동하는 것이 아니라 그 주위의 가능한 궤도를 모두 충족시키고 있지도 않다는 것을 의미하고 있다. 운동뿐만 아니라 분자운의 분포도 비대칭적이며, 은경이 양이고 시선속도도 양인 영역에 편중되어 있다. 한편, 은위 방향으로는 은하면에 대해 거의 대칭적으로 분포하고 있다. 또한 은경 ±0.5°에서 원반(고리)의 은위 방향 두께는 매우 얇고, 그 반치폭은 10~20 pc 정도이다.

그림 3.4를 자세히 보면 대부분의 가스가 차지하는 속도 ±100 $km \cdot s^{-1}$의 구조 외에 상하 양쪽에 평형하게 달리는 2개의 봉우리가 있는 것을 알 수 있다. 은경 0° 부근에서 속도는 각각 180 $km \cdot s^{-1}$와 −130 $km \cdot s^{-1}$이다. 이들은 짝을 이루어 위치 – 속도도에서 왼쪽 위로부터 오른쪽 아래로 기울어진 장반경 1.2°인 타원의 일부분을 형성하고 있는 것처럼 보이기 때문에 전체적으로 '170 pc 팽창 고리'라고 한다. 회전하는 고리는 위치–속도도 위에서 중심을 지나는 직선 구조가 되지만, 팽창 또는 수축 운동이 더해지면 타원 모양의 구조가 된다. 발견되었을 때 고리가 초속 100 km 이상의 속도로 팽창하는 운동 때문으로 해석하여 그런 이름을 붙였다.

만약 은하 중심의 대폭발로 이러한 팽창 운동을 하는 구조가 생성되려면 초신성 1,000개가 단기간에 연속적으로 폭발해야 한다. 자세하게 관찰하면 위치-속도도 상에서 '타원' 이라기보다는 오히려 '평행사변형' 임을 알 수 있으며, 현재에는 은하 중심 영역에 존재하는 별 등이 만드는 막대 퍼텐셜의 장축을 따라가는 궤도(X1 궤도)에 있는 분자운일 것이라고 생각하고 있다.

3.1.7 여러 가지 분자선

앞에서 서술한 바와 같이 은하 중심 영역의 중성 가스 관측은 주로 CO 방출선으로 수행되었다. 그런데 CO 방출선은 시선 상에 있는 은하 원반부의 분자운(시선속도가 약 $\pm 20\,\mathrm{km \cdot s^{-1}}$ 이내)이 강력히 흡수되며, 특히 ^{12}CO 방출선은 광학적으로 두껍기 때문에 분자운의 내부를 관찰하기 힘든 점 등 관측의 어려움이 있었다. 따라서 광학적으로 더 얇은 ^{13}CO 방출선을 이용하거나 또는 더 고밀도의 가스를 추적하는 시안화수소(HCN) 및 황화수소(CS) 등의 분자 방출선 스펙트럼도 관측에 사용되고 있다. 태양 근방의 분자운에 비해 은하 중심의 분자운은 밀도가 높고, 이 방출선들은 특히 강하게 복사되기 때문에 관측도 비교적 용이하여 많은 연구자에 의해 상세한 관측이 이루어지고 있다.

3.1.8 궁수자리 A 주위의 분자운

중심 분자운 띠(중심 원반)의 중앙 부근에 있는 성간 가스와 궁수자리 A의 관계를 좀 더 자세히 살펴보자. 궁수자리 A에서 각도로 2~3′ 거리에 크기가 수 아크미니트이고 시선속도가 초속 50 km와 20 km인 2개의 분자운이 존재한다. 시선 방향의 위치 관계는 알 수 없지만, 만일 중심핵에서의 거리가 겉보기 거리(5~10 pc)가 같고, 구름의 반경도 같은 정도라고 가정해 보자. 그러자면 중심 근처의 별과 블랙홀(뒤에 설명함)의 질량에 의한 강한 중력에 지지 않고 구름이 그 형태를 유지하기 위해 가스 밀도는 $10^5 \sim 10^6\ H_2\ cm^{-3}$보다 고밀도이고, 구름의 질량도 $10^7\ M_\odot$을 넘는 거대한 것이어야 한다. 이러한 값은 분자운의 상식을 넘는 것이므로 구름은 중심핵에 수반되어 있지 않고, 훨씬 앞쪽에 있거나 또는 뒤쪽의 중심 원반 또는 고리의 일부를 이루고 있다고 생각할 수도 있다.

고해상도의 분자 방출선 관측으로 중심핵인 궁수자리 A^* 주변을 조사해 보면, 그 주위를 반경 1.5 pc 정도의 분자 고리가 둘러싸고 있고, 초속 150 km로 회전운동하고 있다. 고리 안쪽에도 가스가 존재하지만 은하 중심과 그 주변에 존재하는 중심 성단의 젊고 밝은 별에서 나오는 자외선을 받아 이온화가 진행되고 있다. 이 이온화 가스는 3개의 소용돌이 팔의 형태라 미니 소용돌이 팔이라고 한다. 시선속도의 관측에서 미니 소용돌이 팔의 가스는 고속으로 중심 방향으로 낙하하고 있음을 알 수 있다.

3.1.9 분자운의 역학적 성질

은하 중심 영역의 성간 가스는 대부분이 분자운으로 존재하고, 중심 영역의 독특한 물리적 성질을 가지고 있다. 여기에서는 오리온 분자운 등 태양 근방(은하 원반부)의 일반 성간 가스에 비교해 중심 영역의 분자운이 어떤 특성을 가지고 있는지에 대해 특히 역학적인 상태에 대해 설명하겠다.

분자운 등 가스 덩어리의 질량은 가스 덩어리의 반경(크기)과 속도 분산(스펙트럼선의 폭)을 이용하여 덩어리의 자체 중력과 압력이 균형을 이루고 있다고 가정하여 구할 수 있다. 이것을 역학 질량[3]이라고 한다. 한편 방출선의 세기를 분자의 기둥 밀도로 환산하고 구름의 크기를 사용하여 질량

3 역학 질량~크기 × 속도폭$^2/G$. 비리얼 평형 질량이라고도 한다. 8장 참조.

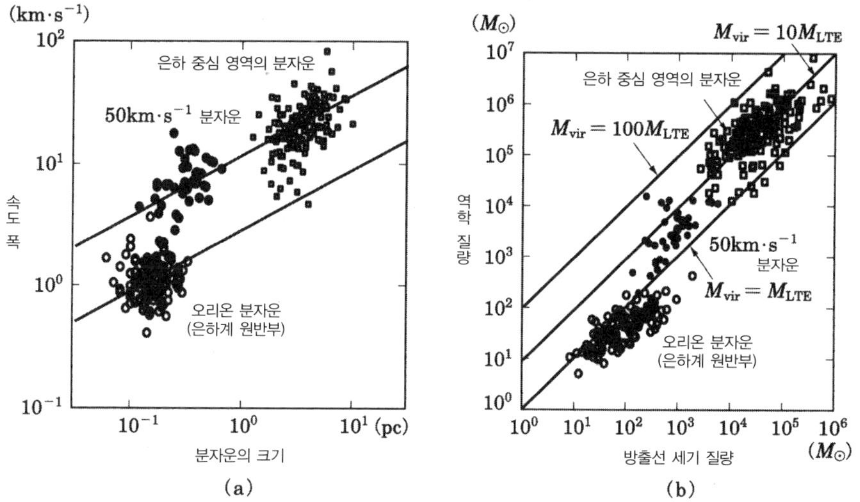

그림 3.5 (a) 은하 중심과 은하 원반부에 있는 분자운의 속도 폭과 크기의 상관관계. (b) 역학 질량과 방출선 세기 질량의 상관관계(M_{vir}는 역학 질량, M_{LTE}는 방출선 세기 질량).

을 추정할 수도 있다. 이 질량을 방출선 세기 질량이라고 하자. 여기서 환산 계수는 오리온 분자운 등 근방의 은하 원반부에서 상세히 관측된 것에 대해 분자 가스의 상태와 방출선의 복사 간의 관계를 사용하여 구한다. 일반 성간 분자운은 역학 질량과 방출선 세기 질량은 거의 같고(역학 질량/방출선 세기 질량=1), 가스구름이 역학적 평형 상태에 있다는 것이 알려져 있다. 그래서 은하 중심 영역의 분자운에 대한 역학 질량과 방출선 세기 질량의 비가 원반부에서의 값 1과 비교하여 다른가, 즉 역학적 평형에 있는가에 대하여 생각하는 것이다.

우선 역학 질량을 구하기 위해서는 가스 덩어리의 크기와 속도 폭의 관측이 필요하다. 그림 3.5 (a)는 은하 중심과 은하 원반부의 분자운에서 관측된 다수의 가스 덩어리에 대한 속도 폭과 크기를 나타낸 것이다. 이 그림을 보면 은하 중심의 가스구름은 원반부에 비해 속도 폭이 훨씬 계속 커진다는 것을 알 수 있다. 다음으로 이렇게 구한 크기와 속도 폭을 사용하여 역학 질량을 계산하고, 같은 가스 덩어리에 대해 방출선의 세기와 크기에서 구한 방출선 세기 질량과 비교한다. 그림 3.5 (b)는 은하 중심과 은하 원반부에 있는 분자운의 역학 질량과 방출선 세기 질량의 상관관계이다.

이 그림을 보면 은하 원반부에서는 역학 질량과 방출선 세기 질량이 거의 같으며, 분자운이 역학적 평형 상태에 있다. 그런데 은하 중심의 분자운은 역학 질량이 방출선 세기 질량의 10배 정도의 크기이다. 방출선의 복사 기구가 장소에 따라 다를 수는 없기 때문에 방출선 세기로부터 추정한 질량이 실제 질량을 나타내고 있다고 생각하자. 그러면 역학 질량이 크게 계산된다는 것은 속도 분산이 지나치게 크다는 것을 의미하며, 그대로는 분자운이 자신의 중력으로 모여 있지 않고 흩어져 버린다. 즉 은하 중심 영역의 분자운은 자체 중력에 의한 역학적 평형이 아니라 강한 외압에 의해 압축되어 그 형태를 지탱하고 있다고 생각해야 한다. 중심 영역에서 외압이 높은 원인은 앞서 언급한 강한 자기장의 압력이나 뒤에서 설명하는 고온 가스의 압력을 들 수 있다.

3.1.10 분자운의 질량 스펙트럼

다수의 분자운에 대해 질량(방출선 세기 질량)이 구해지면 그 개수 분포를 나타내는 질량 스펙트럼 함수를 알 수 있다. 질량 스펙트럼 함수는 질량마다 그 질량을 갖는 분자운의 개수(빈도)를 나타낸 것으로, 성간 가스구름의 구조와 별 탄생의 열쇠를 쥐고 있는 가스 덩어리의 성질을 아는 데 중요한 개념이다.

그림 3.6은 은하 중심에 있는 분자운의 질량 스펙트럼을 나타낸 것이다. 중심 분자 띠는 45 m 전파망원경으로 CS 방출선을 관측하여 얻은 것이다. 태양 근방의 분자운에 비해 거리가 멀기 때문에 해상도 관계로 은하

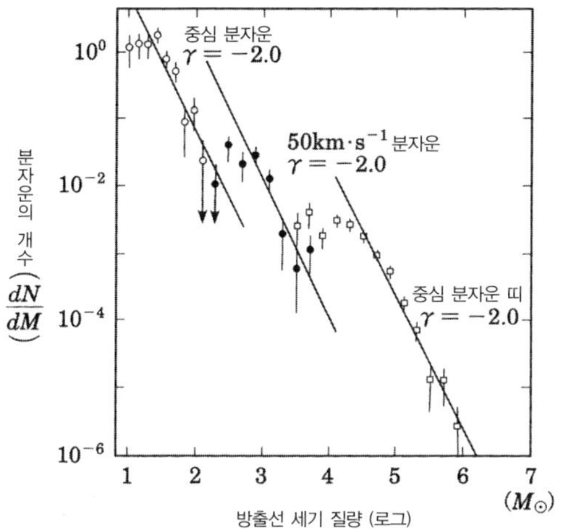

그림 3.6 은하 중심에 있는 분자운의 질량 스펙트럼. 중심 분자 띠의 관측은 45m 전파망원경을 사용하여 CS 방출선으로 수행하였다.

중심의 분자운은 질량이 큰 것에 치우쳐 관측되어 있음을 알 수 있다. 이 관측에서 질량 스펙트럼 함수를 (식 2.2)로 나타내는 경우, $\alpha-1=-2$~$(\alpha=-1)$라는 -2제곱의 지수법칙으로 표현된다. 이것은 은하 원반부에 있는 거대 분자운의 질량 스펙트럼으로 관측되는 값과 거의 같다. 그림의 중앙과 왼쪽의 스펙트럼은 노베야마 밀리미터파 간섭계를 사용한 고분해능 관측으로 파악한 더욱 세세한 분자 가스 덩어리의 질량 스펙트럼이다. 질량이 1,000배 이상 다르지만 역시 -2제곱의 지수법칙으로 나타낼 수 있다. 은하 중심 영역에는 젊고 광도가 큰 성단(아치 성단, 다섯쌍둥이 성단, 그리고 은하 중심 성단 등)이 있는데, 은하 중심 영역에 이런 밝은 성단이 형성되는 기구를 밝히는 데에 여기에서 언급한 것과 같은 상세한 질량 스펙트럼 정보가 유효한 수단이 된다.

3.1.11 분자 가스의 들뜸 상태

은하 중심 영역의 가스 들뜸 온도와 먼지 온도 간의 관계는 커다란 문제이다. 은하 중심 영역에 퍼져 있는 먼지의 실제 온도는 20~40 K일 것으로 적외선 관측에서 추정되고 있지만, 일반적으로 은하 중심 영역의 분자 가스 들뜸 온도는 50~70 K 정도 이상으로 원반부에 비해 따뜻하고, 은하 중심 영역의 먼지보다도 따뜻하다. 은하 중심 영역에 있는 분자 가스의 들뜸 온도는 관측 수단에 따라 크게 다르다. 이것은 관측할 수 있는 물리적 상태가 각각 다르기 때문으로 생각되지만, 암모니아(NH_3) 분자선의 관측에서 분자운의 온도는 15~150 K로 측정되고 있다. 이 밖에도 ISO 위성(적외선 천문 위성)에 의한 원적외선 관측에서 150 K 정도의 온도를 갖는 분자 가스가 퍼져 있고 2~3 %의 질량을 차지하고 있음을 이미 알고 있다. 또한 고온의 분자 가스 성분이 있는 것도 H_3^+의 관측을 통해 알려져 있다. 이렇게 다른 가스의 들뜸 온도와 먼지의 온도가 존재하기 위해서는 각각 별도의 가열 기구에 의해 제어되어야 한다.

칼럼 **끓고 있는 은하 중심**

은하 중심은 지근거리에서 활발하게 활동하고 있는 영역이다. 모든 파장에 걸쳐 매우 강력한 복사를 하고 있다. 이 때문에 다양하고 상세한 관측이 진행되고 있다. 저온부터 고온까지의, 그리고 동적으로 운동하는 성간물질, 낮은 에너지부터 높은 에너지까지의 현상 등 다방면에 걸친 관측 데이터가 갖추어져 있다. 규모도 수천만 km인 블랙홀부터 몇백 pc인 중심핵 원반과 우주 제트까지 다양한 규모에 걸쳐 있다. 본문에서 자세하게 다룬 해설로는 은하 중심의 이미지를 그리는 것이 어려울지도 모른다. 그것을 조금이나마 돕기 위해 은하 중심의 가스, 별 탄생 영역, 자기력선 등의 3차원 구조를 모식적인 조감도에 나타냈다. 물론 극히 한정된 측면만 나타냈지만, 중심핵의 활동과 부글부글 끓고 있는 중심 원반, 헤일로를 향해 제트가 분출되는 모습 등을 상상할 수 있을 것이다. 또 그림을 확대 복사하여 본문에서 배운 다양한 현상과 구조를 덧그려 보면 재미있을 것이다. 또한 각자 자기만의 독자적인 은하 중심 그림을 그려보는 것도 좋을 것이다.

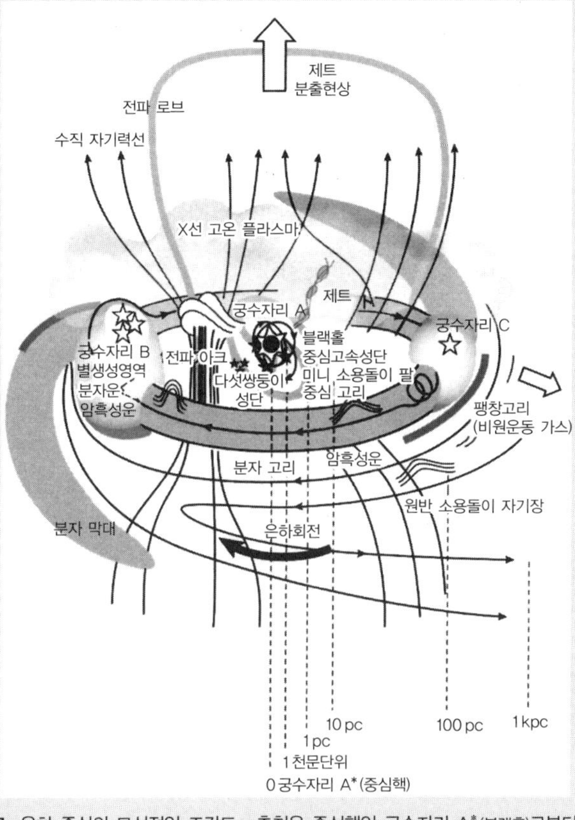

그림 3.7 은하 중심의 모식적인 조감도. 축척은 중심핵인 궁수자리 A*(블랙홀)로부터의 대략적인 거리를 로그로 나타낸 것으로, 어디까지나 상대적인 위치 관계를 나타낸 어림이다.

3.2 적외선으로 본 은하 중심

3.2.1 적외선이란

1966년 8월, 캘리포니아 공과대학 그룹은 구경 61 cm 망원경을 궁수자리를 향해 은하계의 중심부에서 처음으로 파장 2.2 μm의 신호를 포착하였다. 당시 세계 최대의 팔로마 5 m 망원경을 사용해도 그보다 더 짧은 파장인 가시광에서는 전혀 검출할 수 없었던 은하 중심부의 별에서 나오는 에너지 복사를 간신히 검출하였던 것이다.

적외선은 전자기파의 일종으로 그 파장이 가시광보다 길고 전파보다 짧다. 파장 1~3 μm를 근적외선, 30 μm까지를 중간 적외선, 그 이상의 파장을 원적외선으로 분류하는 경우가 많다. 평범한 별의 경우 복사가 최대인 파장이 근자외선 · 가시광선부터 근적외선의 영역에 있다. 그런데 은하 중심 영역에 있는 별에서 나온 가시광은 성간물질에 의해 소광되어 약 1조분의 1(10^{-12})로 약해져 버린다. 우리가 은하계의 원반부에 있기 때문에 가시광이 은하 중심으로부터 성간물질 속을 계속 통과해 오는 동안에 성간물질 중의 성간 먼지(고체 미립자)에 의해 산란 · 흡수되는 것이다.

등급의 정의에서 $-2.5 \log 10^{-12} = 30$이 되고, 30등급의 소광에 해당한다. 소광은 가시광의 부근에서는 파장이 짧을수록 크다. 전자기파의 산란 · 흡수는 성간 먼지의 크기와 비슷한 파장에서 최대가 되므로, 성간 공간에는 가시광의 파장보다 약간 작은 먼지가 많이 분포하고 있다고 알려져 있다. 적외선은 그다지 소광되지 않으며, 어떤 거리를 진행했을 때 소광되는 정도가 파장 2.2 μm에서는 파장 0.55 μm의 약 1/10에 불과하다. 따라서 성간 먼지에 의해 등비급수적으로 소광이 일어나는 것, 또 등급의 정의에서 로그를 취하는 것을 고려하면 파장 2.2 μm에서의 소광은 3등급

그림 3.8 은하 중심의 2°(은위)×5°(은경)인 근적외선 이미지. 파장 1.25, 1.6, 2.2 μm의 적외선으로 촬영하였다(Nishiyama 2004, 『천문월보』, 98, 240).

정도가 되고, 충분히 관측할 수 있다.

이렇게 가시광으로는 검출할 수 없는 은하계의 중심부가 근적외선으로는 별의 대집단으로 자세하게 관찰할 수 있다(그림 3.8). 특히 1990년경부터 적외선 검출기가 진보된 덕분에 밝은 별은 하나하나 관측할 수 있게 되었다.

다음으로 먼저 별과 성간물질을 대략적으로 나누고, 은하 중심 부근에서 적외선으로 관측되는 각각의 모습을 살펴보자.

3.2.2 은하 중심의 별들

근적외선의 관측에서 다수를 차지하는 것은 적색거성이다. 거대한 반경을 가지고 표면 온도가 3,000 K 정도이며, 최댓값이 근적외선인 에너지 복사를 방출하고 있다. 적색거성에도 다양한 나이의 별이 섞여 있는 것 같고, 또한 그 외에도 소수이긴 하지만 젊고 고온의 별도 검출되고 있다. 별의 스펙트럼형은 일반적인 경우 가시광 영역에서 분류하지만, 앞서 언급한 것처럼 가시광으로는 전혀 관측할 수 없기 때문에 파장 1~2.5 μm의 분광 관측이 중요하다. 파장 2.17 μm인 수소 브래킷 γ(Brγ)선[4]과 2.29 μm인 CO 분자의 진동에 의한 흡수선, NaI 및 CaI[5] 흡수선 등이 별의 스펙트럼형 결정에 사용된다.

은하 중심에서 은하면을 반경 200~300 pc 이내는 외부 벌지와는 달리 중심핵 벌지 또는 중심 분자운 띠(CMZ[6])라고 하며, 별의 종족이 다르다고 생각하는 천문학자가 많다. 별의 분포가 더욱 은하면 방향으로 펼쳐지고, 속도 성분도 다르기 때문이다. 여기에서 별의 개수 분포가 중심에서의 거리 R에 대해 거의 $R^{-1.8}$으로 감소한다. 외부 반경 1 kpc(태양에서 본 각도로 수°) 이상에서는 더욱 급속히 대략 $R^{-3.7}$에 비례하여 감소하는 동시에 비축대칭인 성분(막대 모양 구조)이 있는 듯하다. 또, 은경 1°·은위 −4° 방향에는 바데의 창이라고 하는 성간 소광의 작은 영역이 있어 이 영역에 대해서는 가시광에서도 다양한 연구가 수행되어 왔다. 그러나 바데의 창은 은하면에서 벗어나 천구에 투영한 거리로도 약 4°(8 kpc 거리에서 600 pc에 해당) 정도 떨어져 있기 때문에 거기에 보이는 별이 은하 중심 부근의 별을 대표하는 것으로 간주하면 안 될 것이다.

반경 300 pc 이내에는 $4 \times 10^9 M_\odot$의 질량이 있고, 큰 광도의 젊은 대질량성의 비율이 증가한다. 적색거성 안에는 미라형 변광성과 OH/IR 별[7]이라고 하는 수백 일 주기로 진동을 일으키는 별도 섞여 있다. 이러한 장주기 변광성은 맥동함에 따라 성간 공간에 가스를 방출하고 그 방출 질량의 비율이 매년 $10^{-4} M_\odot$에 이르는 것도 있다. 그리고 고체 미립자가 별의 주

4 수소 원자의 주양자수 n이 변화하여 전자기파 복사를 시작하는데, $n=4$로 떨어지는 것을 브래킷 계열이라고 부른다. 브래킷 γ는 $n=7$에서 $n=4$로 변화하는 것.
5 나트륨과 칼슘의 중성 원자라는 뜻으로, 천문학에서는 로마 숫자의 I을 붙인다.
6 CMZ는 Central Molecular Zone의 약어.
7 적색거성의 주위에서는 파장이 매우 골고루 갖춰진 마이크로파 복사선이 관측되기도 한다. 이는 OH 및 SiO 분자의 에너지 준위의 펌핑에 의한 역전이 일어나 메이저 복사를 일으키고 있는 것이다.

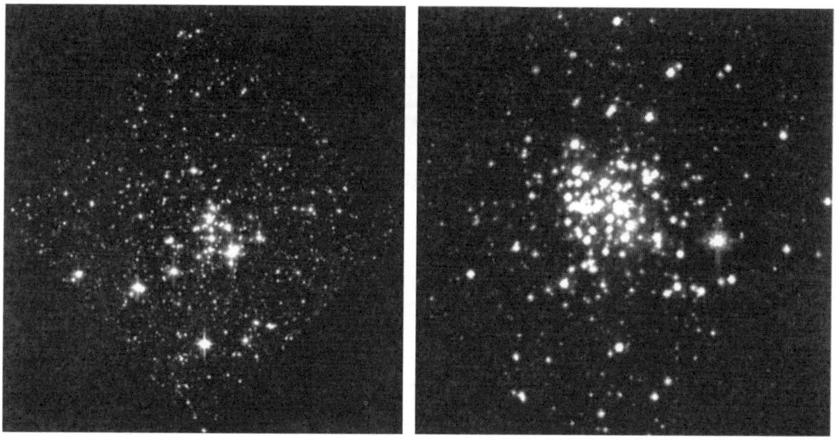

그림 3.9 다섯쌍둥이 성단(왼쪽)과 아치 성단(오른쪽)(화보 5 참조). 허블 우주망원경의 근적외선 카메라. 북쪽이 위쪽이고, 서쪽이 오른쪽, 별이 찍혀 있는 범위는 각각 약 $70('')^2$과 $40('')^2$(http://hubblesite.org/gallery/).

위에 떠돌며(별 주변 먼지), 강한 중간 적외선 근원이 되는 한편, OH 메이저와 SiO 메이저[8]를 내기도 한다. 이 거성에 대해서는 주기－광도 관계를 사용하여 광도, 그리고 나이를 추정할 수 있다. 중심부에 가까워짐에 따라 나이가 1억 년 이하인 젊은 거성의 비율이 증가한다고 생각되고 있다.

더욱 중심부에 가까워지면 젊은 별을 포함하는 큰 성단 2개가 은하 중심에서 천구에 투영한 거리로 약 30 pc이 되는 곳에서 발견되었다. 수백 도의 흑체 복사에 해당하는 중간 적외선의 매우 강한 스펙트럼 에너지 분포를 가진 별이 그 중심에 사이좋게 5개가 무리지어 발견된 것으로부터 다섯쌍둥이 성단Quintuplet이라고 하는 성단과 전파 아치의 필라멘트[9] 부근에 있는 아치 성단[10]이다. 허블 우주망원경 HST의 적외선 관측도 참고하여,

8 각주 7 참조.
9 3.1.3절 참조.
10 다섯쌍둥이 성단과 함께 일본의 연구자가 중심인 된 적외선 관측으로 발견되었다.

젊은 대질량성이 아직 여러 개 존재하기 때문에 이러한 성단의 나이는 수백만 년 이내로 추정되고 있다(그림 3.9).

그리고 그림 3.8에서도 알 수 있듯이 은하 중심부에서 수pc의 공간에는 별의 대집단(궁수자리 A* 성단)이 존재하고, 그 중심에 있는 전파원 궁수자리 A*에서 반경 0.5 pc 이내에는 왜성부터 초거성까지의 O, B형 별과 주계열에서 벗어난 후의 단계인 울프-레이에 별(WR별, Wolf-Rayet Star)[11] 등 다양한 진화 단계에 있는 대질량성이 수십 개가 근적외선 스펙트럼으로 동정되어 있다. 예전의 공간 해상도가 낮은 적외선 관측에서는 중심부의 적외선원을 IRS 16이라고 이름 붙였지만, 그것이 지금은 많은 별들로 분해되었다. 동정에는 수소의 브래킷 γ, He I의 파장 2.06 μm와 2.11 μm의 방출선 · 흡수선만이 사용되고 있다. 성단이 크게 펼쳐져 있으나 반경 0.5 pc가 넘는 조기형의 대질량성이 발견되지 않은 점이 주목된다. 또한 궁수자리 A*에서 0.2 pc 떨어진 곳에는 IRS 13E라고 하는 적외선원이 있는데, 이는 매우 밀도가 높은 별의 집단으로 중심부에는 중간 질량의 블랙홀[12]이 있다고 생각하는 연구자도 있다. 또한 중심 부근에서는 15개 정도의 아마도 B형 별로 생각되는 별의 고유운동이 측정되어, 그 궤도로부터 뒤에서 다루는 바와 같이 궁수자리 E 블랙홀의 질량이 계산되어 있다. 이 별들의 나이는 상당히 젊을 것이며, 은하 중심에 가까운 환경에서 태어났는지 아니면 조금 떨어진 곳에서 태어나서 떨어져 들어왔는지 등에 대한 논쟁이 현재도 계속되고 있다.

3.2.3 은하 중심의 성간물질

은하 중심에 있는 고온에서 저온의 가스 및 성간 먼지와 자기장에 대한 정

11 이미 수소의 외층을 상실한 말기의 대질량성.
12 3.5.3절 참조.

보는 적외선 관측을 통해 얻어왔다.

근적외선에서 중간 적외선은 H II 영역의 가스 관측에 적합하다. 은하 중심의 반경 1 pc 정도의 영역에 전파로 관측되는 미니 소용돌이 팔(3.1.8절 참조)은 수소의 브래킷 γ, 파장 4.05 μm의 수소 브래킷 α 방출선과 파장 12.8 μm의 [Ne II][13] 등에서도 촬영되어 그 속도 구조가 밝혀졌다. 미니 소용돌이 팔은 북쪽으로 뻗은 팔, 동쪽으로 뻗은 팔, 동서 방향의 막대 성분, 서쪽의 아크로 구성되어 있고, 서쪽 아크가 중심 주위의 회전운동, 북쪽 팔이 조석력으로 끌려 나간 가스구름이라고 생각할 수 있다.

원적외선으로는 탄소 이온의 방출선 [C II] 158 μm가 관측된다. 이 방출선은 H II 영역 주위 등의 광 해리 영역[14]에서 방출되는 것으로, 중성 가스의 냉각에 중요한 역할을 수행하는 복사이다. 은하 중심에서도 이 방출선이 강하게 복사되고 있지만, 성간 먼지의 원적외선 연속 스펙트럼 복사 세기 I_{FIR}와의 비를 구하면, 은하 중심으로부터의 반경 몇 °(1 kpc 미만)에 걸쳐 $I_{[\mathrm{C\,II}]}/I_{\mathrm{FIR}}$이 작은 것으로 밝혀졌다. 이것의 주된 원인은 탄소 이온이 적으며, 은하 중심의 성간 복사장에서는 탄소 원자를 이온화하는 11 eV 이상의 에너지를 가진 광자가 상대적으로 적기 때문이 아닐까 생각된다. 은하 중심에 가까워질수록 젊은 별이 많아지지만 전반적으로는 역시 적색거성의 복사가 강하고, 이 복사는 성간 먼지를 따뜻하게 하는 데 크게 기여하지만 자외선이 없어서 탄소를 이온화하지는 않는다. 적색거성의 복사가 강한 것은, 원적외선 복사의 양과 전파의 연속전파 성분에서 추정되는 이온화 광자(13.6 eV 이상의 에너지를 가진 광자)의 양의 비로도 시사되고 있다.

더 저온의 가스에서도 은하 중심 영역은 독특한 성질을 나타내고 있다.

13 1회 이온화된 네온의 금지선을 이와 같이 표기한다. 로마 숫자 II는 각주 5와 같이 1회 이온화된 원자를 나타내고, 대괄호는 금지 천이라는 것을 나타낸다.
14 수소는 이온화되지 않고, 자외선에 의해 분자만 해리된 영역.

수소 분자의 수많은 회전 천이[15] 방출선의 세기 비에서는 150~600 K라는 온도가 필요하다. 이는 중심 분자운 띠의 분자 가스가 은하계의 다른 부분에 비해 온도가 매우 높다는 것을 나타낸다. 또한 수소 분자에 양성자가 결합된 H_3^+ 이온의 진동 회전 천이가 파장 3 μm 영역에 있는데, 은하 중심의 밝은 적외선원(앞에서 언급한 다섯쌍둥이 성단 등)을 배경 광원으로 한 분광 관측의 결과 예상보다 강한 흡수선이 검출되었다. 은하계의 다른 위치에서 측정한 것보다 한 자릿수 더 높은 기둥밀도column density[16]가 측정되었고, 이 흡수선을 만드는 기둥밀도 중에서 아마도 대부분의 H_3^+ 이온이 중심 분자운 띠 안의 희박한 구름에 존재하는 것으로 생각되고 있다. H_3^+ 이온은 성간 공간에서 화학 반응으로 복잡한 분자가 생성될 때 기본적인 역할을 수행하는 가장 중요한 이온이라고 해도 좋으며, 지금까지 잘 알려지지 않았던 그 분포나 반응이 은하 중심의 적외선 관측을 통해 밝혀지고 있는 중이다.

성간 먼지는 원적외선 복사를 내거나 H II 영역에서 데워져 중간 적외선을 복사하면서 배경 천체의 자외선 · 가시광 · 적외선을 소광한다. 최초의 본격적인 적외선 천문위성 IRAS에 의한 관측으로 은하 중심에서 반경 300 pc 이내에서 태양 광도의 약 10^9배에 달하는 복사 광도[17]의 원적외선이 나오고 있는 것을 알게 되었다. 먼지의 복사율은 파장의 제곱으로 변한다고 가정하고, 60 μm와 100 μm의 복사 세기 비로 구한 색온도는 중심에서 10 pc 떨어진 곳에서 약 35 K이며, 바깥으로 갈수록 완만하게 감소하여

15 수소 분자의 회전 상태만 변하여 복사되는 방출선. 분자의 에너지가 크게 변하면 진동 상태와 회전 상태도 변하여 진동-회전 방출선이 복사(수소 분자는 근적외 영역에서)되는데, 에너지 변화가 적으면 진동 상태는 변하지 않고 회전 상태만 변하기 때문에 수소 분자에서는 중간 적외선이 복사된다.

16 관측자로부터 어떤 방향을 꿰뚫어 볼 때 단위 면적당 얼마나 많은 개수의 원자 또는 분자가 있는지를 나타내는 양.

17 전자기파의 스펙트럼 전체에서 얼마나 많은 에너지를 내고 있는지를 나타내는 양.

200 pc의 위치에서는 23 K가 되어 거의 은하 원반의 값이 된다.

은하 중심에서 거의 은하면을 따라 가서 조금 아래쪽에 있는 반지름 10~20 pc인 영역에는 원적외선부터 밀리미터파에서 관측되는 저온의 먼지가 있으며 분자운과 일치하고 있다(3.1절 참조). 이 영역은 근적외선에서 보면 별이 다소 적은 영역으로, 성간 먼지가 근적외선을 흡수하고 있는 것을 알 수 있다(그림 3.8).

중간 적외선으로는 온도가 더 높은 성간 먼지를 관측할 수 있다. 은하 중심 근처의 미니 소용돌이 팔에서 복사되는 파장 12 μm 근처의 중간 적외선으로 편광을 측정하여 그 부근의 자기장의 모습을 나타냈다. 편평한 성간 먼지가 자기장에 의해 정렬되어 먼지에서 나오는 열복사가 편광되어 있는 것이다. 북쪽으로 뻗은 팔 부분에서 팔을 따라 가는 자기장의 최솟값으로 2 mG라는 값을 얻을 수 있어 먼지의 정렬은 대략 일정하다고 관측되었다. 특히 앞서 설명한 울프-레이에 별처럼 격렬하게 질량을 방출하고 있는 대질량성 근처에서 편광 유형은 흐트러져 있지 않기 때문에 미니 소용돌이 팔과 이러한 별 사이에는 시선 방향으로 조금 거리가 있는 것이 아니냐는 설이 나와 있다.

3.3 X선, 감마선으로 본 은하 중심

3.3.1 철 이온의 6.7 keV X선으로 본 은하 중심

우주의 고에너지 현상, 초고온 현상을 탐지하는 것이 X선이나 감마선이다. 이러한 광자는 성간 공간에 있는 가스나 먼지 등을 투과하기 쉽지만, 그 투과력도 에너지가 낮은 X선일수록 약하다. 실제로 우리 은하 중심에서는 1~2 keV 이하의 X선은 거의 흡수되어 버린다. 반대로 흡수된 스펙트럼을 분석하면, 그 천체가 은하 중심 부근에 있는지의 여부를 판정할 수 있다. 에너지가 낮아 물질에 흡수되기 쉬운 X선을 '연질 X선', 에너지가 높아 물질에 흡수되기 어려운 X선을 '경질 X선'이라고 한다. 은하 원반부를 꿰뚫고 은하 중심을 관측할 수 있는 것은 경질 X선과 감마선이다.

연속 스펙트럼의 X선으로 본 은하 중심은 특별히 두드러진 존재가 아니다. 그러나 특별한 선 스펙트럼으로 보면 다른 지역에는 없는 두드러진 특징이 보인다. 헬륨 모양의 철 이온은 약 6.7 keV의, 수소 모양의 철 이온은 약 6.9 keV의 Kα-X선[18]을 복사한다. 그림 3.10은 2~10 keV의 연속 X선 및 6.7 keV의 Kα-X선의 세기 분포를 은하수를 따라 측정한 것이다. 가로축의 원점이 은하 중심에 해당하며, 연속 X선은 특별히 강한 피크가 없는데도 6.7 keV X선으로는 매우 강한 피크가 보인다.

그림 3.10에서 은하 중심 방향으로 거의 대칭적으로 약 1°에 걸쳐서 6.7 keV X선을 복사하는 헬륨 모양의 철 이온이 대량으로 존재한다는 것을 알 수 있다. 이 헬륨 모양의 철 이온이 생성되는 기원은 무엇일까. 은하계 안에는 최고 10^{15} eV나 되는 하전 입자가 은하 자기장에 붙잡혀 날아다니고 있는데, 이것을 우주선이라고 한다. 그 하전 입자 중 약 0.01 %는 완전히 이온화된 철 이온이다. 이것이 은하계의 중성 가스(주로 분자운)를 이온화하면서 에너지를 잃고 저속의 철 이온이 된다. 저속 철 이온은 중성 가스(주로 수소)와 충돌하면 어떤 확률로 그 전자를 빼앗는다. 이 과정을 하전 교환이라고 한다. 알몸의 철 이온은 첫 하전 교환으로 수소 모양의 이온이 되고 6.9 keV의 Kα-X선을 방출한다. 다음의 하전 교환으로 헬륨

18 중성 원자는 원자핵 주위에 Z개의 전자를 가지고 있다. 여기서 Z를 원자번호라고 한다. 전자는 이산적離散的인 에너지의 궤도만 허용된다. 가장 낮은 에너지의 궤도를 K껍질, 그 위의 궤도를 차례로 L, M, N 껍질이라고 한다. 이 전자가 이온화되어 K껍질에 두 개만 남은 상태를 헬륨 모양, 한 개만 남은 상태를 수소 모양의 철이라고 한다. L껍질에서 K껍질 전자가 떨어질 때 방출되는 X선을 Kα-X선이라고 한다.

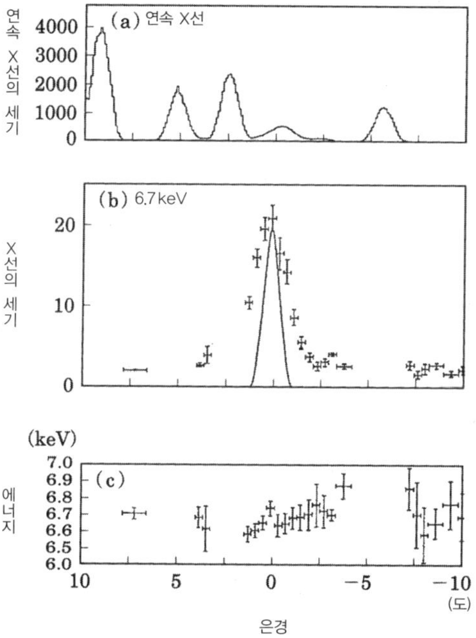

그림 3.10 '긴가'에 의한 은하면에서의 X선 관측 결과. (a)와 (b)는 연속 X선 및 6.7keV X선의 세기(단위는 상대 카운트 수), (c)는 6.7keV X선의 에너지. 가로축은 모두 은경이고, (b)의 실선은 빔 크기를 나타낸다(Koyama *et al.*, 1989, *Nature*, 339, 603).

모양의 이온이 되고 6.7 keV의 X선을 방출한다. 이때 6.7 keV와 6.9 keV의 Kα−X선의 세기는 거의 같은 정도로 예상된다. 그런데 실제 은하 중심 부근의 관측에서는 6.7 keV의 세기는 6.9 keV의 3~5배나 된다. 따라서 하전 교환에 의해 X선이 발생한다고 생각하기는 어렵다.

1,000만~1억 K의 초고온 플라스마 속에서 철은 헬륨 모양 또는 수소 모양의 이온이 된다. 그 존재 비율은 플라스마의 온도에 의존하며, 온도가 높을수록 수소 모양 이온의 비율이 많아진다. 관측된 세기 비로부터 플라스마의 온도는 약 7×10^7 K로 구할 수 있다. 연속 X선 스펙트럼에서도 온도가 구해지며 약 10^8 K이다. 이것은 특정 X선[19]의 세기 비에서 구한 값과

거의 일치하고 있다. 즉 은하 중심 방향의 6.7 keV X선의 기원은 우주선의 하전 교환이 아니라 초고온 플라스마로 보는 것이 자연스럽다.

X선의 분포는 약 1°에 걸쳐 있다. 이 플라스마의 연속 X선 스펙트럼 중에서 연질 X선의 세기는 급격히 감소한다. 이는 성간 가스의 흡수에 의한 것이다. 그 흡수량으로 이 플라스마까지의 거리를 추정할 수 있으며, 거의 은하 중심까지의 거리인 8 kpc이 된다. 이 거리에서 1°의 크기는 140 pc에 해당한다. 그래서 플라스마의 모양을 구라고 하면, 그 체적 V는 $V=4\pi(140\ \text{pc})^3/3$, 즉 $V=3\times10^{62}\ \text{cm}^3$이다. X선의 세기로부터 전자 밀도 $n=0.03\sim0.06\ \text{cm}^{-3}$이 구해진다. 은하 중심을 둘러싸고 140 pc까지 펼쳐진 저밀도 초고온 플라스마가 존재한다고 생각된다.

온도 T의 플라스마는 한 입자 당 평균 $3kT/2$의 에너지를 갖는다[20]고 하면, 전자 nV개와 거의 같은 개수의 이온으로 구성된 플라스마의 총에너지는 $4\sim8\times10^{53}$ erg이다. 이것을 초신성 폭발로 치면 수백 개분의 에너지에 해당한다. 이 초고온 플라스마는 은하계 중력으로 묶어 둘 수 없기 때문에 헤일로로 흩어지게 된다. 그 시간은 수백 pc/음속(초속 수 1,000 km), 즉 약 10만 년이다. 이 단기간에 초신성 수백 개분의 에너지가 은하 중심에 주입된 것이다. 이것은 지난 10만 년 안팎으로 연쇄적인 초신성 폭발이 있었거나 또는 은하 중심에 있는 거대 블랙홀이 거대한 폭발을 일으켰거나 둘 중 하나일 것이다.

3.3.2 6.4 keV X선으로 본 은하 중심

중성 철은 6.4 keV의 Kα-X선을 방출한다. 그림 3.11은 6.4 keV X선의

19 철의 Kα-X선 등과 같이 어떤 원소 고유의 파장을 가진 X선. 특정 X선으로 원소를 식별할 수 있다.
20 여기서 k는 볼츠만 상수로 $k=1.38\times10^{-23}\text{J}\cdot\text{K}^{-1}$.

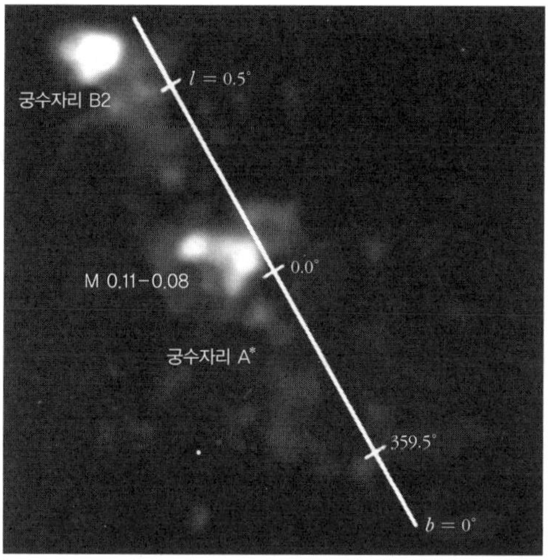

그림 3.11 '아스카'에 의한 은하 중심의 중성 철 $K\alpha$−X선 세기 분포를 나타낸다. 거대 분자운의 분포와 좋은 상관관계가 있다.

은하 중심 부근에 대한 세기 분포이다. 은경이 양인 방향에 밝은 영역이 있는 반면, 은경이 음인 방향은 전반적으로 어둡다.

6.4 keV X선이 강한 곳은 거대 분자운에 대응하고 있다. 거대 분자운은 저온의 구름이므로 철도 중성이다. 가장 밝은 곳은 은하 중심(궁수자리 A*)에서 약 100 pc 떨어진 거대 분자운인 궁수자리 B2이다(그림 3.12 왼쪽). 다른 분자운, 궁수자리 C, 그리고 전파 아크 방향으로도 6.4 keV X선의 복사원이 있다. 궁수자리 B2의 스펙트럼을 나타낸 것이 그림 3.12의 오른쪽)이다. 6.4 keV X선에 대한 연속 X선의 상대적 세기(등가폭 *EW*라는 단위를 사용)는 2 keV이다. 저온 철과 초고온 물질에서 나오는 X선은 공존하기 어렵다. 가능성으로 생각해 볼 수 있는 것은 저온 철에 외부로부터의 고에너지 입자 또는 광자(X선)가 충돌하고, 가장 안쪽의 껍질(K껍질)의 전자를 빼내는 속껍질 이온화이다.

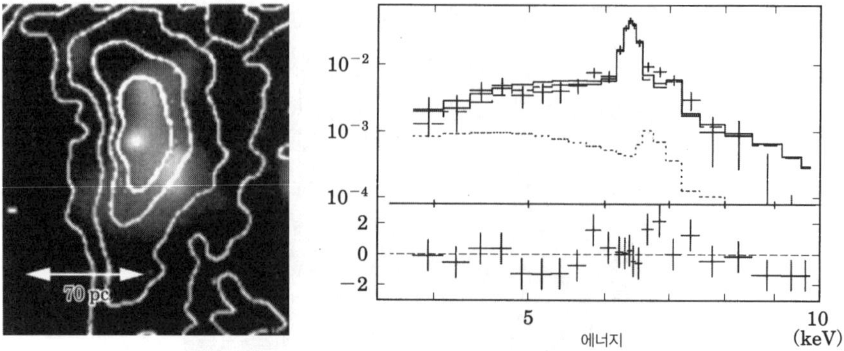

그림 3.12 찬드라 위성에 의한 궁수자리 B2의 6.4 keV X선의 세기 분포(왼쪽), 궁수자리 B2의 스펙트럼(오른쪽)(Murakami *et al.*, 2001, *ApJ*, 558, 687).

고에너지 전자가 일반 우주 조성을 가진 분자운에 충돌했을 때 예상되는 철의 Kα − X선의 등가폭은 약 600 eV이므로, 약 2 keV의 관측치를 설명하려면 4배의 철이 있어야 한다. 은하 중심 방향에서 철 원소 성분비는 태양의 화학조성보다 크다 하더라도, 4배나 있다고 생각하기에는 꽤 무리가 있다. 한편 X선이 충돌한 경우의 등가폭은 1 keV로, 관측치를 설명하기 위해 2배의 철 성분비가 있으면 된다. 이는 합리적인 값이라고 할 수 있을 것이다. 중성 원자의 K껍질의 전자를 이온화시킬 확률은, X선에 의한 이온화에서는 $Z^{-2.3}$, 전자에 의한 이온화에서는 $Z^{-4.3}$에 비례한다. 여기서 Z는 원자번호를 나타낸다. K껍질을 이온화시킨 후 Kα − X선을 복사하는 비율을 형광 수율이라고 하는데, Z가 클수록 높다. 실제 각 원소로부터의 중성 Kα − X선의 세기는 이러한 균형과 원소 성분비로 결정된다.

X선에 의한 이온화의 경우, K껍질 이온화 단면적의 Z 의존성은 전자에 의한 이온화의 그것에 비해 Z^{-2} 만큼 강하다. 따라서 Z가 큰 철의 Kα − X선만 돌출된다. 게다가 궁수자리 B2의 스펙트럼에 철 이외의 중성 Kα − X선 복사를 볼 수 없는 것도 X선에 의한 이온화를 지지한다. 또한

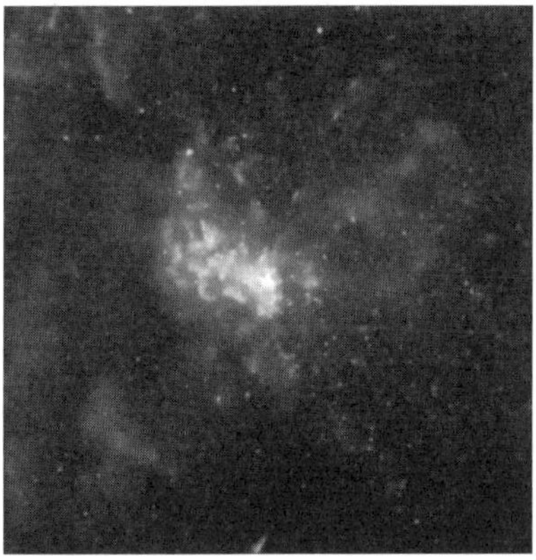

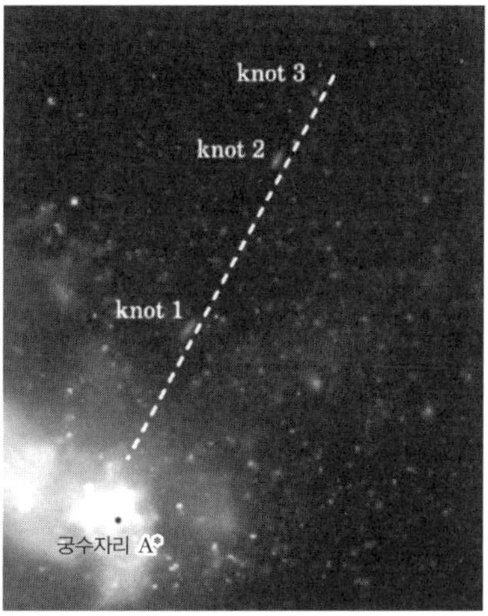

그림 3.13 은하 중심의 X선 사진(왼쪽). 은하 중심에서 일직선 모양으로 늘어선 타원형의 제트(오른쪽).

궁수자리 B2의 스펙트럼은 시선 방향의 수소 기둥밀도 $N_H = 10^{24}\ cm^{-2}$의 강한 흡수 구조와 7.1 keV 중성 철 흡수 가장자리를 갖는 특이한 구조가 있다. 이러한 스펙트럼은 궁수자리 B2 분자운이 외부로부터의 강한 X선을 산란하며 일부를 흡수하고 다시 방출하는 형광 복사(중성 철 Kα 선)를 하고 있다는 것을 나타낸다. 한편, 궁수자리 B2 분자운의 X선 분포는 초승달 모양으로 은하 중심 쪽으로 치우쳐 있다. 이것은 은하 중심 방향에서 X선이 분자운에 비췄을 때 나오는 X선의 모양과 일치하고 있다. 이렇게 X선에 의한 이온화 기원은 그 형태와 스펙트럼 모두에서 관측 결과를 모순 없이 설명한다.

3.3.3 연속 X선으로 본 은하 중심

초신성 잔해에서 비열적 X선이 발견되고 있다. 이것은 약 10^{15} eV까지의 우주선이 발생하는 원천이 은하계 내의 초신성 잔해임을 강력히 뒷받침한다. 은하 중심에서도 비열적 X선을 복사하는 초신성 잔해와 비열적 X선 구조가 발견되었다. 그림 3.13(왼쪽)의 필라멘트 모양 부분은 비열적 X선으로 보이는 복사이다. 은하 중심(백색의 밝은 곳)에서 몇 광년 떨어져 곳에 원호 모양의 구조가 보인다. 그 스펙트럼도 비열적 X선이다. 1만 년 이상의 과거에 일어난 초신성 폭발이나 은하 중심의 폭발로 생긴 충격파가 여기까지 도달하고, 여기서 입자를 가속하고 있다고 생각된다.

그림 3.13(오른쪽)에서 가장 밝은 영역의 중심 근처에 거대 블랙홀이 있다. 거대 블랙홀에 가스가 떨어지면 종종 제트라고 하는 고속 분출류가 생긴다. 그림의 오른쪽으로 비스듬히 위를 향해서 3개의 작은 천체가 일직선 모양으로 늘어서 있다. 그 연장선 위에 은하 중심이 있다. 이 세 천체를 확대하면 길쭉한 타원형이며, 그 장축은 모두 같은 방향으로 은하 중심 쪽을 향하고 있다. X선 스펙트럼은 비열적이며, 그 모양으로부터 유추하면 은하 중심에서 나온 제트일지도 모른다.

3.3.4 백색왜성 · 중성자성 · 블랙홀의 둥지

은하 중심 부근의 100입방 광년을 찬드라 위성으로 장시간 관찰한 결과 약 2,000여 개의 X선 천체가 발견되었다. 그 공간분포는 그림 3.14와 같이 은하 중심 거리의 제곱에 반비례(R^{-2})한다. 이것은 적외선으로 관측되는 별의 분포와 같다. 별과 같은 기원을 가지면서 X선으로 밝은 천체가 다수 존재하고 있는 것이다. 그 정체를 탐구하기 위해 평균적인 X선 스펙트럼을 보면, 경질 X선이 강하며 6.7 keV 부근에 철의 특정 X선을 가진다.

이러한 스펙트럼과 밝기는 자기장이 강한 백색왜성의 쌍성계에 특유한 것이다. 즉 은하 중심 부근의 X선 천체의 대부분은 백색왜성의 쌍성이다. 백색왜성은 비교적 가벼운 별의 진화에서 마지막 단계이다. 은하 중심에 집중되어 있는 별의 일부가 진화를 마치고 백색왜성으로 된 것이다. 강한

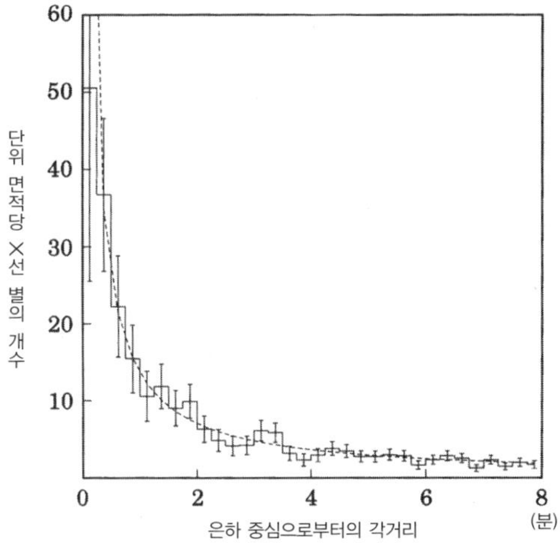

그림 3.14 찬드라 위성에 의한 은하 중심 부근 X선 별의 분포(Muno *et al.*, 2003, *ApJ*, 589, 225).

자기장의 백색왜성 쌍성계는 자전에 대응하는 주기로 X선의 세기 변화가 나타난다. 사실 은하 중심에서 발견된 X선 천체에서 주기 변동을 하는 것이 얼마간 발견되었다. 주기는 수천 초 이상이며, 이것은 근접 쌍성계에서 백색왜성의 전형적인 자전주기이다. 은하 중심에는 태양계 근방에 비해 자릿수가 다르게 높은 밀도로 백색왜성이 밀집해 있다.

백색왜성 쌍성계의 X선 세기에는 상한이 있다. 특히 밝은 것은 중성자성 쌍성계 또는 블랙홀 쌍성계임에 틀림없다. 또한 X선 별 중에는 갑자기 밝게 빛나기 시작하는 것이 있는데, 이것을 돌발 천체라고 한다. 은하 중심 부근에서도 이러한 돌발 천체가 많이 관측되고 있다. 그 최대 광도는 백색왜성 쌍성계의 상한을 훨씬 넘어서고 있다. 즉 이러한 돌발 천체는 중성자성 또는 블랙홀 쌍성계이다.

그림 3.15는 궁수자리 A*에 가까운 4개의 돌발 천체(흰색 동그라미로 표시)를 반 년~1년 간격으로 4회 측정한 결과이다. 같은 하늘에서도 시기에 따라 다른 모습을 보이고 있다. 돌발 천체가 이렇게 집중되어 있는 장소는

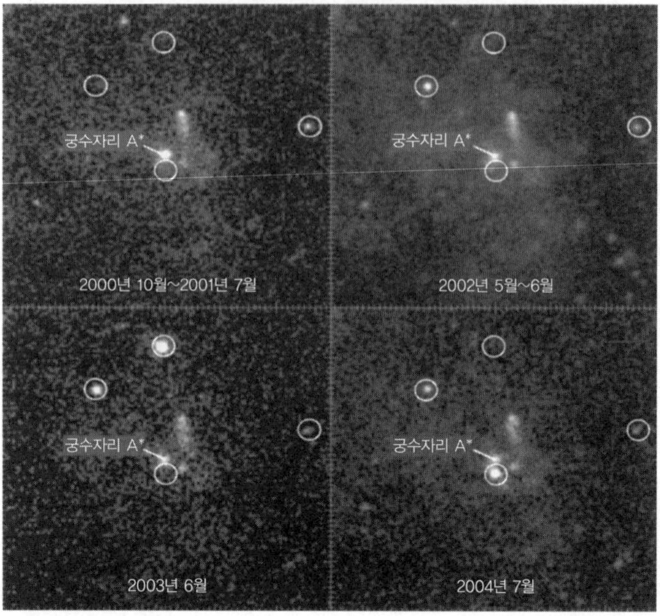

그림 3.15 찬드라 위성에 의한 은하 중심 부근 돌발 X선 별의 분포(Muno 2005, *ApJ*, 622, L113).

은하 중심 이외에는 없다. 중성자성이나 블랙홀 쌍성계는 은하 중심 부근에서 특히 많이 존재하는 것 같다. 원래 은하 중심은 별의 밀도가 높기 때문에 초신성 폭발도 빈번하게 일어나고, 그 결과 대량의 중성자성이나 블랙홀이 남겨진다. 그들은 인근에 많이 있는 보통의 별을 붙잡아 쌍성계를 형성하고, 지금 X선으로 빛나고 있는 것이다.

3.3.5 쌍소멸선 및 핵융합 감마선

양전자는 전하가 반대(+)인 것을 제외하고는 전자와 똑같은 성질의 입자(반전자)이다. 일반적으로 거의 존재하지 않지만, 초신성 폭발과 블랙홀 주변 등 초고온의 고에너지 현상에 동반하여 대량으로 만들어진다. 양전자는 전자와 조우하면 포지트로늄이라는 '원자'를 만들며, 이는 수소 원자의

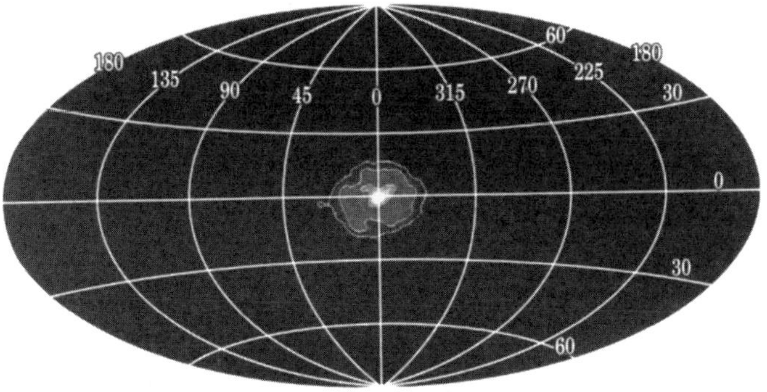

그림 3.16 쌍소멸선의 공간적인 세기 분포. 은하 중심 방향에 집중되어 있다(Knödlseder *et al.*, 2005, *A&A*, 441, 513).

원자핵인 양성자를 양전자로 대체한 것이다. 그러나 전자와 양전자는 서로 반입자이므로, 단시간에 쌍소멸하여 2개의 감마선으로 바뀐다. 전자와 양전자 모두 정지 에너지(질량)가 0.51 MeV이므로 쌍소멸 감마선도 0.51 MeV가 된다.

0.51 MeV의 감마선은 그림 3.16과 같은 분포를 하고 있다. 은하 중심이 가장 강하다. 궁수자리 A*와 0.5° 떨어진 곳에 있는 블랙홀 천체 1E 1740.7−2942의 깊은 중력장이 양전자를 생성하고, 그것이 쌍소멸선을 복사하고 있다. 쌍소멸선은 또한 은하면을 따라서 꽤 펼쳐져 있다. 초신성은 양전자를 방출하는 동위원소(^{44}Ti, ^{56}Ni 등)를 만든다. 이러한 양전자가 전자와 만나 쌍소멸선을 복사한다. 그러면 100년에 1~3개의 초신성 폭발이 있었다는 셈이 된다. 이것은 또한 X선을 방출하는 초고온 가스의 기원일지도 모른다. 대질량성이 진화의 말기가 되면 핵융합 층이 표면에 나타난다. 별은 불안정해지고 작은 폭발이 반복되어 핵융합하고 있는 표면을 외부로 날려 보낸다. 은하 중심 부근에는 대질량성이 많이 있으므로, 그중에는 핵융합이 더 진행되어서 방사성 동위원소 ^{26}Al을 대량으로 만들

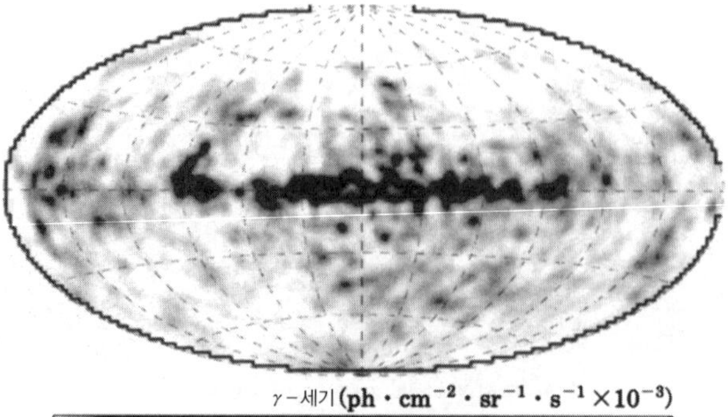

그림 3.17 1.8 MeV 감마선의 공간적 분포(Plüschke *et al.*, 2001, in *Exploring the gamma-ray universe*, eds. B. Battrick, ESA Publications Division, 55).

어 우주 공간으로 방출하는 것도 있다. ^{26}Al은 반감기가 약 100만 년으로 1.8 MeV의 감마선을 방출한다. 이 100만 년은 대질량성의 수명과 동일한 정도이므로, 1.8 MeV 감마선은 최근의 별생성과 폭발의 역사를 총체적으로 보고 있는 셈이 된다. 그림 3.17은 CGRO라고 하는 감마선 위성의 1.8 MeV 감마선 관측 결과이다. 은하 중심 방향이 가장 강하고, 은하면을 따라 펼쳐져 있다는 것을 알 수 있다.

3.3.6 GeV와 TeV 영역의 연속 감마선

감마선 위성 CGRO는 또한 GeV 영역의 연속 감마선을 은하 중심으로 포함하는 방향에서 검출하였다. 에너지가 더 높은 감마선(TeV 영역)은 지구 대기권에 돌입하면 많은 고속 하전 입자를 만들어 체렌코프 광[21]을 앞쪽으로 방출한다. 이를 지상의 망원경으로 측정함으로써 TeV 감마선을 검출

21 하전 입자가 매질(예를 들어 대기) 속의 광속을 넘는 속도로 돌진하면 하전 입자는 앞쪽으로 빛을 방출한다. 이것을 체렌코프 광이라고 한다.

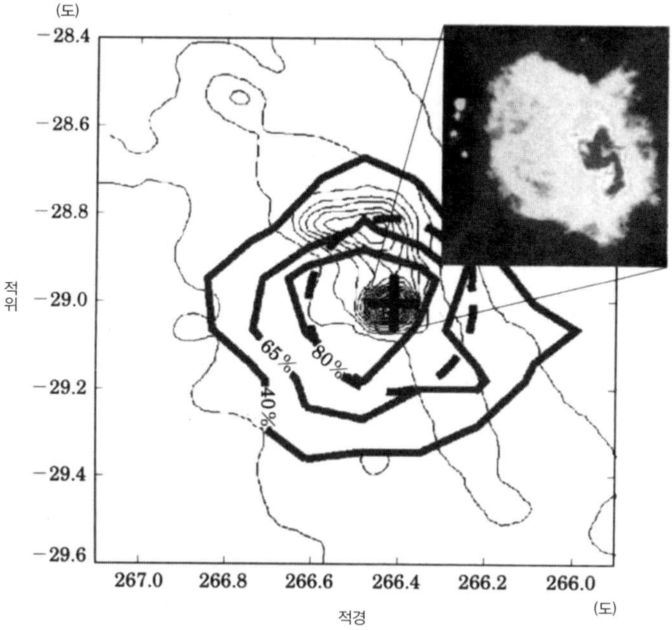

그림 3.18 은하 중심 부근의 TeV 감마선의 세기 분포(굵은 등고선). 비열적 전파의 분포도(가는 등고선과 삽입 그림)도 나타냈다(Tsuchiya *et al.*, 2004, *ApJ*, 606, L115).

할 수 있다. 그림 3.18은 TeV 감마선의 세기 분포를 전파 세기와 GeV 감마선에 맞추어 나타낸 것이다. 이 TeV 감마선의 존재는 은하 중심 부근에 적어도 TeV 이상의 에너지를 갖는 입자가 존재하고 있음을 보여준다. 이것이 은하 중심 부근의 가스구름에 부딪쳐 GeV 감마선도 방출한다. 그 기원으로 유력한 후보는 은하 중심 자체(거대 블랙홀), 젊은 초신성 잔해인 궁수자리 A East(그림 3.19), 또는 비열적 X선 필라멘트와 제트일 것이다.

3.3.7 은하 중심은 초신성 잔해의 둥지?

은하 중심 부근에서는 대질량성이 지금도 태어나고 있다. 이들은 100만

그림 3.19 초신성 잔해인 궁수자리 A East의 X선 사진과 중성자성 후보인 The Cannonball(Park *et al.*, 2005, *ApJ*, 631, 964).

년 정도 지나면 초신성 폭발을 일으킨다. 따라서 약 100만 년 이전에 태어난 대질량성의 대부분은 이미 초신성 폭발을 일으켜 버렸을 것이다. 그림 3.19는 은하 중심 부근의 찬드라 위성에 의한 관측의 상세한 이미지이다. 거대 블랙홀인 궁수자리 A*의 약간 왼쪽을 중심으로 타원형의 밝은 부분이 있다. 궁수자리 A East라고 하는 고리 모양 전파원의 내부에 해당한다. 이곳의 X선 스펙트럼은 높게 이온화된 철, 아르곤, 황, 실리콘의 특정 X선이 보인다. 이것은 젊은 초신성 잔해에서 특유한 것이다. 즉 약 1000년 전에 일어난 초신성의 잔해일 것이다. 이 초신성 잔해의 상부(북쪽) 측이 뾰족하며 그 끝에 X선 천체가 존재한다. 그 스펙트럼은 싱크로트론 X선 복사와 흡사하다. 초신성이 폭발할 때 동시에 만들어져 강한 자기장을 가지고 고속 회전하는 중성자성이 튀어나온 것일지도 모른다.

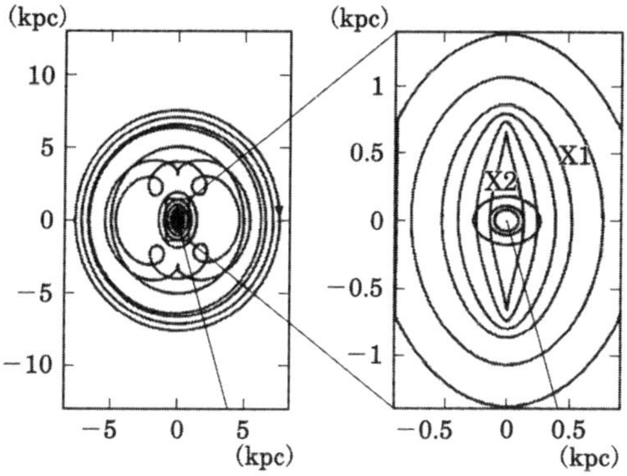

그림 3.20 막대 구조가 만들어 내는 궤도군(Blitz *et al.*, 1993, *Nature*, 361, 417).

3.4 은하 중심의 동역학

소용돌이은하 중의 절반은 막대 구조, 즉 원반 내에 럭비공처럼 뻗은 별의 분포를 볼 수 있다(그림 3.20). 1964년에 드 보클레르de Vaucouleurs는 우리 은하 중심에서 HI 가스가 원 운동과 다른 운동 성분을 가지는 것으로부터 막대 구조가 있는 것은 아닐까 생각했다. 그 후, 적외선 위성 IRAS의 관측을 시작으로 많은 관측이 이 설을 지지하며, 이제 우리 은하계는 막대 소용돌이은하라고 생각하고 있다. 막대 구조의 장축은 태양과 은하 중심을 연결하는 선에 대해 수°에서 20°의 각도에 있을 것으로 추정되고 있다. 이 막대 구조의 존재가 가져오는 역학적 영향에 의해 가스는 은하 중심으로 강착, 즉 낙하한다. 한편, 은하 중심에 X선으로 보이는 고온 가스는 낙하하는 가스를 외부로 날려 버리려 한다. 그래도 남은 일부의 가스는 은하 중심의 깊은 곳까지 떨어지고, 결국 거대 블랙홀인 궁수자리 A*로 강착하는 것으로 생각된다.

3.4.1 전파에 의한 성간 가스의 운동 측정

원자 및 분자 가스의 운동에 대한 관측에서 은하 중심부의 가스는 막대 구조의 영향으로 비원운동을 하는 것이 알려져 있다. 은하 중심의 가스는 그 질량의 90%가 원자 또는 분자 상태에 있다. 이들이 내는 방출선이 도플러 효과에 의해 나타나는 주파수 이동으로부터 시선속도를 측정함으로써 가스 운동의 모습을 알 수 있다.

HI 가스의 운동은 수소 원자가 방출하는 파장 21 cm의 초미세 구조선[22]으로 관측할 수 있다. 한편 H_2 가스는 그 자체로는 전파를 방출하지 않기 때문에 직접 전파로 운동을 조사할 수 없다. 대신 H_2 가스와 함께 존재하는 일산화탄소(CO) 분자 가스가 방출하는 파장 2.6 밀리미터의 회전 천이선 등의 관측으로(그와 수소 분자의 존재비가 비례 관계에 있다고 보고) 수소 분자의 존재량을 추정하고, 또한 H_2 가스의 운동을 구할 수 있다(3.1절 참조). CO 방출선은 수소 분자 밀도가 1 cm^3당 $10^{2\sim3}$개인 가스에서 주로 방출되는 반면, 일황화탄소(CS 방출선)로 관측하면 10^4개 이상의 짙은 분자 가스의 분포를 알아낼 수 있다. 또 CO와 CS 방출선의 관측에서 은하 중심부의 가스는 은하 원반의 가스에 비해 고압임을 알 수 있다.

이러한 관측에서 대국적으로 가스의 대부분은 은하 중심에 대해 원운동을 하고 있는 것을 알 수 있다. 그러나 보통 중성 수소, 수소 분자 가스 모두 간단한 원운동으로 설명할 수 없는 시선속도 성분이 존재한다. 즉 가스는 은경이 양인 영역에서 음의 시선속도, 은경이 음인 영역에서 양의 시선속도를 보여 주는데, 이것은 타원 운동을 하는 가스 흐름이 있다고 생각하면 설명이 된다.

22 수소 원자 내의 스핀이 상하로 변화함에 따라 방출되는 스펙트럼선.

3.4.2 막대 구조가 초래하는 역학적 영향

은하계 속에서 별과 가스의 운동은 기본이 되는 어떤 닫힌 궤도(모母 궤도) 위에 있고, 그 궤도에 대해 작은 원을 그리며 약간 어긋난 운동(=주전원 운동)을 하고 있다고 생각하면 알기 쉽다(2.2.4절 참조). 가스구름을 어떤 중력장에 두었다고 하자. 가스구름은 뭉개지면서 이윽고 닫힌 궤도로 정착한다. 이것은 구름의 작은 조각들이 서로 충돌하여 궤도 주변으로 진동하는 에너지를 잃어가기 때문이다. 일단 어떤 궤도 위로 정착한 뒤 더 에너지가 낮은 궤도로 옮겨 간다.

만약 은하의 중력장이 회전 타원체 모양을 하고 있으면 이러한 궤도는 적도면 위의 원 궤도가 되고, 가스는 은하면의 원형 궤도에 정착해 간다. 이른바 은하계 원반의 구조 그 자체이다. 그런데 만약 회전하는 막대 구조가 있는 경우, 그 중력장에 의해 다음과 같은 2가지 특징이 나타난다.

첫째, 안정 궤도는 그 에너지에 의해 자기 교차 궤도, 즉 자신의 궤도를 지나가는 것처럼 된다. 둘째는 어떤 에너지에 대해 여러 궤도가 존재하게 된다.

그림 3.20은 어떤 막대 구조의 중력장 모델에서의 기본적인 모궤도를 나타낸 것이다. 세로축은 막대 구조의 축과 나란하도록 잡았다. 오른쪽 아래로 비스듬한 실선은 은하 중심과 우리의 태양을 연결하는 선이다. 그림 3.20의 왼쪽 그림에서 외부에 있는 거의 원을 그리는 궤도군은 외부 린드블라드 공명점[23]보다 바깥쪽에 있다. 외부 린드블라드 공명점보다 안쪽에서는 궤도에 뚜렷한 루프를 발생시켜 자신의 궤도를 지나간다.

오른쪽의 중심부를 확대한 그림에서 수직으로 뻗은 타원형의 궤도가 X1 족이라는 궤도군이며, 수평으로 뻗은 타원형 궤도가 X2 족의 궤도군

23 궤도 운동과 주전원 운동의 주기가 정수배整數倍가 되는 곳.

이다. 모든 궤도 운동은 막대 구조가 만드는 중력장 유형의 회전 방향과 같은 방향이다. 가장 바깥 가장자리의 궤도군에서는 회전하는 막대 구조를 만드는 중력장의 회전 속도보다 별과 가스는 천천히 회전한다. 안쪽의 궤도군에서는 회전 속도의 관계가 반대로 된다. 자기 교차 궤도군에 내접하는 반경을 내부 린드블라드 공명점이라고 한다.

바깥쪽의 궤도에 가스구름을 두었다고 가정하자. 그러면 가스구름은 서서히 안쪽을 향해 표류하여 외부 린드블라드 공명점으로 접근한다.

그곳에서는 궤도 구조가 복잡하여 가스끼리 충돌하고 충격파가 발생할 비율이 눈에 띄게 상승한다. 따라서 가스의 운동(회전)에너지는 열로 바뀌고, 복사로 흩어져 사라진다. 이 에너지 손실보다 막대 구조에 의한 중력장이 가스에 미치는 운동에너지와 각운동량이 더 크다. 그것은 이곳에서는 막대 구조가 가스보다 빨리 운동하여 가스의 속도를 증가시키기 때문이다. 따라서 안쪽으로 낙하하는 속도는 느려진다.

가스구름이 자기 교차 궤도군의 경계까지 떨어져 내려왔을 때, 가스구름의 복사에 의한 에너지 손실이 막대 구조로 인해 제공되는 에너지보다 큰지 여부에 따라 더 낙하할지 여부가 결정된다.

손실되는 에너지가 크다면 가스는 급속하게 안쪽으로 가라앉으며, 닫힌 타원 궤도군의 중심에 있는 궤도군까지 떨어져 간다.

이러한 가스는 이윽고 내부 린드블라드 공명점에 도달할 것이다. 그곳에서는 에너지의 복사 손실이 다시 증가하고, 더욱 안쪽의 궤도인 X1 족의 궤도군, 가장 안쪽의 궤도인 X2 족의 궤도군으로 옮겨간다.

만약 손실되는 에너지가 더 작은 경우, 바깥 궤도에서 온 가스구름은 여기에서 머무르게 된다. 만일 이러한 이유로 원반 내의 가스가 강착하지 않더라도 벌지의 진화한 별에서 방출된 가스(매년 $0.2M_\odot$ 정도로 추정되는)는 각운동량(회전)이 없기 때문에 자기 교차 궤도군 상에서 더 안쪽으로 향하

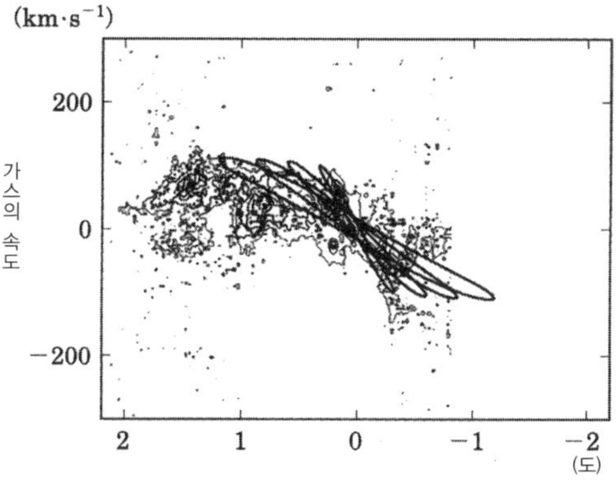

그림 3.21 막대 구조가 만들어 내는 궤도군과 실제 가스 속도 분포의 비교(Binney & Merrifield, *Galactic Astronomy*, Princeton Univ. Press, 1998).

므로 가스가 중심부로 공급되는 것이다.

이렇게 하여 CO 가스의 속도 분포를 X1 궤도군의 중첩과 비교해 보면, 양자가 일치하는 것으로 보인다(그림 3.21). 은하 중심의 거대 분자운, 궁수자리 B2는 마침 X2 궤도를 타고 있다. 또한 내부 린드블라드 공명점과 외부 린드블라드 공명점 사이의 영역은 가스가 옅은 영역과 겹친다. 외부 린드블라드 공명점 바깥에 가스가 축적될 것으로 예상되는 곳에는 마침 은하계 원반 위의 분자 고리가 존재한다. 이와 같이 막대 구조의 존재와 그 중력 퍼텐셜은 관측 결과를 잘 재현하고 있다. 막대 구조는 별이 방출한 가스를 은하 중심으로 보내는 역할을 한다고 할 수 있다.

3.5 중심핵

3.5.1 은하 중심에서 10 pc 이내, 궁수자리 A

은하 중심에서 10 pc 이내의 영역은 연속전파원 궁수자리 A가 차지하고 있다. 또한 적외선 관측에서 고밀도 성단의 존재가 알려져 있다. 궁수자리 A는 두 부분으로 나뉘는데, 이를 궁수자리 A East와 궁수자리 A West라고 한다.

궁수자리 A East는 크기가 3′(8 pc)이고, 비열적인 스펙트럼[24]을 나타내기 때문에 초신성 폭발에서 에너지를 얻고 있는 것으로 보인다. 궁수자리 A West는 크기가 2 pc 정도로 작고, 열적인 스펙트럼을 나타낸다. 그리고 중심핵에서 7 pc까지 펼쳐져 있고, 강한 난류 상태에 있는 분자 가스 원반의 속에 있다. 그 원반의 안쪽 가장자리는 시안화수소(HCN) 분자의 방출선이 강하고, 고리 모양으로 보인다. 그 분자 가스 원반의 가운데에는 반경이 2 pc인 빈 구멍이 있고, 가스 밀도는 주변보다 한 자릿수 낮다. 궁수자리 A West는 빈 구멍의 한가운데에 있다. 궁수자리 A West는 3개의 소용돌이 팔 구조(미니 소용돌이 팔)와 중심에 궁수자리 A*라는 점 모양 천체가 있다는 점이 눈에 띄는 특징이다. 궁수자리 A*는 거대 블랙홀이고, 우리 은하계의 진짜 중심핵이다. 그리고 궁수자리 A* 주변의 1아크세컨드에는 은하계 내의 어떤 성단보다 밀도가 높은 성단이 있다.

궁수자리 A West는 60 $M_\odot$의 이온화 가스를 포함하고 있다. 또 원자 가스는 이 5배 이상의 질량을 가지고 있을 것이다. 이온화된 소용돌이 팔의 운동은 전파와 적외선의 연구 결과, 매우 체계적인 운동을 하고 있는 것이 알려졌다. 필라멘트 안의 속도장이 매우 매끈하다는 점과 인접한 분자운의 속도에 잘 연결되는 점을 통해 팔은 은하계 중력장의 바닥으로 떨어짐에 따라 조석력으로 길게 늘어진 가스의 흐름인 것으로 추정된다. 이 흐름에 대한 편파 관측으로 mG 정도의 강한 자기장이 있음을 알게 되었

24 열평형 상태에 있는 가스에서 복사되는 전자파 스펙트럼과는 다른 모양의 스펙트럼. 상대론적 속도의 전자와 자기장의 상호작용으로 일어나는 싱크로트론 복사의 스펙트럼 등이 있다.

다. 이 강한 자기장이 이곳의 역학에 한몫하는 것으로 보인다. 이온화 가스나 분자 가스 모두 비슷한 속도 구조를 나타내고 있어, 궁수자리 A West에서 중심핵으로 매년 0.03 $M_{\odot}$의 질량 강착이 이루어지고 있는 것으로 생각된다.

궁수자리 A East는 성풍星風과 초신성에 의해 구동되며, 보다 저온의 가스를 바깥쪽으로 압축하고 있다. 은하 중심의 초신성 폭발은 분자 가스를 심하게 교란하여 각운동량을 바깥으로 흩어 버림으로써 가스를 내부의 중력 퍼텐셜이 깊은 곳으로 떨어뜨리는 역할도 한다.

3.5.2 은하 중심에서 1 pc의 성단

중심의 1 pc에서는 그 환경 자체가 물질의 강착을 이끈다. 매우 고밀도이기 때문에 별끼리 충돌하고 상호 간의 조석력으로 별에서 가스가 찢겨 나갈 수도 있다.

IRS 16은 거대 블랙홀인 궁수자리 A*의 1 아크세컨드 동쪽(0.04 pc)에 있다. 이 성단을 구성하는 별은 파란색이며 젊다. HeI 선이 검출되었으므로 청색 초거성 또는 울프-레이에 별이라고 생각된다. 이 별은 초속 1,000 km의 고속으로 질량을 방출하는데, 그 양은 연간 $10^{-5} \sim 10^{-4}$ $M_{\odot}$이나 된다. 이렇게 별에서 방출된 가스는 이윽고 거대 블랙홀인 궁수자리 A*로 떨어져 내려간다.

은하 중심에 가장 가까운 성단은 적외선원 IRS 13이며, 밝은 X선 천체가 포함되어 있다(그림 3.22). X선 세기는 대질량성 중에서도 최대급이다. 은하 중심이라고 하는 특이한 환경이 이러한 밝은 X선 방출 기구를 만들고 있는지도 모른다. IRS 13의 북쪽에는 IRS 13에서 튀어나온 제트와 같은 X선원도 보인다. IRS 13은 은하 중심의 거대 블랙홀에 너무 가깝기 때문에 강력한 조석력을 받는다. 그것을 극복하고 성단을 유지하려면

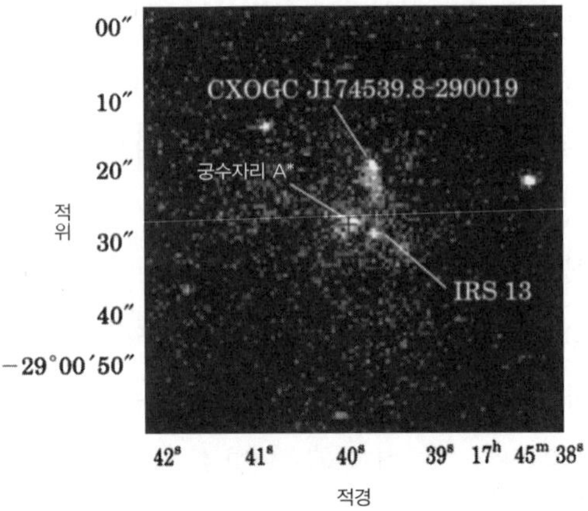

그림 3.22 은하 중심 근처의 X선 사진(Baganoff *et al.*, 2003, *ApJ*, 591, 891).

IRS 13 자체가 강한 중력을 가져야 한다. 겐젤R. Genzel 등의 그룹은 10년에 걸친 은하 중심에 대한 적외선 관측 데이터를 이용하여 IRS 13의 고유운동 분석을 실시했다. 이에 따르면 성단을 중력적으로 계속 유지시키기 위해서는 IRS 13 속에 최소 $10^4 M_{\odot}$ 정도의 질량을 가진 중간 질량 블랙홀이 있어야 한다. 정말로 IRS 13이 중간 질량 블랙홀을 포함하는지의 여부는 앞으로의 관측에서 밝혀지게 될 것이다.

3.2절에서 언급했는데, 은하 중심에서 조금 떨어진 곳에 적외선에서 매우 밝은 대질량성의 집단인 아치 성단과 다섯쌍둥이 성단이 있다. 그림 3.23의 오른쪽은 아치 성단의 X선 사진이다. 3개의 특별히 밝은 대질량성이 보인다. 그 밝기는 대질량성으로는 은하계 내에서 최대이다. 이 집단의 특징은 왼쪽 아래(남동쪽)로 늘어난 펼쳐진 X선 구조이다(그림에서 등고선으로 나타냈다). 그 X선 스펙트럼 속에 강한 중성 철의 특정 X선이 발견되었다. 이러한 특정 X선을 발생시키려면 강력한 X선 또는 입자선으로 가스구름을 비춰 주어야 하는데, 아치 성단이 그 복사원일 가능성이 있다.

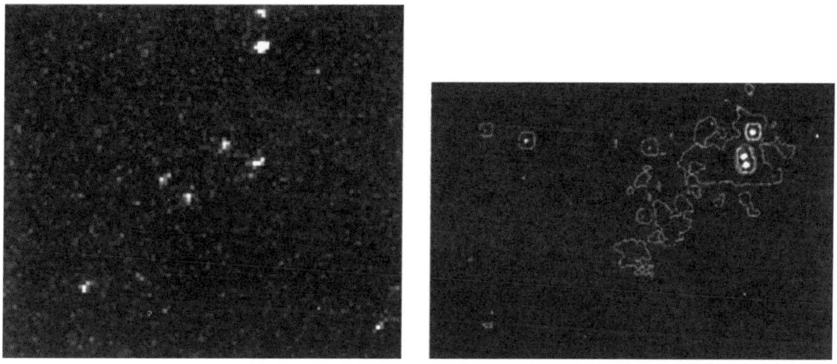

그림 3.23 다섯쌍둥이 성단의 X선 사진(왼쪽)과 아치 성단의 X선 사진(오른쪽). 밝은 3개의 별에서 왼쪽 아래로 늘어난 제트 구조가 보인다. 이 '제트'는 중성 철의 특정 X선이 강하다. 그림 3.9의 근적외선 그림도 참조.

다섯쌍둥이 성단은 아치 성단과 비슷하게 은하 중심에 가까운 대질량성의 집단이며, 적외선에서도 비슷한 정도로 밝다. X선에서는 3개의 대질량성이 밝다. 그러나 X선 세기는 위의 IRS 13에 비해 1/10에 불과하며, 전형적인 젊은 대질량성의 밝기이다.

3.5.3 은하 중심에서 1 pc의 거대 블랙홀

궁수자리 A^* 주위를 공전운동하는 별들

은하계의 중심에서 블랙홀이라고 생각하는 천체가 발견된 것은 1974년의 일이다. 전파간섭계에 의한 관측을 통해 아주 작은 전파원인 궁수자리 A^*가 발견되었다. 크기는 0.1아크세컨드(=실제 크기 800천문단위)보다 작고, 전파의 밝기 온도는 10^7 K를 초과했다. 블랙홀이 아닐까 하고 시사되었지만, 그 결정적인 증거를 찾을 때까지는 4반세기가 더 필요했다.

독일의 겐젤과 미국의 게츠A.M. Ghez 등은 지상의 8~10 m급 광학적외선망원경을 이용한 근적외선(파장 2.2 μm)의 관측을 통해 은하 중심의 100개가 넘는 별의 고유운동을 측정했다. 그림 3.24는 관측 결과의 일부로,

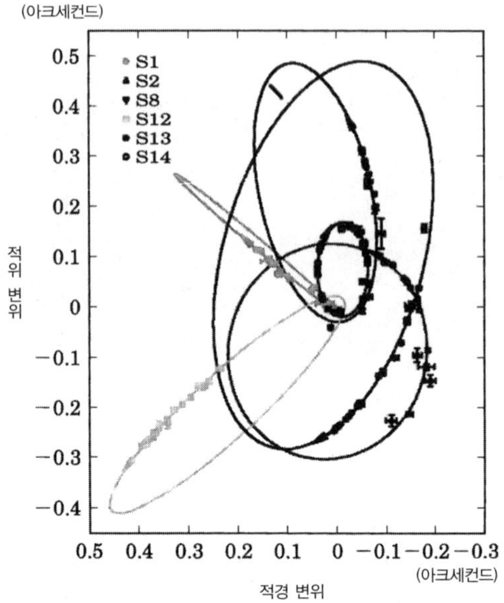

그림 3.24 근적외선으로 측정한 은하 중심에서 별의 운동. 그림에서 세로 및 가로 좌표의 숫자는 궁수자리 A*에 대한 상대적인 위치를 나타낸다(Eisenhauer *et al.*, 2005, *ApJ*, 628, 246).

은하 중심에서 별의 궤도운동을 나타냈다.

그 별들은 은하 중심에서 불과 0.005 pc 거리에 있다. 이만큼의 거리가 되면 별이 궁수자리 A*로부터 받는 가속도는 지구가 태양으로부터 받는 것과 같은 정도의 크기이다. 여러 별의 궤도운동을 나타내는 가속도 벡터들은 오차의 범위 내에서 한 점에 교차하고 있다. 다시 말해 이 별들은 하나의 중력원에 이끌리고 있는 것이다. 궁수자리 A*에 가장 접근하는 별은 S2라고 이름 붙인 별로 궁수자리 A* 주위를 거의 한 바퀴 공전한 곳까지 관측되었다. S2 별의 공전주기는 15.2년, 근일점(궁수자리 A*에 가장 가깝게 접근하는 점)은 불과 1광시(광속으로 1시간 거리), 원일점은 5.5광일인 타원 운동을 하고 있다. 근일점에서 S2의 공전 속도는 초속 5,000 km에 이른다. 즉, 이때 광속의 1.6%로 별이 운동하는 것이다. 참고로 지구의 태양에 대한 공전 속도는 초속 30 km이다.

이 별들의 궤도운동에서 계산된 궁수자리 A*의 질량은 $(3.7\pm1.5)\times 10^6 M_\odot$이다. S2 별의 근일점(궁수자리 A*에서 124천문단위)을 반경으로 하는 구의 체적 내에 이만큼의 질량이 있다면, 밀도는 1 pc^3당 $4.1\times10^{15} M_\odot$이나 된다. 궁수자리 A*가 나타내는 밀도는 다른 거대 블랙홀 후보 천체의 밀도 측정 중에서 가장 높다. 궁수자리 A*는 관측적으로 가장 확실한 블랙홀인 것이다.

궁수자리 A*의 활동성

그러나 정상적인 활동은하핵과 비교해 보면 궁수자리 A*의 활동성은 현격하게 약하다. 이것은 블랙홀 주변의 가스 밀도가 낮기 때문에 가스의 강착률도 낮기 때문일 것이다. 전파에서 X선에 이르기까지의 관측 스펙트럼들은 극단적으로 낮은 질량 강착률에 대해 이론적으로 계산한 결과(제17권 참조)와 거의 일치한다. 궁수자리 B2 분자운에 의해 반사된 X선의 연구에 따르면 300년 전의 궁수자리 A*는 훨씬 더 활동적이었다고 생각한다.

궁수자리 B2의 X선은 은하 중심 방향에서의 X선을 반사하여 나온 것이다. 반사 X선의 세기 변화는 보이지 않기 때문에 가까운 돌발 천체는 그 근원이 아니다. 근원이 은하 중심에 있다고 하면 초당 10^{39} erg의 세기가 필요하며, 이것은 블랙홀이 아니라면 설명할 수 없다. 궁수자리 B2를 비추고 있는 X선원으로 가장 가능성이 높다고 생각하는 것은 은하 중심의 거대한 블랙홀인 궁수자리 A*이다.

은하 중심은 현재 매우 평온한 상태이지만, 소규모의 폭발은 자주 관측된다. 따라서 과거에 더 큰 폭발이 있었을 것으로 충분히 예상할 수 있다. 궁수자리 B2에서 중심에 있는 거대 블랙홀까지의 거리는 약 100 pc이다. 다시 말해 블랙홀에서 X선이 방출되고 나서 저온 가스구름에 도착할 때까지 300년의 시간이 걸린다. 약 300년 전에 블랙홀에서 방출된 X선이 반사 X선으로 지금 보이고 있는 것 같다. 즉 300년 전에 중심에 있는 거대 블랙홀에 대량의 가스가 강착하고 그 엄청난 중력에너지가 X선으로 전환되어 복사된 것이다. 앞서 언급한 은하 중심에서 북동쪽으로 뻗는 제트 구조도 이때 튀어나온 것일지도 모른다(그림 3.13의 오른쪽).

반사 X선은 그 밖에도 은하 중심에서 약 20 pc 떨어진 전파 아크 부근의 분자운과 80 pc 거리의 궁수자리 C라는 분자운에서도 관측되고 있다. 각각의 거리와 반사 X선의 세기로부터 블랙홀의 과거 밝기를 추정해 보면 300년 전에는 현재의 100만 배나 밝았으나, 점차 어두워져 현재에 이르는 모습을 알 수 있다. 지금은 잠잠하게 있지만 우리 은하 중심에는 분명히 블랙홀이 있고, 한때 격렬하게 빛났던 것 같다.

왜 수백 년 전에 대량의 가스가 은하 중심에 떨어져 온 것일까. 은하 중심의 극히 근방에 궁수자리 A East이라는 초신성 잔해가 있다는 것은 이미 다루었다. 이 X선 데이터를 분석하면 1000년 전에 초신성이 형성되었다. 1000년 전의 초신성 폭발로 만들어진 짙은 밀도의 고리 모양 충격파가 지금부터 300년 전에 은하 중심을 통과했을 것이다. 충격파 자체 또는 그 외란으로 주변 가스가 대량으로 블랙홀로 떨어져 섞여 X선으로 밝아지고 동시에 제트를 냈다고 생각된다. 충격파가 통과하고 나면, 밀도가 옅은 빈 공간이 되기 때문에 블랙홀로 떨어지는 가스가 감소하고 그 활동도 약해진다. 그것이 현재 은하 중심의 모습이다. 은하 중심 자체는 조용해졌다고 하지만, 인근은 젊은 대질량성이나 수많은 초신성 잔해의 둥지이다. 초신성이 은하 중심의 블랙홀로 가스를 떨어뜨려 발생한 대폭발의 자취로 반사 X선이나 제트, 또 이들에 의해 형성된 거대 고온 플라스마 구球 등의 복합체가 은하 중심인 것이다.

우주에는 더 대규모의 젊은 대질량성 형성과 초신성 폭발이 중심 부근에서 일어나는 은하(스타버스트 은하[25])와 중심의 블랙홀이 매우 활동적인 은하도 있다. 그들을 통칭하여 활동은하핵Active Galactic Nucleus이라고 한다. 활동은하핵은 일반적으로 도넛 모양의 짙은 가스 고리를 갖고 있다. 우리가 도넛을 옆에서 보는 위치에 있으면 중심핵의 강한 X선은 도넛에 차폐되고, 도넛의 수직 방향으로 나온 X선이 거기 있는 다른 가스구름에 반사된 성분만 관측된다. 이것을 2형 활동은하핵이라고 한다.[26] 은하 중심이 현재도 X선으로 밝은 것은 접어두고, 반사 성분만 관측된다는 의미에서 2형 활동은하핵은 우리 은하 중심과 매우 유사하다.

스타버스트 은하와 2형 활동은하핵의 복합체로 가장 전형적인 예는 NGC 1068이다. 멀리 있기 때문에 그 중심핵의 공간 구조는 분해할 수 없다. 우리는 NGC 1068에서 스타버스트 활동(젊은 대질량성과 초신성과 그 잔해의 집합)과 2형 활동은하핵(반사 X선)을 전부 총괄한 스펙트럼을 관측하고 있다(그림 3.25 아래). 한편, 은하 중심은 각각을 분리할 수 있지만, 굳이 전체를 통틀어 만든 스펙트럼을 그림 3.25(위)에 나타냈다. NGC 1068의 X선 절대광도는 은하 중심의 그것에 비해 1억 배나 밝지만, 5~10 keV 범위에서 보면 상대적인 스펙트럼 모양은 비슷하다. 즉 은하계는 스타버스트 은하와 2형 활동은하핵의 복합체인 소형 모형판이라 할 수 있다.

3.5.4 궁수자리 A* 에서 사상의 지평선을 보다

블랙홀 궁수자리 A* 의 질량은 약 $4\times10^6\,M_\odot$이며, 은하 중심에 위치하고 슈바르츠실트 반경[27]을 계산하면 9마이크로 아크세컨드가 된다. 이것은 다

25 활발하게 별 생성 활동이 이루어지고 있는 은하를 스타버스트 은하라고 하며, 많은 대질량성과 초신성 잔해가 존재한다.

26 도넛을 정면에서 보았을 경우는 1형 활동은하핵이라고 한다.

27 블랙홀의 질량에 의해 빛이 나올 수 없게 되는 반경, $r_S=2GM/c^2\approx3(M/M_\odot)$km. 여기서 M은 블랙홀의 질량.

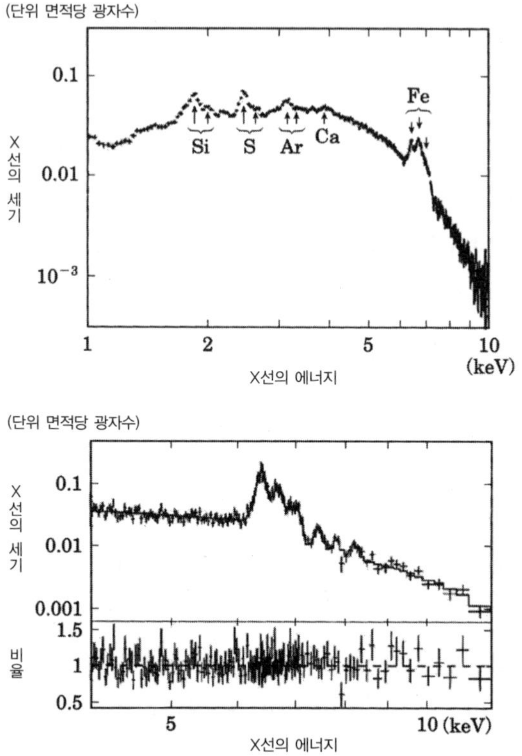

그림 3.25 은하 중심(위)과 NGC 1068 중심(아래)의 스펙트럼 비교(Koyama *et al.*, 1996, *PASJ*, 48, 249; Matt 2004, *A&A*, 414, 155). 가로축의 범위가 다른 점에 주의할 것.

른 블랙홀에 비해 압도적으로 큰 값이다. 예를 들어 1 $M_{\odot}$의 블랙홀이 1 pc 전방에 있다고 해도 1 슈바르츠실트 반경은 겉보기로 3나노 아크세컨드밖에 되지 않는다. 센티미터 대역의 VLBI 관측으로는 궁수자리 A* 의 주위, 즉 은하 중심에서 100 pc 내의 플라스마에 의해 전파가 산란되어 궁수자리 A* 본래의 전파 이미지는 퍼져서 흐릿하게 되므로 상세한 구조를 알 수 없었다. 산란의 영향은 관측 파장의 제곱으로 커진다. 따라서 파장이 짧은 1 mm 이하의 서브밀리미터파 대역에서 궁수자리 A*를 VLBI 관측한다면 산란의 영향은 없어져 블랙홀의 강착 원반이나 사상의 지평선

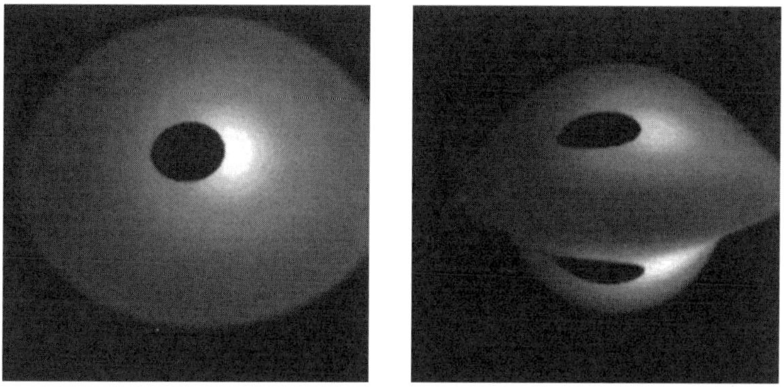

그림 3.26 모의실험으로 계산한 궁수자리 A* 의 사상의 지평선 상상도. 회전하는 블랙홀의 경우에 대해, 오른쪽 45° 의 각도에서 볼 때(왼쪽 그림)와 80°(거의 바로 옆)에서 볼 때(오른쪽 그림). 그림에서 변의 길이는 12 슈바르츠실트 반경이다(타카하시 로타高橋勞太의 계산).

Event horizon을 명확하게 파악할 수 있을 것이다.

슈바르츠실트 블랙홀의 경우 사상의 지평선은 자체 중력 렌즈 효과로 지름 5슈바르츠실트 반경(45마이크로 아크세컨드)이 된다. 회전하는 블랙홀의 경우 이 사상의 지평선의 반경은 작아진다. 사상의 지평선은 그림 3.26의 모의실험 결과에서 알 수 있듯이 빛나는 강착 원반을 배경으로 실루엣이 되어 가운데에 보일 것이다.

제4장
은하계의 형성과 진화

우리가 사는 은하계는 풍부한 성간 가스에서 새로운 별이 태어나고, 또한 일생을 마친 별은 대폭발 끝에 소실되거나 어두워져 보이지 않는 일이 반복되고 있다. 은하계의 모습은 항상 변화하며, 항상 양상이 같은 것은 아니다. 그러면 은하계는 최초에 어떤 모습이었을까. 어떻게 해서 현재의 모습으로 된 것일까. 이 장에서는 은하계의 형성과 진화를 생각해 보기로 한다.

4.1 은하 형성의 묘사

4.1.1 은하계의 구조

은하계는 지금까지 살펴본 바와 같이 다양한 항성계 성분으로 형태가 만들어진다. 가장 밝은 성분은 얇은 원반이며, 원반 부분의 질량은 대략 $10^{11}M_{\odot}$이다. 이어서 벌지, 두꺼운 원반, 그리고 항성계의 헤일로 성분 순으로 광도가 어두워지고, 반대로 공간적으로 더 커지고 있는 것이 특징이다. 특히 헤일로는 은하 중심에서 100 kpc을 넘는 영역까지 나이든 별과 성단이 분포하고 있어, 원시 은하계는 일단 이 크기까지 펼쳐져 있었다고 시사된다. 또한 이 모든 것을 감싸듯이 암흑물질로 된 암흑헤일로가 크게 펼쳐져 있어, 빛나 보이는 부분의 역학을 지배하고 있다.

은하계와 같은 은하는 우주에서 관측되는 항성계 중에서 기본 요소가 되며, 은하보다 더 큰 공간에 걸치는 계는 은하군, 은하단과 같이 은하의 집합체가 된다. 즉, 은하의 질량과 크기는 우주에서 빛나 보이는 구조에 대하여 일정한 척도로 삼을 수 있다. 그러면 실제 은하계의 질량과 크기는 어느 정도일까?

빛나 보이는 부분의 총질량과 크기는 거의 얇은 원반의 양으로 결정되

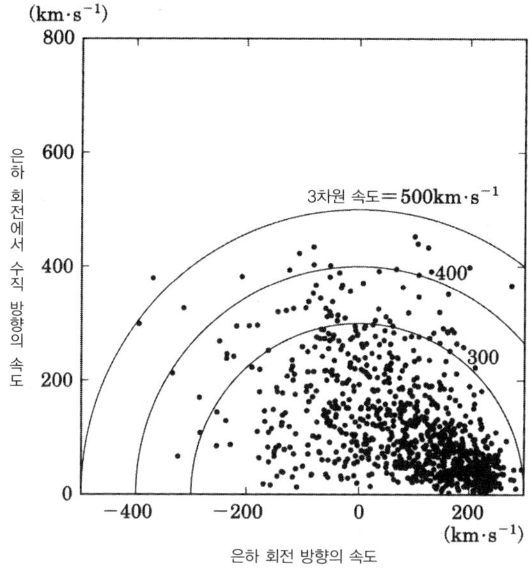

그림 4.1 태양에서 2 kpc 이내에 있는 근처의 별에 대한 3차원 속도분포. 각 원은 정지계에서 본 속도의 크기가 일정한 곳을 나타내고 있다.

며, 대략 $10^{11}M_\odot$에 10~20 kpc 정도가 된다. 한편, 암흑헤일로에 대한 양은 항성계와 성간 가스의 운동을 이용하여 구한다. 그 한 예로 그림 4.1에 태양 근처(태양에서 2 kpc 이내)에 있는 별의 3차원 속도 분포를 나타냈다. 각 원은 정지계에서 본 속도의 크기를 나타내며 최대 초속 500 km에 이르는 속도를 가진 것도 있다. 이런 별은 광대한 헤일로 공간을 궤도운동하고 있으며, 은하계의 중력장에 속박되어 있다. 따라서 은하계 공간의 태양 위치의 탈출 속도는 초속 500 km 이상이 될 것이다. 한편, 빛나 보이는 부분만의 탈출 속도는 대략 초속 300 km 정도에 그친다.

따라서 은하계 공간의 최대한 바깥 천체(헤일로 별, 구상성단, 위성은하)의 속도를 측정하면 은하계의 진정한 질량과 크기를 알 수 있다. 최신 분석에서는 총질량이 대략 $2\times10^{12}M_\odot$이고 반경이 200 kpc 정도까지 펼쳐져 있

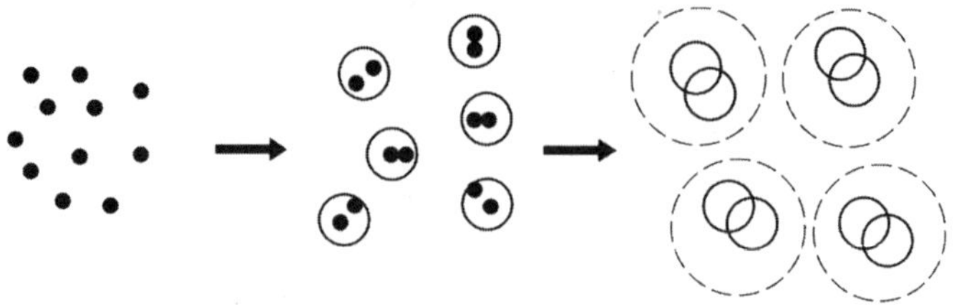

그림 4.2 암흑물질의 계층적 합체과정의 모식도. 작은 것이 중력으로 모여서 더 큰 것을 만들어 간다.

는 것으로 밝혀졌다.

4.1.2 계층적 합체과정과 은하의 형성

이러한 질량과 크기를 가진 은하는 어떻게 생긴 것일까? 현재의 은하 형성 이론에 따르면 차가운 암흑물질(CDM)[1]의 미세한 밀도의 흔들림이 그 자체 중력에 의해 성장한다. 암흑물질의 중력에 의해 가스가 동시에 끌려와서 계층적으로 수축 · 합체를 반복하면서 현재의 은하에 이르렀다고 생각한다. 그림 4.2에 그 모습을 모식적으로 나타냈다. 여기서 밀도 흔들림이 만약 바리온[2]의 가스만으로 만들어져 있다고 하면, 복사장과 상호작용하여 우주배경복사도 관측값 이상으로 흔들려 버린다. 따라서 밀도 움직임의 본체는 복사장과는 상호작용하지 않는 암흑물질에서 만들어질 필요가 있다. 또한 암흑물질 덩어리가 수축 · 합체하는 과정에서 그 안에 포함되는 가스도 동시에 격렬하게 흐트러지기 때문에 별 형성 활동이 촉진되어 최종적으로 완성되는 은하의 구조도 바뀌어 버린다. 즉 암흑물질은 은하의 형태 결정에 중요한 부분이다. 또한 암흑물질은 은하의 동역학도 크게 좌우하고 있으며, 결국 은하 형성부터 현재의 동역학 구조에 이르기까지 본

1 CDM은 Cold Dark Matter의 약어.
2 baryon. 양성자와 중성자로 대표되는 무거운 입자. 일반 물질을 만드는 입자.

질적인 역할을 하고 있다 해도 과언이 아니다.

암흑물질의 계층적 합체과정은 그 자체 중력에 의해 한없이 이어지기 때문에 한없이 질량이 큰 계(헤일로)가 계속 만들어질 것이다. 그런데 실제로 우주에서 관측된 항성계의 기본 요소는 은하이고 그 빛나 보이는 부분의 전형적인 질량은 대략 $10^{11} \sim 10^{12} M_{\odot}$에 그친다. 이보다 무거운 은하의 수는 급격하게(지수함수적으로) 감소하고 있는 것이다. 은하에서 빛나 보이는 부분의 크기도 반경이 100 kpc보다 작은 유한한 값에 그친다. 이렇게 되는 이유는 무엇일까?

은하의 빛나 보이는 부분은 주로 별로 이루어져 있고, 별 형성이 이루어지고 있는 곳이다. 별 형성이 이루어지기 위해서는 가스의 밀도가 충분히 높아지는 영역이 만들어질 필요가 있다. 그렇게 되기 위해서는 가스의 온도가 충분히 낮지 않으면 안 된다. 가스의 온도가 높으면 압력으로 반발을 받고, 별의 씨앗이 되는 밀도 흔들림이 성장할 수 없기 때문이다. 그런데 은하 정도 질량의 암흑물질이 모여 역학 평형 상태가 될 때, 가스의 온도는 100만 도의 고온이 되어 가스가 복사에 의해 냉각되지 않으면 별이 될 수 없다. 여기에서 가스의 냉각이 효율적으로 이루어지기 위한 최대 질량은 $10^{11} \sim 10^{12} M_{\odot}$, 최대 반경은 70~100 kpc인 것으로 알려져 있다. 즉 은하에서 항성계의 질량과 크기를 결정하는 것은 암흑헤일로 내에 있는 가스의 냉각과정이다. 이보다 가스의 질량이 무거우면 충분히 냉각될 시간이 없기 때문에 별 형성이 일어나는 조건이 갖추어지지 않는다. 따라서 $10^{12} M_{\odot}$보다 무거운 항성계로 형성된 은하는 거의 없다.

따라서 은하의 형성과정은, 차가운 암흑물질 자체 중력에 의한 계층적 합체과정과 가스 냉각과정의 두 가지가 결합된 것이다. 다음에는 은하계의 형성과 진화를 고찰하는 데 중요한 별의 성질과 은하계의 오래된 성분인 헤일로에서 두꺼운 원반에 걸친 화학적 · 동역학적 구조와 계층적 합체

과정과의 관계, 또한 항성계의 형성과 진화에 따른 화학진화에 대해 설명하겠다.

4.2 별의 종족과 나이, 금속 함량

4.2.1 별의 종족

은하계와 같은 은하가 어떤 별로 만들어져 있는지를 알기 위해서는 하나하나 별의 특징을 자세히 알아내야 한다. 또한 각각의 특징을 가진 별이 어떤 공간분포를 나타내는지도 궁금하다. 그런데 우리는 은하계의 내에 있기 때문에 이러한 것을 확인하는 것은 '나무를 보고 숲을 보지 못한다'라는 속담이 말해 주듯이 일반적으로 어려운 일이다. 그래서 은하계 근처의 다른 은하의 모습이 참고가 된다.

전쟁 중의 등화관제로 밤하늘이 어두웠던 1944년 바데는 윌슨산 천문대에 있던 2.5 m 망원경을 이용해 은하계의 곁에 있는 안드로메다은하 M 31의 중심부(벌지)와 위성은하인 타원은하 M 32와 NGC 205의 주변부를 별로 분리하는 데 성공했다. 이 같은 이른바 타원형 모양의 천체에서 발견된 가장 밝은 별을 자세히 살펴보면 소용돌이 팔 안에서 볼 수 있는 푸른 O, B형 별이 아니고, 구상성단 안에 볼 수 있는 적색거성이었다. 그래서 바데는 은하의 구조 부분에 의존하고 크게 나누어 두 가지 다른 별의 종족이 은하계의 주된 성분이라고 생각했다(표 4.1).

'종족 I' 으로 분류되는 별은 소용돌이 팔에 존재하는 것으로, 예를 들면 O, B형 별처럼 젊고 밝은 별과 세페이드, 산개성단에서 발견되는 별 등이 있다. 다른 스펙트럼형보다 어두운 별도 물론 존재하고 있다. '종족 II' 로 분류되는 별은 은하의 타원형 부분, 즉 은하계 벌지, 헤일로, 구상성단에

표 4.1 별의 종족.

	종족 I	종족 II
은하계 내부	O, B형 별 산개성단 저속도 별 은하 원반	거문고자리 RR형 변광성 구상성단 고속도 별 은하 헤일로와 벌지
은하계 외부	소용돌이은하의 원반과 소용돌이 팔	타원은하, 소용돌이은하의 벌지

존재하는 것이다. 가장 밝은 별은 오렌지색 또는 적색거성으로, O, B형 별은 존재하지 않는다. 이러한 종족의 별에 대한 색-등급도[3] 상의 분포는 각각 산개성단과 구상성단에 보이는 것에 대응한다. 종족 I과 종족 II 별을 구별하는 방법은 별의 공간적 분포, 금속 함량 및 나이 분포 등을 반영한 정성적인 분류라는 것이 알려져 있다. 즉, 종족 I으로 분류되는 별은 은하 원반의 내부에 분포하고 태양처럼 금속 함량이 많고 또한 나이가 젊다. 그 은하계 공간 내의 궤도는 태양과 마찬가지로 은하 중심 주위를 거의 원운동을 하고 있다. 종족 II로 분류되는 별은 은하계 원반을 둘러싸는 타원형의 공간분포이며 태양보다 금속 함량이 적고 나이가 많다.[4] 따라서 은하계가 아직 초기에는 종족 II 별이 태어나고, 그 은하계 원반이 현재와 같은 모습이 되고 나서 종족 I 별이 태어났다고 추측하고 있다. 또한 종족 II 별은 종족 I과 달리 원운동에서 크게 벗어난 궤도운동을 하고 있으며, 은하 원반의 회전과 반대 방향의 운동을 하고 있는 것도 많다. 이런 별은 태양에 대해 큰 상대 속도로 운동하고 있는 것처럼 보이기 때문에 고속도 별로 알려져 있다.

3 색-등급도는 세로축에 천체의 등급, 가로축에 2 파장에서 구한 등급의 차(색지수)를 나타낸 그림을 가리킨다.

4 벌지에는 태양처럼 금속 함량이 많은 별도 다수 있으며, 금속 함량이 적은 별도 많아서 복잡한 은하 성분을 이룬다.

이러한 종족 이외에 종족 III로 분류되는 별, 즉 우주에서 처음 태어나 수소나 헬륨만으로 만들어지고 금속을 전혀 포함하지 않는 별의 존재도 이론적으로 생각할 수 있다. 그런 별은 어느 정도 있는지, 은하계의 어디에 존재하는지, 또한 종족 II 별과 구별은 어디에서 어떻게 매기는지 따위는 아직 막연하다. 아오키 와코靑木和光 등에 의한 스바루 망원경 등을 이용한 최근의 연구를 통해 태양의 10만분의 1보다 적은 금속 함량(철의 존재량)을 가진 2개의 별을 발견하였고, 종족 III의 별인지 활발하게 연구가 진행되고 있다. 앞으로 더 많은 것이 밝혀지게 될 것이다.

4.2.2 별의 나이

은하계에는 나이에 따라 젊은 별과 늙은 별이 공존하고 있다. 이는 은하계에서 타원은하(5장 참조)처럼 옛날에 한 번에 모든 별이 태어난 것이 아니라, 최근에 태어난 것도 있어서 그것들이 공존하며 은하계를 형성하고 있다는 것을 시사한다. 젊은 나이의 항성계로 대표적인 산개성단과 오래된 것의 대표인 구상성단의 본질을 살펴보자.

히아데스성단으로 대표되는 산개성단은 주로 소용돌이 팔을 따르는 공간적 분포를 하고 있으며, 종족 I으로 분류되는 별을 수백 내지 수천 개 포함한다. 크기는 1~10 pc 정도이다. 그림 4.3은 히아데스성단의 색-등급도를 나타낸다. 많은 별이 주계열이라는 시간대에 분포하고 있으며, 이 별들은 태어난 지 아직 얼마되지 않은 것을 보여주고 있다. 그림 4.3에는 별의 진화 모델에서 예상되는 등시곡선(별이 탄생하고 나서 동일 시각의 궤적을 연결한 선)도 나타냈으며, 자세한 비교를 통해 성단의 나이가 6억 3000만 년 정도인 것으로 추정되고 있다.

히아데스성단은 태양에 가장 가까운 산개성단이며, 운동 성단의 수렴점 방법[5] 또는 연주시차를 측정하여 거리를 구할 수 있다. 히파르코스 위성에

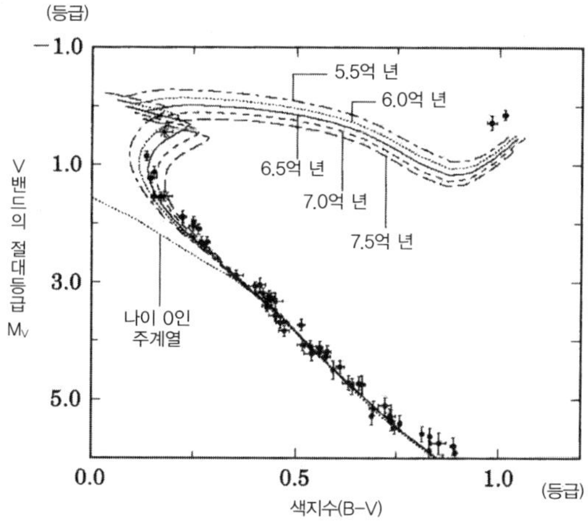

그림 4.3 히아데스성단의 색−등급도. 세로축은 V밴드(파장 550 nm)의 절대등급, 가로축은 B밴드(파장 440 nm)와 V밴드의 등급 차이(색지수)를 나타낸다. 각 곡선은 나이가 일정한 등시곡선을 나타낸다 (Perryman *et al.*, 1998, *A&A*, 331, 81).

의한 위치 천문 관측에 의하면, 거리지수[6]는 3.33±0.01등급, 거리는 46.34±0.27 pc이라는 결과를 얻을 수 있다. 정확한 연주시차를 얻을 수 없는 멀리 있는 산개성단에 대하여는 그 주계열 부분과 히아데스성단의 그것과 비교하여 등급 차이에서 거리를 구할 수 있다. 거리가 정해지면 산개성단의 절대등급도 구할 수 있다. 밝은 성단은 적고 어두운 성단일수록 많은 것으로 알려져 있다. 산개성단의 나이는 젊기 때문에 이러한 빈도 분포로 성단이 형성되었다고 생각된다.

한편, 구상성단은 하나의 성단당 10만에서 100만 개의 별이 수pc에서 수십pc이라는 좁은 공간에 밀집하고 있어서 별의 공간 밀도가 가장 높은 항성계이다. 은하계에는 160개 정도의 구상성단이 알려져 있으며 헤일로

5 제1권 2장 참조.
6 겉보기등급 m과 절대등급 M의 차 $m-M$을 거리지수라고 한다. 별의 거리를 d pc으로 둘 때 $m-M=5\log(d/10\,\mathrm{pc})$. 거리지수 $m-M=0$ 일 때 거리는 10 pc, 5일 때 100 pc.

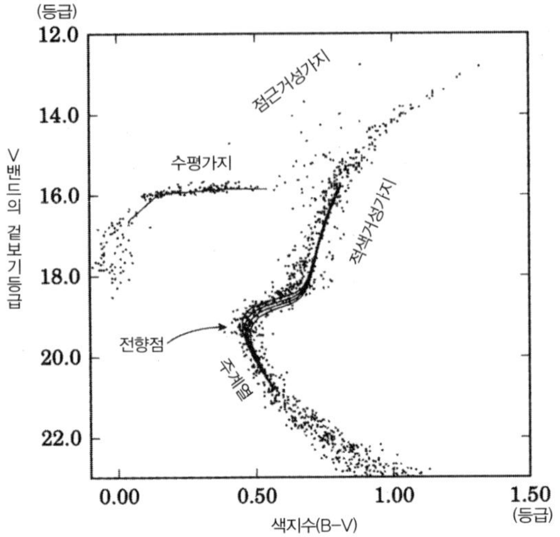

그림 4.4 구상성단 M 15의 색－등급도. 주계열에서 적색거성가지에 걸친 각각의 곡선은 나이가 일정한 등시곡선을 나타낸 것으로, 위로부터 120억 년, 130억 년, 140억 년, 150억 년에 해당한다(Salaris *et al.*, 1997, *ApJ*, 479, 665).

에 존재하는 별 전체의 약 1 %를 차지하고 있다.

그림 4.4에 전형적인 구상성단인 M 15의 색－등급도를 나타냈다. 주계열의 띠는 전향점을 경계로 꺾여 적색거성가지(그림의 위쪽으로 뻗은 가지)로 연결되어 있다. 또한 수평으로 뻗은 수평가지와 점근거성가지도 볼 수 있다. 이들은 산개성단에서 볼 수 있는 색－등급도(그림 4.3)와 모습이 크게 다르며, 진화가 진행된 별이 대부분을 차지하는 것을 알 수 있다. 또한 전향점이나 적색거성가지가 그다지 퍼져 있지 않고 좁은 띠를 이루고 있기 때문에 구상성단 내의 별은 어느 시기에 동시에 형성되어 모든 별이 나이와 금속 함량이 같다는 것을 알 수 있다. 구상성단은 은하계에서 가장 오래된 천체이므로, 이 나이를 통해 은하계가 언제 태어났는지를 알 수 있다.

그림 4.4에는 비교를 위해 별 진화 모델에서 예상되는 등시곡선도 기록되어 있다. 진화 모델과 비교하여 나이를 결정할 때 가장 중요한 양은 주

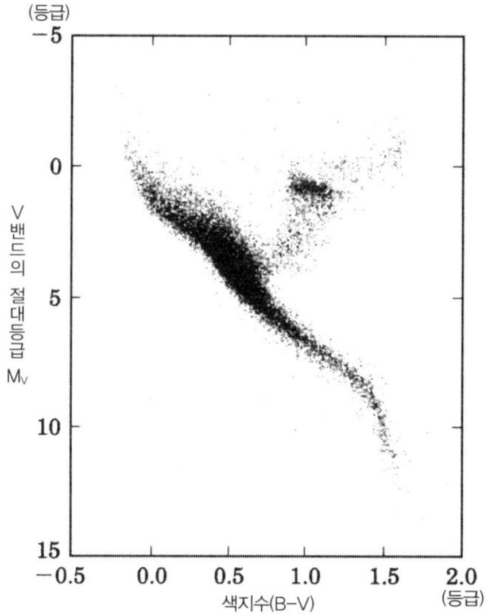

그림 4.5 태양 근처의 별의 색-등급도(Perryman *et al.*, 1997, *A&A*, 323, L49). 히파르코스 위성에 의한 연주시차 결정의 상대 정밀도가 10%보다 좋은 2만여 개의 별을 이용하였다.

계열에서 꺾여 나가는 점(전향점)의 절대등급이며, 그 값은 성단의 금속 함량과 헬륨의 양에 의존한다. 또한 이 전향점의 절대등급을 구하려면, 주계열의 위치를 맞추는 방법 및 수평가지에 있는 거문고자리 RR형 변광성의 절대등급을 표준 광원으로 이용하는 방법 등에 따라 성단까지의 거리를 정확하게 결정할 필요가 있다. 거리가 정확하지 않으면 나이를 결정할 때 부정확성의 주요 요인이 된다. 그림 4.4에 나타낸 구상성단 M 15는 나이가 대략 120억 년으로 추정된다.

그렇다면 태양 근처에 있는 별의 나이는 어떤지 알아보자. 이를 위해서는 별의 절대등급 정보에서 색-등급도를 구할 필요가 있다. 즉, 별까지의 정확한 거리 결정이 필요하다. 그림 4.5에 히파르코스 위성에 의한 연주시차 측정을 통해 정확하게 구한 거리를 나타냈다. 태양 근처에서 대략 100 pc 이내의 별에 대응하는데, 그림에서 볼 수 있듯이 많은 별은 주계열

범위에 분포하고 젊은 나이의 것이 많다는 것을 시사하고 있다. 즉 은하 원반부의 태양 주변에서는 갓 태어난 젊은 별이 지배적이다.

4.2.3 별의 금속 함량

별의 표면 대기에는 수소와 헬륨보다 무거운 원소인 금속[7]이 존재하는 것을 별의 스펙트럼 분광 관측으로 확인할 수 있다. 이들은 빅뱅 원소 합성으로 만들어진 것이 아니라 별 내부의 핵융합 반응에 의해 만들어진 것이며, 별 진화의 산물이라고 해도 좋다. 금속 함량을 나타내는 방법으로 금속 원소 전체의 무게를 사용한 방법(기호 Z)과 금속 원소의 대표인 철의 개수 밀도를 이용한 방법(기호 [Fe/H])이 있다.

금속 함량 Z는 대상 영역 안에 있는 금속 함량을 중량 비율로 나타낸 것이다. 이를테면 태양 내부에서 1 g을 취하면 평균적으로 수소가 0.70 g, 헬륨이 0.28 g, 금속이 0.02 g 들어 있는데, 이로부터 태양의 금속 함량은 $Z_{\odot}=0.02$가 된다. 금속 함량 [Fe/H]는 대상이 되는 영역 안에 있는 철의 개수 밀도와 수소의 개수 밀도 비율 $n(\mathrm{Fe})/n(\mathrm{H})$를 태양의 그것에 규격화하고 로그를 취한 것이다.

$$[\mathrm{Fe/H}] = \log_{10}\{n(\mathrm{Fe})/n(\mathrm{H})\}_{*} - \log_{10}\{n(\mathrm{Fe})/n(\mathrm{H})\}_{\odot} \quad (4.1)$$

이를테면 [Fe/H]가 -2 또는 -1인 것은 각각 태양의 금속 함량인 10^{-2}과 10^{-1}에 대응한다. 태양과 같은 금속 함량인 경우는 [Fe/H]=0이 된다.

그림 4.6에 산개성단과 구상성단에 대한 금속 함량과 나이의 관계를 나

7 천문학에서는 일반적으로 수소와 헬륨보다 무거운 원소를 중원소라고 한다. 또한 화학의 정의와는 다르지만, 중원소를 금속이라고 부르기도 한다. 그러나 경우에 따라서는 중원소와 금속이 탄소 이상의 무거운 원소를 가리키기도 한다. 금속 함량 대신 중원소 양이라고 하는 경우도 있다.

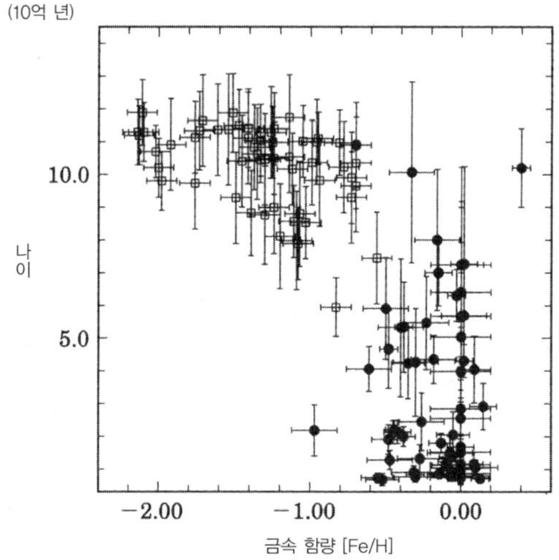

그림 4.6 산개성단(●)과 구상성단(□)의 금속 함량과 나이의 관계(Salaris *et al.*, 2004, *A&A*, 414, 163).

타냈다. 산개성단은 모두 나이가 80억 년보다 더 젊고 금속 함량 [Fe/H]이 −1보다 큰 반면, 구상성단은 나이가 120억 년 정도로 오래되었고, [Fe/H]가 −1보다 작은 경우가 많다. 따라서 구상성단은 나이가 많고 금속 함량이 적기 때문에 은하계의 가장 오래된 천체로서 그 성질이 잘 조사되어 있다.

구상성단의 금속 함량 분포는 [Fe/H]=−0.8을 경계로 둘로 나뉘어 높은 금속 함량의 성단은 은하 벌지나 원반을 따르는 공간분포를 보이는 한편, 낮은 금속 함량의 성단은 은하 헤일로에 펼쳐진 공간분포를 보이는 것으로 알려져 있다. 각각의 성단은 원반성단(또는 벌지 성단), 헤일로 성단이라고 한다.

헤일로 성단은 그것의 수평가지에서의 별 분포로부터 다시 두 그룹으로 분류될 가능성이 지적되고 있다. 즉 수평가지에서 거문고자리 RR형 변광성의 분포 영역에 있는 별의 수를 V라고 하고, 그것을 경계로 파란 쪽과

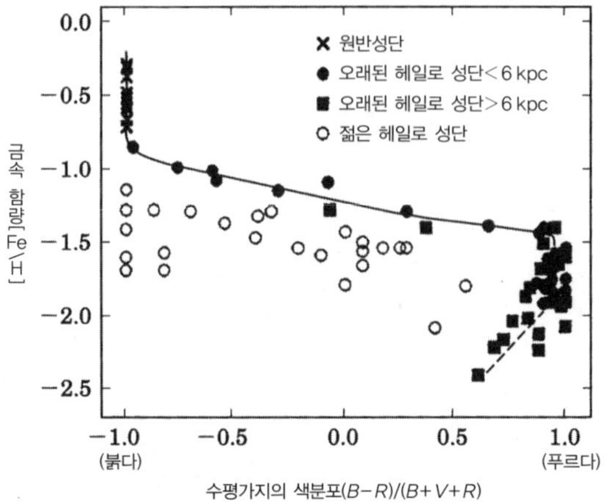

그림 4.7 구상성단의 수평 가지의 형태와 금속 함량과의 관계(Zinn 1993, in *The Globular Cluster-Galaxy Connection*, eds. G.H. Smith & J.P. Brodie, ASP Conf. Ser., Vol. 48, 38).

붉은 쪽에 있는 별의 수를 각각 B와 R이라고 한다. 이 수평가지에서의 별의 개수분포(즉 색 분포)가 성단의 금속 함량이나 나이에 의존하는 것으로 알려져 있으며, 그것을 $(B-R)/(B+V+R)$이라는 색분포 지표와 금속 함량의 관계로 나타낸 것이 그림 4.7이다. 그림에서는 헤일로 성단에 붉은 수평가지 별이 많을수록 금속 함량이 많다는 관계(그림의 실선)가 나타나 있지만, 금속 함량뿐만 아니라 나이에 의존하고 있으며, 흰색 원으로 표시된 성단은 검은색 원으로 표시된 성단에 비해 10~20억 년 정도 젊은 것으로 생각한다. 이와 같이, 헤일로 성단은 비교적 늙은 것과 젊은 것으로 구분되고, 후자의 성단은 은하계 헤일로의 외부(은하 중심에서 10 kpc 이상)에 분포한다는 것이 알려져 있다. 이러한 나이가 젊은 것으로 보이는 성단은 근처의 위성은하에 있는 구상성단의 수평가지와 같은 별의 분포를 하고 있어서 은하계 밖에서 위성은하와 함께 강착해 왔을 가능성이 지적되고 있다.

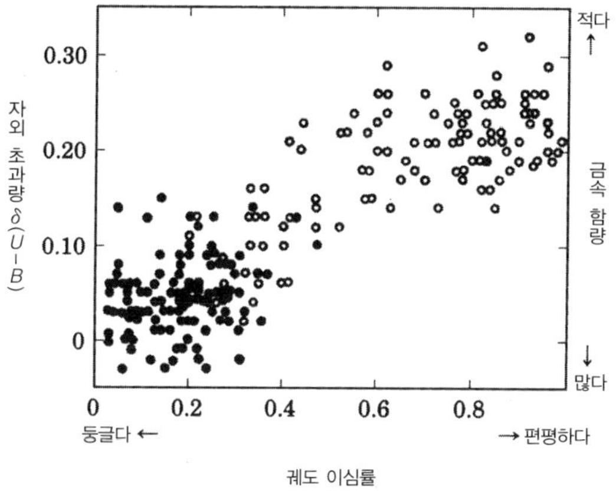

그림 4.8 에겐, 린든-벨, 샌디지 등에 의한 태양 근처의 221개 별에 대한 궤도 이심률과 금속 함량의 관계(Eggen *et al.*, 1962, *ApJ*, 136, 748). 금속 함량은 자외 초과량 $\delta(U-B)$로 표시하였고, [Fe/H]와의 관계는 $\delta(U-B)$가 0.05와 0.2일 때 [Fe/H]는 대략 0과 −1.2가 된다.

4.3 은하계의 구조 형성

4.3.1 은하계 형성의 시나리오

현재 보이는 은하계의 구조는 도대체 어떤 과정으로 만들어진 것일까. 이 질문에 대해 처음으로 구체적으로 언급한 연구는 1962년에 제출된 에겐 O.J. Eggen, 린든-벨D. Lynden-Bell, 샌디지A.R. Sandage의 논문으로 거슬러 올라간다. 그들은 태양 근처에 있는 200여 개 별의 운동에 기초하여 헤일로부터 원반부에 걸친 원시 은하계 구름의 수축을 생각했다. 먼저 별의 고유운동[8] 목록에서 고유운동이 큰 별을 선택한 후 그러한 별이 헤일로의 별이라고 간주하고 개별 궤도운동을 구했다. 헤일로에 있는 별은 태양과 같이 원반을 구성하는 별과 다른 운동을 하고 있기 때문에 태양과 상대적인 운

8 시선 방향에 수직인 천구 상의 운동. 단위는 연간 각도로 나타낸다.

동에 대응하는 고유운동이 클 것으로 예상되기 때문이다. 또한 이들 헤일로의 별보다 금속 함량이 많은 별(원반 별)에 대해서도 궤도운동을 구한 결과 궤도 이심률과 금속 함량 간의 강한 상관, 즉 금속 함량이 적은 별일수록 궤도의 이심률이 크다(타원궤도가 더 길쭉하다)는 관계를 이끌어 내고, 특히 금속 함량이 적은 별에서는 원궤도에 가까운 운동을 하는 것이 전혀 존재하지 않는다고 했다(그림 4.8).

또 별의 금속 함량이 은하면으로부터의 거리가 증가함에 따라 크게 감소한다는 것도 발견하였다. 이 때문에 (1) 헤일로에 있는 별은 원시은하계 구름이 동적으로 수축할 때 태어난 것이므로, 궤도 이심률이 모두 크고, (2) 원시은하계 구름의 수축이 진행되면서 각운동량 보존에 의해 회전운동이 탁월하게 되는 한편, 별 생성도 진행되어 금속 함량이 차차 증가하므로 후세대에 태어나 금속 함량이 많은 별일수록 궤도가 원운동에 가까워질 것으로 생각했다. 즉 헤일로에서 원반부에 걸친 수축은 수억 년이라는 짧은 자유낙하 시간에 이루어졌다고 결론지었다. 이 가설(제안자의 머리글자를 따서 통칭 ELS가설이라고 한다)은 그 후의 은하 형성과 진화 연구에 커다란 영향을 주었다.

그런데 1978년이 되자 셔얼L. Searle과 진R. Zinn은 헤일로에 있는 구상성단의 성질을 조사하여, ELS가설로는 아무래도 설명할 수 없는 움직임을 발견했다. 그들은 헤일로의 바깥쪽에 있는 많은 구상성단을 관측하여 성단 중 수평가지 별의 색분포가 성단마다 크게 차이가 있기 때문에 각 성단의 나이는 수십억 년의 편차가 있다고 보았다. 또 이러한 성단의 금속 함량이 은하 중심으로부터의 거리에 의존하지 않고(공간 기울기가 없이) 분산되어 있는 것에도 주목했다. 그 결과, (1) 헤일로의 형성은 수십억 년의 느린 시간 동안 진행되었기 때문에 성단의 나이가 그에 따른 편차가 생겼으며, (2) 성단을 포함하는 작은 은하(왜소은하)가 은하계 바깥에서 빈번하게 떨어져 성단계가 이루어졌다고 하면, 성단의 금속 함량이 공간적으로 균일하다는 것도 설명할 수 있다고 생각했다. 즉 헤일로는 많은 왜소은하가 무질서하게 합체하면서 천천히 형성되었다고 하는 이른바 SZ가설을 제안했다.

은하계는 ELS가설의 급격한 수축을 통해 형성된 것인가, 아니면 SZ가설의 느린 수축을 거쳐 형성된 것인가. 이 2대 가설이 제안된 이후 어느 쪽이 옳은가에 대한 논란이 계속되어 오늘에 이르고 있다.

4.3.2 헤일로 천체의 화학적 · 동역학적 구조

두 가설에서 공통적인 것은 은하계를 구성하고 있는 나이 많은 천체의 화학적 · 동역학적 특성을 조사하여 은하계가 어떻게 만들어졌는가 하는 단서를 얻고 있다는 점이다. 즉 은하계의 헤일로에 있는 천체는 은하계의 초기 상태를 알 수 있는 귀중한 화석이 될 수 있는 것으로, 은하계라는 단일 은하의 형성 과정을 추적할 수 있게 된다. 따라서 더욱 확실한 은하계 형성의 시나리오를 쓰기 위해서는 신뢰도 높은 3차원 운동이나 금속 함량 등의 정보와 다수의 샘플을 이용하여 계통 오차나 통계 오차를 최소화하는 해석이 중요하다.

은하계의 중력장 내에서 별의 3차원 운동을 결정하기 위해서는 별까지의 정확한 거리와 고유운동 정보가 필요하다. 또 되도록 확실한 금속 함량 정보를 얻기 위하여 분광 관측으로 스펙트럼을 얻을 수 있으면 좋다. 세계 최초의 위치 천문 위성 히파르코스가 제공하는 삼각 시차와 고유운동 정보를 이용할 수 있게 되고, 또 최근의 망원경 및 검출기의 발전으로 어두운 별까지 쉽게 스펙트럼을 얻을 수 있게 됨에 따라 더욱 신뢰도 높은 분석이 가능하게 되었다. 그 결과, 1,000개 이상의 금속 함량이 적은 별에 대하여 양질의 3차원 운동과 금속 함량 정보를 얻게 되었다.

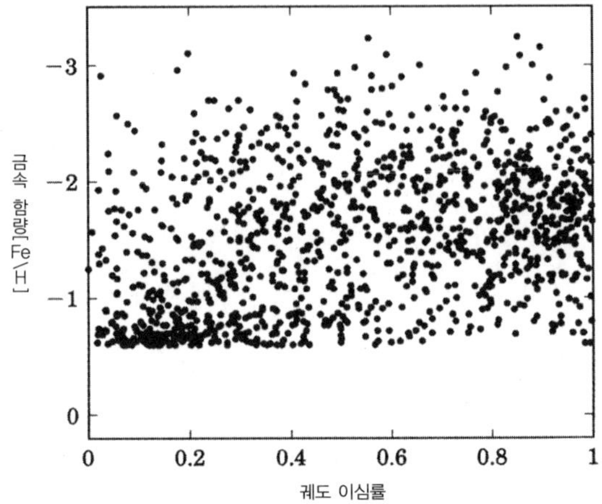

그림 4.9 개정된 태양 근처 별에 대한 궤도 이심률과 금속 함량과의 관계(Chiba & Beers 2000, *AJ*, 119, 2843).

그림 4.9에 이렇게 정밀도가 높은 다량의 별 자료를 토대로 작성한 별의 궤도 이심률 및 금속 함량과의 관계를 나타냈다. 그림 4.8과 비교하여 알 수 있듯이 양자 사이에는 의미 있는 상관관계가 보이지 않고, 금속 함량이 매우 적은 헤일로 별([Fe/H] < -1.7)에서도 궤도 이심률이 작아 원궤도에 가까운 운동을 하는 것이 많이 존재하는 것을 알 수 있다. 이처럼 ELS가 이용한 데이터와 경향이 다르게 된 이유 중 하나는 그들은(태양과 상대적인 운동인) 고유운동이 큰 별만 골라내어 그것을 헤일로에 속한 별이라고 했지만, 샘플 추출 단계에서 태양처럼 원운동을 하는 헤일로 별을 제외시켜 버렸기 때문이다. 또 이러한 원운동에 가까운 운동을 하는 금속 결핍 별은 원반부를 구성하는 별이 아니라, 헤일로에 속하는 별이라는 점도 상세한 통계분석을 통해 밝혀졌다.

그림 4.10은 항성계 전체의 평균 회전운동을 금속 함량의 함수로 나타낸 것이다. 금속 함량이 [Fe/H] < -1.7인 것은, 0 또는 작은 양의 값을

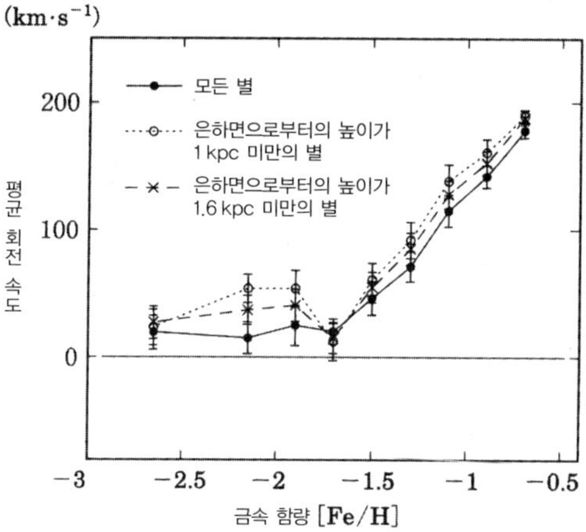

그림 4.10 항성계의 평균 회전 속도와 금속 함량과의 관계. 실선은 모든 별에 대하여, 점선과 파선은 은하면에서의 높이가 각각 1 kpc과 1.6 kpc 미만의 별에 대하여 구한 평균 회전 속도이다(Chiba & Beers 2000, *AJ*, 119, 2843).

유지하면서 금속 함량과 무관하게 거의 일정한 속도로 회전운동 $\langle V_\phi \rangle$을 하고 있다는 것을 알 수 있다. 그런데 금속 함량이 [Fe/H] > −1.7에서는 금속 함량에 비례하여 회전운동이 단조롭게 증가하며, 원반부에서 볼 수 있는 초속 220 km 정도의 큰 회전운동과 매끈하게 연결되어 있어서 금속 함량 [Fe/H] = −1.7에서 명확한 불연속이 존재하고 있다. 즉 헤일로 형성과 원반부 형성 사이에는 뚜렷한 불연속이 있으며, 연속적으로 에너지를 잃으면서 전체 항성계의 수축이 진행된 것은 아님을 말해주고 있다. 특히, 헤일로 성분이 차지하고 있는 금속 함량 영역([Fe/H] < −1.7)에서 거의 일정한 값의 회전운동을 보여주는 것은 매끄러운 에너지 소실만으로는 설명할 수 없다.

이처럼 현대의 양질의 별 자료에 근거하면, ELS가 주장하는 바와 같은 은하계 형성의 가설, 즉 헤일로부터 원반부에 걸쳐 연속적인 자유 낙하의 수축 과정을 거쳐 형성되었다고 하는 생각은 지지받을 수 없다.

4.3.3 왜소은하 강착의 흔적

다른 한쪽의 가설인 SZ가설에 따르면, 은하계 형성이 많은 왜소은하의 강착과 합체를 통해서 이루어졌다면 현재까지도 어떤 흔적이 남아 있을 것이다.

왜소은하 강착의 명확한 증거로, 궁수자리 방향에서 지금 바로 은하계로 떨어져 들어오고 있는 궁수자리 왜소은하(5.3.5절 참조)가 있다. 이 왜소은하는 은하계의 조석력에 의해 크게 잡아 늘인 구조를 하고 있다고 생각되며, 왜소은하의 강착이 지금도 일어나는, 즉 은하계의 형성이 지금도 계속되고 있음을 시사한다. 또한 슬론 디지털 스카이 서베이(SDSS)[9] 등으로 은하계 공간의 넓은 범위에 걸쳐 별의 공간분포를 관측하고 있으며, 그중에는 아마도 과거에 왜소은하가 강착한 흔적이라고 생각되는 구조가 많이 발견되고 있다. 특히 그중 하나는 궁수자리 왜소은하가 현재의 위치까지 낙하해 오는 과정에서 이 왜소은하로부터 뜯겨져 나온 별 덩어리가 아닌가 하고 추측된다.

태양 근처에서도 왜소은하 강착의 흔적이라고 생각되는 구조가 발견되고 있다. 그림 4.11에 태양에서 2.5 kpc 이내에 있으며 금속 함량이 $[Fe/H] < -1$인 별을 3차원 각운동량 벡터공간(L_X, L_Y, L_Z; Z는 원반에 수직인 방향)에 나타냈다. 중력의 상호작용에 의해 에너지가 고르게 평준화된 항성계는 이 각운동량 공간에서 매끄럽게 분포할 것이지만, 사각형으로 둘러싼 영역에 통계적으로 의미 있는 덩어리가 존재하는 것을 알 수 있다. 이 별의 집단은 공간적으로는 뿔뿔이 흩어져 분포하고 있어 다른 별과 잘 섞여 있지만, 각운동량 등의 속도를 사용한 좌표 공간에서 보면 아직

9 Sloan Digital Sky Survey: 가까운 우주의 소행성과 별의 연구부터 대규모 구조까지를 밝히기 위한 목적으로 수행되고 있는 이미지 분광 서베이 탐사 계획.

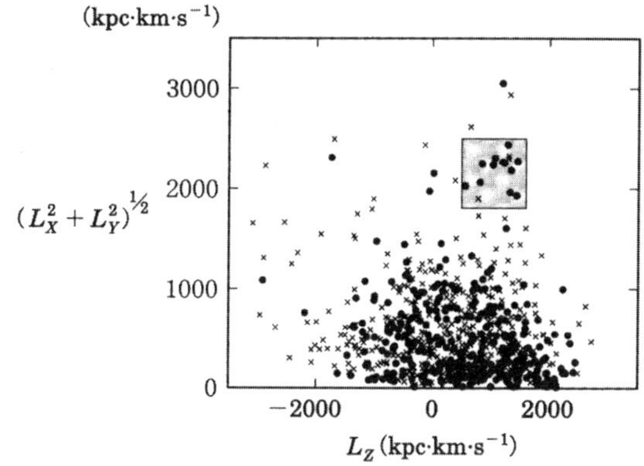

그림 4.11 태양 근처에 있으며 금속 함량이 [Fe/H] < −1인 별에 대한 각운동량 공간 [L_Z, $(L_X^2+L_Y^2)^{1/2}$]의 분포. 태양으로부터의 거리가 1 kpc 이내의 별을 ●로, 1~2.5 kpc의 범위에 있는 별을 ×로 나타냈다(Chiba & Beers 2000, *AJ*, 119, 2843).

에너지의 평준화가 끝나지 않았음을 알 수 있다. 즉 왜소은하 강착의 역사가 이러한 위상공간 속에 흔적으로 아직 남아 있는 것이다.

이러한 관측 사실에서는 SZ가설이 주장하는 것처럼 은하계는 수많은 왜소은하가 외부에서 떨어져 부서지고 어우러져 그 전체 구조가 만들어진 것처럼 보인다.

하지만 이런 간단한 가설만으로는 아래와 같은 여러 문제점을 제대로 설명하지 못한다. (1) 빨리 회전하는 원반부는 이 강착 가설에서는 어떻게 형성되는 것일까. (2) 그림 4.10에서 볼 수 있듯 금속 함량이 [Fe/H] = −1.7 부근에서 회전운동에 불연속이 있는 것은 어째서일까. (3) 그림 4.10 등에서 헤일로의 회전 속도는 은하면에서의 높이에 따라 체계적으로 감소하는 경향이 있으나, 단순한 강착이나 합체로는 잘 설명할 수 없다. (4) 원반성단(또는 벌지 성단), 헤일로 성단이라고 하는 구상성단 그룹, 나아가 헤일로 성단은 나이가 다른 2종류로 나뉘는데 그 이유는 무엇인가? 이러한 측면에서 SZ가설에도 문제점이 남아 있다.

4.3.4 은하계 형성의 새로운 시나리오

은하계 형성의 묘사는 ELS가설 또는 SZ가설의 양자택일이 아니라 두 가설이 주장하는 물리적 과정의 본질을 모두 포함할 필요가 생겼다. 다시 말해 왜소은하의 강착과 합체 과정 이외에 성간 가스의 에너지 소실을 수반한 원시 은하계 구름의 수축 과정도 함께 고려해야 했다. 또한 은하계와 같은 일반 은하가 팽창우주에서 어떻게 형성되었는가 하는 연구도 진행되어 왔다. 특히 차가운 암흑물질이 만드는 밀도 흔들림에 기초하여, 작은 규모부터 큰 규모로 중력에 의해 계층적으로 성장하는 구조 형성 과정(CDM 우주론)과 암흑헤일로 속에서 바리온의 에너지 소실에 수반한 별 형성 과정을 조합한 은하 형성 이론이 관측되는 우주의 구조를 잘 설명할 수 있다는 것이 알려졌다. 즉 현대의 표준적인 은하 형성 이론은 ELS가설과 SZ가설의 두 과정을 모두 포함하고 있을 가능성이 있다.

이러한 관점에서 차가운 암흑물질에 근거한 은하계 형성의 수치실험이 행해지고 있다. 그 예를 그림 4.12에 나타냈다. 이것은 초기 조건으로 팽창우주 속에 원시은하(현재 크기의 10배 이상)의 구형 영역을 생각하여, 암흑물질과 가스 입자를 전체에 대한 질량비가 각각 9 : 1이 되도록 두고, 차가운 암흑물질에 근거한 은하 형성 이론이 예언하는 작은 규모의 밀도 흔들림을 준다. 가스의 밀도가 높은 영역에는 일정한 비율로 별 입자를 주고, 화학적 진화도 고려하여 전체 계의 진화를 추적한다. 그림 4.13에 유사한 수치 모의실험으로 얻은 은하의 최종 상태를 나타냈다. 발달된 소용돌이 구조가 나타나 있다.

이러한 수치계산을 통해 다음과 같은 은하계 형성 과정을 그려낼 수 있다. (1) 우선 작은 규모의 흔들림이 먼저 성장하고, 몇 개의 소규모 덩어리로 분할된다. (2) 덩어리끼리 서로 충돌하며, 그때 압축된 가스에서 별이 태어나고, 새로운 충돌로 별은 헤일로 공간으로 흩뿌려진다. (3) 살아남은

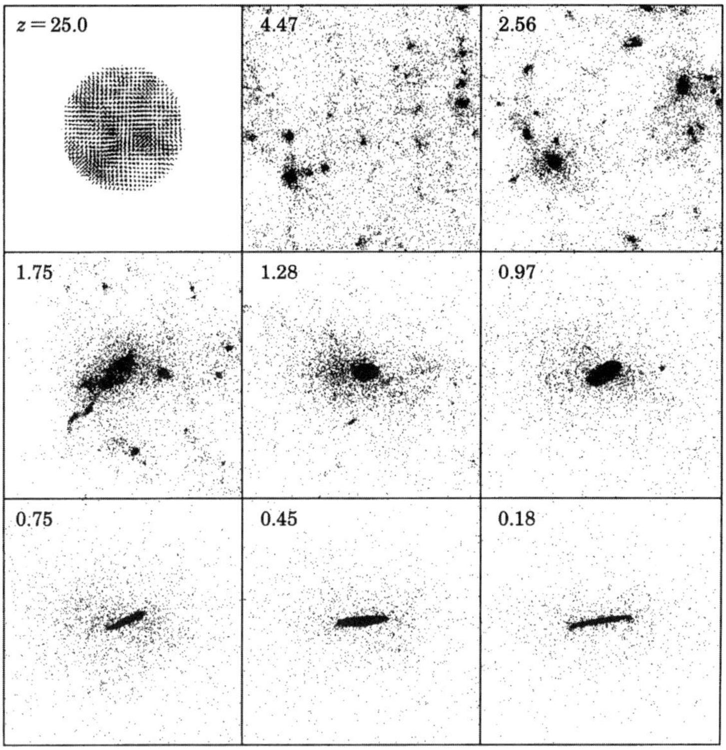

그림 4.12 은하계 형성에 대한 수치실험의 예(Bekki & Chiba 2001, *ApJ*, 558, 666). 가스를 나타내는 입자의 시간 진화를 적색편이 z마다 그린 것이다. 최종 상태는 오른쪽 아래 그림이 되며, 은하 원반을 옆에서 보는 방향으로 되어 있다.

덩어리끼리 점차적으로 무게를 더해가면서 합체를 반복하고, 적색편이 z가 1.5 정도인 시기가 되면 가장 크게 성장한 두 덩어리가 충돌한 후 원반부와 벌지의 형성이 시작된다. 이때 개별 덩어리 안에 있던 별이 덩어리가 갖고 있던 궤도 각운동량을 얻어 헤일로 공간에 흩뿌려진다. (4) 헤일로가 완성되기까지 수십억 년의 시간이 걸리는 반면, 덩어리끼리의 충돌은 항상 가스의 에너지 소실이 수반되고 있기 때문에 전체적으로는 반경 방향으로 수축이 일어난다.

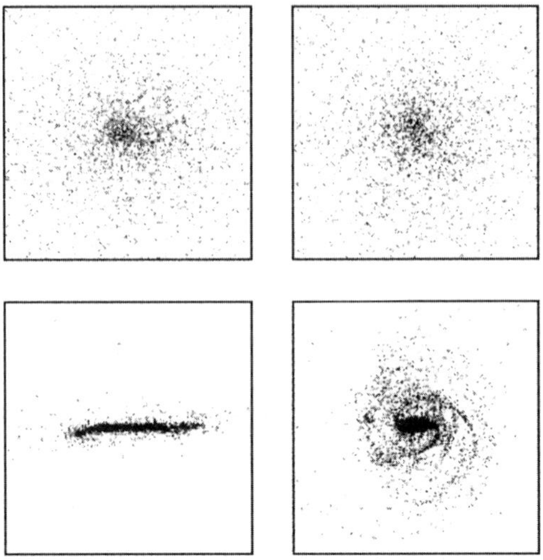

그림 4.13 수치실험에 의한 은하 형성 모의실험을 통해 얻은 최종 상태의 예(Katz & Gunn 1991, *ApJ*, 377, 365). 암흑물질과 가스를 나타내는 입자의 분포를 각각 위 그림과 아래 그림에 나타냈다. 왼쪽은 측면도이고, 오른쪽은 평면도이다.

이상과 같이 헤일로에서 원반부까지 걸친 은하계의 형성은 가스와 별을 포함한 덩어리끼리의 충돌 이외에 가스의 에너지 소실에 따른 계 전체의 수축이 작동하고 있어 ELS가설과 SZ가설의 두 측면이 존재한다. 또한 이러한 수치계산을 통해 얻을 수 있는 금속 결핍 별의 화학적 · 동역학적 행동은 관측된 특징을 잘 재현하는 경향이 있다.

앞으로 더 높은 정밀도로 더 많은 별 자료를 확보하고, 더 높은 해상도의 수치실험이 이루어진다면 은하계 형성에 대한 보다 확실한 묘사를 확립할 수 있을 것이다.

4.4 은하계의 화학진화

별은 일생에 걸쳐 내부에서 만들어낸 중원소를 진화의 마지막 단계에 성간물질로 방출한다. 그 결과 성간물질 중의 중원소 양은 시간과 함께 증가할 것이다. 그 변천 과정, 즉 '화학진화'는 각 시대별로 중원소로 오염된 성간 가스에서 태어난 별의 화학조성에 새겨진다. 그러한 별의 화학 성분을 해독함으로써 은하의 별 생성 역사를 이끌어낼 수 있으며, 은하의 형성과 진화에 다가설 수 있다.

4.4.1 화학진화의 기초

은하의 화학진화에 대한 연구는 1960년경부터 슈미트M. Schmidt에 의해 시작되어 1970년경부터는 틴슬리B.M. Tinsley를 비롯한 많은 사람들에 의해 진행되어 왔다. 화학진화는 2가지 요인으로 결정된다. 그것은 태어나는 별의 질량 스펙트럼(초기 질량 함수) $\phi(m)$과 별의 생성 속도 $\psi(t)$이다. 질량이 m과 $m+dm$ 사이에 있고, 시간 t와 $t+dt$ 사이에 형성된 별의 총질량은 $\phi(m)\psi(t)\,dmdt$로 표현된다. $\psi(t)$는 단위 시간에 태어나는 별의 총질량으로 $\phi(m)$은 $\int_{m_l}^{m_u}\phi(m)=1$로 규격화된다. 여기서 m_l(약 0.05 $M_\odot$), m_u(약 50~100 $M_\odot$)은 각각 별 질량의 하한과 상한을 나타낸다.

별의 초기 질량 함수(질량 스펙트럼)

초기 질량 함수 $\phi(m)$은 태양 근처에서 상세하게 조사되어 있으며, 이때 일반적으로 지수함수가 사용된다. 특히 살피터E.E. Salpeter가 채택한 지수 -1.35[10]를 사용하는 경우가 많고, 시간적으로나 공간적으로 보편적이라고 가정하는 경우가 많다. 실제로는 별의 질량 범위에 따라 이 지수가 달

10 별의 초기 질량 함수 $\phi(m)$은 질량이 m과 $m+dm$ 사이에 있는 별의 질량으로 정의하는 경우와 별의 개수로 정의하는 경우가 혼재하기 때문에 주의해야 한다. 별의 질량으로 정의하는 경우의 지수를 α로 두면, 별의 수를 나타내는 함수의 거듭제곱 지수는 $\alpha-1$이 된다. 여기에서는 $\alpha=-1.35$이다.

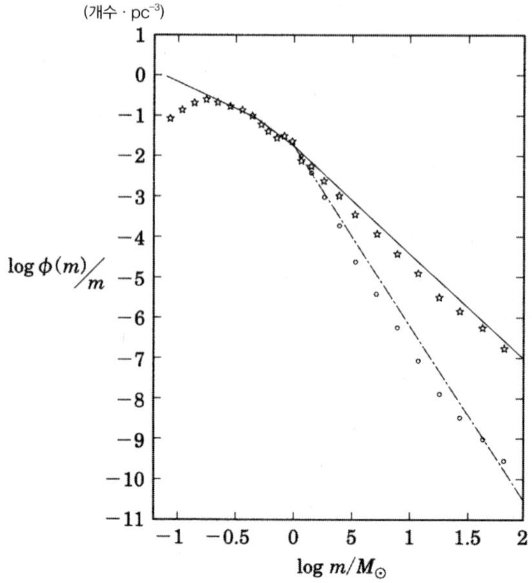

그림 4.14 태양 근처 별의 초기 질량 함수(실선). 점선은 현재 별의 질량 분포를 나타낸다. 실선은 (식 4.2)에 해당하는 3개의 선으로 구성되어 있다. 동시에 스칼로(J. Scalo)가 유도한 초기 질량 함수는 ☆로, 현재의 분포는 ○로 각각 나타냈다(Kroupa *et al.*, 1993, *MNRAS*, 262, 545). 질량이 큰 별일수록 현재 별의 수가 초기 질량 함수에 비해 적은 것은 짧은 수명 때문이다. 또 태양 질량 이하($\log m/M_\odot < 0$)에서는 초기 질량 함수와 현재의 분포가 일치하고 있다.

라지며, 그림 4.14와 같이 다음의 3가지 식으로 표시되며, 질량이 클수록 지수함수의 기울기가 커지는 경향을 보인다.

$$\phi(m) \propto \begin{cases} m^{-0.3} & (m/M_\odot < 0.5) \\ m^{-1.2} & (0.5 \leq m/M_\odot < 1.0) \\ m^{-1.7} & (1.0 \leq m/M_\odot) \end{cases} \tag{4.2}$$

별의 생성 속도

별의 생성 속도 $\psi(t)$는 가스의 표면 밀도 $\Sigma_{\rm gas}$의 제곱에 비례한다는 다음의 슈미트의 법칙이 사용된다.

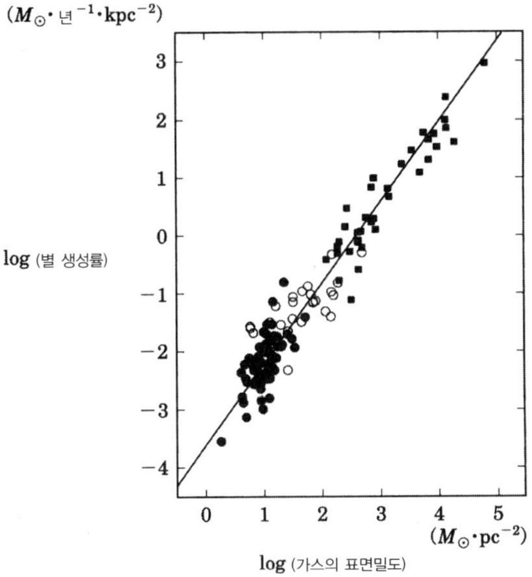

그림 4.15 외부 은하(소용돌이은하, 스타버스트 은하)에서 가스의 표면 밀도와 별 생성률의 상관관계. 직선은 $n=1.4$의 χ^2 피팅을 나타낸다(Kennicutt 1998, *ApJ*, 498, 541).

$$\psi(t) \propto {\Sigma_{\text{gas}}}^{n} \tag{4.3}$$

그림 4.15에서는 외부 은하의 관측 데이터에서 $n=1.4$를 가장 좋은 값으로 두고 있지만, 일반적으로는 $n=1$, 즉 $\psi(t)$를 가스의 밀도에 비례하도록 하는 경우가 많다. 그 비례계수는 별 생성의 효율(별 생성의 시간 규모를 정해준다)에 대응되며, 은하의 별 생성 역사를 특징짓는 요소이다.

이러한 $\phi(m)$, $\psi(t)$를 사용하여 중원소량 Z(중원소의 총질량이 가스 질량 M_g에 차지하는 비율, 금속 함량)의 시간 변화는 근사적으로 다음 식과 같이 나타낼 수 있다.

$$\frac{d(ZM_g)}{dt} = -\alpha Z(t)\psi(t) + \alpha y\psi(t) \tag{4.4}$$

표 4.2 원소 공급원의 정체 및 특징.

원소 공급원	정체	주된 공급 원소	시간 규모
II형 초신성	젊은 대질량성	알파 원소, 철, r과정 원소	수10^6~수10^7년
Ia형 초신성	질량 강착한 백색왜성	철족 원소	수10^9년
점근거성가지 별	중소질량성	탄소, 질소, s과정 원소	수10^3~수10^8년

여기서 α는 각 세대의 별이 갖는 총질량 중에서 백색왜성, 중성자 별 및 우주의 나이를 초과하는 긴 수명을 가진 별의 질량이 차지하는 비율을 나타낸다. 또 y는 수율yield이라고 하며, 한 세대의 별들에 의해 새롭게 성간 공간에 방출되는 원소 i의 질량을 α로 나눈 각 원소의 수율 y_i, 즉

$$y_i = \frac{1}{\alpha}\int_{m_l}^{m_u} M_i(m)\phi(m)\,dm \tag{4.5}$$

의 전체 합계 $y=\sum_i y_i$로 평가된다. 여기서 $M_i(m)$은 질량 m인 별에서 새롭게 합성되어 방출되는 원소 i의 질량을 나타낸다. (식 4.4)에서는 가스의 유입과 유출은 생각하지 않는 폐쇄계를 가정하며, 또 별의 수명을 무시하고, 별이 태어남과 동시에 원소가 방출되며 즉시 가스와 혼합되는 상황을 가정하고 있다. 이처럼 매우 단순화시킨 모델을 단순 모델이라고 한다. 초기의 가스 질량을 M_{g0}, 금속 함량을 0으로 두고, 이 식을 적분하여 다음 식을 유도할 수 있다.

$$Z = -y \ln \frac{M_g}{M_{g0}} \tag{4.6}$$

금속량의 시간 변화(화학진화)는 가스 질량의 시간 변화, 즉 별 생성의 시간

변화(별 생성 역사)와 일대일로 대응한다는 것을 이해할 수 있을 것이다.

1990년대부터 화학진화에 대한 이해는 대형망원경의 가동과 함께 크게 도약했다. 이는 금속량이 매우 적은 별에서 태양 조성의 별까지 넓은 범위의 걸쳐 개개의 별에 대한 상세한 화학조성을 관측으로 밝혀냈기 때문으로, 은하 형성 초기부터 현재에 이르기까지 화학조성 유형의 변천을 알게 되었다. 바꿔 말하면, 각 원소에 대해 어떻게 그 원소의 양이 변화해 왔는지를 파악할 수 있게 되었다. 일반적으로 대부분의 원소는 여러 공급원이 있으며, 각각의 공급원은 고유의 원소 합성 유형에 따라 고유의 시간 규모로 방출한다. 따라서 원소 간 성분비의 시간 변화는 은하의 화학진화, 별 생성 역사를 아는 데 매우 중요한 정보를 제공한다. 다음 장에서는 원소 공급원에 대해 언급하고 각 원소의 진화를 좇아가는 것으로 은하계의 역사를 해독해 보자.

4.4.2 원소의 공급원

중원소는 별의 내부에서 합성되어 별의 죽음과 종말 단계에서 성간 공간으로 방출된다. 대부분의 원소는 어떤 종류의 별이 진화의 마지막에 일으키는 대폭발인 초신성 폭발 시에 방출된다. 초신성은 II형과 Ia형의 두 가지로 나눌 수 있다.

II형 초신성

태양 질량의 약 8배 이상의 질량을 가진 별이 진화의 마지막 단계에서 중력이 붕괴될 때 발생하는 대폭발이다. 주로 알파 원소[11]라고 하는 산소,

11 별 내부의 헬륨 연소 단계에서 탄소가 생성된 후 헬륨 핵(알파 입자)이 다른 원자핵과 반응하여 만들어지는 원소. 산소, 마그네슘, 실리콘, 황, 칼슘, 티타늄의 총칭.

마그네슘, 실리콘, 칼슘 등이 대량으로 방출된다. 동시에 철을 비롯한 철족 원소와 r과정 원소[12]도 합성된다. 폭발까지의 시간 규모는 수백만 년에서 수천만 년으로 짧다.

Ia형 초신성

태양 질량의 약 3~8배의 질량을 가진 별이 쌍성계를 이루고, 백색왜성까지 진화한 후, 그 동반성으로부터 질량 강착으로 찬드라세카르 질량($1.4\,M_\odot$)에 도달했을 때 일어나는 대폭발이다. 위의 질량 범위에 해당하는 별 중에서 약 5%가 이렇게 진화하는 것으로 생각된다. 이 Ia형 초신성은 철족 원소를 대량으로 방출한다. 반면 알파 원소의 합성량은 II형에 비해 매우 적다. 예를 들어 태양 조성의 산소와 마그네슘은 거의 100%가 II형을 공급원으로 한다고 생각할 수 있지만, 철은 약 60%가 Ia형에서 비롯된다. 폭발까지의 전형적인 시간 규모는 10억 년에서 수십억 년으로 매우 길다.

점근거성가지 별

위의 초신성 외에 탄소, 질소, s과정 원소[13]의 주요 공급원이 점근거성가지 별이다. 이것은 태양의 수배의 질량을 가진 별이 중심핵에서 헬륨 핵융합을 마치고 헬륨과 수소가 모두 껍질 연소가 이루어지는 단계(점근거성가지 단계)에서 이러한 원소를 합성하고 질량 방출의 형태로 성간물질에 공급한다. 그 시간 규모는 수천만 년에서 수억 년이다.

여기서 앞에서 언급한 각 원소 공급원의 시간 규모를 고려하여 (식 4.4)

12 원자핵이 베타 붕괴하는 것보다 빨리 차례차례로 중성자를 포획하여 형성되는 원소. 유로퓸 등.
13 원자핵이 베타 붕괴하면서 천천히 중성자를 포획하여 형성되는 원소. 바륨 등.

를 각 원소의 진화를 좇아가는 식으로 대응해 보자. 산소나 철과 같이 II형과 Ia형 초신성을 기원으로 하는 원소 i를 예로 들어 그 시간 변천을 나타내면 다음과 같다.

$$\frac{d(Z_i M_g)}{dt} = -\alpha Z_i(t)\psi(t) + \alpha y_{\mathrm{II},i}\psi(t) + \alpha A y_{\mathrm{Ia},i}\psi(t-t_{\mathrm{Ia}}) \quad (4.7)$$

여기서 $y_{\mathrm{II},i}$, $y_{\mathrm{Ia},i}$는 원소 i의 II형 및 Ia형 초신성의 수율yield을 나타내며, A는 앞에서 설명한 Ia형 초신성이 될 별의 비율(태양 부근에서는 약 0.05)이다. t_{Ia}는 Ia형 초신성의 폭발까지의 시간 규모이며, 전형적인 값으로 15억 년 정도가 타당하다. 한편 II형 초신성이 되는 대질량성의 수명이 짧기 때문에 폭발할 때까지의 시간은 근사적으로 무시할 수 있다.

4.4.3 은하계의 화학진화

가장 자세히 그리고 많은 별에 대해 화학조성 정보를 얻은 곳이 태양 근처이다. 이 태양 근처에서 은하계의 화학진화에 대한 개요를 알 수 있다. 그림 4.16은 태양 근처에 있는 별의 알파 원소(여기서 마그네슘, 칼슘, 티타늄의 평균을 취하고 있다)와 철의 성분비를 철의 수소에 대한 성분비에 나타낸 것이다. 여기에서 [Fe/H]는 이미 4.2.3절에서 정의해 두었지만, 임의의 원소 X, Y에 대해서도 마찬가지로 [X/Y]와 같이 사용하며 다음과 같이 정의한다.

$$[\mathrm{X/Y}] = \log_{10}\{n(\mathrm{X})/n(\mathrm{Y})\}_{*} - \log_{10}\{n(\mathrm{X})/n(\mathrm{Y})\}_{\odot} \quad (4.8)$$

$n(\mathrm{X})$와 $n(\mathrm{Y})$는 중원소 X와 Y의 원자 개수 밀도이고 우변의 두 번째 항은 기준치로서 태양의 값을 사용하는 것을 나타내고 있다. 이를테면

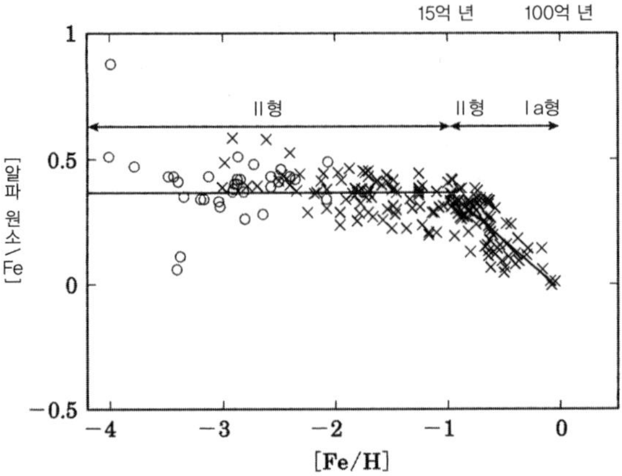

그림 4.16 태양 근처 별에서 [알파 원소/Fe] 및 [Fe/H]의 상관. 여기에서는 알파 원소로서 마그네슘, 칼슘, 티타늄의 평균을 취하고 있다. 대략적인 추세를 2개의 선분으로 나타내고 있다. [Fe/H] 값은 시간과 함께 증가하는 경향이 있기 때문에 가로축은 왼쪽에서 오른쪽으로 시간의 경과를 나타낸다고 생각해도 좋다. [Fe/H]=−1은 별 생성이 시작된 때부터 대략 15억 년, [Fe/H]=0은 약 100억 년에 대응한다.

[Mg/Fe]=0이라는 것은 마그네슘과 철의 함량비가 태양과 동일하다는 것을 나타낸다.

[알파 원소/Fe]의 전체적인 경향으로 [Fe/H]=−1보다 철이 적은 별은 [Fe/H]의 값에 관계없이 거의 일정한 값([알파 원소/Fe]~+0.4)을 가지며, 한편 [Fe/H]>−1인 별은 철의 함유량이 많은 별일수록 [알파 원소/Fe]의 성분비가 작아지는 경향을 보인다. 금속 함량은 시간에 따라 증가한다는 점에서 가로축은 왼쪽에서 오른쪽으로 시간의 흐름을 나타내고 있다고 생각해도 좋다. 여기에 앞서 언급한 2가지 초신성의 특징을 함께 고려하면 다음과 같은 해석이 성립된다.

(1) 은하 형성의 초기에 II형 초신성에 의해, 약 15억 년 동안 성간 가스 중의 철 함량은 태양의 1/10까지 도달했다.

(2) 이윽고 Ia형 초신성이 폭발하기 시작하여 대량의 철이 공급되어, 성간 가스 속의 알파 원소와 철의 성분비는 점차 감소하여 지금부터 약 50억

년 전의 태양 성분비에 이르렀다.

또 별의 운동 역학 정보를 통해 (1)에 해당하는, 즉 [Fe/H]< −1인 별은 헤일로에 속하고, (2)에 해당하는 [Fe/H]> −1인 별은 원반부에 속하는 별이라는 것이 알려졌다.

헤일로와 원반 성분은 전혀 다른 형성 과정을 거치고 있기 때문에 각각에 대해 그 화학진화 및 형성사를 고려하지 않으면 안 된다. 그 중요한 단서가 되는 것이 어떤 금속 함량(일반적으로 철)을 가진 별이 각각 얼마나 존재하고 있는지를 나타낸 별의 금속 함량 분포이다.

헤일로와 원반의 각 성분에 대해 관측으로 밝혀진 금속 함량 분포(그림 4.17 및 그림 4.18)을 보면 큰 차이가 있다는 것을 알 수 있다. 이것은 바로 두 성분에서 별 생성 역사의 차이를 반영하고 있다. 먼저 원반에서는 피크의 위치가 거의 태양 조성([Fe/H]~ −0.2)에 있는 것에 비해, 헤일로에서는 태양 조성의 약 50 분의 1([Fe/H]~ −1.6)이라는 극히 낮은 값에 위치해 있다. 이것은 헤일로의 별 생성 비율이 낮은, 즉 가스가 어느 정도의 비율이 별이 되었는가, 그 비율이 낮다는 것을 말해주고 있다. 실제로 원반에서는 현재의 (가스/별) 비율로 추정되는 대략 80 %라는 가스에서 별로의 전환율로 이 피크를 설명할 수 있는 반면에 헤일로는 10 %를 약간 넘는 낮은 전환율을 적용해야 한다.

G형 왜성 문제

더욱더 둘 사이의 특징적인 차이라고 할 수 있는 것은 금속 함량이 그 피크 값보다 낮은 영역에서 별 분포의 경향이다. 원반에서는 헤일로의 경우에 비교해 금속 함량이 낮은 별이 전체에 대해 상대적으로 적고, [Fe/H]= −1 근처에서 피크를 향해 급격하게 별의 수가 증가하는 경향을 보인다. 가장 단순한 화학진화 모델은 초기 조건으로 닫힌 가스 계를 사용

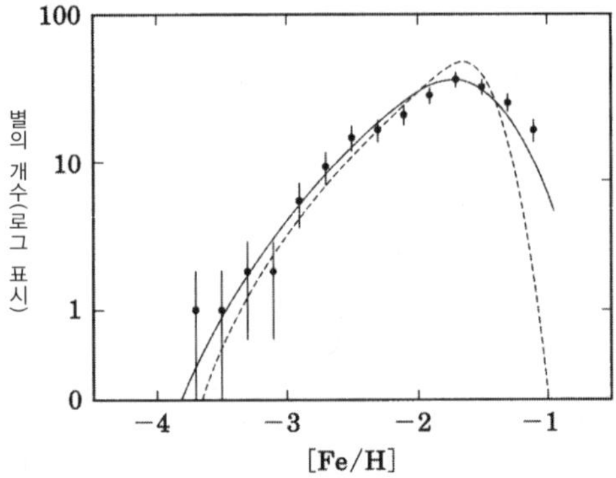

그림 4.17 헤일로 별의 금속 함량 분포(Tsujimoto *et al.*, 1999, *ApJ*, 519, L63). 실선, 점선은 별 생성이 초신성 폭발로 유발되었다고 하는 이론 모델로 계산한 결과를 나타낸다.

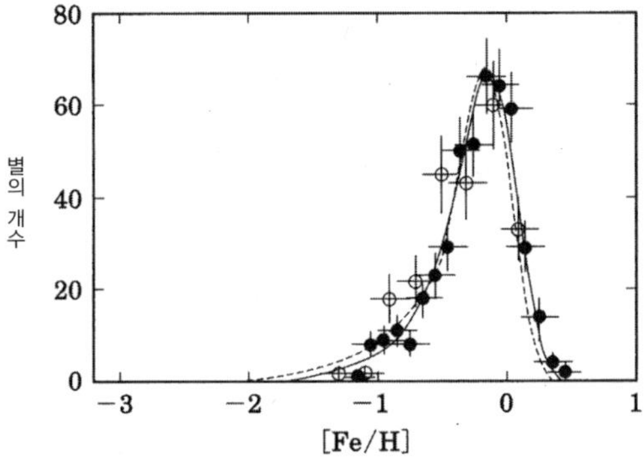

그림 4.18 원반 별의 금속 함량 분포(Yoshii *et al.*, 1996, *ApJ*, 462, 266). 원반으로 가스가 유입되는 시간 규모를 50억 년으로 가정한 모델로 계산한 이론적인 곡선도 나타냈다. 실선과 점선은 별 생성률(식 4.3의 n)이 다르다.

한다(단순 모형). 그런데 이러한 가정을 따르면 그림 4.18에 나타낸 관측에 비해 금속 함량이 적은 별을 너무 많이 만들게 되는 문제가 발생한다. 이것을 G형 왜성 문제[14]라고 하며 1970년대부터 1980년대에 걸쳐 몇 가지

14 G형 왜성의 수명은 충분히 길어서 과거에 생성된 G형 왜성이 그대로 현재까지 살아 있다고 생각한다. 따라서 금속 함량 분포를 직접 화학진화 모델과 비교하는 것이 가능하다.

해결 방안이 제시되어 왔지만, 현재 하나의 해답으로 결론이 났다고 생각해도 좋을 것이다. 그것은 초기 조건의 닫힌 계 가정을 버리고, 헤일로로부터 수십억 년에 걸쳐 가스가 유입되는 과정 속에서 원반이 형성되었다고 생각함으로써 해결되었다. 따라서 원반의 화학진화를 생각할 때 (식 4.7)에는 가스의 유입에 대응하는 새로운 항이 추가되어 다음과 같이 기술할 수 있다.

$$\frac{d(Z_i M_g)}{dt} = -\alpha Z_i(t)\psi(t) + Z_{f,i}f(t) + \alpha y_{\mathrm{II},i}\psi(t) + \alpha A y_{\mathrm{Ia},i}\psi(t-t_{\mathrm{Ia}}) \quad (4.9)$$

여기서 $f(t)$는 헤일로로부터의 가스 유입을 나타내며, 일반적으로 $f(t) \propto \exp(t/t_{in})$라는 지수함수를 사용한다. t_{in}은 가스 유입의 시간 규모를 나타내며, 그림 4.18의 모델 계산에서는 50억 년을 가정한 관측을 잘 재현하고 있다. $Z_{f,i}$는 헤일로에서 유입되는 가스의 금속 함량이며, 태양의 수십 분의 1 정도의 값이라고 추정한다. 이 G형 왜성 문제는 별의 화학조성 정보, 즉 화학진화가 은하 형성에 대해 중요한 통찰력을 준 좋은 예라고 할 수 있다.

4.4.4 별 생성 역사

이상의 고찰을 바탕으로 은하계의 별 생성 역사를 정리해 보자. 여기에서는 지금까지 다루지 않았던 은하 중심 부분의 벌지에 대해서도 언급하겠다. 또 원반은 두꺼운 원반과 얇은 원반이라는 2가지 구조로 구성되어 있으나, 그 형성 과정은 전혀 다른 것으로 추정한다. 각각에 대해서도 별 생성 역사를 다루기로 한다.

헤일로

헤일로 별의 알파 원소와 철의 성분비에 Ia형 초신성의 징후가 보이지 않기 때문에 별 형성 기간은 수억 년 정도로 짧고, 은하계에서 최초로 형성된 구조라고 생각된다. 헤일로는 구상성단과 그에 속하지 않는 헤일로 별로 크게 나눌 수 있는데, 그 형성 과정을 묘사하면 다음과 같다.

형성기의 헤일로는 질량이 태양 질량의 100만 배 정도인 수많은 원시 가스구름으로 구성되어 있으며, 그 각각에서 별 형성이 독립적으로 진행되었다. 별 형성은 수억 년으로 끝나고, 원시 가스구름 중에 남은 가스는 II형 초신성에 의해 가열되어 방출되었으며, 그와 동시에 가스구름에서 형성된 별들은 중력의 속박에서 해방되어 현재의 헤일로 별이 되었다. 원시 구름끼리 충돌하는 경우도 있어서, 그때의 충격으로 폭발적인 별 형성이 일어나 구상성단이 형성되었다. 구상성단 간의 나이 차이에서 위와 같은 과정이 20억 년 정도 계속된 것으로 생각된다.

벌지

헤일로와 거의 같은 시기에 형성된 오래된 은하계의 성분이다. 지금까지 그 형성 기간은 헤일로와 마찬가지로 수억 년 정도로 짧다고 일반적으로 추정하고 있었지만, 최근의 관측에서 철 함유량이 많은 별에는 Ia형 초신성의 흔적을 볼 수 있다는 점에서 적어도 20~30억 년의 시간에 걸쳐 형성되었을 가능성이 높다. 이는 차가운 암흑물질 시나리오에 기반한 벌지 형성에 관한 수치계산으로도 힘을 얻는다.

한편, 원반에서 정상적으로 가스가 공급되고, 그 속에서 별이 계속 태어났을 가능성도 부정할 수 없다. 단지, 색-등급도에서 젊은 별의 존재가 부정되기 때문에 적어도 지난 수십억 년은 주된 별 생성이 없었다는 것을 알 수 있다.

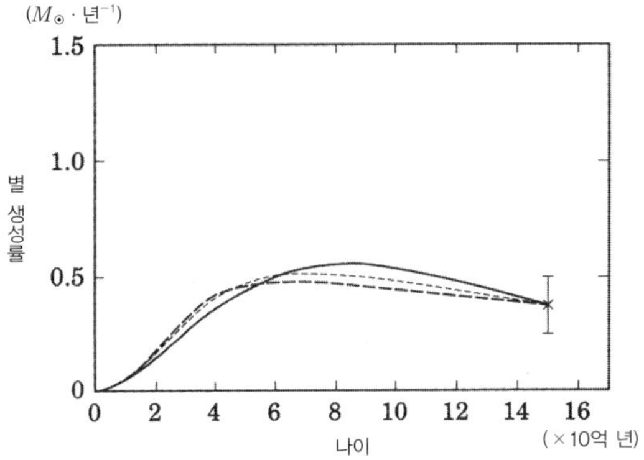

그림 4.19 화학진화로부터 예상되는 (얇은) 원반의 별 생성 역사(Yoshii *et al.*, 1996, *ApJ*, 462, 266). 세 선은 슈미트 법칙의 제곱지수 n의 값을 변화시킨 것에 해당한다. 거의 정상적인 별 형성이 계속되었음을 알 수 있다.

두꺼운 원반

헤일로에 이어서 형성된 구조이다. 화학조성 및 운동 역학적으로는 헤일로와 얇은 원반의 중간적인 특징을 가진다. 나이는 헤일로에 가깝다. 기원에 관해서는 여러 가지 제설이 분분한데, (1) 은하 붕괴 과정에서 형성되었다, (2) 왜소은하가 은하계에 포획되었을 때 형성되었다, (3) 얇은 원반 성분이 역학적으로 가열되었다 등의 가능성을 생각할 수 있다. 두꺼운 원반의 별에서 철 함유량이 많은 별에는 Ia형 초신성의 징후가 명확하게 보인다는 점에서 10억 년을 넘는 비교적 긴 시간에 걸쳐 형성된 것으로 생각된다.

얇은 원반

헤일로로부터 수십억 년의 시간에 걸쳐 가스가 강착되는 속에서 형성된 구조이다. 별 형성은 그림 4.19와 같이 100억 년 이상에 걸쳐 평온하게, 그리고 정상적으로 이루어졌다고 생각된다. 지금도 별 형성은 계속되고 있

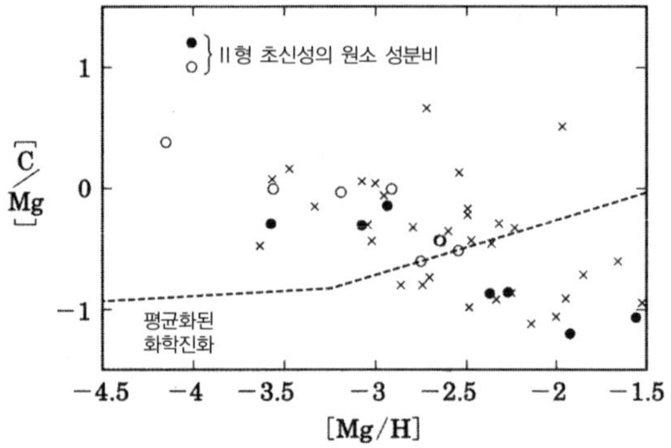

그림 4.20 금속 결핍 별에서 나타나는 [C/Mg] – [Mg/H] 관계(Tsujimoto & Shigeyama 1998, *ApJ*, 508, L151). 검은색 원(●) 및 흰색 원(○)은 1개의 II형 초신성에서 기대되는 [C/Mg] 비를 나타낸다. 파선은 (식 4.7)로부터 예측되는 [C/Mg]의 진화를 나타낸다.

으며, 그 생성률은 원반 전체에서 대략 1년당 0.5 $M_\odot$ 정도이다.

4.4.5 은하계 형성 초기의 화학진화

철 함량이 태양의 1/100 이하와 같이 아주 초기에 형성된 별의 화학조성은 앞에서 설명한 별의 금속 함량 분포에서 나타나는 화학진화로는 이해할 수 없다. 그림 4.20에 나타낸 바와 같이 금속 함량이 매우 낮은 헤일로 별에서 관측되는 탄소와 마그네슘의 성분비(× 표시)는 화학진화 모델에서 예측되는 경향(파선)과 큰 불일치를 보인다.

그렇다면 이러한 개별 별의 화학조성은 무엇을 말해주는 것일까. 그것은 헤일로 전체의 평균적인 화학진화가 아니라 개별 별에 고유한 별 형성의 정보를 지니고 있는 것이라고 생각된다. 실제로 개별 별이 1개의 II형 초신성의 잔해에서 태어나, 그 초신성의 원소 합성 유형을 별의 화학조성이 반영한다고 가정한 이론 모델(검은색 원 및 흰색 원)과 관측 데이터가 매우 잘 일치하고 있다. 이것은 은하 형성 초기의 초신성에 의한 원소 합성의 정보는 금속 함량이 매우 적은 별의 화학 성분에서 알아낼 수 있다는 것을 말해주고 있다. 이러한 금속 결핍 별의 화학조성은 r과정 원소와 같은 원소 합성 이론에서 예측하기 어려운 원소의 연구에 빼놓을 수 없는 매우 중요한 정보의 원천이 되고 있다.

4.4.6 가까운 왜소은하의 화학진화

국부은하군에 속하는 왜소 타원은하(제II부 참조)의 별에 대한 화학조성이 2000년경부터 관측에 의해 밝혀지고 있다. 이것은 2가지 점에서 매우 중요한 의의를 가진다.

먼저 첫째로, 이 화학조성이 은하계에서 얻은 각종 화학진화에 관한 지식을 검증하는 실험대로 삼을 수 있게 되었다는 것, 그리고 그들을 은하계의 화학조성과 비교하여 왜소 타원은하의 진화 과정에 대한 고찰이 가능해진 것을 들 수 있다. [Ba/Fe] 및 [Fe/H]로 만들어지는 화학조성 유형에서 왜소 타원은하의 별들의 [Fe/H]를 −0.6 정도 옮기면 은하계 헤일로의 값과 잘 일치하는 것을 알 수 있다(그림 4.21). 이러한 금속 결핍 별의 [Fe/H] 값은 개별 II형 초신성이 얼마만큼 주위의 가스를 긁어모으는지에 의존한다. 그리고 그 가스의 양은 속도 분산에 크게 좌우되고, 분산이 클수록 쓸어 모으는 가스는 줄어들고 [Fe/H]는 커진다. 이러한 고찰로부터 왜소 타원은하는 형성기에 많은 암흑물질이 존재한 결과 속도 분산이 커지고, 그것이 은하계 헤일로 별과의 [Fe/H] 차이를 낳았다고 해석할 수 있다.

둘째로, 4.1.2 절에서 다루었던 차가운 암흑물질 시나리오에 따르면 작은 규모의 천체(은하)가 합체를 반복해서 큰 규모의 은하로 성장해 갔다고 생각된다. 이 관점에서 현재 국부은하군을 구성하는 왜소은하는 우리 은하로 삼켜지지 않고 살아남은 생존자이며, 과거에는 이러한 왜소은하와 비슷한 작은 은하를 은하계가 집어삼키면서 현재까지 성장해 왔다고 생각

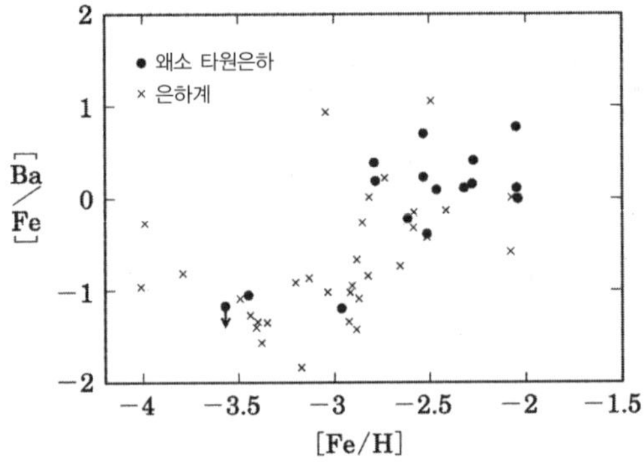

그림 4.21 국부은하군의 왜소 타원은하에 속하는 별(●)과 태양 근처 별(×)의 [Ba/Fe] − [Fe/H] 값 비교(Tsujimoto & Shigeyama 2002, *ApJ*, 571, L93). 왜소 타원은하에 속하는 별의 [Fe/H] 값은 0.6만큼 작아지는 방향으로 옮겨두었다.

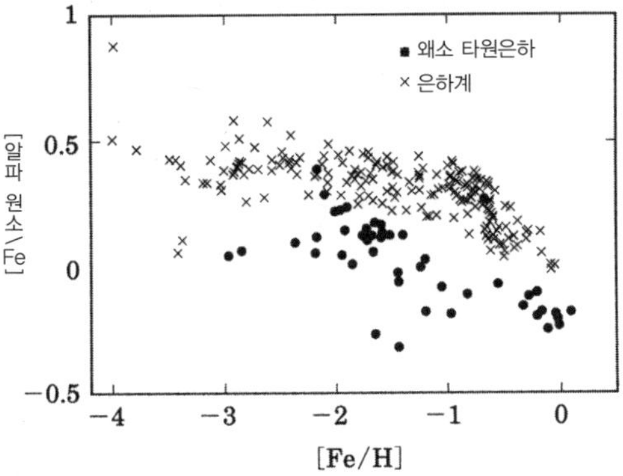

그림 4.22 가까운 왜소 타원은하에 속하는 별(●)과 태양 근처 별(×)의 [알파 원소/Fe] − [Fe/H] 값 비교.

하는 것이 자연스러울 것이다. 그런데 그림 4.22에서 알 수 있듯이 왜소 타원은하와 은하계의 화학조성에 큰 불일치가 있어 이 시나리오를 지지하지 않는 것으로 보인다. 다른 원소 성분비에 대해서도 둘 사이에는 뚜렷한 차이가 있어 그 해석에는 의문이 남아 있다.

제5장
국부은하군과 구성 은하

국부은하군은 처녀자리 초은하단의 외곽에 있는 은하들의 집단이다. 그 중 하나인 은하계는 수많은 왜소은하의 조상으로부터 안드로메다은하와 함께 이곳에서 태어났다. 현재 은하계와 안드로메다은하 주위에 수많은 왜소은하들이 살아남아 있다. 또 은하계와 안드로메다은하의 헤일로에는 옛날에 떨어져 들어온 왜소은하의 잔해가 떠돌고 있다. 국부은하군은 역학적으로 안정 상태에 이르지 않았으며, 은하계와 안드로메다은하는 언젠가 합체해 거대한 타원은하가 될 것으로 알려져 있다. 그때 수많은 구상성단이 새롭게 탄생하게 될 것이다. 그리고 국부은하군도 이윽고 처녀자리 초은하단의 중력에 사로잡혀 삼켜질 것이라고 생각된다.

5.1 국부은하군이란

5.1.1 국부은하군의 발견

은하의 거리는 표면밝기의 매끄러운 정도로써 알아낼 수 있다. 가까운 은하는 하나하나의 밝은 별이 보인다. 은하가 조금 멀어져도 불규칙한 별의 분포나 성단을 그것이라고 인지할 수 있다. 먼 은하로 눈을 돌리면 은하는 퍼져 있는 빛 덩어리가 되고, 그리고 마지막에는 점이 된다. 즉 가까운 은하는 별의 불규칙한 분포가 표면밝기의 얼룩이 되고, 멀어질수록 매끈하게 된다.

이것에 제일 먼저 주목한 사람은 허블이다. 허블은 개개의 별을 분해할 수 있는 은하가 은하계 주위에 몇 개 존재한다는 것에서, 은하계는 우주에서 고립된 존재가 아니라 몇몇 은하와 함께 집단을 이루고 있다고 생각하고, 이 집단을 국부은하군이라고 이름 지었다. 그의 저서 『성운의 세계The Realm of the Nebulae』에서 허블이 국부은하군의 구성원이라고 생각한 것은

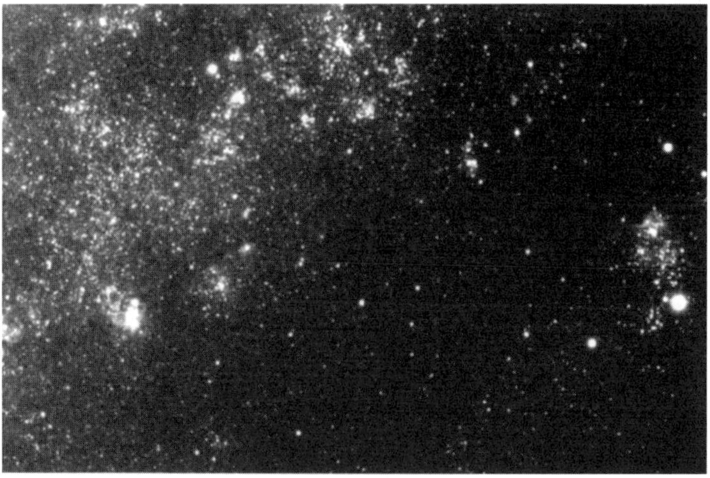

그림 5.1 삼각형자리의 소용돌이은하 M 33(그 소용돌이 팔의 일부). 스바루 망원경의 주 초점 카메라로 촬영한 것.

은하계(은하수 은하), 대마젤란운(LMC), 소마젤란운(SMC), 안드로메다 성운(안드로메다은하=M 31=NGC 224), M 32(=NGC 221), NGC 205, M 33(=NGC 598), NGC 6822, IC 1613와 IC 10 등이었다.

그림 5.1에 스바루 망원경으로 촬영한 소용돌이은하 M 33의 일부를 나타냈다. 밝고 푸른 별의 집단(성협), 먼지, 이온화 수소(H II) 영역, 초신성 잔해가 흩어져 있고, 더욱 주의 깊게 보면 어두운 별(적색거성)이 한쪽에 분포하고 있는 모습을 알 수 있다. 국부은하군의 구성원은 바데에 의해 NGC 147, NGC 185, 조각가, 용광로, 사자 I, 사자 II, 용, 작은곰 등의 왜소은하가 추가되어 현재는 50여 개의 은하가 속해 있다.[1] 최근 대규모의 은하 탐사 아카이브 데이터 및 초광시야 망원경을 사용하여 국부은하군의 구성원이 체계적으로 탐구되고 있어서, 은하계과 M 31 주변의 표면밝기가 낮은 왜소은하들이 속속 발견되고 있다. 국부은하군에 속하는 은하의 수는 앞으로도 늘어날 것이다.

5.1.2 은하 진화의 실험실

우주에서 대다수의 은하는 집단으로 존재한다. 그 규모가 큰 집단을 은하단이라 하고, 작은 것을 은하군이라 한다. 은하군에는 밝은 은하가 몇 개밖에 없고, 나머지 대다수는 왜소은하이다. 은하군의 평균 크기는 약 1 Mpc, 은하의 속도 분산은 초속 150 km, 은하 및 암흑물질 등의 합계인 역학 질량[2]은 $3 \times 10^{13}\ M_\odot$이다. 한편, 은하단의 평균 크기는 약 4 Mpc, 속도 분산은 초속 800 km, 역학 질량은 $1.3 \times 10^{15}\ M_\odot$이다.

국부은하군은 이렇다 할 특징이 없는 보통의 은하군에 불과하다. 그러나 국부은하군에 있는 은하 하나하나는 은하의 형성과 진화를 이해하는 데에 귀중하다.

은하계에 있는 산개성단과 구상성단은 흔히 '별 진화의 실험실' 이라고 한다. 같은 거리에 있는 성단의 별은 별의 진화 이론을 검증하는 데 최적이기 때문이다. 그런 의미에서 국부은하군의 은하도 '별 진화의 실험실' 이라고 해도 좋다. 은하계의 성단에서는 확인할 수 없는 젊고 무거운 별이나 다양한 금속 함량을 가진 별의 진화를 직접 조사할 수 있기 때문이다. 또 은하 진화를 직접적으로 검증할 수 있다는 의미로, 국부은하군을 '은하 진화의 실험실' 이라고 불러도 되겠다.

국부은하군의 은하를 별로 분해하여 색상-등급도를 작성하는 것은 쉽

1 고유 명칭이 없는 왜소은하는 별자리 이름으로 식별한다. 별자리 이름에 '계' 를 붙여 나타내는 경우도 있다. 이 책에서는 별자리의 이름만('자리' 를 생략) 사용한다. 연구자는 영어(라틴) 이름의 약어를 사용할 때가 많다. 5장과 6장에 나오는 주요 왜소은하에 대한 한영 대조는 다음과 같다.
안드로메다=And=Andromeda, 궁수=Sgr=Sagittarius, 목동=Boo=Boötes, 큰곰=UMa=Ursa Major, 큰부리새=Tuc=Tucana, 고래=Cet=Cetus, 작은곰=UMi=Ursa Minor, 사자=Leo, 조각가=Scl=Sculptor, 페가수스=Peg=Pegasus, 불사조=Phe=Phoenix, 공기펌프=Ant=Antlia, 물병=Aqr=Aquarius, 용=Dra=Draco, 용골=Car=Carina, 사냥개=CVn=Canes Venatici, 화로=For=Fornax, 육분의=Sex=Sextans.

2 별이 운동에 의해 흩어지려고 하는 것을 끌어당겨서 잡아둘 수 있는 질량.

다. 또 스바루 망원경 등의 대형 망원경을 사용하면, 별의 스펙트럼을 찍고 많은 원소의 존재비(성분비)를 알아낼 수 있다. 즉 은하의 별 생성 역사와 화학진화의 발자취를 직접 따라갈 수 있다. 우리가 살고 있는 은하계 주위에 다양하고 많은 은하가 있다는 것은 일종의 행운이라고 할 수 있겠다.

5.1.3 은하 고고학

국부은하군은 M31과 은하계라는 2개의 큰 소용돌이은하가 형성된 현장이다. 우주 계층 구조의 형성 이론에서 큰 은하는 작은 은하가 모여 형성된다. 예전에는 국부은하군에 무수하게 많은 왜소은하가 산재해 있었을 것이다. 그리고 그들이 점차 M31과 은하계라는 2개의 큰 은하에 집약되어 왔다.

지금 남아 있는 왜소은하는 그러한 약육강식의 시대에서 살아남은 생존자이다. 따라서 이러한 왜소은하로부터 과거에 무수히 존재했던 은하의 구성 재료가 어떠한 것이었는지 추측할 수 있다. 또한 살아남은 왜소은하는 은하의 성장 과정에서 고립되었을 경우에 어떻게 진화하게 되었는지 직접 우리에게 가르쳐준다.

M31과 은하계의 헤일로에는 옛날 떨어져 내린 왜소은하나 구상성단의 화석이 존재할 것이다. 어떤 한 무리의 별이 어떤 왜소은하에 속해 있었다고 하면, 그 별들은 왜소은하의 원래 운동 요소를 보존하고 공통적인 화학조성 유형을 갖고 있을 것이다. 이 점에 주목하면서 은하계의 헤일로 별의 운동 요소와 화학 성분을 자세하게 검토하여, 별의 근원을 따라갈 수 있을 것이다. 즉, 그것은 헤일로 별 하나하나에 운동학적 특징과 화학 성분의 꼬리표를 달고, 어떠한 왜소은하에서 온 것인지를 복원하는 작업, 말하자면 별에 대한 DNA 감정이다.

이와 같이 M31과 은하계가 어떻게 성장해 왔는지를 탐구하는 학문을

'은하 고고학'이라고 한다. 국부은하군의 왜소은하는 은하 성장의 수수께끼를 푸는 열쇠를 제공하는 것이며, 은하 고고학의 암모나이트라고 말할 수 있다.

5.2 국부은하군의 공간분포와 동역학

5.2.1 공간분포

국부은하군은 M 31과 은하계라는 2개의 소용돌이은하를 중심으로, 그 주위를 많은 왜소은하가 둘러싸고 있는 중력으로 속박된 소규모의 은하 집단이다. 국부은하군의 광도와 질량은 M 31과 은하계에 집중되어 있다. 밝은 구성원의 대부분도 두 은하 중의 하나를 중심으로 하나의 하위 그룹을 구성한다. M 31 주위에는 타원은하 M 32와 소용돌이은하 M 33, 왜소 타원은하 NGC 147, NGC 185, NGC 205 등이 있으며, 은하계 주위에는 불규칙은하인 대마젤란운과 소마젤란운이 있다. 왜소 불규칙은하인 NGC 6822 및 IC 1613은 어느 쪽의 은하에도 딸려 있지는 않지만, 국부은하군의 구성원인 것은 바뀌지 않는다. 구성원의 공간분포를 그림 5.2에 나타냈다(그림 7.18도 참조).

국부은하군의 은하인지 아닌지는, 그것이 중력으로 묶여 있는가의 여부에 따라 정해진다. 우주의 일반적인 팽창에서 분리되어 서로의 중력으로 영향을 주고받는 은하의 소집단, 그것이 국부은하군이다. 국부은하군에 속하지 않는 은하는 국부은하군의 중심에서 보면 우주 팽창에 따라 후퇴해 간다. 국부은하군의 중심은 M 31와 은하계를 연결하는 선 위에 있다. 그 방향은 은경 121.7°, 은위 −21.3°이고, 은하계로부터의 거리는 454 kpc이다. 이 중심을 기준으로 은하의 후퇴 속도가 0이 되는 구면(뒤에

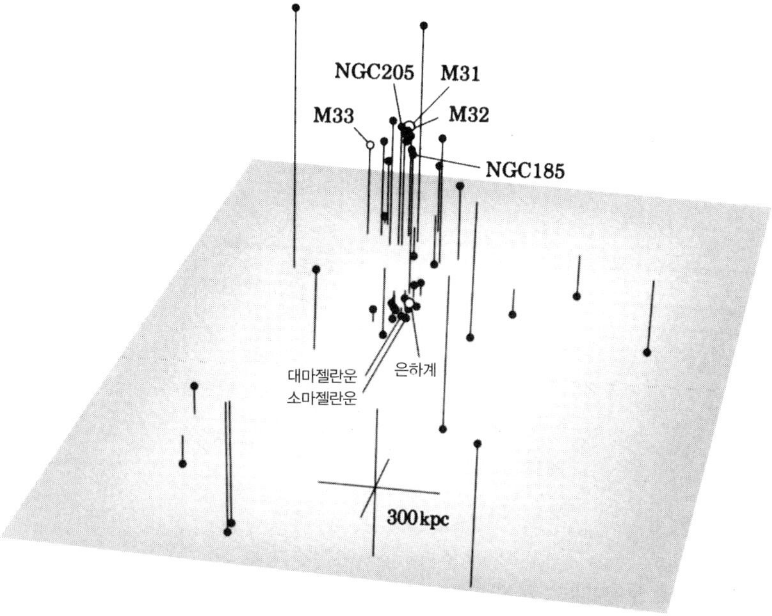

그림 5.2 국부은하군의 3차원 구조에 대한 개념도. ●는 왜소은하(http://ja.wikipedia.org/wiki/의 「국부은하군」에서 작성). Permission is granted to copy, distribute and/or modify this document under the terms of the GNU Free Documentation License, Version 1.2 or any later version published by the Free Software Foundation.

설명)의 반경을 구하면 약 1 Mpc이 된다. 이 구면의 내부를 국부은하군이라고 정의한다.

국부은하군은 처녀자리 초은하단 주변에 있는 많은 은하군 중 하나에 불과하다(그림 5.3). 처녀자리 초은하단은 국부 초은하단이라고 부르기도 하며, 처녀자리 은하단을 중심으로 수십 개의 은하군으로 구성된다. 처녀자리 초은하단의 구조는 원반 모양으로 분포하는 은하와 구 모양의 헤일로 영역에 분포하는 은하로 구성되어 있으며, 그 형상은 소용돌이은하의 별 분포와 아주 비슷하다. 원반 성분에는 밝은 은하의 60 %가 존재하고 헤일로에는 밝은 은하의 나머지 40 %가 분포한다. 헤일로에 있는 은하의 대

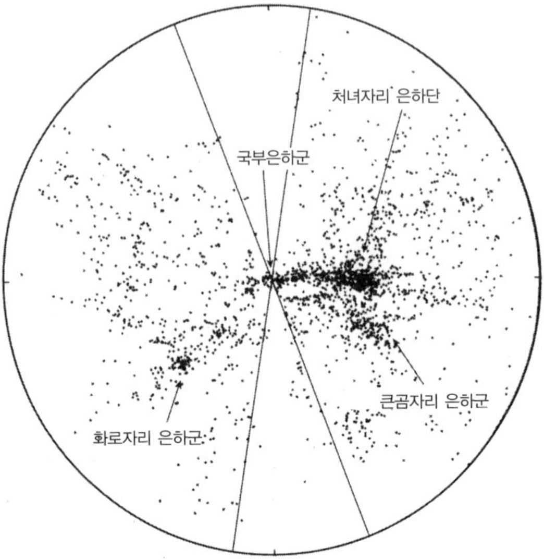

그림 5.3 국부은하군을 중심으로 그린 처녀자리 초은하단(국부 초은하단)의 은하 분포. 처녀자리 은하단을 중심으로 한 원반 모양의 은하 분포와 넓게 펼쳐진 헤일로 구조가 보인다. 국부은하군은 원반의 가장자리에 있다(Tully 1982, *ApJ*, 257, 389).

부분은 소수의 은하군에 속해 있다. 처녀자리 초은하단은 아직 역학적으로 안정되어 있지 않으며, 역학적 평형에 도달하지 않은 것으로 생각된다. 국부은하군은 처녀자리 초은하단의 원반의 가장자리에 있으며, 반 덴 베르그S. van den Berg에 의하면, 국부은하군 근처의 은하군으로는 공기펌프자리-육분의자리 은하군(거리 1.7 Mpc), 조각가자리 은하군(2.4 Mpc), IC 342/마페이 은하군(3.2 Mpc), M 81 은하군(3.5 Mpc) 등이 있다. 처녀자리 은하단에는 2,000여 개의 은하가 모여 있기 때문에 그 중력은 국부은하군을 포함하여 주위에 있는 은하군의 운동에 영향을 미친다. 국부은하군은 처녀자리 은하단의 중력에 붙잡혀 있으며, 지금은 우주 팽창에 따라 그로부터 멀어지고 있으나 점차 감속하여 이윽고 멈춘 다음, 마침내 처녀자리 초은하단의 중심부를 향해 떨어져 간다. 그리하여 국부은하군은 처녀자리 은하단에 삼켜질 것이다.

국부은하군의 은하는 M 31 하위 그룹과 은하계 하위 그룹으로 나뉘어 있다. M 31 하위 그룹 중에서는 M 31과 M 32, 그리고 NGC 205은 중력적으로 결합되어 상호작용하는 계이며, NGC 147과 NGC 185도 상호작용하는 계이다.

은하계 하위 그룹에는 대마젤란운과 소마젤란운이 상호작용하는 이중은하이다(7장 참조). 은하계 주위에는 두 마젤란운 사이에 뻗어 있는 마젤란운류라는 중성수소 원자(H I) 가스의 긴 띠가 보인다. 이것은 대마젤란운과 소마젤란운이 은하계에 가장 접근했을 때 은하계의 조석력에 의해 깎여 나간 H I 가스의 일부가 잔해로 남아 있는 것이다.

M 31과 은하계 주변에는 표면밝기가 어두운 왜소 타원체은하[3]가 집중되어 있다. 이를테면 M 31 주변에는 소형 타원은하 M 32와 NGC 205, NGC 185, NGC 147과 같은 왜소 타원은하 이외에 안드로메다 I, II, III, V, VI, VII, IX, X 등의 왜소 타원체은하가 집중되어 있다. 은하계의 주위에도 대마젤란운과 소마젤란운 외에 조각가, 화로, 용골, 사자 I, 사자 II, 육분의, 작은곰, 용, 궁수, 사냥개, 목동, 큰곰, 작은곰 II, 사자 IV 등의 왜소 타원은하가 다수 존재한다.[4]

M 31에서도 은하계에서도 멀리 떨어진 곳에는 사자 A, WLM, IC 1613, NGC 6822, IC 10 등 왜소 불규칙은하가 많다. 또 LGS 3, 불사조, 물병, 페가수스 등 불규칙은하와 타원체은하의 두 성질을 가진 왜소은하가 있다. 이들은 대략 국부은하군의 바깥 가장자리에 있으며, 왜소은하의 형태와 환경이 밀접하게 관련되어 있음을 알 수 있다. 단, 큰부리새나 고래 등 먼 곳에 고립되어 존재하는 예외적인 왜소 타원은하도 있다.

3 왜소 타원은하보다 작고, 별의 개수 밀도도 낮은 은하.
4 각주 1 참조.

칼럼 은하계와 안드로메다은하 - 은하 비교

국부은하군에서 전체 질량의 대부분을 M 31과 은하계가 차지하고 있다. 두 은하는 자매처럼 비슷하다. 그러나 잘 관찰해 보면 매우 다른 측면을 갖고 있다는 것도 깨닫게 된다. 어떤 점이 비슷하고 어떤 점이 다른 것일까.

허블의 형태 분류는 모두 Sb형의 소용돌이은하이다. 크기와 질량, 그리고 광도는 거의 같다. 회전 곡선에서 알 수 있는 질량분포도 쏙 빼닮은 꼴이다. 모두 중심핵에 거대 블랙홀이 있다. 벌지도 아주 비슷하다. 모두 헤일로에 수많은 구상성단이 있고, 은하의 나이도 거의 같다. 반경 7 kpc보다 외부의 소용돌이 구조나 원반의 펼쳐진 모습이 매우 비슷하다. 둘 다 위성은하를 2개씩 거느리고 있다. M 31과 은하계는 엄청 사이좋은 쌍둥이처럼 보인다.

그런데 반경 7 kpc보다 내부에서는 두 은하의 양상이 극적으로 다르다. 은하계에는 H I과 H_2 가스의 멋진 가스 원반이 회전하고 있으며, 특히 중심에는 고밀도의 중심 원반이 있다. 별 형성도 활발하다. 반면 M 31의 원반에서 7 kpc보다 안쪽에는 성간 가스가 거의 존재하지 않는다. 별 형성도 미약하며, 소용돌이 팔도 별로 눈에 띄지 않는다.

두 은하의 위성은하에 눈을 돌리면, 가스의 존재 형태가 은하 본체의 중심부와 흡사하여 대조적임을 알 수 있다. 대소 마젤란성운에는 가스가 매우 풍부하지만, 안드로메다은하의 M 32와 NGC 205는 타원은하로 가스가 존재하지 않는다.

이러한 유사점과 차이점으로부터 거대한 쌍둥이인 M 31과 은하계가 걸어온 과거를 되돌아볼 수 있다. M 31은 위성은하의 궤도가 가까웠기 때문에, 위성 은하에서 뜯겨 나온 가스가 M 31의 중심부를 직격하여 원반을 파괴했다. 한편 대소 마젤란성운은 은하계에서 멀리 있었기 때문에 은하계로 가스 강착도 일어나지 않았고 원반도 무사하다. 쌍둥이의 거대 은하가 서로 다른 운명을 걸어왔다는 점에서 재미있는 사례이다. 하지만 대소 마젤란성운도 언젠가 떨어져 내려올 것을 생각하면(7장), 은하계도 같은 운명을 걷게 될 것이다. M 31은 은하계의 미래 모습이라고 할 수 있을 것이다.

5.2.2 국부은하군의 질량

먼 은하는 우주 팽창 때문에 우리에게서 급속히 멀어지고 있다. 은하의 후퇴 속도 V와 거리 R 사이에는 선형 관계 $V=H_0R$이 성립한다고 알려져 있다. 이를 허블의 법칙이라고 하며, H_0는 허블 상수이다. 그런데 국부은하군의 은하는 서로 중력으로 끌어당기고 있기 때문에 이 허블의 법칙에서 벗어난다. 그중에는 오히려 국부은하군의 중심으로 다가오는 것도 있다. 국부은하군의 중심에 대한 근처 은하의 상대 속도와 거리와의 관계를 구하면, 상대 속도가 0이 되는 거리가 있다는 것을 알 수 있다. 이것이 '속도 0 구면' 인 반경 R_{LG}이며, 이 반경의 내부를 국부은하군이라고 정의한다. 국부은하군 질량의 대부분을 차지하는 것은 M 31과 은하계이다. 이로부터 린든-벨은 국부은하군을 구 대칭으로 역학적 평형이라 하고, 총질량 M_{LG}를 다음과 같이 구했다.

$$M_{LG} = \frac{\pi^2}{8G} R_{LG}^3 T_0^{-2} \tag{5.1}$$

여기서 G는 중력 상수, T_0는 우주의 나이이다. 속도 0 구면의 반경 R_{LG}는 2.6 Mpc 이내에 있는 은하의 거리와 속도에서 구해진다. 133개의 은하에 대한 최신 데이터에서 구한 값은 $R_{LG}=0.96\pm0.03$ Mpc이다. 이것은 국부은하군의 대략적인 크기를 나타낸다. 우주의 나이로 WMAP 위성에서 얻은 $T_0=137\pm2$억 년을 넣으면, 국부은하군의 질량으로 $M_{LG}=(1.29\pm0.14)\times10^{12}M_\odot$을 얻는다. 이 추정의 정밀도는 은하까지의 거리를 얼마나 정확하게 측정하였는가에 의존한다.

국부은하군에 존재하는 왜소은하의 운동을 사용하면 은하계의 역학 질량 M_{MW}를 구할 수 있다. 은하계 근방의 왜소은하에서 보면 은하계 하위 그룹의 모든 질량은 은하계에 집중되어 있다고 할 수 있으므로, 왜소은하가 운동하고 있는 것 같은 먼 곳에서의 은하계 중력 퍼텐셜을 근사적으로 다음과 같이 둘 수 있다.

$$\Phi(R) = -\frac{GM_{MW}}{R} \tag{5.2}$$

또 간단하게 다루기 위해 왜소은하의 운동은 랜덤하다고 하자. 그러면 왜소은하의 시선속도 v_R과 은하계 중심에서의 거리 R 및 은하계의 질량 사이에는 다음과 같은 관계가 성립한다.

$$\frac{1}{N}\sum_{i=1}^{N} v_{Ri}^2 R_i = \frac{GM_{\mathrm{MW}}}{4} \tag{5.3}$$

왜소은하는 랜덤 운동을 하고 있기 때문에 구해지는 은하계의 질량도 통계적인 것인데, 왜소은하의 수 N이 충분히 큰 경우 M_{MW}의 값을 구할 수 있다. M 31의 역학 질량에 대해서도 동일한 방식으로 추정할 수 있다.

이렇게 구한 M 31과 은하계의 역학 질량은 각각 $M_{\mathrm{M31}} = (0.8 \pm 0.4) \times 10^{12} M_{\odot}$, $M_{\mathrm{MW}} = (0.86 \pm 0.4) \times 10^{12} M_{\odot}$이다. 따라서 M 31 및 은하계 역학 질량의 합계는 $(1.6 \pm 0.2) \times 10^{12} M_{\odot}$이 되며, R_{LG}로부터 구한 국부은하군의 역학 질량과 오차 범위 내에서 일치한다. 국부은하군의 총광도 $L_{\mathrm{B}} = 10.1 \times 10^{10} L_{\odot}$을 이용하면, 질량 · 광도비가 $M/L_{\mathrm{B}} \simeq 12.8$(태양 단위)로 얻어진다. 국부은하군의 질량 · 광도비는 한때 약 10^2(태양 단위)이라는 큰 값이 구해져, 많은 암흑물질의 존재를 시사했지만, 최근 데이터는 암흑물질이 존재한다고 하면 주로 M 31과 은하계에 수반되어 있는 것으로 밝혀졌다.

5.2.3 국부은하군의 동역학

국부은하군 속에 있는 은하의 시선속도는 측정할 수 있지만, 고유운동을 구하는 것은 어렵다. 고유운동을 측정하자는 아이디어는 오래전부터 있었지만, 실제 연구 결과가 발표된 것은 2002년경부터이다. 은하계에 수반된 화로, 용골, 작은곰의 왜소 타원은하에 대한 연구 결과가 발표되었다. 화로의 궤도는 원심점이 은하계에서 아주 멀리 있다고 추정한다. 또 용골과 작은곰은 궤도 요소가 비슷하다고 보고되기도 한다. 흥미로운 것은 이 두 왜소은하는 궤도 요소와 질량이 비슷함에도 불구하고, 별 생성 역사는 상당히 다르다는 점이다.

그러나 대부분의 왜소은하에 대해 고유운동을 측정하는 것은 여전히 매우 어렵다. 따라서 국부은하군에서 은하의 궤도운동을 추정하려면 다양한 가정을 도입하지 않을 수 없다. 따라서 얻어지는 결과도 가지각색이다. 다만 은하계와 대소 마젤란성운에 대해서는 마젤란운류를 볼 수 있기 때문에 은하계와 대소 마젤란성운이 과거에 직접적으로 여러 번 상호작용했다는 점은 분명하며, 상세한 연구가 이루어져 있다(7장 참조).

은하계와 M 31 사이의 상호작용에서 왜소은하의 궤도와 형성에 대해 논의한 가설을 소개하겠다. 국부은하군의 왜소은하가 천구상에서 몇몇 대원을 따라 분포하고 있는 것으로 보인다. 그중 하나는 은하계 하위 그룹인 왜소은하들로 이루어진 대원으로, 큰곰, 용, 조각가, 화로를 비롯하여 소마젤란운, 대마젤란운, 용골, 육분의, 사자 I, 사자 II 등이 인접해 있다. 다른 하나는 M 31 하위 그룹의 왜소은하로 이루어진 대원으로 NGC 147, 안드로메다 III, NGC 185, NGC 205, M 32, M 31, 안드로메다 I, 안드로메다 II 등이 인접해 있다. 이렇게 왜소은하가 띠 모양으로 분포하는 것은 은하계와 M 31이 주위의 천체를 모아 형성되었던 당시의 자취라고 생각할 수 있다. 실제로 은하계의 하위 그룹이 만드는 대원 위에 은하계의 구상성단 Pal 12, Terzan 7, Ruprecht 106, Arp 2,[5] IC 4499 등이 올라타고 있다. 은하계에서는 예외적으로 이들 구상성단이 다른 구상성단보다 30~40억 년 젊다는 특징이 있기 때문에, 예전에 떨어져 들어온 왜소은하가 그 기원이 아닐까 추정하고 있다.

한편 국부은하군에서 은하의 3차원 분포를 보면, 이 2개의 띠 위에 올라타 있는 은하가 실은 두께 50~100 kpc인 원반 위에 있다는 것을 알 수 있다. 국부은하군의 반경 1 Mpc에 비해 이 원반의 두께는 아주 작기 때문에 이 은하들이 평면 위에 있다고 말할 수 있을 것이다. 이 평면 위에는 또 IC 1613, LGS 3, IC 10, 불사조 등의 멀리 있는 왜소은하도 올라타 있는 것으로 보인다. 이 때문에 이러한 왜소은하들은 지금부터 약 100억 년 전에 가스를 많이 갖고 있던 은하계와 M 31이 가깝게 접근하여 거대한 가스의 띠를 만들었는데, 그 안에서 국부적으로 밀도가 짙은 가스구름에서 탄생했다고 견해가 있다(7.7절 참조).

실제로 허블 우주망원경의 영상을 통해 상호작용하고 있는 은하에서 가스가 띠 모양으로 분출되어 그 속의 곳곳에서 젊은 왜소은하가 만들어지고 있는 경우가 발견되고 있다. 물론 이 왜소은하가 현존하는 왜소은하와 유사한 것인지의 여부는 아직 알 수 없으며, 상호작용하는 은하에서 분출한 가스의 띠 안에서 국부은하군의 왜소은하가 탄생했다는 가설로는 설명할 수 없는 것도 몇 개 있다. 이를테면 이렇게 형성된 은하는 비슷한 궤도요소를 가지지 않으면 안 되는데, 지금까지 발표된 고유운동에 관한 연구에서 얻은 궤도로는 이 형성 가설을 지지할 수 없다. 또한 은하계 하위 그룹의 은하는 암흑물질을 대량으로 포함한다는 보고가 있지만, 이 형성 가

5 Pal은 팔로마 목록이며, Terzan, Ruprecht, Arp는 각 연구자의 이름을 딴 목록이다.

설에서는 암흑물질을 거의 갖지 않을 것으로 추정되고 있어 설명하기 어렵다. 더욱이 왜소은하를 구성하는 별의 나이가 너무 젊어지게 된다는 난점도 있다.

5.3 국부은하군의 주요 구성 은하

국부은하군의 은하는 다양성이 풍부하다. 대표적인 소용돌이은하인 은하계와 M 31은 물론, 대마젤란운과 소마젤란운, 삼각형자리의 소용돌이은하 M 33, 타원은하 M 32, NGC 147, NGC 185, NGC 205, 그리고 타원체 또는 불규칙한 모양을 갖는 다양한 왜소은하, 형태 이행 은하 등 다양한 은하가 모여 무리를 이루고 있는 것이 국부은하군이다. 은하계 내용은 1장부터 3장까지, 대소마젤란운은 7장에서 언급하고 여기에서는 두 소용돌이은하 M 31과 M 33, 타원은하 M 32, NGC 205 및 궁수자리 왜소 타원은하를 소개하겠다. 또 왜소은하에 대해서는 6장에서 서술하기로 한다.

5.3.1 안드로메다은하(M 31)

안드로메다은하(=M 31=NGC 224)는 국부은하군에서 가장 밝은 소용돌이은하이다. M 31의 거리지수는 24.43±0.09, 거리는 769±29 kpc, 절대등급은 $M_V = -21.2$등급이다(그림 5.4).

이 성운의 존재는 10세기 페르시아의 천문학자 알 수피Abd-al-Rahman Al Sufi의 기록에 처음 등장한다. 이후에도 수많은 천문학자가 자신의 저서에 기록하고 있지만, 학문의 대상으로 생각하게 된 것은 19세기 끝 무렵부터이다. 이는 망원경에 의한 사진술이 발달하게 된 것과 M 31에서 신성 SN 1885a가 폭발했기 때문이다. 이 신성은 S 안드로메다라고도 불렸으며, 처음에는 신성이라고 생각했지만 나중에 인류가 처음으로 목격한 은

그림 5.4 105 cm 슈미트 망원경으로 촬영한 안드로메다은하 M 31(화보 6 참조). 바로 아래에 소형 타원은하 M 32, 오른쪽 위에 왜소 타원은하 NGC 205가 보인다. NGC 205에는 구상성단이 있지만, M 32에는 구상성단이 전혀 없다(http://www.ioa.s.u-tokyo.ac.jp/kisohp/, 촬영: 도쿄대학 이학부 기소 관측소).

하계 바깥에서 일어난 초신성 폭발이었음이 밝혀졌다. 이 신성 폭발을 계기로 M 31이 은하계 안에 있는지 아니면 외부에 있는지에 대한 큰 논쟁이 시작되었고, 허블이 M 31 속에 세페이드를 발견하여 거리를 알아냄으로써 겨우 그 논쟁을 매듭지었다. 1920년대 첫머리의 일이다.

M 31에는 금속 함량이 높은 중심핵이 있다. 밝기는 $M_V = -12.0$등급이나 되며, 전형적인 구상성단 60개분에 상당한다. 하지만 구상성단이 역학적인 마찰을 받아서 낙하했다고는 생각할 수 없다. 구상성단의 금속 함량은 중심핵에 비해 훨씬 낮기 때문이다. 중심핵은 둘로 분리되어 보인다. 이것은 과거에 왜소은하가 낙하한 흔적이라거나, 먼지의 영향으로 핵이 2개로 분리되어 보이는 것이라고들 말한다. 중심핵에는 블랙홀이 있고, 그 전파 세기는 은하계의 중심핵에 있는 콤팩트한 전파원 궁수자리 A*에 필적한다. 벌지의 별은 가시광에서 은하 전체 빛光의 약 30%의 밝기를 갖고 있다. 그 스펙트럼은 타원은하와 비슷하며 금속 함량이 높은 별로 구성되어 있는 것을 알 수 있다. 벌지에 있는 적색거성의 금속 함량 분포는 [Fe/H]≃0에서 피크를 보이며, 그보다 금속 함량이 높은 쪽에서는 급격히 감소하고 낮은 쪽에서는 서서히 감소한다. 이러한 분포 형태는 은하계 벌지의 금속 함량 분포와 유사하지만, M 31의 벌지의 경우에는 약간 높은 쪽으로 어긋나 있다. 별 형성이 단기간에 일어난 뒤 그 후로는 일어나지 않았다는 단순한 화학진화 모델과 비교하면, 금속 함량이 낮은 별의 수가 적다. 이는 태양계 근방에서는 G형 왜성 문제로 알려져 있지만, M 31의 벌지에 대해서도 동일한 문제가 존재한다(4.4.3절 참조).

원반의 별에는 나이가 많은 별이 많고, 가시광의 대부분을 차지한다. 원반과 벌지의 별 사이에 뚜렷한 나이 차이는 없으며, 적어도 60억 년보다는 오래된 것으로 생각된다. 그러나 바깥쪽으로 갈수록 젊은 별의 비율이 높아진다. 이것은 수소 Hβ 및 Hγ 흡수선의 세기가 은하 중심에서의 거리가 커질수록 강해지고 있다는 사실로부터 알 수 있다. 또 원반 별의 금속 함량과 HII 영역의 산소 함량은 중심부로 갈수록 강하다. M31에서 원반 별의 분포는 양쪽 끝에서 활처럼 휘어져 있으며, 가스의 분포도 동일하게 휘어져 있다. 이것은 은하계의 휨 구조와 똑같다. 두 가닥의 소용돌이 팔이 있고, 팔을 따라 먼지와 HII 영역, O, B형 별의 성협이 분포하고 있다. 수소 분자 가스는 중심으로부터 약 10 kpc 거리에 고리 모양으로 분포하고 있으며, 이 고리를 따라 OB 성협 및 HII 영역이 가장 밀집되어 존재한다.

M31의 헤일로에는 다수의 구상성단, 거문고자리 RR형 변광성, 늙은 적색거성이 존재한다. 은하계에는 160개 정도의 구상성단이 존재하지만, M31에는 이 2~3배의 구상성단이 존재한다. 이것은 M31의 벌지가 은하계의 벌지보다 밝다는 것과 관련되어 있다. 일반적으로 밝은 타원은하일수록 더 많은 구상성단을 가지는데, 이 관계가 소용돌이은하의 벌지에서도 성립된다고 생각한다.

헤일로 별의 분포는 $r^{1/4}$ 법칙(1장 참조)에 따라 반경 $r \sim 20$ kpc까지 더듬어갈 수 있다. 뒤에서 설명하겠지만 이것보다도 더 광범위하게 적색거성이 분포하고 있다. 내부 헤일로 별의 평균 금속 함량은 [Fe/H]$\simeq -1.0$으로 높다. 또 $9 < r < 20$ kpc의 범위에서는 금속 함량의 기울기(은하 내부에서의 변화)도 보이지 않으며, 구상성단의 금속 함량에도 기울기가 보이지 않는다. 타원은하의 금속 함량의 기울기에 대한 논의에서는, 같은 규모의 은하가 합체하면 원래 존재하던 금속 함량의 기울기가 큰 폭으로 완만해지는 것으로 알려져 있다. M31의 내부 헤일로에서 금속 함량의 기울기가 보이지 않는다는 것은, 이 은하의 형성 과정에서 대규모 합체가 있었다는 것을 시사한다.

헤일로에 있는 구상성단 G1은 M31에서 가장 밝을 뿐만 아니라, 국부은하군에서도 최대의 밝기를 자랑한다. 일반적인 구상성단과 달리 금속

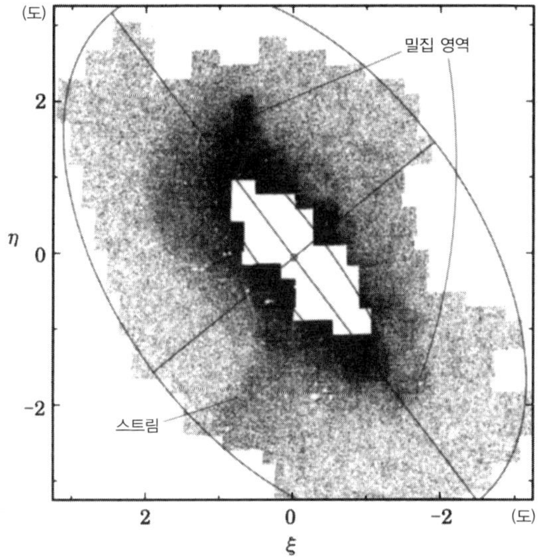

그림 5.5 M31 헤일로의 바깥쪽 영역에 있는 적색거성의 공간분포. 거대한 스트림과 장축의 양 끝에 있는 별의 밀집 영역 등 많은 하위 구조가 보인다. 안쪽 타원(장축 반경 25 kpc)은 가시광으로 보이는 M31 원반의 크기를 나타낸다. 바깥쪽 타원의 장축 반경은 55 kpc이다(Ferguson *et al.*, 2002, *AJ*, 124, 1452).

함량에 폭이 있다는 것에서 M31에 예전에 떨어져 들어온 왜소은하의 슬픈 말로末路가 아니냐고 이야기되고 있다. 은하계에서 가장 밝은 구상성단인 켄타우루스자리 ω도 금속 함량에 폭이 있어 유사한 기원일 것으로 보고 있다.

M31의 헤일로 별은 균일하게 분포하고 있다고 생각되었다. 그런데 원반과 헤일로의 바깥쪽을 넓게 촬영하여 적색거성의 공간분포를 조사한 결과, 다양한 불규칙 형상을 갖는 하위 구조가 존재하는 것으로 밝혀졌다.

그림 5.5는 M31 헤일로에서 적색거성의 분포를 나타내고 있다. 안쪽의 타원은 가시광으로 본 M31의 크기를 나타내고 있으며, 그림 5.4에 나타난 M31이 이 안에 쏙 들어간다. 이 그림을 보면, 적색거성의 분포에는 짙고 옅음이 있으며, 거대한 띠 모양의 구조(중앙 왼쪽 아래)와 장축의 양쪽 끝

에 별이 불규칙적으로 집중되어 있는 모습 등을 알 수 있다. 장축의 끝부분(오른쪽 아래)에는 구상성단 G1이 자리잡고 있으며, 어떤 관계가 있을 듯하다. 적색거성의 색 분포도 균일하지 않다. 색-등급도로 조사하면 거대한 띠 구조에 있는 별과 장축의 끝부분(왼쪽)에 있는 별의 색이 평균적으로 다른 적색거성보다 붉다. 만약 적색거성의 색이 그대로 금속 함량의 차이에 대응하고 있다면, 이 별들의 금속 함량은 다른 것보다 높게 된다. 즉 M31의 바깥쪽 헤일로에는 금속 함량의 불규칙한 짙고 옅음이 있고, 그것이 별의 하위 구조와 대응하고 있다는 것이다. 이러한 복잡한 구조는 M31의 헤일로가 왜소은하로부터 형성되었다는 것을 직접적으로 말해주고 있다.

은하계나 M31과 같은 소용돌이은하는 왜소은하 등 형성 모체가 충돌하여 합체되고 은하 간 가스의 부드러운 강착에 의해 형성된다. 떨어져 내려온 왜소은하는 벌지나 헤일로를 형성하고 가스는 각운동량을 보존하면서 강착하여 얇은 원반을 형성한다. 떨어져 내려오는 왜소은하 중에는 그대로 M31에 사로잡히는 것이나, 떨어져 내려올 때 많은 별을 생성하는 것도 있을 것이다. M31 주위에서 볼 수 있는 다양한 하위 구조는 과거에 떨어져 내려온 왜소은하의 슬픈 말로라고 생각된다. 구상성단 G1도 어찌 보면 하위 구조의 일부에 포함될 수도 있다.

따라서 M31의 주위에는 이 은하가 성장해 온 역사를 말해주는 증거가 지금도 분명하게 남아 있으므로, 이러한 하위 구조에 있는 별의 화학조성과 운동을 조사하여 M31가 어떤 천체로부터 형성되었는지를 밝히는 것이 은하 고고학이 앞으로 해야 할 일이다.

5.3.2 콤팩트 타원은하 M32(NGC221)

M32는 M31 하위 그룹에 속하며 우리가 자세하게 조사할 수 있는 유일

그림 5.6 허블 우주망원경으로 촬영한 왜소 타원은하 M 32. 하나하나의 별이 분해되어 있는 것을 알 수 있다. 표면밝기는 중심을 향해 급격히 밝아지고, 블랙홀의 존재를 시사한다(Brown *et al.*, NASA, http://antwrp.gsfc.nasa.gov/apod/ap991103.html).

한 타원은하로 E2 형이다. M 32의 표면밝기는 $r^{1/4}$ 법칙에 따라 밝고 콤팩트하며 중심에 집중되어 있다. 이에 대비하여 왜소 타원체은하의 표면밝기는 중심에서 지수함수로 감소하며 널리 퍼져 있고 어둡다. 이러한 특징으로 M 32는 콤팩트 타원은하라고 하며, 타원은하나 왜소 타원체은하와 구별된다(그림 5.6).

M 32의 거리지수는 24.53±0.08, 거리는 805±35 kpc, 절대등급은 $M_V = -16.7$등급이다. 천구상에서 M 32은 M 31에서 5.3 kpc 밖에 떨어져 있지 않다. M 32의 궤도운동은 M 31의 은하 회전에 대해 역행하고 있으며, M 31에 나중에 포획된 은하임을 알 수 있다.

M 32의 스펙트럼은 일반적인 타원은하와는 달리, CN과 Mgb 등의 금속 흡수선의 세기가 강하며, 이를 금속 함량으로 환산하면 [Fe/H]$\simeq$0.0이 된다. 타원은하의 금속 함량은 광도와 함께 증가하는 것으로 알려져 있으므로, M 32와 같은 밝기의 일반 타원은하라면 [Fe/H]$=-0.6$ 정도가 될 것이다. 즉 M 32의 금속 함량은 일반 타원은하의 4배나 된다. 이 때문에 M 32는 과거에는 더 질량이 컸던 것이 아닌가 생각된다. 실제로 M 31의

조석력에 의해 M 32의 별이 뜯어져 나온 것처럼 M 31과 그 반대 방향으로 흐르는 점이 지적되고 있다. 큰 은하 주위를 궤도운동하는 은하의 별이 뜯어져 나온 예는 그 밖에도 몇 개 존재한다. M 32가 질량을 잃었다는 것과 콤팩트하고 밝은 타원은하인 것에는 어떤 연관성이 있을 것이다.

타원은하에는 보통 많은 구상성단이 수반되어 있다. 그런데 M 32에는 구상성단이 하나도 없다. M 31의 절대등급이라면 20개 정도의 구상성단이 있어도 무방하고, 예전에 큰 타원은하였다면 더 많은 수의 구상성단을 갖고 있었을 것이다. 그런데 현재 하나도 없다는 것은 M 32의 구상성단이 모두 M 31에 포획되어 그 주위로 흩어져 버렸음을 시사한다. 은하 고고학에 의해 운동학적 특성과 화학조성을 살펴보면 M 32 기원의 구상성단을 다수 발견할 수 있을지도 모른다.

M 32의 표면밝기는 중심을 향해 급격히 밝아진다. 이것은 중심에 질량이 $(2.5 \pm 0.5) \times 10^6 M_\odot$인 블랙홀이 있다는 사실과 관계가 있을지 모른다. 블랙홀의 질량은 M 32의 별 질량의 0.2 %에 상당하며, 잘 알려진 블랙홀 질량과 타원은하나 벌지의 별 질량 간의 상관관계에 따르고 있다. 국부은하군에서 블랙홀이 있는 것은 은하계, M 31, M 32의 세 은하뿐으로 소용돌이은하 M 33에는 없다. M 33는 만기형 은하이므로 벌지가 작거나 또는 전혀 없는데, 블랙홀의 형성에 벌지 성분이 없어서는 안 된다는 것을 엿볼 수 있다.

M 32의 스펙트럼은 강한 Hβ와 Hγ 흡수선을 보인다. 1980년대에는 이것이 20~80억 년이라는 중간 나이의 별로 구성된 증거가 아닐까라고 생각되었지만, 타원은하는 오래된 것이라는 상식에 어긋나기 때문에 그 나이는 논쟁의 초점이었다. 논란이 된 원인은 타원은하에서 흡수선의 세기에 대한 나이를 추정할 때 금속 함량의 효과가 중첩[6]되어 있어서 올바른 나이를 구할 수 없었기 때문이다. 간신히 2000년대에 들어서서야 바즈데

키스A. Vazdekis와 아리모토 노부오有本信雄에 의해 Hγ 흡수선의 윤곽에서 타원은하의 나이와 금속 함량을 분리하는 방법이 고안되었고, 스바루 망원경의 관측으로 중심부의 평균 나이는 약 40억 년, 금속 함량은 [Fe/H]≃0.0으로 확정되었다. 최근의 연구는 이 값과 거의 일치하고 있다. M 32는 일반적인 타원은하로서는 두드러지게 젊고, 금속 함량도 높다.

M 32의 중심에서 각도로 1~2아크미니트의 범위에 있는 영역은 하나하나의 별로 분해할 수 있다(그림 5.6). 그 색-등급도의 적색거성가지는 비정상적으로 폭이 넓다(6장 그림 6.2의 상단 오른쪽). 이러한 색의 분산은 적색거성의 금속 함량에 큰 분산이 있기 때문이다. 적색거성의 색에서 금속 함량의 빈도 분포를 구하면 [Fe/H]≃−1.5부터 점차 증가해 [Fe/H]≃−0.2에서 극대가 되고, [Fe/H]≃0.0을 향해 급격하게 감소한다. 이 금속 함량 분포는 화학진화의 단순한 모델로 예측하는 금속 함량 분포와 비교하면 좁다. 단순한 모델이라면 [Fe/H]< −1.0인 별이 10%는 존재하겠지만, M 32에는 그런 별이 거의 없다. 즉, 금속 함량이 낮은 별이 모델에 비해 매우 적다. 이는 M 31의 벌지와 마찬가지로 타원은하에서도 G형 왜성 문제가 있다는 것을 나타낸다.

은하계에서 구상성단의 별은 늙은 별이며 금속 함량이 낮다. 이러한 조건에서는 적색거성 진화를 마친 별은 중심에서 헬륨 연소를 일으키며, 색-등급도에서 수평가지 별로 불리는 위치에 있는 별이 된다. 그러나 이것은 금속 함량이 [Fe/H]< −0.7이고, 나이도 많은 별의 경우이다. 금속 함량이 높고, 나이가 젊은 경우에는 레드 클램프 별[7]로 적색거성가지 안에 파묻히는 것처럼 확인된다. 실제로 M 32의 경우에는 레드 클램프 별이 강

6 흡수선의 세기를 설명할 수 있는 나이와 금속 함량이 하나로 정해지지 않는 것.
7 1.4절 참조.

하게 집중되는 것이 적색거성가지 안에 나타난다. 레드 클램프 별의 광도는 별의 질량, 즉 나이에 민감하기 때문에 그 광도를 사용하여 나이를 추정하면 약 80억 년이 된다. 이 나이는 Hγ 흡수선의 윤곽에서 구한 값과도 거의 일치한다. 이 나이의 별이 M 32에서 대부분을 차지한다. 그러나 M 32에는 늙은 별의 종족도 존재한다. 거문고자리 RR형 변광성 관측에서 금속 함량이 낮고, 은하계의 성단처럼 나이가 140억 년인 별이 적어도 몇 퍼센트가 있는 것으로 추정한다. 이러한 늙은 별이 M 32의 전역에 넓게 분포하고 있다.

현재의 M 32에는 H I 가스가 없다(상한치는 2,400 $M_\odot$). 타원은하의 별은 끊임없이 진화하여 가스를 성간 공간으로 환원시킨다. 어느 순간에 가스가 은하에서 빠져나갔다면, 남겨진 별이 진화하여 그로부터 $\tau\times10$억 년 후에 은하에 모인 H I 가스의 질량은 $M_{\mathrm{HI}}=2.8\times10^6\tau M_\odot$이 된다. 여기에 M 32의 H I 가스의 상한치를 넣으면, $\tau<10^{-2}$이 되며, 약 1000만 년 전에 가스가 빠져나갔다고 생각된다. 가스가 빠져나가는 메커니즘은 아직 잘 알려져 있지 않으며, 가스의 행방도 타원은하나 왜소 타원은하 대부분에서 공통적인 문제이다.

5.3.3 왜소 타원은하 NGC 205

NGC 205는 NGC 185나 NGC 147과 함께 M 31 하위 그룹에 속하는 왜소 타원은하(dE)이다. NGC 205의 거리지수는 $(m-M)_0=24.58\pm0.07$, 거리는 824 ± 27 kpc, 그 절대등급 $M_V=-16.4$등급은 M 32의 절대등급 $M_V=-16.7$등급에 가깝다. NGC 205는 M 31과 겉보기로 8 kpc 밖에 떨어져 있지 않지만 실제로는 40 kpc 떨어져 있다. 이 거리는 궁수자리 왜소은하와 은하계 간의 거리보다는 멀고, 은하계와 대마젤란운의 거리보다는 가깝다. 실제로 별의 분포를 나타내는 등광도선이 장축을 따라 바깥쪽으로 갈수록 M 31의 방향으로 어긋나 있는 점, 지금도 별의 생성이 이루어지고 있다는 점, 별의 속도 분산이 바깥쪽으로 갈수록 증가하고 있는 점 등에서 NGC 205는 M 31의 조석작용을 받고 있다고 생각된다. 왜소 타원은하는 자체 중력을 주로 회전으로 지탱하는 회전지지 계와, 주로 별의 비등방적 랜덤 운동으로 지탱하는 비회전지지 계로 나눌 수 있는데, NGC 205는 회전 및 비등방적 랜덤 운동, 이 두 가지로 지탱되는 계이다.

NGC 205에서 대부분의 별은 100억 년 이전의 옛날에 탄생했지만, 밝은 점근거성가지 별이 색-등급도에서 많이 보인다는 것에서 그 후로도 40억 년 가까이 계속 별이 생성되었다는 것을 알 수 있다. 또 중심부에는 주계열성이 존재하고 있어 초기의 대규모 별 생성 이후에도 때때로 별 생성이 일어난다. 적색거성의 색 분산은 크며, [Fe/H]$=-0.8$이라는 높은 평균 금속 함량과 큰 금속 함량 분산에 대응하고 있다. NGC 205에는 비교적 많은 구상성단이 존재하지만, 그 평균 금속 함량은 [Fe/H]$=-1.5$로, 은하 본체보다 낮다. 그 이유는 구상성단이 은하보다 먼저 형성되었기 때문이다. 이는 NGC 185와 NGC 147에서도 마찬가지이다.

NGC 205의 은하면에는 먼지가 존재하지만, 다량의 H I 가스가 존재한다는 증거는 없다. 이것은 NGC 205의 성간 가스가 초신성 폭발이나 항성풍으로 날아갔거나, 또는 M 31의 근처를 통과할 때 깎여 나갔기 때문일 것이다. NGC 205의 중심에는 구 대칭 구조의 속도 분산이 작은 밝은 핵이 있다. 그 추정 질량은 $1.4\times10^6 M_\odot$이다. NGC 205의 구상성단이 역학적인 마찰(8.6절 참조)에 의해 NGC 205의 중심부로 낙하할 시간 규모는 1~10억 년이고, 우주의 나이보다 훨씬 짧다. 따라서 이 핵은 약간의 구상성단이 은하 중심으로 낙하하여 만들어졌을 가능성이 있다고 생각된다.

5.3.4 삼각형자리의 소용돌이은하 M 33(NGC 598)

M 33은 M 31 하위 그룹에 속하는 소용돌이은하다. M 33의 거리지수는 $(m-M)_0=24.62\pm0.15$, 거리는 839 ± 59 kpc, 절대등급은 $M_V=-18.9$ 등급이다. M 33은 거의 정면을 향하고 있어 소용돌이은하의 구조를 조사하기에 최적 은하이다. M 33은 일반 소용돌이은하로서 원반과 헤일로를 비롯해 별의 핵과 아마도 벌지가 있다. 단, 벌지의 유무는 아직 명확하지 않다(그림 5.7).

원반의 표면밝기는 중앙에서 바깥쪽을 향해 지수함수적으로 감소한다. M 33의 광도 대부분은 원반의 별이 담당한다. 헤일로에는 거문고자리 RR형 변광성과 구상성단이 있다. 핵에는 A형 별의 특징을 가지는 스펙트럼이 나타나는데, 1000만 년 정도 옛날에 폭발적인 별 생성이 있었다는 것을 시사한다. 별 원반의 눈금 길이는 약 2 kpc이지만, H I 가스가 별보다 훨씬 넓게 분포하고 있으며, 바깥쪽의 H I 가스는 안쪽의 원반에 대해 30° 정도 기울어져 있다. 원반에는 무수한 산개성단과 OB성협, H II 영역이 존재한다(그림 5.1). 이 성단과 성협의 은하 회전은 H I 가스와 H II 영역의 회전과 같다. 헤일로에 있는 구상성단의 색-등급도에서 평균 금속 함량이 [Fe/H]$=-1.6$으로 구해졌으며, 이는 은하계의 구상성단과 큰 차이가 없다. 그러나 색-등급도를 보면 붉은 수평가지 별이 상당히 많이 존재하며, 제2매개변수 문제(뒤에 설명)가 이들 구상성단에도 있다는 것을 알 수 있다.

수평가지의 형태는 일차적으로는 별의 금속 함량에 의해 결정된다. 즉 금속 함량이 낮은 수평가지 별은 푸르고, 높으면 붉게 된다. M 33에서 구상성단의 금속 함량은 매우 낮아 수평가지 별은 당연히 푸르게 되겠지만, 그것이 붉다는 것은 금속 함량 이외의 요인이 작용하고 있다는 것을 알 수

그림 5.7 스바루 망원경으로 촬영한 소용돌이은하 M33. 푸른 주계열성, HI 가스, 먼지, HII 영역, 초신성 잔해가 분포하는 원반의 바깥쪽에 늙은 적색거성으로 이루어진 헤일로가 화면 가득 퍼져 있다.

있다. 이것을 제2매개변수 문제라고 하며, 은하계의 구상성단에서는 나이와 관련되어 있다고 생각한다. M 33의 경우에도 이것이 나이에 의한 것이라면, 그 구상성단은 은하계의 구상성단에 비해 수십억 년 젊다고 할 수 있다. M 33 헤일로에서 구상성단의 형성이 은하계보다 수십억 년 늦은 것인지, 아니면 늙은 구상성단도 존재하는지 알아내기 위해서는 주계열 전향점의 절대등급에 의한 나이 결정이 앞으로의 과제이다. 또한 은하계의 늙은 구상성단에 비해 50~80억 년이나 젊은 구상성단도 있지만, 이 성단이 헤일로에 속하는지 아니면 원반의 성단인지는 운동학적 특성을 모르기 때문에 불명확하다.

한편, 케플러 망원경으로 M 33 헤일로의 적색거성을 분광 관측하여 그 금속 함량이 [Fe/H]≃−1.5로 구해졌다. 이것은 색-등급도에서 얻은 값과 일치하며, M 33의 원반 별의 평균 금속 함량 [Fe/H]≃−0.9에 비해서는 훨씬 낮은 값이다. M 33의 질량은 M 31이나 은하계보다 10분의 1 이하이지만, 그럼에도 불구하고 헤일로의 금속 함량이 거의 동일한 것은 흥미롭다.

M 33은 소용돌이은하이기 때문에 다수의 별 생성 영역이 있다. 그래서 H I 가스의 분포나 일산화탄소 가스의 밝기 분포, 원적외선의 세기 등의 관측값을 사용하여 별 생성률과 가스의 면밀도 간의 관계를 나타내는 슈미트 법칙 $\Sigma_{SFR} \simeq \Sigma^{n}_{gas}$을 구하면, 수소 분자 가스의 면밀도와 별 생성률 사이에 강한 상관이 있고, $n=1.35\pm0.08$이 되는 것을 알게 되었다. 이것은 슈미트 법칙의 전형적인 값과 일치한다. 원반의 늙은 별의 분포와 별 생성 활동 영역의 분포를 비교하면 후자가 더 넓은 범위에 걸쳐 있다. 이는 별 생성 활동이 M 33 원반의 중심부에서 바깥쪽으로 전파되고 있다는 것을 시사한다.

5.3.5 궁수자리 왜소은하

계층 구조의 형성 이론에 따르면 은하계는 왜소은하들이 속속 낙하함으로써 성장했다고 생각되어 왔다. 궁수자리 왜소은하Sagittarius Dwarf Galaxy는 바로 그러한 생각을 증명하는 것처럼 은하계 중심의 건너편에 등장했다. 은위가 낮은 영역은 은하계 안의 별이 많고, 성간흡수도 뚜렷하기 때문에 저 너머에 있는 왜소은하를 찾는 것은 매우 어려운 일이다. 1994년 우연하게도 그러한 존재를 이바타R.A. Ibata, 길모어G. Gilmore, 어윈M.J. Irwin이 발견했다. 다른 왜소은하와는 달리 그것은 은하계의 조석력에 의해 잡아 찢긴 가련한 모습이었다(그림 5.8).

궁수자리 왜소은하는 천구상에서 10°에 걸쳐 분포하고, 거리지수는 16.90 ± 0.15, 우리에게서 24 ± 2 kpc의 거리에 있다. 크기와 절대등급 $M_V=-13.4$등급은 화로자리 왜소은하에 엇비슷하다. 아마도 은하계 하

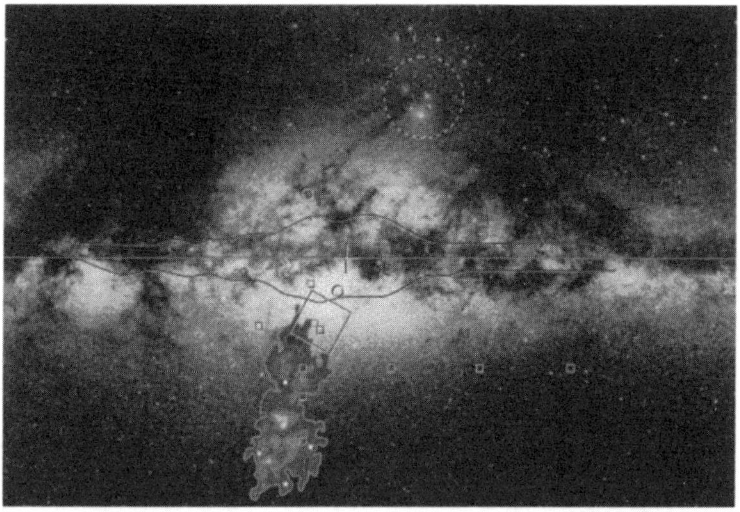

그림 5.8 은하계 중심의 건너편에서 은하계의 원반으로 돌입하는 궁수자리 왜소은하(하단 중앙의 불규칙한 모양). 지금까지 몇 번 은하계에 접근하였으며, 가장 접근하였을 때, 은하계 중심에서 12 kpc까지 접근했다. 궁수자리 왜소은하는 이 그림에서는 강조하여 그렸지만, 실제로는 은하계 중심 방향을 보아도 아무것도 보이지 않는다(R. Ibata *et al.*, http://antwrp.gsfc.nasa.gov/apod/ap980216.html).

위 그룹에서 가장 큰 왜소 타원은하일 것이다. 별의 밀도분포는 은하 중심의 방향으로 길게 뻗어 있으며, 조석력의 영향을 받고 있는 것을 분명하게 알 수 있다. 앞으로는 조각조각 해체되어 은하계의 별과 구별할 수 없게 될 것이다. 여러 개의 구상성단 M 54, Arp 2, Ter 7, Ter 8, Pal 12가 수반되어 있지만, 이러한 성단도 비슷한 운명을 걷게 될 것이다.

궁수자리 왜소은하는 은하계 중심의 건너편에 있으므로 색-등급도를 만들 때 은하계의 별이 많이 섞여 들어와 은하계의 별을 통계적으로 제거할 필요가 있다. 그렇게 해서 얻은 색-등급도는 화로자리 왜소은하와 비슷하다. 분광 관측으로 별의 금속 함량은 $-1.5<[Fe/H]<-0.2$라는 범위를 얻을 수 있다. 주계열성 전향점의 광도에서 구한 나이는 70억 년에서 100억 년 사이에 있다. 또 붉은 수평가지 별이 우세하며, 탄소성이 많이

발견되었다. 즉, 이 은하에 있는 별의 대부분은 중간 나이의 별이다. 그러나 푸른 수평가지 별도 존재하기 때문에 최초의 별 생성은 은하계의 구상성단이 태어났을 무렵에 일어났을 것이다.

궁수자리 왜소은하의 궤도를 따라 은하 중심에서 반대 방향으로 깎여 나간 HI 가스가 검출되고 있다. 그 질량은 $(4\sim10)\times10^6 M_\odot$이다. 궁수자리 왜소은하의 질량은 $5\times10^8 M_\odot$이므로, 이 HI 가스는 은하 질량의 1~2%에 해당한다. 궁수자리 왜소은하는 10억 년 이하의 공전주기로 은하계 주위를 궤도운동하고, 은하계 중심에는 12 kpc까지 접근한다. 만약 이 가스가 2~3억 년 전에 은하계의 원반을 통과할 때 깎여 나갔다고 하면 곧 확산되어 흩어져 버렸어야 하지만, 그렇지 않은 것은 가스가 은하계 헤일로의 물질에 둘러싸여 있거나 또는 이 은하에 다량의 암흑물질이 있어 그것에 붙잡혀 있기 때문일 것이다. 또한 수억 년 전까지 HI 가스가 있었다면, 젊은 별이 발견되어도 좋지만 아직 발견되지 않았다. 이 은하는 왜소은하가 HI 가스를 잃게 되는 원인 중 하나가 큰 은하의 조석력임을 시사하고 있다.

궁수자리 왜소은하에서 구상성단의 나이와 금속 함량 사이에는 다음과 같은 상관관계가 있다. 다시 말해 Ter 8 ([Fe/H]=−2.00)과 M 54 ([Fe/H]=−1.79)의 나이는 140억 년, Arp 2 ([Fe/H]=−1.84)는 100억 년, Ter 7 ([Fe/H]=−1.00)과 Pal 12 ([Fe/H]=−1.00)는 70억 년이다. 이로부터 궁수자리 왜소은하에서 헤일로의 화학진화가 140억 년 전부터 70억 년이라는 세월에 걸쳐 [Fe/H]=−2.00에서 [Fe/H]=−1.00까지 진행되었음을 알 수 있다.

5.4 국부은하군의 미래

차가운 암흑물질 시나리오에 기초한 우주 구조의 계층적 형성 이론에서는 우주에서 은하 규모의 천체는 모두 더 작은 것에서 큰 것으로 성장해 간다. M 31이나 은하계와 같은 큰 은하는 초기 우주의 밀도 흔들림이 국부적으로 높아진 장소에서 수많은 왜소 타원은하 등이 집적되고 합체하여 형성되었다. 이 왜소 타원은하 등의 합체가 도중에 멈추면 그대로 왜소은하로 된다. 국부은하군도 이렇게 하여 태어났으며, 크고 작은 다양한 은하가 각각 특징적인 성장 과정을 거치고, 큰 은하의 주변에 왜소 타원은하가 모이며, 왜소 불규칙은하는 구석구석까지 두루 흩어져 있는 구조가 형성되었다. 왜소은하로 한번 태어나서 자기중력계가 되어 다른 은하에 의한 조석력의 영향으로 잡아 찢어지지 않고, 그 후의 합체도 경험하지 않았다는 것은 우주 나이 동안에 돌발적으로 별 생성을 반복했다는 것이다. 왜소 불규칙은하는 가스가 많은 은하이므로 지금도 별이 생성되지만, 왜소 타원체은하는 가스와 먼지를 잃어 버렸기 때문에 별 생성도 일어나지 않으며 조용하게 시간을 보낸다.

이처럼 국부은하군은 우주의 계층 구조 속에서 아주 평범한 구조이며, M 31과 은하계는 먼 미래에 서로 삼키고 삼키게 되어 하나가 될 것이다. 가스를 잃고 주변에 산재하는 왜소은하도 흡수하여 아무 일도 없었던 것처럼 거대한 타원은하가 출현하게 된다. 먼 곳에 있는 은하단에는 중심이 되는 핵에서 사방팔방으로 뻗어 있는 은하 필라멘트 구조가 보인다. 근방의 은하단과 비교하면, 이 필라멘트 모양의 은하 분포는 은하단이 역학적으로 진화함과 동시에 핵으로 떨어져 들어가는 것을 보여준다. 국부은하군도 이 필라멘트 구조처럼 언젠가는 처녀자리 은하단으로 빨려 들어갈 것이다.

제6장
왜소은하

왜소은하는 작고 어둡지만 개수로는 은하의 대다수를 차지한다. 밝은 은하는 관측하기 쉽기 때문에 먼 곳에서도, 또 시대를 거슬러 올라가도 비교적 쉽게 실태를 알 수 있다. 하지만 별로 눈에 띄지 않는 왜소은하의 모습은 좀처럼 알 수 없다. 은하의 본질을 파악하기 위해서는 수적 우위에 있는 이러한 어두운 은하의 실태를 아는 것이 중요하다.

6.1 왜소은하의 성질

왜소은하에 대한 정확한 정의는 없지만 많은 경우에 B밴드의 절대등급 M_B[1]가 −18등급보다 어두운 은하를 총칭하여 왜소은하라고 한다. 그러나 그러한 은하에서도 타원은하와 원반은하 등의 허블 계열 은하로 분류하는 경우도 있으므로 주의가 필요하다(예를 들어 NGC 3109 등). 왜소은하는 $10^6 \sim 10^{10} M_\odot$ 정도의 질량을 가진 별의 집단이고, 구상성단과 밝은 은하의 중간에 위치하지만, 이들은 여러 면에서 다르다.

왜소은하는 크게 매끄러운 밝기 분포를 가진 왜소 타원은하[2]와 왜소 타원체은하, 그리고 별 생성 영역 등을 갖고 밝기 분포에 구조가 보이는 왜소 불규칙은하로 나눌 수 있다. 밝은 은하의 분류를 모방하여, 전자를 조기형 왜소은하, 후자를 만기형 왜소은하라고도 한다. 이 밖에 표면밝기가 매우 낮은 '표면밝기 은하'와 활발하게 별 생성을 하고 있는 '청색 콤팩트 왜소은하' 등이 왜소은하로 분류되어 있다. 또한 최근에는 아주 먼 곳에 있으며 별과 구별할 수 없을 정도로 중심에 집중된 표면밝기 분포를 가진

1 청색 파장 대역인 4,000~5,000Å의 절대등급.

2 역사적으로 조기형 왜소은하는 콤팩트하고 비교적 표면밝기가 밝은 왜소 타원은하와 희미하게 퍼진 표면밝기가 어두운 왜소 타원은하로 구별하여 왔지만, 이 둘을 나누는 명확한 경계는 없으며, 표면밝기 및 밝기 분포 등이 하나의 계열을 이루고 있기 때문에 이 책에서는 단서를 특별히 달지 않는 한 왜소 타원은하로 총괄하여 해설한다.

초소형 왜소은하라는 종류도 새롭게 발견되었다. 이 절에서는 각각의 은하 형태에 대하여 국부은하군은 물론, 처녀자리 은하단과 멀리 있는 왜소은하 등의 관측을 통해 밝혀진 일반적인 성질을 검토하겠다.

6.1.1 왜소 타원은하

많은 왜소 타원은하는 일반적으로 붉고 늙은 별이 주요 구성 요소이며, 최근의 별 생성 활동은 거의 보이지 않는다. 왜소 타원은하에는 중성 수소 원자(H I) 가스가 은하 전체 질량의 0.1% 이하 정도밖에 존재하지 않고, 마찬가지로 이온화 수소(H II) 가스도 거의 존재하지 않는다. 왜소 타원은하에서 발견되는 수소 가스는 진화한 별의 질량 방출에 의해 은하로 나올 것으로 생각되는 양보다 훨씬 적기 때문에 은하에서 수소 가스를 빼내는 메커니즘이 필요하다고 생각된다. 이 메커니즘으로서, 초신성 폭발 등의 에너지에 의해 은하에서 가스가 날아가는 은하풍 설이나 큰 은하의 조석 작용에 의한 가스 박탈 설이 제안되어 있다. 후자의 설에 따르면 많은 왜소 타원은하가 큰 은하의 근처에 존재하고 있다는 사실도 잘 설명할 수 있다고 생각된다. 국부은하군의 밝은 왜소 타원은하에는 일산화탄소(CO) 및 저온 먼지에 의한 복사도 검출되고 있다.

밝은 타원은하처럼 매끄러운 표면밝기 분포를 가진 왜소 타원은하이지만 그림 6.1에 나타낸 바와 같이 어두운 것일수록 표면밝기가 낮아지는 경향을 가지고 있으며, 겉모습이 유사한 것과는 달리 밝은 타원은하와는 별도의 계열을 이루고 있는 것을 알 수 있다. 또 타원은하 계열은 $M_{\mathrm{B}}=-18$ 등급보다 어두운 쪽에도 계속되고 있는데, 이 영역에 있는 은하를 왜소 타원은하와 구별하여 콤팩트 타원은하라고 부르기도 한다. 콤팩트 타원은하의 대표적인 예로 M 32를 들 수 있다.

밝은 타원은하가 $r^{1/4}$ 법칙(1.3절 참조)에 따라 표면밝기 분포가 나타나는

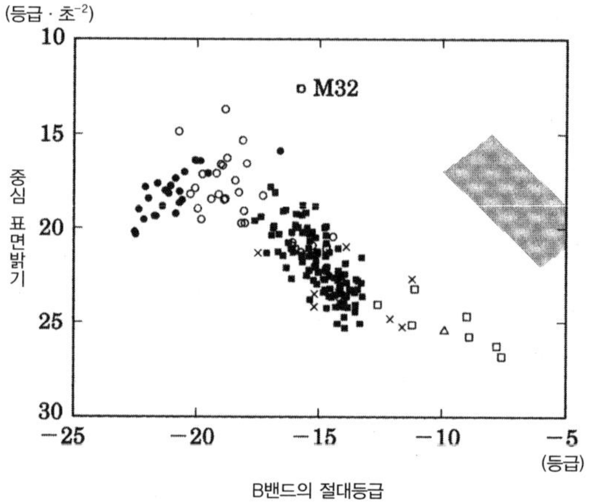

그림 6.1 은하의 광도와 중심 표면밝기의 관계. 밝은 타원은하는 ● 또는 ○로, 처녀자리 은하단의 왜소 타원은하는 ■로, 국부은하군의 왜소 타원은하는 □로, 왜소 불규칙은하는 ×로, 왜소 형태 이행 은하는 △로 나타냈다. 참고하기 위해 구상성단이 차지하는 영역을 회색으로 나타냈다.

것에 비하여, 왜소 타원은하의 표면밝기 분포는 밝은 원반은하와 마찬가지로 기본적으로는 지수법칙으로 잘 표현된다. 그러나 밝은 왜소 타원은하 중에는 은하 중심에서 밝기가 증가하는 것이 있어 표면밝기 분포는 중심부부터 서서히 지수법칙에서 벗어난다. 이러한 특징을 가지는 것을 유핵 왜소 타원은하라고 한다. 어떤 광도의 유핵 왜소 타원은하의 존재 비율은 광도와 함께 높아지고, 핵의 광도는 은하 본체의 광도에 비례하여 밝아진다고 알려져 있다. 핵이 어떻게 형성되었는지에 대해서는 아직 확실히 알지 못한다.

최근에는 세르식J.L. Sérsic이 제창한 세르식 윤곽곡선

$$I(r) = I_0 \exp\left[-\left(\frac{r}{r_0}\right)^n\right] \tag{6.1}$$

이라고 하는 지수법칙을 일반화한 함수를 사용하여 표면밝기 분포를 나타

내는 경우가 많다. 세르식 윤곽곡선은 $n=1$일 때 지수법칙과 동일하다. 밝은 타원은하에서 $n \simeq 0.25$이며, 드 보쿨레르가 제창한 $r^{1/4}$ 법칙(드 보쿨레르 법칙)을 재현한다. 그러나 은하가 어두워짐에 따라 n은 점차 커지고, 왜소 타원은하에서는 $n \simeq 1 \sim 2$이다. 또한 왜소 타원은하의 중심 표면밝기와 n 사이에는 좋은 상관관계가 있다는 것도 잘 알려져 있다.

한편, 최근의 상세한 관측을 통해 왜소 타원은하의 주위에도 밝은 은하와 마찬가지로 매우 밝은 헤일로가 존재하는 것이 밝혀졌다. 또한 은하 내부나 헤일로에 하위 구조가 있는 것도 관측되었으며, 별이 적고 단순한 계라고 여겨지던 왜소 타원은하조차 복잡한 형성과 진화의 역사가 있음을 시사한다.

왜소 타원은하의 편평도를 조사해 보면 유핵 왜소 타원은하는 핵이 없는 왜소 타원은하에 비해 둥근 것이 많고, 밝은 타원은하의 편평도 분포와 비슷하다는 것을 알게 되었다. 또한 핵이 없는 왜소 타원은하와 왜소 불규칙은하의 편평도 분포가 거의 일치한다는 결과도 얻었다. 하지만 은하를 구성하는 별의 시선속도나 은하 전체의 흡수선에 대한 선폭 분석을 통해 왜소 타원은하에서는 회전이 거의 보이지 않으므로 회전하기 때문에 편평하게 되는 것이 아니라는 것을 알게 되었다.

6.1.2 왜소 타원체은하

작고 비교적 밝은 개별 왜소 타원체은하에 대해서는 5장에서 자세히 설명했다. 여기에서는 국부은하군의 대표적인 왜소 타원체은하 몇 개를 소개하겠다.

안드로메다 II(And II)

M 31의 주위에는 왜소은하가 많이 존재한다. 지금까지 안드로메다 I,

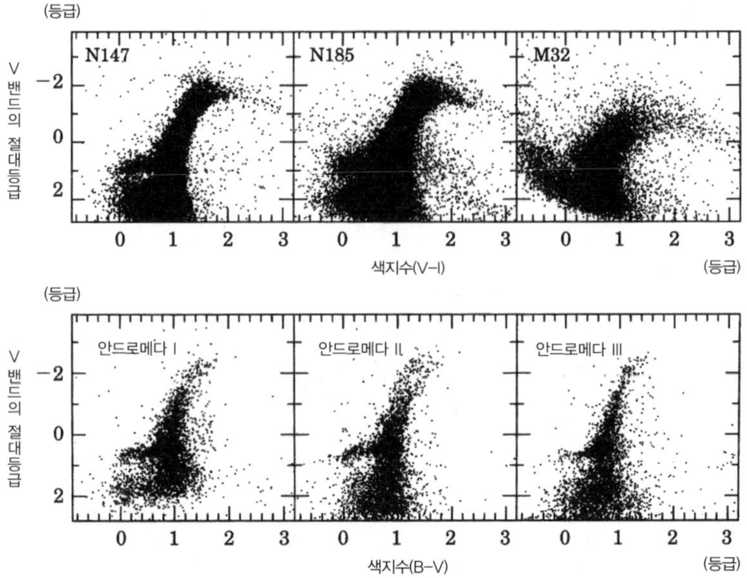

그림 6.2 허블 우주망원경 WFPC 2의 이미지를 분석하여 얻은 M 31 근방에 있는 국부은하군의 왜소은하에 대한 색-등급도이다. 상단 왼쪽부터 왜소 타원은하인 NGC 147, NGC 185, M 32이며, 하단 왼쪽부터 왜소 타원체은하인 안드로메다 I, 안드로메다 II, 안드로메다 III이다(Ikuta 2002, PhD Thesis, Univ. of Tokyo).

II, III, V, VI, VII, IX, X가 발견되었다. 모두 매우 비슷한 왜소 타원체 은하이며, 각각의 개성이 은하계에 수반된 왜소은하만큼 다양하지는 않다. 그림 6.2의 하단에 안드로메다 I, II, III의 색-등급도를 나타냈는데, 셋 모두 비슷한 색-등급도를 갖고 있어서 별 생성의 역사도 비슷할 것으로 생각한다.

그중에서도 안드로메다 II는 가장 자세하게 조사한 은하이다. M 31로부터의 거리는 약 130 kpc이며 M 33의 방향에 있다. 따라서 이 왜소은하는 오히려 M 33에 수반된 것이 아닐까 의심한 적도 있었다. 질량·광도비는 $M/L_{\rm V}=20.9^{+13.9}_{-10.1}$(태양 단위)로 높은 값을 나타내고, 용자리 왜소은하나 작은곰 왜소은하와 마찬가지로 암흑헤일로가 있다고 생각된다. 스바루

그림 6.3 스바루 망원경으로 촬영한 안드로메다 II 왜소 타원체은하가 중심에 희미한 빛의 얼룩으로 보이고 있다. 금속 함량이 높은 중간 나이의 별이 중심부에 있고 금속 함량이 낮고 늙은 별이 은하 전역에 퍼져 있다.

망원경으로 안드로메다 II의 전역에 걸친 정밀도 높은 영상을 얻었다(그림 6.3). 색-등급도의 특징은 매우 폭이 넓은 적색거성가지, 탁월한 적색수평가지 별, 그리고 개수는 적지만 청색수평가지 별이 있다는 것이다(그림 6.2 아래). 거문고자리 RR형 변광성도 다수 확인된다. 색-등급도의 분석에서 넓게 분포하는 별의 종족과 중심에 집중 분포하는 별의 종족이 있는 것으로 밝혀졌다. 넓게 분포하는 종족의 나이는 약 140억 년, 금속 함량은 $[Fe/H] \simeq -1.6$이며, 안드로메다 II 광도의 80%를 맡고 있다.

이에 반해 중심에 집중 분포하는 종족의 나이는 100억 년 정도이고, 금속 함량도 $[Fe/H] > -1.2$로 높은 값을 보인다. 이러한 특징은 조각가나 화로자리 왜소은하와 흡사[3]하다. 또한 밝은 점근거성가지 별과 탄소성도

3 매우 어두운 왜소은하 중에는 고유 명칭이 없는 것도 있으며, 그 경우 천구상의 위치에 해당하는 별자리 이름으로 호칭한다.

발견되고 있기 때문에 100억 년보다 젊은 중간 나이의 별도 존재한다. 즉, 안드로메다 II는 초기에 은하 전체에서 별 형성이 이루어지고, 그 후 가스가 더 중심에 응집하여 다음 세대의 별이 거기에서 태어났다는 별 생성의 역사를 추정할 수 있다. M 31 하위 그룹에서 왜소 타원은하의 대부분은 이 왜소은하와 같은 별 생성 역사를 가지고 있다.

화로자리 왜소은하(For)

은하계 주위에는 개성 넘치는 왜소 타원은하가 많이 존재한다. 조각가, 화로, 용골, 사자 I, 육분의, 사자 II, 작은곰, 용, 궁수자리 왜소은하 등이 있다. 또 최근에는 슬론 디지털 스카이 서베이(SDSS) 아카이브로부터 사냥개, 목동, 큰곰, 작은곰 II, 사자 IV 등의 왜소 타원은하가 발견되었다.

화로자리 왜소은하는 은하계 하위 그룹 중에서 궁수자리 왜소은하 다음으로 밝고 질량이 크다. 색－등급도(그림 6.4의 상단 중앙)에서 화로자리 왜소은하는 우주 나이에 맞먹을 만큼 늙은 별부터 10억 년 정도 전에 태어난 젊은 별까지 다양한 나이의 별로 구성되어 있다는 것을 알 수 있다. 은하 전역에 나이가 100~140억 년인 늙은 별이 분포한다. 이들은 은하 형성 초기에 태어난 종족이다. 또한 밝은 점근거성가지 별과 탄소성이 많이 발견되는 점에서, 이 은하에 있는 별의 대부분(40%)은 20~80억 년의 범위로 추정되는 중간 나이의 별이다. 중간 나이의 별은 비교적 은하 중심에 집중되어 분포하고 있으며, 속도 분산이 작다는 특징을 가진다.

화로자리 왜소은하에는 10억 년보다 더 젊은 종족도 있다. 이들은 중심핵에만 존재하고, 그 분포는 비대칭이며 막대 구조이다. 이 젊은 종족 중에서도 2~3억 년보다 젊은 별은 매우 강한 중심 집중을 보이며 불규칙하게 분포한다. 이러한 별 생성의 특징은 아주 어린 주계열성이 없다는 것만 제외하면 소마젤란성운과 왜소 불규칙은하와 구별할 수 없다. 이상하게도

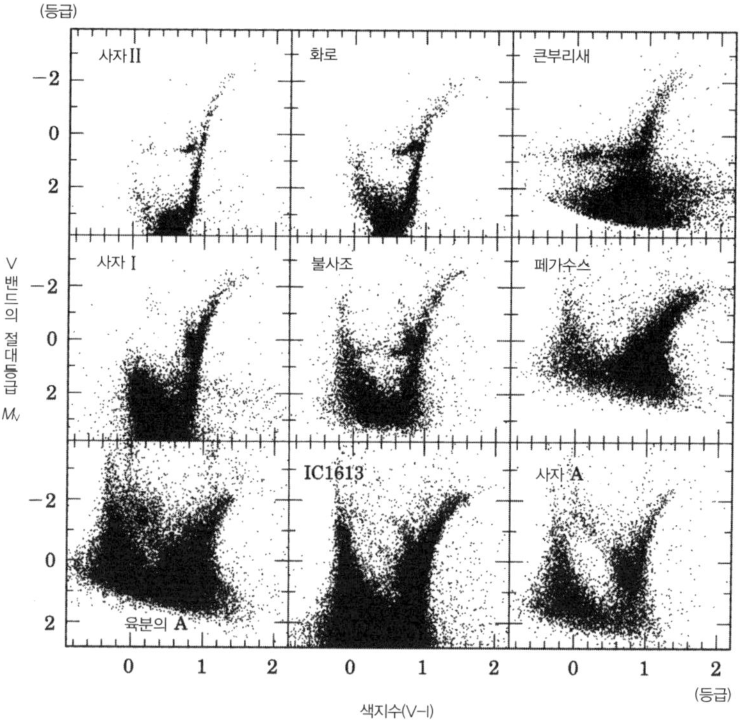

그림 6.4 허블 우주망원경 WFPC2의 이미지를 분석하여 얻은 국부은하군의 왜소은하에 대한 색–등급도. 상단 왼쪽부터 왜소 타원은하인 사자 II, 화로, 큰부리새, 중앙단 왼쪽부터 왜소 타원체은하인 사자 I과 왜소 형태 이행 은하인 불사조, 페가수스, 하단 왼쪽부터 왜소 불규칙은하인 육분의 A, IC1613, 사자 A의 색–등급도이다(Ikuta 2002, PhD Thesis, Univ. of Tokyo).

화로자리 왜소은하에서 비교적 최근까지 별 생성이 계속되었다는 증거는 있지만, 별을 만드는 재료가 되는 H I 가스는 검출되지 않는다.

화로자리 왜소은하에서는 은하를 구성하는 별이 수백 개 단위로 분광 관측되었으며 금속 함량이 측정되었다. 그렇게 해서 얻은 금속 함량의 분포를 이른바 화학진화의 단순한 모델(4.4.1절 참조)과 비교하면 금속 함량이 낮은 별이 적다. 이는 태양계 근방에서 G형 왜성 문제로 알려져 있는 것과 같은 현상이다. 또 마찬가지로 금속 함량의 분포는 조각가, 용골, 육분의에서도 밝혀지고 있으며, G형 왜성 문제는 왜소 타원은하에 공통적이라고 할 수 있다.

화로자리 왜소은하에는 궁수자리 왜소은하와 마찬가지로 왜소 타원은하로서는 예외적으로 많은 구상성단이 있다. 그 다섯 개의 구상성단 중 화로 I, 화로 II, 화로 III, 화로 V의 금속 함량은 [Fe/H]≃−2.5에서 [Fe/H]≃−2.1의 범위에 있으며, 나이는 은하계의 구상성단 M 92나 M 68에 가까운 약 140억 년이다. 즉 이 은하의 형성 초기에 이 구상성단들이 태어났다고 생각된다. 은하 본체보다 구상성단의 금속 함량이 낮은 것은 NGC 205, NGC 185, NGC 147도 마찬가지이다. 화로 IV의 금속 함량은 [Fe/H]≃−2.0이고, 나이는 네 구상성단에 비해 적어도 약 30억 년은 젊다.

이 은하의 중심부에는 은하 본체와는 이질적인 운동 속도를 가진 한 무리의 별이 존재한다. 금속 함량은 −2.0≦[Fe/H]≦−1.4의 폭이 있으며, 그 값도 다른 구상성단보다 높기 때문에 이 별들은 과거에 떨어져 들어온 왜소은하로 짐작된다. 화로자리 왜소은하의 조석 반경 바깥에 별이 공 껍질 모양으로 분포하고 있는 셸shell 구조가 보이고, 여기에 포함된 별의 총광도는 M_V로 약 −7등급에 이른다. 이러한 셸 구조는 타원은하에서는 드문 일이 아니며, 왜소은하가 타원은하로 떨어지는 도중에 형성된다. 셸 모양 별의 나이는 대략 20억 년이기 때문에, 20억 년 전에 가스를 다량으로 포함하는 왜소은하가 포획되었고 그때 새롭게 태어난 별이 셸이 되었다고 생각된다. 속도가 다른 한 무리의 별은 그 왜소은하 본체의 자취일 것이다.

용자리 왜소은하(Dra)

용자리와 작은곰자리의 왜소은하는 질량 · 광도 비가 비정상적으로 높

그림 6.5 스바루 망원경으로 촬영한 용자리 왜소은하의 중심부. 중심에 희미하게 보이지만, 이 은하의 별은 이미지 전체의 2배나 되는 공간에 분포한다. 초기에 별 생성을 일으켰을 뿐 그 후에는 눈에 띄는 활동을 하지 않고, 왜소은하로는 가장 단순한 별 생성 역사를 가진 은하이다.

은 왜소은하로 비리얼Virial 평형을 가정하면 $M/L_B = 165^{+289}_{-107}$(태양 단위)가 된다. 은하계 조석력의 영향이 있다면 이 값은 더 작아진다. 그러나 SDSS 아카이브를 바탕으로 이 은하의 주변 지역을 조사한 결과, 조석력의 영향으로 잡아 늘인 구조는 보이지 않았다. 따라서 실제로 암흑물질이 두드러지게 많은 왜소은하일 가능성이 높다(그림 6.5).

용자리 왜소은하에 대한 색-등급도의 특징은 금속 함량이 낮음에도 불구하고 수평가지가 붉다는 점이다. 별의 평균 금속 함량은 [Fe/H]=−1.8이고, 적어도 두 자릿수 이상의 금속 함량의 분산이 존재한다.

나이는 은하계의 구상성단 M 68 및 M 92처럼 늙은 별의 집단이며, 이 은하에 속한 별의 75~90%는 나이가 140억 년에 가까운 늙은 별이다. 6.3.3절에서 언급한 대로 화학조성 유형은 Ia형 초신성의 영향을 볼 수 있으므로, 별 생성이 적어도 초기 수십억 년은 계속되었지만 그 후에는 눈에 띄는 활동이 없다. 20억 년 정도의 중간 나이의 별이 중심 영역을 벗어나 존재한다는 지적도 있지만 확실하지는 않다. 색-등급도에는 언뜻 보면 주계열성으로 보이는 푸르고 밝은 별을 볼 수 있지만, 이것은 청색 낙오성[4]이라는 나이든 별이다. 근접하는 쌍성계의 어느 한 별이 먼저 적색 거성이 되어 팽창하여 로슈 로브[5]를 채운 가스가 넘쳐 나오고, 다른 한쪽의 주계열성에 내려 쌓이는 것이다. 용은 작은곰과 함께 왜소 타원체은하 중에서는 비교적 단순한 별 생성의 역사를 가진 은하라고 해도 좋다. 둘 다 다량의 암흑물질이 존재할 것으로 추정되는 것은 결코 우연이 아닐 것이다.

큰부리새자리(Tuc)

큰부리새자리는 1985년에 매우 어두운 성운으로 그 존재가 알려져 있었지만, ESO의 남쪽 하늘 은하 목록과 툴리R.B. Tully의 근방 은하 목록에서는 무슨 까닭인지 무시되었다가 1990년에 '재발견' 되었다. 색-등급도(그림 6.4의 상단 오른쪽)를 통해 이 은하가 늙은 별로 이루어져 있다는 것을 알 수 있다. 젊은 별이 태어나고 있다는 징후도 없다. 또한 이 은하의 별이 분포하는 범위에는 H I 가스가 검출되지 않는다. 이러한 특징은 은하계나 M 31의 주변에 존재하는 왜소 타원체은하와 매우 비슷하다.

그런데 이상한 것은 그 거리이다. 거리는 870±60 kpc, 즉 큰부리새는 예외적으로 은하계에서도 M 31에서도 꽤 떨어져 있는 왜소 타원체은하이며, 비슷한 왜소은하로는 고래자리(780±50 kpc)가 있다. 이 은하들이 존재하는 것은 왜소 타원체은하에 왜 가스가 없는지에 대해 설명할 때 항상 문제가 된다. 그것은 큰 은하의 주변에서 영향을 미치는 것으로 보이는 조

4 blue straggler.
5 Roche lobe. 쌍성계에서 한쪽 별의 중력이 다른 쪽 별의 중력을 능가하는 한계.

석력에 의한 박탈 메커니즘이 이 두 은하에는 들어맞지 않기 때문이다.

재미있는 것은 큰부리새자리에서 각도로 15 아크미니트 정도 떨어진 곳에 H I 가스구름이 발견되었다. 그 꼬리가 은하까지 이어져 있는 것처럼 보이기 때문에 어떤 물리적인 연관이 있을지도 모른다. 만약 은하와 같은 거리에 있다면 H I 가스의 질량은 $M_{\mathrm{HI}} \simeq 1.5 \times 10^6 M_{\odot}$이 되며, 이를 은하의 광도로 나눈 값은 $M_{\mathrm{HI}}/L_B \sim 3.5$(태양 단위)이다. 이 값은 가스가 많은 불규칙 왜소은하의 값에 필적한다. 만약 이 H I 가스가 큰부리새자리에서 나온 것이라면, 6.1.3질에서 설명하는 형태 이행 은하가 왜소 타원은하로 진화하는 과정의 마지막 단계를 보고 있는 것일지도 모른다.

6.1.3 왜소 불규칙은하

왜소 불규칙은하는 지금도 별 생성 활동을 하는 은하이고, 밝은 H II 영역을 가지고 있으며, 외형은 불규칙한 모양이다. 별 생성 활동이 있는 것에서 알 수 있듯이 은하 전체로 푸른색을 띠고, 왜소 불규칙은하는 H I 가스와 H II 가스를 많이 포함하고 있다고 알려져 있다. 또한 밝은 왜소 불규칙은하에서는 일산화탄소(CO) 및 먼지에 의한 복사도 관측되었다.

H I 가스는 100~300 pc 규모로 요철 모양이나 셸 구조 또는 H I 가스가 없는 홀 구조 등 복잡한 형상을 가지고 있다. 또 많은 왜소 불규칙은하에서는 가시광으로 관측되는 은하 본체보다 몇 배나 퍼져 있는 H I 가스가 있는 것으로 알려져 있다(그림 6.6 참조). 이 퍼져 있는 가스의 기원에 대해서는 아직 잘 모르지만, 은하에 내려 쌓인 원시 가스로 보는 설이나 은하 본체에서 초신성 폭발이나 조석 작용 등에 의해 방출된 가스라는 설 등이 제기되었다.

하나의 왜소 불규칙은하에는 한 개에서 수십 개의 H II 영역이 존재하고 있다. H II 영역은 은하에서 랜덤하게 분포하고 있기 때문에 밀도파의 조밀한 부분(소용돌이 팔)에서 별 생성을 일으키는 소용돌이은하와는 다른 별 생성 메커니즘이 작동하고 있다고 생각할 수 있다. 별 생성 활동은 시간에 따라 변하지만, 평균적으로는 그다지 활동적이지 않은 별 생성 활동을 장기간에 걸쳐 지속하는 것으로 보인다. 즉, 왜소 불규칙은하는 오랜 기간에 걸쳐 정적으로 별을 만들고 있다.

젊은 별을 많이 볼 수 있는 왜소 불규칙은하이지만 나이가 많은 별도 골고루 존재하고 있다. 이 늙은 별은 종종 젊은 별과는 대조적으로 정연하게 분포하고, 그 분포는 일반적으로 지수법칙으로 잘 나타낼 수 있다. 즉, 늙은 별 성분만을 보면 왜소 타원은하와 비슷한 구조를 갖고 있다고 할 수 있다. 또 늙은 별은 젊은 별보다 넓게 분포하고 있지만, HI 가스는 또 그 몇 배로 펼쳐져 있다. 그러나 스바루 망원경에 의한 관측에서 코미야마 유타카小宮山裕 등은 왜소 불규칙은하의 별과 HI 가스의 확산이 사실은 일치하고 있다는 것을 밝혀냈다.

왜소 타원은하는 큰 은하 주변에 흔히 볼 수 있는 반면, 왜소 불규칙은하는 큰 은하로부터 멀리 떨어진 고립된 환경에 많이 존재하고 있다는 것도 알려져 있다. 여기에서 국부은하군의 대표적인 왜소 불규칙은하를 살펴보겠다.

NGC 6822

NGC 6822은 IC 10 및 IC 1613과 함께 M 31 하위 그룹에도 은하계 하위 그룹에도 속하지 않는 왜소 불규칙은하이다. NGC 6822은 대마젤란성운과 소마젤란성운을 제외하고 은하계에 가장 가까운 왜소 불규칙은하이다. 이미 19세기에 바너드E.E. Barnard에 의해 발견되어 잠시 바너드 성운이라고 불렀다. 허블이 세페이드를 사용하여 거리를 구했을 때 다분히 은하계의 외부에 있다고 밝혀짐에 따라 은하계의 외부 성운 중의 제1호라는 명예로운

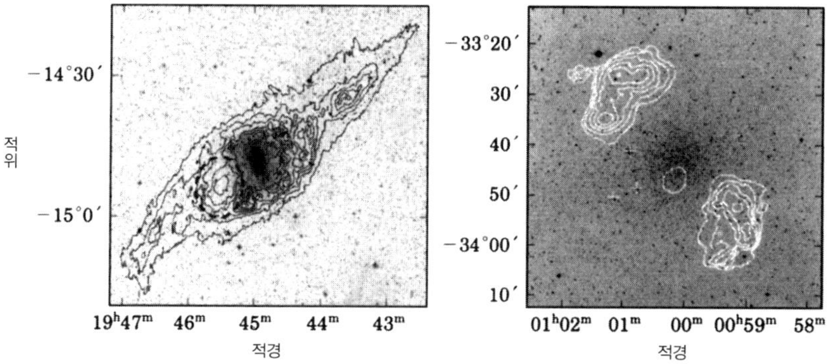

그림 6.6 왜소 불규칙은하인 NGC 6822(왼쪽). 가시광 이미지에 HI 가스의 등고선을 겹쳤다. HI 가스는 은하 본체에 비해 수배 넓게 분포하고 있다는 것을 알 수 있다. 왜소 타원체은하인 조각가자리(오른쪽). 가시광 이미지에 HI 가스의 등고선을 겹쳤다. 은하 본체의 바로 옆에 HI 가스구름이 떠 있는 모습을 알 수 있다(de Blok & Walter 2000, *ApJ* Letters, 537, 59 및 Carignan *et al.*, 1998, *AJ*, 116, 1690).

지위를 얻었다. NGC 6822의 HI 가스 질량은 $1.3\times10^8 M_\odot$이며, 비교적 HI 가스가 많은 은하이다. 대마젤란성운과 마찬가지로 중심에 막대 모양 구조를 가진다. 성간 가스의 산소·수소 비율은 $12+\log(\mathrm{O/H})=8.2\pm0.2$이다. 이것은 태양의 20%로 소마젤란성운과 대마젤란성운의 중간이다.

색-등급도의 상세 분석을 통해 이 은하의 별 생성은 120억 년 이상 옛날에 시작되었다고 추정할 수 있다. 그 후 별 생성률은 거의 일정하거나 서서히 감소하여 수십억 년 전까지 지속되었다. 그 상태로 별 생성이 끝나면 왜소 타원은하와 비슷한 별 생성사가 된다. 그러나 많은 젊은 주계열성 및 청색 루프 별[6]의 존재 때문에 1~2억 년 전 은하 전역에 걸쳐 별 생성이 다시 시작되었음을 알 수 있다. 별 생성의 세기는 은하면에서 균일하지 않다. 중심의 막대 구조 부근이 주변 지역보다 별 생성률이 높고, 그중에서도 막대 구조의 중심보다는 양쪽 끝부분이 높다. 최근 별 생성이 재개된

6 blue loop star. 이 별은 주계열로부터 분리되어 진화한 대질량성. 금속 함량이 낮고, 별이 생성되고 있는 은하에서 두드러지게 보이는 별의 종족이다.

점과 NGC 6822에서 H I 가스가 이상하게 분포하는 점 사이에 관련이 있을지도 모른다.

그림 6.6(왼쪽)은 NGC 6822의 H I 가스의 분포를 별의 분포에 겹쳐서 나타낸 것이다. 막대 구조의 동남쪽(왼쪽 아래)에 H I 가스가 없는 구멍이 있으며, 반대편인 북서쪽에 H I 가스가 국부적으로 두꺼운 구름이 있다. 가스 구멍의 크기는 2.0×1.4 kpc에 해당한다. H I 가스구름이 은하에 딸려 있다는 확증은 없지만, 그 질량은 $10^7 M_\odot$이나 되고, 은하 전체 H I 가스의 약 10 %에 달한다. 가스 구멍과 H I 가스구름, 또한 NGC 6822에서 일어난 별 생성을 설명하는 아이디어 중의 하나는, 가스 구멍은 고속의 수소 구름이 NGC 6822의 원반부를 관통할 때 생겼으며, 그 자취가 북동쪽에 있는 H I 가스구름이라는 생각이다. 그 운동학적 특징에서 관통이 일어난 시기는 1억 년 전으로 추정되며, 별 생성이 1~2억 년 전에 갑자기 재개되었다는 색-등급도의 특징과 들어맞는다.

사자 A(Leo A)

사자 A는 왜소 불규칙은하로서는 어두운 편에 속한다. 이 은하의 절대등급은 −11.7등급이며, 이보다 어두운 왜소 불규칙은하는, 국부은하군으로는 LGS 3, 물병자리 은하, 불사조 등의 형태 이행 은하밖에 없다. 이 은하는 국부은하군 중에서 상대적으로 고립되어 존재하는 은하이다(그림 6.7). H I 가스의 질량은 $M_{\rm HI}=(8.1\pm1.5)\times10^7 M_\odot$이고, 별의 질량에 비해 가스의 양이 매우 많다. 별의 평균 금속 함량은 [Fe/H]≃−1.7이다. 거문고자리 RR형 변광성이 발견되어 있기 때문에 이 은하에서 최초의 별 생성은 은하계의 구상성단이 태어난 것과 같은 무렵에 일어났다. 스바루 망원경으로 아리모토 노부오有本信雄 등이 이 은하에서 적색거성의 분포를 조사한 결과, 사자 A 왜소은하에는 종족 II 별로 구성된 헤일로가 펼쳐져

그림 6.7 스바루 망원경으로 촬영한 사자 A 왜소 불규칙은하. 젊은 주계열성과 중간 나이의 붉은 별, 먼지, HII 영역 등으로 이루어진 원반의 바깥쪽에 금속 함량이 낮은 늙은 적색거성으로 이루어진 헤일로가 펼쳐져 있다. HII 가스는 이 헤일로의 바깥 끝부분까지 분포하고 있다(http://subarutelescope.org/Pressrelease/2004/08/05/index.html).

있는 것이 처음으로 밝혀졌다. 또한 기존 HI 가스의 관측에서 가스는 별의 2배나 넓게 분포하는 것으로 알려졌는데, 스바루 망원경의 영상을 통해 별의 분포와 HI 가스의 분포 범위가 일치하는 것으로 확인되었다.

왜소은하에 헤일로가 있다는 것은 은하 형성에서 큰 의미를 가진다. 은하 형성에 대한 최근의 이해에 따르면 은하 본체는 ELS가설과 같이 중력붕괴로 형성되지만, 한편 헤일로는 SZ가설과 같이 주변의 왜소은하가 떨어져 내려와 형성된다(4.3.1절 참조). 즉, 헤일로가 있다는 것은 은하가 작은 은하의 충돌과 집적으로 성장했다는 증거이다. 색-등급도의 해석에 의하면 이 은하의 별은 대부분 매우 젊다. 그 별들이 태어난 지 겨우 20억 년밖에 지나지 않았다. 앞에서도 언급한 바와 같이 100~140억 년 전에도 별 생성이 있었던 것은 분명하지만, 늙은 별의 비율이 높다 해도 질량의

10%일 것이다. 사자 A에는 젊은 별과 늙은 별로 이루어진 원반이 있다. 그리고 종족 II 별로 이루어진 헤일로와 뚜렷한 경계가 있으며, 이들은 성숙한 큰 은하가 갖는 기본적인 구조와 아무런 차이가 없다. 이러한 것은 비록 왜소은하라 해도 그 형성 과정은 복잡하며, 더 작은 은하 조각이 집적되고 합체하여 만들어진 것임을 강력하게 시사한다. 다시 말해 사자 A는 계층적 구조 형성이 왜소은하의 규모에서도 일어나고 있다는 증거가 된다.

6.1.4 왜소은하의 형태 이행설

왜소은하는 크게 왜소 타원은하와 왜소 불규칙은하의 두 유형으로 나눌 수 있는데, 이 둘의 관계는 어떻게 될까? 현재는 HI 가스가 없는 왜소 타원은하에도 수억 년이라는 비교적 젊은 별의 종족이 존재한다는 것, 양자가 다른 환경(큰 은하의 주변, 고립된 환경)에 나뉘어 존재하는 것, 늙은 별 성분의 공간 구조 등은 양자 간에 그다지 차이가 없는 것 등에서 별을 생성하고 있는 왜소 불규칙은하가 가스를 잃고 왜소 타원은하로 형태가 이행한다는 진화 계열이 제시되었다.

실제로 왜소 불규칙은하에서 왜소 타원은하로 형태 이행을 하는 도중이 아닐까 생각되는 왜소은하도 존재한다. 이를테면 우리 은하계 근처에 있는 조각가는 은하 본체에서 떨어진 곳에 은하를 둘러싸고 있는 듯한 HI 가스가 펼쳐져 있다고 알려졌다(그림 6.6 오른쪽). 이 HI 가스는 은하의 진행 방향에 대해 앞뒤로 위치하고 있으며, 은하계의 조석력에 의해 은하로부터 박탈된 HI 가스일 것으로 생각된다. 즉, 조각가는 바야흐로 가스를 잃고 왜소 불규칙은하에서 왜소 타원은하로 형태가 이행되고 있는 현장이 아닐까 생각한다. 다른 예로는 불사조, 공기펌프, 페가수스 등을 들 수 있다.

그러나 형태 이행설을 확고히 하기 위해서 해결해야 할 문제도 일부 남아 있다. 이를테면 왜소 불규칙은하에서는 회전을 볼 수 있는 반면 왜소 타원은하에서는 회전을 볼 수 없는 것을 어떻게 설명할 것인가, 고립된 환경에 있는 왜소 타원은하의 가스를 꺼내는 메커니즘은 무엇인가, 동일한 광도에서 비교했을 때 형태에 따른 금속 함량의 차이를 어떻게 설명할 것인가 등이다.

불사조자리(Phe)

불사조자리는 LGS 3, 물병자리, 페가수스자리처럼 왜소 타원은하와 왜소 불규칙은하의 중간적인 특징을 가진 은하이다. 색-등급도(그림 6.4의 중앙단의 가운데)를 보면, 과연 늙은 별에서 젊은 별까지 골고루 포함하는 은하임을 알 수 있다. 그러나 HI 가스는 매우 적다. 그 질량은 약 $10^5 M_\odot$밖에 없어서 조각가 왜소 타원은하와 거의 같다. HI 가스 분포와 별 분포를 비교하면, 가스는 은하 본체의 남서쪽으로 각도로 5 아크미니트 떨어진 곳에 있으며, 마치 은하에서 가스가 벗겨 가고 있는 것처럼 보인다. 적색거성의 평균 금속 함량은 [Fe/H]=−1.8이다. 최초의 별 생성은 적어도 100억 년 이상 옛날에 일어났으며, 그 후에도 간헐적으로 10억 년 전까지 계속된 다음 활발하지 않다가, 1억 년 전에 재개되었다고 알려졌다. 이러한 별 생성 역사는 현재도 별이 생성되고 있는지 또는 그렇지 않은지 하는 점만 제외하면 은하계 하위 그룹의 왜소 타원체은하에서 종종 볼 수 있다.

6.1.5 그 밖의 왜소은하

표면밝기가 어두운 은하는 표면밝기가 낮고 가스를 가진 은하로 정의한다(왜소 불규칙은하의 일부는 표면밝기가 어두운 은하이기도 하다). 이 유형의 은하는 다량의 가스를 포함하고 있지만, 기둥 밀도는 작고 별 생성 활동은 매우 낮다. 그러나 광도에 대한 가스 질량은 매우 크다(전형적인 태양 단위로 $M_{HI}/L_B=1$). 표면밝기가 어두운 은하는 아직 발견되지 않은 것이 많이 있다고 생각하기 때문에, 숨겨진 가스 공급원(예를 들어 큰 은하와 충돌 · 합체 등을 통해)으로서 우주 전체의 별 생성 활동에 영향을 미칠 것으로 생각되고 있다. 낮은 별 생성 활동에서 예상되는 것과 같이 표면밝기가 어두운 은하는 진화가 진행되지 않아서 금속 함량이 적은 은하이다.

청색 콤팩트 왜소은하는 겉보기가 콤팩트한 방출선 은하로 발견되어 왔다. 중심부에 활발한 별 생성 활동이 이루어지고 있기 때문에 표면밝기가 밝고, 불규칙한 모양이다. 그러나 중심부를 벗어나면 지수법칙을 따르는 원반 성분이 펼쳐져 있으며, 이 원반은 나이가 많은 별로 이루어져 있다. 원반 성분의 총광도는 중심부보다 훨씬 밝기 때문에 청색 콤팩트 왜소은하를 전체적으로 보면 반드시 격렬한 별 생성 활동을 하고 있다고 할 수는 없으며, 소용돌이은하와 비슷한 정도이다. 청색 콤팩트 왜소은하는 가스가 풍부한 은하이지만, $0.1 < M_{HI}/L_B < 1$(태양 단위)로서 표면밝기가 어두운 은하에는 미치지 못한다. 흥미롭게도 적지 않은 수의 청색 콤팩트 왜소은하는 표면밝기가 어두운 은하라고 생각되는 HI 가스를 가까이 동반하고 있다. 이 HI 가스와 상호작용하는 것이 청색 콤팩트 왜소은하에서 볼 수 있는 활발한 별 생성 활동을 촉발하는 방아쇠일지도 모른다.

청색 콤팩트 왜소은하는 금속 함량이 낮은 은하라는 것이 밝혀졌다. 보통 $1/10\,Z_\odot$(태양의 금속 함량) 정도인 것이 많고, 가장 금속 함량이 낮은 청색 콤팩트 왜소은하 I Zw 18의 금속 함량은 $1/50\,Z_\odot$밖에 없다. 이 때문에 청색 콤팩트 왜소은하는 원시 가스에서 최초로 별 생성을 일으킨, 갓 태어난 은하가 아닐까 하는 설도 있어서 은하의 나이를 결정하는 관측이 진행되고 있다.

한편, 초소형 왜소은하는 그 밝기 분포가 매우 콤팩트하기 때문에 지금까지는 별과 구별할 수 없었다. 그러나 화로자리 은하단 영역의 전천 분광 서베이에 의해 1990년대 마지막으로 발견되었다. 초소형 왜소은하 $(1\sim5)\times10^7\,M_\odot$ 정도의 질량을 가지고 있으며 밝기는 $-13<M_B<-11$ 등급 정도이지만, 크기는 100 pc 정도 이하로, 구상성단에 맞설 정도로 매우 작은 별 무리이다. 초소형 왜소은하가 은하단 중심부에 집중되어 있다든가, 같은 광도의 왜소 타원은하에 비해 색이 붉은 것에서, 유핵 왜소 타원은하가 은하단 중심부에 있는 거대 은하의 조석 상호작용이 반복되어 외층의 별을 박탈당해 핵 부분만 남고 그 핵이 초소형 왜소은하로 되었다는 설이 유력하다. 따라서 은하단 같은 고밀도 환경에서 특유한 왜소은하라고 말할 수 있을지도 모른다.

6.1.6 왜소은하의 성질과 광도 의존성

거대 타원은하에는 절대등급이 밝은 것일수록 붉은색을 갖는다는 색-등급의 관계가 있는 것으로 알려졌다. 이 관계의 분산은 매우 작아 질량과 금속 함량의 관계가 색-등급의 관계로 나타나고 있다고 생각된다. 일반적으로 왜소 타원은하는 분산은 크지만, 이 거대 타원은하의 색-등급 관계의 연장선상에 놓여 있는 것으로 알려졌다. 또한 밝은 타원은하에서 보이는 마그네슘 흡수선 세기(Mg2)와 중심 속도 분산(σ_0)의 상관관계는 왜소 타원은하에서도 볼 수 있다. 한편, 왜소 불규칙은하의 색은 왜소 타원은하에 비해 푸르고 색의 분산도 커지고 있다.

왜소 타원체은하의 금속 함량은 별의 내부 구조 이론에서 예측되는 성단의 색-등급 분포와 관측된 별들의 색-등급 분포와의 비교, 그리고 금속 함량이 알려져 있는 구상성단의 적색거성가지의 형태와 관측된 적색거성가지의 형태와 비교 등으로 구한다. 이러한 방법으로는 개개의 별을 공간 분해하여 관측해야 하므로 금속 함량을 추정할 수 있는 왜소 타원체 은하

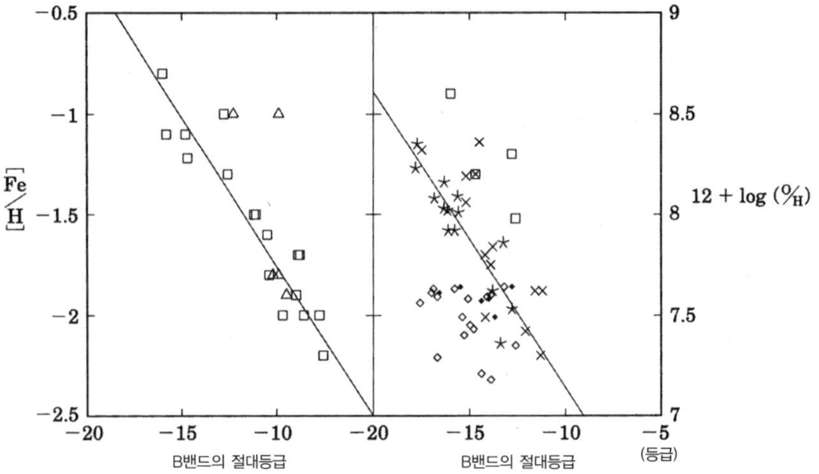

그림 6.8 왜소은하의 광도-금속 함량 관계. 국부은하군의 왜소 타원체은하(□)와 왜소 형태 이행 은하(△)에 대한 색-등급도로 구한 금속 함량([Fe/H])을 절대등급의 함수로 나타낸 것(왼쪽). HⅡ 영역에서 구한 산소 · 수소 비율(O/H)을 절대등급의 함수로 나타낸 것(오른쪽). 국부은하군인 왜소 불규칙은하를 ×로, 국부은하군 외의 왜소 불규칙은하를 ★로 나타냈다. 또한 산소 · 수소 비율이 낮은 것에 대해 청색 콤팩트 은하를 ◇로, 표면밝기가 어두운 은하를 ◆로 추가했다. 또 참고로 행성상 성운에서 구한 왜소 타원은하의 산소 · 수소 비율을 □로 나타냈다.

의 수는 한정되어 있다. 국부은하군의 왜소 타원체은하에서 광도에 대한 금속 함량을 나타낸 것이 그림 6.8의 왼쪽 그림이다. 분명히 왜소 타원은하의 금속 함량은 광도와 좋은 상관관계에 있고, 광도가 어두운 것일수록 금속 함량이 낮은 것으로 나타났다. 이 광도-금속 함량의 관계는 밝은 타원은하에서도 적용되며, 왜소은하에서 타원은하까지 연속되고 있다.

한편, 왜소 불규칙은하의 금속 함량은 HⅡ 영역의 [OⅡ] 방출선 등을 사용하여 산소의 존재량(산소 · 수소의 비율)으로 구하는 것이 대부분이다. 그림 6.8의 오른쪽 그림에 왜소 불규칙은하의 광도와 금속 함량을 나타냈다. 그림에서 알 수 있듯이 왜소 타원은하에 비해 분산은 크지만, 왜소 불규칙은하는 다음과 같이 표시되는 광도-금속 함량 관계에 따르는 것임을 알 수 있다.

$$12+\log(\mathrm{O/H})=(5.67\pm0.48)+(-0.147\pm0.029)M_{\mathrm{B}} \tag{6.2}$$

일부 왜소 타원은하에는 행성상 성운이 존재하며, 이리한 산소 방출선을 관측함으로써 왜소 타원은하의 산소·수소 비율을 구할 수 있다. 그림 6.8에서 알 수 있듯이 왜소 타원은하의 산소·수소 비율은 동일한 광도의 왜소 불규칙은하에 비해 계통적으로 높은 값을 나타내는 것을 알 수 있다.

HII 영역은 밝고, 방출선으로 관측되기 때문에 국부은하군보다 먼 은하에 대해서도 비교적 쉽게 산소·수소 비율을 구할 수 있다. 이렇게 하여 국부은하군 이외의 왜소 불규칙은하와 표면밝기가 어두운 은하, 청색 콤팩트 왜소은하의 금속 함량도 구할 수 있다. 그림 6.8에는 금속 함량이 적은 것만을 표시했다. 같은 광도로 비교했을 때 표면밝기가 어두운 은하는 왜소 불규칙은하에 비해 금속 함량이 낮고, 가장 낮은 금속 함량을 보이는 것은 청색 콤팩트 왜소은하임을 알 수 있다.

6.1.7 왜소은하의 광도 함수

은하의 광도 함수는 일반적으로 셰크터P. L. Schechter가 제안한 다음과 같은 형태의 함수(셰크터 함수)로 표시되는 경우가 많다.

$$\phi(L)dL=\phi^{\star}\exp\left(-\frac{L}{L^{\star}}\right)\cdot\left(\frac{L}{L^{\star}}\right)^{\alpha}\cdot\frac{dL}{L^{\star}} \tag{6.3}$$

여기서 L은 은하의 광도, $\phi^{\star}$와 $L^{\star}$는 상수이다.

이 식에서 지수 α는 어두운 왜소은하가 증가하는 방법을 결정하는 값이다. α가 작을수록 더 어두운 왜소은하의 수가 많다는 것이고, α가 -2에 가까워지면서 은하의 광도의 총합에서 차지하는 왜소은하의 비율이 지배적이 된다. 또 차가운 암흑물질이 지배적이었다고 하는 이론(CDM 우주론)

에서는 $\alpha \sim -2$라고 예언하는데, α를 정밀하게 결정하는 것은 이론적 관점에서도 매우 흥미롭다.

그러나 은하의 광도 함수를 가장 어두운 왜소은하까지 완벽히 구하는 것은 매우 어려운 일이다. 우선, 왜소은하는 본질적으로 어둡기 때문에 왜소은하의 검출 자체가 어렵다. 또 어두운 왜소은하는 더 낮은 표면밝기를 가지므로 어두운 왜소은하의 발견을 더 어렵게 한다. 또한 은하의 절대등급을 구하기 위한 분광 관측이 어두운 은하에서는 힘들다.

현재 가장 정밀하게 구해진 것으로 생각되는 근방 은하의 광도 함수 하나를 예로 나타낸 것이 그림 6.9이다. 우주의 일반적인 영역(필드)에서는 $\alpha = -1.26$, 은하단에서는 $\alpha \sim -1.6$으로 나타나 있다. 관측자와 관측 영역이 다르기는 하지만, α값은 필드에서 $-1.3 < \alpha < -1$, 은하단에서 $-1.6 < \alpha < -1.2$ 정도가 되며, 밝은 은하에 대한 왜소은하의 개수 비율은 은하단이 필드에 비해 높은 것으로 나타났다. α는 -2에 비해 상당히 큰 값이며, 은하 광도의 총합에서 왜소은하의 광도가 차지하는 비중은 그리 크지 않아 보인다는 것을 알 수 있다.

또, 표본sample을 붉은 은하(≃왜소 타원은하)와 푸른 은하(≃왜소 불규칙 은하)로 나눈 경우의 광도 함수를 구해보면, 은하단에 비해 필드에서 붉은 은하의 α가 크다는 결과를 얻을 수 있다. 즉, 붉은 은하에 한정하여 밝은 은하에 대한 왜소은하의 존재비는 은하단보다 필드 쪽이 작다는 것을 보여준다. 한편, 푸른 은하의 α는 환경에 따른 차이는 별로 보이지 않고, 청색 왜소은하는 환경과 무관하게 밝은 은하에 대해 일정한 비율로 존재하는 것을 알 수 있다.

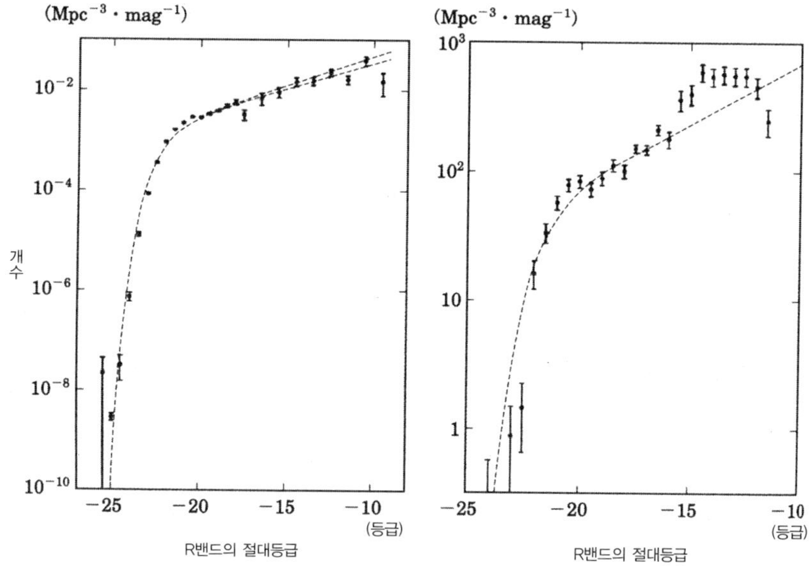

그림 6.9 필드의 은하 광도 함수(왼쪽). 은하단의 은하 광도 함수(오른쪽). 비교하기 위하여 필드 은하의 광도 함수를 파선으로 표시했다(Trentham *et al.*, 2005, *MNRAS*, 357, 783).

6.2 왜소은하의 동역학

한편, 왜소은하의 내부 운동은 어떤 특징을 가지고 있을까? 이미 언급한 바와 같이 왜소은하는 작은 계이므로 그 내부 운동을 알아내기 위해서는, (1) 공간 해상도가 높은 관측, (2) 비교적 작은 시선속도의 변화를 알아낼 수 있는 관측이 필요하다. 앞 절까지는 대상을 국부은하군에서 약간 넓히고, 처녀자리 은하단 정도까지의 거리에 있는 왜소은하에 대해 설명했지만, 여기에서는 (1)과 (2)를 모두 충족하는 관측이 가능한 국부은하군의 왜소은하에만 한정하여 그 특징과 최근의 연구에 대해 설명하겠다.

왜소은하의 내부 운동에서 유도된 양으로 특히 흥미로운 것은 역학 질량이다. 추정된 역학 질량에서 일부 왜소은하에는 매우 많은 암흑물질이 존재하는 것으로 알려져 있으며, 이는 뒤에 언급하는 '잃어버린 위성은하 문제' 등과도 관련하여 뜨겁게 논의되고 있는 문제이다. 역학 질량을 평가하기 위해서는 압력으로 지탱되고 있는 계라면 속도 분산을, 회전으로 지탱되고 있는 계라면 회전 속도를 측정한다.

6.2.1 왜소 불규칙은하의 내부 운동과 역학 질량

가스가 풍부한 왜소 불규칙은하의 경우 역학 질량은 H I 가스의 방출선을 관측하여 구하는 방법이 일반적이다. 1970년대부터 관측이 시작되어, 회전운동이 지배적인 왜소은하의 경우 회전 곡선에서 역학 질량을 추정한다. 그러나 은하의 전 영역에서 회전운동이 지배적이지 않은 왜소 불규칙은하도 존재하고 있다. 이를테면 왜소 불규칙은하 GR 8은 내부에서는 회전에 의해, 외부에서는 압력에 의해 지탱하고 있다. 회전 곡선에서 역학 질량을 추정하는 방법이 부적절한 경우는 H I 가스가 내는 방출선의 폭, 또는 개별 가스구름에서 측정된 평균 속도의 시선 방향 분산으로 속도 분산을 구하고, 적절한 모델을 이용하여 역학 질량을 구하게 된다.

그럼, 실제로 관측된 왜소 불규칙은하의 회전 곡선과 그것을 재현하는 질량분포를 살펴보자. 그림 6.10에서 오차 막대가 있는 점은 왜소 불규칙은하 IC 1613에서 관측된 H I 가스의 회전 속도를 나타내고 있다. 이 그림에서 알 수 있듯이, 이 은하의 회전 속도는 바깥쪽에서 커지는 특징을 가진다. 어떤 질량분포라면 이 회전 곡선을 재현할 수 있는 것일까? 이 왜소 불규칙은하에서 별의 분포와 질량분포가 동일하다고 가정하면, 반경 r 방향의 질량분포 $\Sigma_m(r)$은 다음과 같이 쓸 수 있다.

$$\Sigma_m(r) = \Upsilon \times \Sigma_0 \exp\left(-r/h\right) \tag{6.4}$$

여기서 Υ는 질량 · 광도비, Σ는 중심의 밝기, h는 원반의 눈금 길이이다.

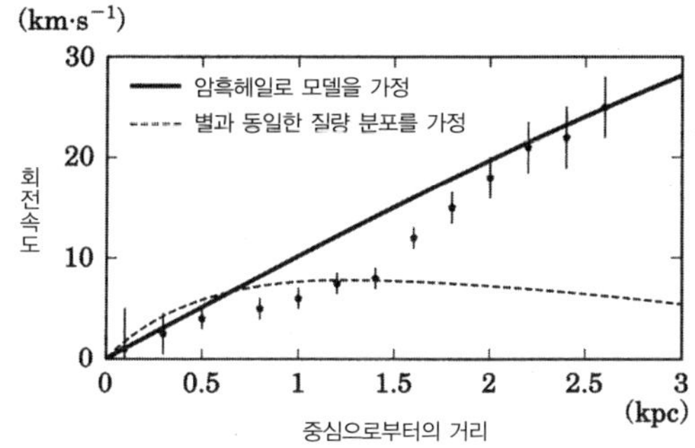

그림 6.10 국부은하군인 왜소 불규칙은하 IC 1613의 HI 가스 관측으로 구한 회전 곡선. 오차 막대가 있는 점이 관측 데이터. 파선은 별의 분포와 질량 분포가 같다고 가정하여 계산한 경우의 회전 곡선. 실선은 은하가 암흑헤일로에 포위되어 있다고 가정하고 계산한 경우의 회전 곡선.

이러한 질량분포의 경우 회전 곡선은 다음 식으로 주어진다.

$$V_{\mathrm{rot}}^{2}(r) = 4\pi G \Sigma_0 \, h y^2 [I_0(y)K_0(y) - I_1(y)K_1(y)] \qquad (6.5)$$

여기서 $y = r/2h$, I와 K는 베셀 함수이다.[7] 그림 6.10에서 파선으로 나타낸 것이 (식 6.5)를 이용하여 계산한 회전 곡선이다. 은하 내부에서는 (식 6.5)로 표현되는 회전 곡선이 관측을 잘 재현하고 있다. 한편, 외부에서는 전혀 재현하지 못하고 있다. 즉, 별의 분포와 질량 분포가 일치하고 있다고 가정하면, 관측된 회전 속도를 재현할 수 없다는 것이다.

그러면 별의 분포와 질량 분포가 일치하지 않는다고 생각해 보자. 외부에서 회전 속도가 커지고 있다는 점에서, 특히 은하의 바깥쪽에 별의 분포에서 예상되는 것보다 많은 물질이 존재할 것이다. 이러한 생각을 근거로 한 연구에서 은하가 암흑물질로 구성된 암흑헤일로로 포위되어 있다고 생각하면 외부 회전 곡선도 잘 재현할 수 있다고 알려져 있다. 암흑헤일로의

7 (식 6.5)의 유도는 Binney & Tremaine 1987, *Galactic Dynamics*, Princeton Univ. Press를 참조.

밀도분포가 다음 식을 따른다고 가정한다.

$$\rho(r) = \rho_0 \left[1 + \left(\frac{r}{r_c} \right)^2 \right]^{-1} \tag{6.6}$$

이러한 질량분포를 가정하면, 회전곡선은 다음과 같다.

$$V_{\rm rot}(r) = \left(4\pi G \rho_0 r_c^2 \left[1 - \frac{r_c}{r} \arctan\left(\frac{r}{r_c} \right) \right] \right)^{1/2} \tag{6.7}$$

그림 6.10에서 실선은 (식 6.7)로 표시되는 암흑헤일로 모델을 가정하여 계산한 결과이다. 그림 6.10에서 알 수 있듯이, 이 모델은 외부의 회전 곡선을 잘 재현하고 있다.

이상의 고찰을 통해 왜소 불규칙은하 IC 1613은 암흑헤일로에 포위되어 있다고 결론 내릴 수 있다.

6.2.2 왜소 타원체은하의 내부 운동과 역학 질량

왜소 불규칙은하와는 달리 왜소 타원체은하에는 가스가 거의 없다. 따라서 별의 속도를 측정하여 내부 운동을 분석하거나 역학 질량을 추정하게 된다. 관측 기기가 발달하여 은하를 구성하는 별의 특성을 자세히 조사할 수 있게 되기 전에는 일반적으로 왜소 타원체은하는 구상성단처럼 늙은 금속 함량이 낮은 별로 구성되어 있으며, 역학적인 평형 상태에 있다고 생각했다. 늙은 별로 구성되어 역학적인 평형 상태에 있는 계에서는 질량·광도비가 $M/L_V \sim 2$(태양 단위)이다. 왜소 타원체은하의 질량·광도비도 이 정도의 값일 것으로 추정되었다.

한편, 질량·광도비가 더 크다는 추정도 있었다. 왜소 타원체은하에서 반경 방향의 밝기 분포를 조사하면, 왜소 타원체은하의 반경은 다른 천체와 상호작용의 영향을 강하게 받고 있다는 것을 알 수 있다. 실제로 국부 은하군인 왜소 타원체은하는 M 31이나 은하계의 위성은하인 경우가 대부분이다. 조석 반경은 천체의 궤도와 질량의 함수이므로 조석 반경을 r_t, 은하계를 도는 궤도의 근점을 R_p, 궤도의 이심률을 e, 은하계의 질량을 M_g, 왜소은하의 질량을 M이라고 하면 다음 식이 성립한다.

$$r_t = R_p \left(\frac{M}{M_g(3+e)} \right)^{1/3} \tag{6.8}$$

구체적으로 용자리 왜소은하를 예로 들어 계산해 보자.

(식 6.8)에 근삿값인 $R_p = 55$ kpc, $M_g = 1 \times 10^{12} M_\odot$, $r_t = 570$ pc, $e = 0.5$를 대입하고, 얻어진 M을 사용하여 질량 · 광도비를 구해보자. 용자리 왜소은하의 절대등급은 $M_V = -8$등급으로, $M/L_V \sim 30$(태양 단위)를 얻을 수 있다. 즉, 질량 · 광도비는 늙은 별로 구성되어 역학적 평형 상태에 있는 경우의 10배에 이른다.

별의 속도 분산에서 구한 역학 질량은 어떨까? 선구적인 관측을 실시한 인물은 아론슨M. Aaronson이다. 용자리 왜소은하의 관측에서 얻은 별의 속도 분산은 약 6.5 $\text{km} \cdot \text{s}^{-1}$이었다. 이 값을 사용하여 질량 · 광도비를 계산해 보자. 은하의 밝기 분포는 킹 모델[8]과 잘 일치하고 있는 것을 알 수 있으므로, 이 모델을 가정하면 은하의 질량은 $M/M_\odot = 167 r_c \mu \langle V_r^2 \rangle$ 으로 쓸 수 있다. 여기서 r_c, μ, V_r은 각각 킹 모델의 코어 반경(pc), 무차원 양인 질량 매개변수, 속도 분산($\text{km} \cdot \text{s}^{-1}$)이다.

위의 수식에 용자리 왜소은하의 값인 $\mu = 4.1$과 $r_c = 140$ pc을 대입하

8 킹 모델에 대한 설명은 Binney & Tremaine 1987, *Galactic Dynamics*, Princeton Univ. Press를 참조.

면, 질량 · 광도비는 $M/L_V \sim 30$(태양 단위)이 된다. 이 값은 (식 6.8)에서 구한 값과 잘 일치한다. 이처럼 큰 질량 · 광도비는 왜소 타원체은하가 암흑물질을 대량으로 포함하고 있음을 시사하고 있다.

이 결론에 대해 질량의 추정이 잘못된 것이 아니냐는 지적도 있었다. 오류의 원인으로는, (1) 속도가 측정된 별의 개수가 적은 것, (2) 측정 오차, (3) 쌍성의 영향일 가능성, (4) 별 대기의 운동이 영향을 주었을 가능성, (5) 역학 질량을 계산하기 위해 도입한 역학 평형의 가정이 적당하지 않음 등을 들었다.

이러한 지적에 대해 하나하나 확인했다. 먼저 (1), (2) 및 (3)의 가능성을 확인하기 위해 더 많은 별(100개 이상)의 속도를 관측하여 고품질의 데이터를 모았다. (4)의 가능성을 조사하기 위하여 별 대기의 운동이 작은 더 어두운 별을 관측했다. 그리고 결국에는 초기 속도 분산의 값을 확인하게 되었다.

또한 (5)를 상세히 설명하면, 국부은하군에 있는 왜소 타원체은하의 대부분은 은하계나 M 31의 위성은하이고 모은하에서 조석력을 강하게 받아 부서지는 중이기 때문에 역학 평형의 가정이 잘못되었다는 지적이다. 실제로 은하계에 이끌려 찢어져 있는 왜소 타원체은하로서 궁수자리 왜소은하의 예도 있다(그림 5.8 참조). 이에 대해 더 자세한 이론 연구가 수행되었으며, 역시 관측된 속도 분산을 재현하려면 왜소 타원체은하에 많은 암흑물질이 필요하다는 결론에 도달했다.

그림 6.11은 국부은하군의 왜소은하에서 얻을 수 있는 질량 · 광도비와 은하의 절대등급을 나타낸 것이다. 왜소 불규칙은하의 데이터(○)에 주목해 보면, 은하의 밝기와 질량 · 광도비 사이에는 별다른 상관은 없는 듯하다. 한편, 왜소 타원체은하의 데이터(●)를 주목해 보면, 어두운 은하일수록 질량 · 광도비가 높다. 즉 어두운 은하일수록 암흑물질이 차지하는 비

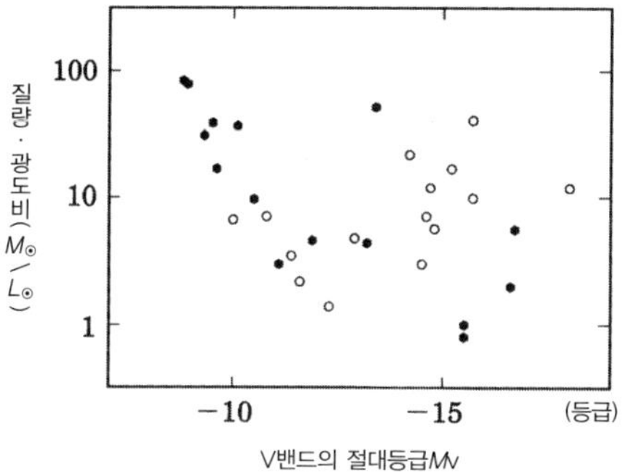

그림 6.11 국부은하군인 왜소은하의 절대등급과 질량 · 광도비. ●는 왜소 타원체은하를, ○는 왜소 불규칙은하를 나타낸다. 왜소 타원체은하의 데이터(●)를 주목하면 어두운 은하에서 질량 · 광도비가 높고, 암흑물질의 비율이 높은 경향을 보인다.

율이 큰 것을 알 수 있다.

6.2.3 왜소은하의 암흑물질과 잃어버린 위성은하 문제

차가운 암흑물질의 흔들림이 중력으로 성장한다는 은하 형성 이론(CDM 우주론이라고 한다)에서는 작은 은하가 합체하여 큰 은하가 만들어진다.[9] 대질량 은하의 주위에는 합체에서 살아남은 많은 수의 소질량 은하가 위성은하로서 분포하고 있는 것이다. 그런데 관측에 따르면 위성은하의 수는 예측되는 수의 3분의 1 이하이다. 이러한 관측과 이론 예측의 불일치는 '잃어버린 위성은하 문제'로 알려져 있다. 그림 6.11에 나타낸 왜소 타원체은하의 데이터에서처럼 어두운 은하일수록 암흑물질의 비율이 크다는 것과 어두운 은하일수록 개수가 많다라는 이 두 가지를 조합하면, 잃어버린 위성은하 문제에 대한 해결의 실마리를 잡을 수 있을지도 모른다. 즉, 국부은하군에는 아직 발견되지 않은 왜소은하가 많이 있으며, 가스와 암

9 4.1.2절 참조.

흑물질만으로 이루어진 '보이지 않는 은하'가 존재할지도 모른다.

잃어버린 위성 은하 문제에 대한 관측적인 노력은 새로운 왜소은하를 발견하는 것이다. 그 하나로 SDSS의 데이터를 사용한 연구가 있다. 서베이 데이터의 별을 색과 밝기로 분류하여 적색거성을 추출한다. 그리고 적색거성이 공간적으로 집중된 영역을 왜소은하의 후보로 삼는 것이다.

적색거성은 은하의 별 형성이 일어나고 나서 약 10억 년 정도 지나면 출현하므로, 약 10억 년 이상 전에 별 형성을 일으킨 적이 있는 은하라면 반드시 적색거성이 존재할 것이다. 이 방법을 사용하여 실제로 안드로메다 IX, X, 사냥개, 목동, 큰곰 등 많은 왜소은하를 2004년부터 2006년까지 발견했다. HI 가스가 내는 21 cm 방출선으로 가스를 풍부하게 가진 왜소은하, 즉 별은 적지만 가스는 많아서 가시광 망원경으로는 검출이 어려운 은하를 발견하려는 서베이 탐사도 이루어지고 있다. 그 대표적인 예가 305 m 아레시보 전파망원경을 사용하는 프로젝트이다. 이 프로젝트 팀은 호주에서 개발된 새로운 검출기를 이용하여 4~5년에 걸쳐 천구의 6분의 1 영역에서 수소의 방출선을 측정하는 서베이 탐사를 실시하고 있다. 이러한 조사 연구가 진행되면 더 많은 왜소은하가 발견되고, 잃어버린 위성은하 문제에 대한 해결의 실마리가 잡힐지도 모른다.

6.3 왜소은하의 형성과 진화

앞 절에서도 언급했듯이 현재의 표준적인 CDM 우주론에서는 왜소은하는 은하계를 비롯한 대질량 은하를 형성하는 구성 소재building block로 여겨진다. 그렇기 때문에 왜소은하를 조사함으로써 대질량 은하의 형성과 진화를 해명하는 단서를 얻을 수 있으리라는 기대를 갖고 있다. 이렇게 생각하는 것은 CDM 우주론에서 은하 진화의 모습을 아래와 같이 묘사하고 있기 때문이다.

초기 우주에는 암흑물질의 밀도 흔들림이 있었다. 암흑물질의 밀도가 높은 영역은 중력에 의해 주변의 작은 암흑물질을 끌어당긴다. 그리고 수소 가스와 같은 보통의 물질은 암흑물질이 만드는 퍼텐셜에 집적되고, 밀도가 충분히 높아지면 별이 탄생한다. 그 후 가스와 암흑물질의 작은 덩어리가 충돌 · 합체를 반복하여 더 큰 은하로 성장한다고 추측된다. 이 시나리오에서 왜소은하는 오래된 구조 형성의 씨앗이 살아남은 것이다.

6.3.1 우주의 재이온화와 왜소은하의 형성

CDM 우주론에서는 빅뱅 이후 질량이 약 $10^6 M_\odot$인 천체가 먼저 형성되는 것으로 생각한다. 이 제1세대의 천체에서 일어난 별 형성 때문에 천체로부터 강한 자외선이 복사된다. 이 강한 자외선에 의해 우주는 다시 이온화되었을 것이다. 제1세대 천체의 형성 시기는 윌킨슨 마이크로파 이방성 탐사 위성(WMAP)의 관측 등에서 적색편이 $z \sim 20$이라고 추정한다. 반면, 멀리 있는 퀘이사의 분광 관측을 통해 적색편이 $z \sim 6$이 되면 우주의 재이온화는 끝난다고 알려져 있다.

우주 재이온화의 원인이 된 자외선 배경광은 특히 광가열을 통해 그 후 은하의 형성과 진화에 직접적인 영향을 미쳤을 가능성이 있다. 가스구름에 자외선 배경광이 비춰지면 가스 온도 T는 $10^4 \sim 10^5$ K로 상승한다. 비리얼 온도(역학 평형에 있는 구름의 온도, 8장 참조)는 $T \leqq 10^4$의 가스구름에서는 압력 때문에 팽창하여 은하로 진화할 수 없다. 이것은 왜소은하에 해당하는 온도의 가스구름이다. 즉, 왜소은하 크기의 천체로는 별 형성이 일어나지 않고 은하로서 진화할 수 없게 된다.

가령 어떤 원인으로 별 형성이 일어나더라도 초신성 폭발에 의한 에너지로 은하는 부서져 버리고, 은하로서 살아남을 수 없게 될지도 모른다.

이처럼 왜소은하는 작은 계이기 때문에 외부로부터의 자외선과 은하의 상호작용, 별 형성에 의한 피드백의 영향을 강하게 받는 것으로 생각된다.

한편으로 작은 은하, 즉 왜소은하의 형성이 억제되면 형편이 좋은 것도 있다. 만약 자외선 배경광 때문에 왜소은하의 형성이 억제되면, 위에서 언급한 잃어버린 위성은하 문제가 해결될지도 모른다. 즉, 별을 포함하지 않는 암흑물질만의 위성은하가 되기 때문이다. 그러나 실제로는 위의 과정에는 여러 가지 정해지지 않은 점들이 있으며, CDM 우주론에 기초한 이론 계산은 왜소은하의 별 생성 역사, 화학진화 역사, 왜소은하의 개수 등 주요 관측 결과를 재현해 내지 못한다. 따라서 먼저 현재 관측할 수 있는 왜소은하의 별 생성 역사와 화학진화 역사로부터 왜소은하의 형성과 진화를 밝혀나가는 것이 중요하다.

6.3.2 개개의 별에 기초한 은하 진화의 연구

은하가 어떤 별로 구성되어 있는지를 조사하면 은하의 별 형성사에서 은하의 형성 · 진화를 해명하기 위한 중요한 단서를 얻을 수 있다. 일반적으로 은하를 구성하는 개개의 별에서 나오는 빛을 합한 적분 광을 사용하는 경우가 대부분이다. 근방의 은하 이외는 은하를 개개의 별로 분해하여 관측하기 어렵기 때문이다. 그러나 적분 광은 밝은 별의 기여가 크다. 따라서 은하에서 최근 소규모의 별 형성이 있었다면, 젊은 별은 밝아서 적분 광에 많이 기여하므로 은하의 골격을 이루고 있는 별의 종족이 어떤 별인가라는 정보가 감쪽같이 사라진다. 또한 나이와 금속 함량이 서로 겹쳐지는 문제도 있다. 별의 진화를 계산하면 금속 함량이 높은 경우와 나이가 많은 경우 모두 별의 색이 붉어지는 것을 알 수 있다. 그러면 은하를 구성하는 별의 금속 함량이 낮고 나이가 많은 경우와 젊고 금속 함량이 높은 경우가 유사한 색깔의 적분 광을 나타낼 수 있다. 이를 나이와 금속 함량의 축퇴縮退라고 한다. 이 경우 젊고 금속 함량이 높은 것인지, 아니면 나이가 많은 것인지 올바르게 해석하기 어렵다. 최근 별에 대한 스펙트럼 자료관이 잘 정비되고 은하의 스펙트럼을 계산하는 컴퓨터 프로그램이 발달하여 이 문제를 해결하는 방법도 등장하고 있다.

은하의 별 생성 역사를 탐구하는 가장 확실한 수단은 적분 광이 아닌 개개의 별빛을 관측하여 색-등급도를 얻고, 또 개개의 별을 분광하여 금속 함량을 알아내는 것이다. 이를테면 은하계의 별 생성 역사는 이 방법으로 아주 자세하게 조사할 수 있다. 은하계 이외의 은하에서 비슷한 연구를 실시할 수 있는 것은, 현재로는 국부은하군의 은하와 국부은하군의 근방에 있는 은하뿐이다. 6.1절에서 언급한 바와 같이 국부은하군에는 별의 종족 구성과 처한 환경이 다른 은하가 존재하고 있다. 그들의 별 생성 역사와 화학진화 역사를 개개의 별에 대하여 조사할 수 있는 것은 적분 광으로만 관측할 수 있는 먼 은하의 진화를 논의하는 데도 중요한 정보를 제공해 준다. 또 왜소은하의 금속 함량은 낮고, 우주 초기에 중원소가 적은 환경에서의 별 형성과 화학진화의 상황과 비슷하다. 왜소은하를 조사하는 것은 우주 초기의 은하 진화를 연구하는 데도 중요하다.

6.3.3 원소 조성과 화학진화 역사

8~10 m급의 지상 망원경이 등장하여 왜소은하의 개개 별을 고분산 분광하고, 다양한 원소의 금속 함량을 측정하는 것이 가능하게 되었다. 그림 6.12는 은하계 근방에 있는 몇몇 왜소 타원체은하의 별을 고분산 분광하여 얻은 마그네슘과 철의 상대적 성분비를 나타내고 있다. 검은 표시로 왜소은하의 데이터를, 흰 표시로 은하계의 데이터를 나타내고 있다. 특히, [Fe/H]를 금속 함량이라고 한다. 이것은 철이 천체의 화학조성을 대표하고 있다고 생각하기 때문이다.

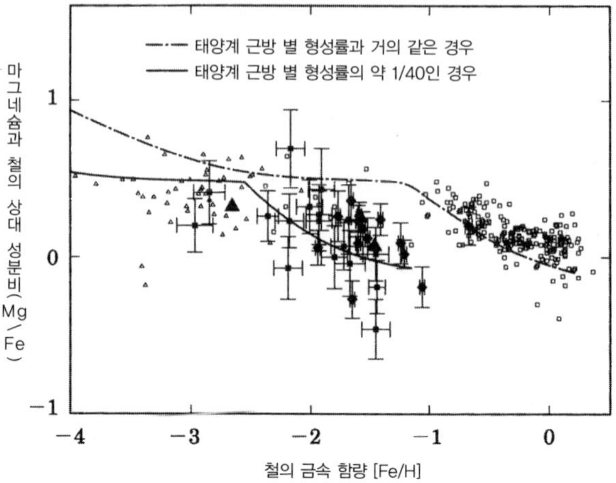

그림 6.12 왜소 타원체은하의 마그네슘(Mg)과 철(Fe)의 상대 성분비. 원소량은 태양의 값으로 규격화했다. 오차 막대가 있는 검은 표시는 은하계의 위성은하인 왜소 타원은하의 별을 고분산 분광 관측하여 이끌어낸 값. 흰 표시는 은하계의 헤일로와 원반 별의 관측 데이터이다. 그림의 선은 화학진화 모델의 계산 결과. 별 형성률이 태양계 근방과 같은 정도의 경우를 일점 쇄선으로, 그것보다 1/40인 별 형성률인 경우를 실선으로 나타내고 있다. 낮은 별 형성률 모델은 왜소 타원체은하의 관측 데이터와 거의 일치하는 것을 알 수 있다.

그림 6.12에서도 명확하게 볼 수 있듯이, 왜소은하의 성분비는 은하계의 성분비와 다르다는 것을 알 수 있다. 만약 왜소은하가 은하계를 구성하는 소재라면, 성분비는 같은 경향을 나타낼 것이다. 따라서 이 관측 결과는 은하계의 위성은하인 왜소 타원체은하는 우리 은하의 구성 소재가 아니라는 것을 시사하고 있다.

그림 6.12를 자세히 살펴보자. 은하계의 경우 [Fe/H]$\simeq -1$에서 [Mg/Fe]의 값이 감소하는 반면, 왜소은하에서 [Fe/H]$\simeq -2$에서 감소하기 시작한다. 마그네슘은 약 8 $M_\odot$ 이상인 별의 마지막 단계인 II형 초신성에서 많이 방출되는 원소이다. 대질량성의 진화는 빠르기 때문에 별 형성이 일어난 직후부터 증가하는 대표 원소이다. 한편, 철은 Ia형 초신성에서 많이 방출된다. 일반적으로 Ia형 초신성 폭발은 별이 탄생하고 나서 약

10~20억 년 후에 일어난다고 생각되므로, 철은 별 형성이 일어나고 약 10~20억 년 후에 갑자기 증가한다. 이에 대응하여 [Mg/Fe]는 갑자기 감소한다.

별 형성이 일어나면 우선 II형 초신성이 폭발하여 철을 포함하는 중원소를 성간 공간에 방출하기 때문에 금속의 양이 증가한다. 별 형성률이 높을수록 금속 함량은 급격하게 증가하며, 또 별 형성이 계속된 시간이 길수록 금속 함량도 높아진다. 한편, [Mg/Fe]의 급격한 감소는 Ia형 초신성이 폭발하기 시작했다는 것을 나타내고 있다. 즉, 별 형성이 일어나고 약 10~20억 년이 경과했다는 것을 의미한다. 별 형성률이 높으면 높을수록 더 높은 금속 함량에서 [Mg/Fe]의 감소가 시작된다. 별 형성률이 낮으면 더 낮은 금속 함량에서 [Mg/Fe]가 감소하기 시작한다.

이렇게 생각하고, 한 번 더 그림 6.12를 살펴보자. 왜소은하에서는 [Mg/Fe]가 감소하기 시작하지만, 은하계보다는 낮은 금속 함량이다. 즉, 왜소은하의 별 형성률이 태양계 근방보다 낮다는 것을 알게 된다. 태양계 근방과 왜소은하의 데이터를 각각 재현하도록 모델 계산한 결과를 나타냈다. 이러한 성분비를 재현하기 위해서는 왜소은하의 별 형성률이 태양계 근방의 별 형성률의 약 1/40이 된다.

별 형성률이 낮았던 것이 아니라 합성된 중원소가 은하 밖으로 방출되어 버렸기 때문에 화학진화가 진행되지 않았다는 설도 제기되었다. 왜소은하의 퍼텐셜은 얕다. 초신성 폭발 때 중원소를 많이 포함하는 가스가 가진 에너지는 왜소은하의 속박에너지를 초과하기 때문에 대부분 은하 밖으로 방출되어 버린다고 생각한다. 그러면 은하의 화학진화는 진행되지 않는다.[10]

10 그러나 이 설은 관측 결과와 일치하지 않는다. 실제 왜소은하에서 화학진화가 진행되었다는 것은 별의 원소 조성에 대한 관측에서 분명하기 때문이다.

6.3.4 색-등급도와 별 생성 역사

국부은하군의 왜소은하에서 개개의 별을 측광 관측하여 얻은 색-등급도를 통해 별 생성의 역사를 조사하는 연구는 4m급 지상 망원경이 등장한 1970년대 말부터 행해졌다. 당시 색-등급도를 이끌 수 있었던 것은 은하계의 위성은하인 왜소 타원체은하뿐이었다. 이 은하들은 구상성단과 마찬가지로 같은 나이와 같은 금속 함량을 가진 별로 구성되어 있다고 생각했기 때문에 별 생성의 역사도 단순한 것이라는 생각이 일반적이었다. 그래서 은하의 별 생성 역사를 조사한다기보다는 낮은 금속 함량을 가진 별의 진화를 검증하기 위한 관측이었다.

1980년대에 들어서면서 왜소 타원체은하에서 탄소성이 발견되어 이 은하에는 구상성단보다 젊은 별이 존재할 가능성이 시사되기 시작했다. 더 직접적인 증거는 색-등급도를 통해 얻을 수 있다. 1983년에는 용골의 색-등급도를 얻었는데, 수평가지보다 2.5등급 어두운 곳에 주계열 전향점이 있는 것으로 밝혀졌다. 이것은 구상성단보다 젊은 별, 나이가 약 60~90억 년인 별이 존재하는 것을 의미한다. 또 1990년대에 용골의 더 깊은(어두운 별까지 포함하는) 색-등급도를 얻어 주계열 전향점이 여러 개 있다는 것이 발견되었다. 간헐적인 별 형성의 명백한 증거이다.

이와 동시에 금속 함량에 대한 연구도 발전했다. 육분의의 별에 대한 분광 관측을 통해 이 은하에 있는 별의 금속 함량이 태양계 근방 별의 금속 함량에 비해 약 1/400에서 1/30의 범위에 있는 것으로 밝혀졌다. 단순한 별 생성의 역사를 갖고 있으리라 생각하던 왜소 타원체은하였지만, 실은 다양한 금속 함량과 나이를 지닌 별의 집합체라는 것을 알아채기 시작했다. 그리고 허블 우주망원경(HST)의 등장으로 국부은하군에 속한 왜소은하의 별 생성 역사에 대한 연구가 활기를 띠게 된다. HST를 사용함으로

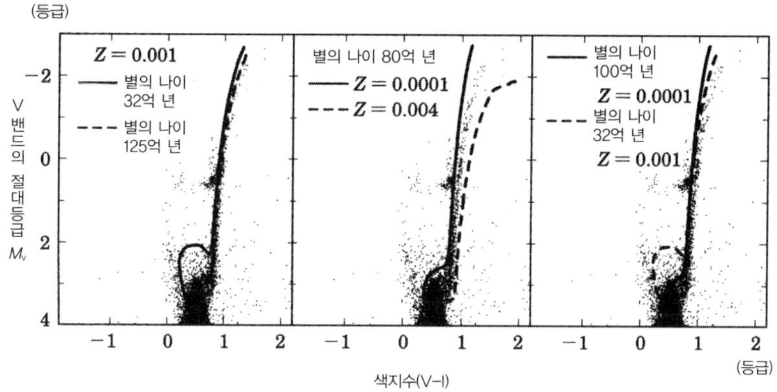

그림 6.13 허블 우주망원경 WFPC2의 이미지를 분석하여 얻은 사자 II의 색-등급도에 이론적인 별의 등시곡선을 겹친 그림. 각 그림 안에 등시곡선의 금속 함량과 나이를 표시했다. 등시곡선은 이탈리아 파도바(Padova) 그룹의 이론적인 계산 결과에 따랐다.

써 은하계 하위 그룹의 위성은하뿐만 아니라 M 31 하위 그룹이나 국부 은하군에 있는 다양한 왜소은하에 대한 심도 있는 색-등급도를 그려낼 수 있게 되었다.[11]

그림 6.13은 별의 진화에 대한 계산으로 이끌어낸 등시곡선과 사자 II 왜소 타원체은하의 색-등급도를 겹쳐놓은 그림이다. 등시곡선 위에는 같은 나이, 같은 금속 함량을 가진 질량이 다른 별들이 줄지어 있다. 왼쪽 그림에는 금속 함량(Z)은 같지만 나이가 다른 두 개의 등시곡선을 그렸다. 나이가 32억 년인 등시곡선은, 개수는 적지만 밝은 주계열성의 분포와 일치하고 있다. 한편, 나이가 125억 년인 경우는 어두운 주계열성이나 적색거성가지 별의 관측 데이터와 겹쳐 있다. 이 비교를 통해 사자 II 왜소 타원체은하에는 나이가 약 32억 년부터 약 125억 년까지의 별이 존재한다는 것을 알게 되었다.

11 허블 우주망원경의 이미지에서 얻은 색-등급도는 그림 6.2와 그림 6.4를 참고하기 바란다.

가운데 그림은 같은 나이를 가정하고 금속 함량을 바꾼 경우의 등시곡선과 관측 데이터를 비교하고 있다. 적색거성가지의 색은 금속 함량에 의존하며, 금속 함량이 높을수록 붉어진다. 그림에서 알 수 있듯이, 금속 함량 $Z=0.0001$인 경우는 관측된 적색거성가지의 색보다 푸르다. 즉 사자 II에서 별의 금속 함량은 $Z=0.0001$보다 높다. 반면, $Z=0.004$인 경우는 관측된 적색거성가지보다 지나치게 더 붉다. 따라서 별의 금속 함량은 이보다는 낮을 것이다. 덧붙여 말하면 $Z=0.0001$과 $Z=0.004$는 각각 태양계 근방 금속 함량의 약 1/200과 1/5에 해당한다. 즉, 사자 II는 낮은 금속 함량의 별로 구성되어 있다는 것을 알 수 있다.

여기서 주의가 필요하다. 오른쪽 그림에 나타낸 것같이 다른 금속 함량과 나이의 조합에서도 유사한 등시곡선이 되는 경우가 있다. 오른쪽 그림에는 금속 함량이 높고 젊은 등시곡선과 금속 함량이 낮고 오래된 등시곡선을 나타냈다. 절대등급이 2등급 이상인 밝은 별에서 비교하면, 둘 다 관측과 일치하는 것으로 보인다. 그러나 그보다 어두운 별에서 보면 젊고 금속 함량이 높은 경우 관측에 부합되지 않는다는 것을 알 수 있다. 금속 함량에 대한 별도의 제한이 없는 상태에서 밝은 별의 색-등급도로만 별 생성 역사를 논의할 때 생기는 문제점을 이 그림이 보여주고 있다.

그런데 색-등급도는 별의 개수에 대한 정보도 가지고 있다. 별 생성 역사를 이끌어내는 경우 언제, 얼마만큼의 별 형성이 일어났는지 그 시간의 변화를 알고자 한다. 그러나 등시곡선과 색-등급도를 비교하는 것만으로는 별의 개수 정보를 사용하지 않기 때문에 '얼마만큼의 별 생성이 일어났는가'를 찾을 수 없다. 별 형성률, 별 형성이 일어난 시간, 금속 함량을 가정하면 별의 진화 경로를 사용하여 몇 개의 별이 색-등급도에 나타나는지를 계산할 수 있다. 어떤 시각 t에 금속 함량 Z, 질량 m_s인 별이 n개 탄생했다고 하자. 그 별이 시각 $t+\Delta t$에서 색-등급도 상의 어느 위치에 있는지는 별의 진화 경로를 사용하면 계산할 수 있다. 왜냐하면 별의 진화는 Z와 m_s의 함수이기 때문이다. 시간 t에서 탄생한 별의 질량 총합이 별 형성률이므로, 각각 별의 진화에 대응하는 시간 $t+\Delta t$에서의 색-등급도 상의 위치를 조사하면 색-등급도 상의 어디에, 몇 개의 별이 있는지를 계산할 수 있다.

이와 같이 개수를 포함하여 어떤 질량의 별이 어느 시각에 얼마나 탄생했는지를 가정하여, 관측된 색-등급도에 나타난 별의 분포를 가장 잘 재현하는지를 조사하여 별 생성 역사를 이끌어내는 것이다. 주계열 전향점보다 1~2등급 깊은 곳까지 얻은 색-등급도는 은하에서 최초로 탄생한 별에서 마지막에 탄생한 별까지를 포함하기 때문에 은하에서 최초로 일어난 별 형성부터 현재까지의 별 형성률의 시간 변화를 밝힐 수 있다.

그런데 위에서 언급한 색-등급도에서 별 생성 역사를 이끌어낼 때 주의 사항을 몇 가지 언급해두겠다. 첫 번째는 별 생성 역사와 금속 함량의 시간 변화, 즉 화학진화 역사는 일관성이 있어야 한다. 별 형성이 일어나면 초신성 폭발과 별의 질량 방출에 의해 은하의 성간물질에 중원소가 증가한다. 이를 고려하지 않고 색-등급도를 해석하면, 앞서 논의한 나이와 금속 함량의 축퇴 때문에 잘못된 별 생성 역사를 이끌어낼 위험성이 있다.

다음으로, 별의 진화 경로가 유일하게 정해져 있지 않다는 점이다. 이론 계산된 별의 진화 경로는 은하계 구상성단의 데이터를 토대로 올바르다고 확인되었다. 따라서 오래되고 금속 함량이 낮은 별의 진화 경로는 관측을 잘 재현했다고 할 수 있다. 그러나 그 이외의 별, 즉 금속 함량이 높은 경우나 나이가 젊은 경우에는 반드시 그렇다고 할 수 없다. 관측에서 올바르다고 확인되지 않은 별의 진화 경로를 과신하는 것은 위험하다.

마지막으로, 쌍성의 비율이 정해져 있지 않다는 것이다. 질량의 교환이 있는 근접 쌍성의 경우, 그 진화는 고립된 별의 진화와는 크게 다르다. 별의 진화 경로 계산은 고립된 별의 진화를 가정하고 있다. 따라서 만약 왜소은하에 근접 쌍성이 많으면 고립된 별의 진화 경로를 사용하여 이끌어낸 별 생성 역사는 틀렸을 수 있다.

이상과 같은 주의 사항을 고려하여 국부은하군의 왜소은하에서 별 생성 역사에 대해 정리해 보자. 먼저 대부분의 왜소 타원체은하에서 별 형성은 100억 년 이전에 발생하여 그 후 짧더라도 수십억 년은 계속된 듯하다. 긴 경우에는 100억 년 이전에 최초의 별 형성을 일으키고 비교적 최근(~10억 년)까지 별 형성이 계속된 왜소 타원체은하도 있다. 왜소 불규칙은하에도 100억 년의 오래된 별이 존재하는 징후가 있으며, 여기에 현재까지 별 형성이 계속되고 있다. 즉, 우주의 재이온화 후에도 왜소은하에서 별 형성이 계속되었다는 것을 보여주고 있다. 따라서 자외선 배경광에 의한 가열이 있어도 내부에서 별 형성이 일어나는 메커니즘을 밝히는 것이 앞으로의 과제이다.

다음으로, 왜소은하의 별 형성률은 낮으며, 높은 경우에도 태양계 근방의 별 형성률의 절반 정도이고, 낮은 경우에는 1/50 정도뿐이다. 이렇게 생각하면 화학조성이나 색-등급도를 설명할 수 있다. 아마도 이렇게 별 형성률이 낮았기 때문에 초신성 폭발이 일어나도 그 에너지가 부족하여 왜소은하 본체가 훼손되지 않고 현재까지 살아남을 수 있었을 것이다. 준거성가지 별의 분포에서 간헐적인 별 형성이 일어난 증거도 일부 은하에서 발견된다. 몇 배 정도의 별 형성률의 차이에 주목하면, 국부은하군에 있는 어떤 왜소은하도 다른 별 생성 역사를 가진다고 할 수 있다. 하지만 별 형성이 최초로 일어난 시기와 별 형성률이 낮은 점 등의 공통점도 있다. 또한 왜소 타원체은하는 은하계와 M 31의 주변에, 왜소 불규칙은하는 국부은하군 중에서 고립되어 분포하는 경향이 있다. 별 생성 역사와 은하가 처한 환경의 상관성도 시사한다. 은하가 처한 환경이나 은하의 상호 작용이 왜소은하의 진화에 어떤 영향을 미쳤는지를 밝혀내기 위해 국부은하군 속에서 은하의 궤도 결정이 필수적이다.

제7장
마젤란성운

16세기의 모험가 마젤란F. Magellan을 기려 이름 지은 대마젤란성운(Large Magellanic Cloud, LMC)과 소마젤란성운(Small Magellanic Cloud, SMC)은 육안으로도 볼 수 있는 밝은 은하로 모두 우리 은하계의 주위를 도는 위성은하이다. 이들의 거리는 세페이드, 거문고자리 RR형 변광성, 미라형 변광성 같은 변광성과 O, B형 별, 적색거성과 신성 등 다양한 천체 관측을 통해 대마젤란성운은 약 50 kpc, 소마젤란성운은 약 60 kpc으로 구해졌으며, 우리에게서 가장 가까운 은하 그룹에 속한다. 따라서 많은 파장 영역에서 가장 높은 분해능으로 관측되는 은하이며, 다양한 천체의 통계적인 연구를 진행하는 데 매우 귀중한 천체이다. 또한 더 먼 천체까지 거리를 결정하기 위한 기준인 우주의 '거리 측정의 사다리' 기점이라는 중요한 역할도 담당하고 있다. 게다가 태양계 근방보다 금속 함량이 낮고, 우주 역사에서 별 형성이 시작되었을 무렵의 금속 함량에 가깝기 때문에 우주 초기의 진화 단계에서 별 형성을 관측적으로 이해하는 데도 매우 유용한 천체이다.

7.1 대소 마젤란성운

대마젤란성운은 은하의 허블 분류에서 불규칙은하로 분류된다(그림 7.1). 대부분의 별은 길이 3°, 폭 1° 정도의 막대 구조bar 안에 분포하지만, 중성수소 원자(H I) 가스 및 일부 별은 반경 약 5°(약 5 kpc)의 원반 모양 영역에 분포한다. 이 원반 모양으로 펼쳐진 부분에는 막대 구조의 동쪽에 위치하며 독거미 성운(타란툴라 성운)이라는 이름으로 알려진 30 Dor(황새치자리 Dorado의 30번 별), 원반부의 북서쪽에 위치한 N 11, 막대 구조의 북쪽이자 원반부의 중심 부근에 위치한 N 44 등과 같이 붉게 빛나고 눈에 띄게 활발한 대질량성 형성 영역이 존재한다. 또한 30 Dor 주위와 북쪽, N 11

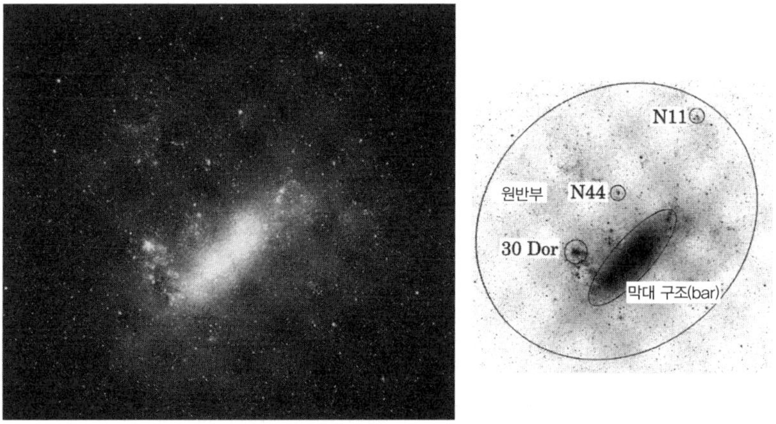

그림 7.1 대마젤란성운. 위가 북쪽 방향이다. 오른쪽은 왼쪽 사진을 반전한 것에 막대 구조, 원반부, 대질량성 형성 영역 30 Dor, N 11, N 44의 위치를 표시한 것이다.

방향 등에는 막대 구조의 별보다 분명히 푸르게 보이는 젊은 별들이 집단으로 존재하고 있다.

원반의 두께는 약 1.5 kpc이며, 경사각은 약 30°로 구해졌다. 따라서 우리에게는 그냥 원반부를 위에서 보는 듯한 각도로 존재한다. 이러한 대마젤란성운과 우리의 위치 관계는 시선 방향으로 겹치는 천체가 적은 것을 의미하며, 거리가 가깝다는 점도 포함하여 매우 좋은 관측 대상이 되고 있다. 실제로 1960년대 후반에 이미 성단, 변광성, 방출 성운 등의 분포가 보고되었다. 또 몇 년 후에는 측광 관측을 통해 막대 구조에는 비교적 진화가 진행된 별이 존재하는 반면, 원반부에는 새로운 별 형성 영역이 분포하고 있는 것으로 나타났다.

대마젤란성운에서 20° 정도 서쪽에 있는 소마젤란성운(그림 7.2)은 불규칙 왜소은하로 분류되어 대략 3° 정도의 막대 구조와 그곳에서 약 2° 동쪽에 깃털처럼 펼쳐진 '윙' 성분으로 구성된다. 이 구조는 별의 분포뿐만 아니라 H I 가스의 분포에서도 볼 수 있어서 소마젤란성운에서는 별과 H I

표 7.1 대소 마젤란성운의 기본 자료.

	대마젤란성운	소마젤란성운
위치(은경, 은위)	$(280.46°, -32.89°)$	$(302.79°, -44.30°)$
거리	50 kpc	57 kpc
국부 정지기준에 대한 시선속도	$274\ km \cdot s^{-1}$	$148\ km \cdot s^{-1}$
질량	$2 \times 10^{10} M_{\odot}$	$2 \times 10^{9} M_{\odot}$

그림 7.2 소마젤란성운.

가스의 대국적 분포가 잘 일치하고 있다. 또한 세페이드의 거리 측정에서 소마젤란성운은 깊이가 있는 것으로 시사되고 있다. 소마젤란성운은 대마젤란성운보다 더 금속 함량이 낮고, 질량의 대부분을 가스가 차지하고 있어 대마젤란성운보다 더 원시은하에 가까운 모습을 보인다.

표 7.1에 대소 마젤란성운의 기본 자료를 나타냈다.

대마젤란성운은 그 가까움 때문에 대마젤란성운 속의 성단을 허셜이 이미 발견하였고, 또한 많은 성단이 NGC 목록에 등록되어 있다. 이들은 $10^6 M_{\odot}$ 정도의 구상성단, OB성협,[1] 산개성단과 이것들에 부수되는 이온

1 O-B Stellar Association. O, B형 별의 집단. O형 별이나 B형 별 같은 대질량성을 포함한 별이 동시에 형성되어 집단으로 존재하는 별의 무리.

화 수소(H II) 영역 등이다. 한편, 소마젤란성운에는 구상성단은 하나밖에 존재하지 않고, 또한 별 형성 활동도 대마젤란성운에 비해 낮다. 이를테면 대마젤란성운은 30 Dor와 N 11 같은 대규모 H II 영역이 존재하는 반면, 소마젤란성운에는 비교적 작은 H II 영역만 관측되고 있을 뿐이다. 또한 아주 젊은 별인 울프-레이에 별[2]도 대마젤란성운보다 한 자릿수 정도 적다.

대마젤란성운이 가까이 존재한다는 것은 변광성 관측에도 매우 유리하다. 대마젤란성운의 변광성 관측은 대마젤란성운의 거리 결정, 나아가 우주에 있는 다양한 천체의 거리 결정에 큰 진전을 가져 왔다. 은하계에서 관측되는 대부분의 변광성이 대마젤란성운에서도 관측되고 있을 뿐만 아니라, 세페이드형 변광성의 주기-광도 관계가 은하계, 대마젤란성운, 소마젤란성운에서 다르기 때문에 각각 은하에서 금속 함량이 다르다는 것을 보여준다.

1987년 2월에 출현한 대마젤란성운의 초신성 SN 1987A는 최근 400년 중 가장 가까운 곳에서 발생한 초신성 폭발이다. 그리고 이 초신성 폭발은 많은 파장과 중성미자(뉴트리노)로 관측되어 γ선 천문학, 중성미자 천문학 등 다양한 분야에서 새로운 지식을 가져왔다. 특히 기후현 칸마광산에 설치된 대형의 체렌코프 검출기 '카미오칸데'에 의해 세계 최초로 초신성 폭발에서 뉴트리노를 발견하여 중성미자 천문학의 새로운 길이 열렸다. 또 이 중성미자 검출은 2002년 고시바 마사토시小柴昌俊의 노벨 물리학상 수상으로 이어졌다. SN 1987A는 II형 초신성으로 B 0.7에서 B 3 정도의 별로 생각되는 Sk−60°202라는 별이 진화하여 폭발을 일으킨 것으로 알려져 있다. 가장 밝았을 때에도 절대등급이 $M_V = -15.9$등급(겉보기등급은

2 스펙트럼에 일반적인 별에서 볼 수 있는 수소가 없고, 헬륨 등의 폭 넓은 방출선을 볼 수 있는 별. 대질량성이 진화하여 수소를 포함하는 외층을 잃고, 항성풍으로 헬륨 및 기타 원자를 날려보내고 있는 상태이며, 진화 단계의 말기로 생각된다.

2.6등급)으로 매우 어둡기 때문에 여기에서도 대마젤란성운이 가깝다는 점이 관측에 큰 도움을 준 셈이다.

7.2 마젤란성운의 성간물질

7.2.1 대마젤란성운의 성간물질

은하에 존재하는 성간물질의 특성을 알고, 별의 일생에서 별과 가스의 상호작용을 이해하는 것은 은하의 진화 과정을 이해하기 위해서도 중요하다. 대마젤란성운의 성간물질 관측은 1950년대에 가능해졌다. HI 가스의 관측으로 시작하여 그 후 매핑mapping 관측에 의해 HI 가스의 전모가 밝혀졌다. 1990년대 후반, 호주 천문대의 전파간섭계를 사용하여 HI 가스를 전체 매핑하여 얻은 HI 가스의 분포도는 그림 7.3(왼쪽)과 같다. HI 가스가 짙은 영역은 끈 모양의 가스가 무수하게 얽혀서 가늘고 긴 구조(필라멘트 구조)로 이루어졌으며, 초신성 잔해 주위에 있는 수십 pc 크기의 공 껍질 구조(셸)에서 수백 pc 이상 크기의 거대한 셸까지 다양한 셸 구조가 존재하는 것으로 밝혀졌다.

대마젤란성운의 HI 가스는 두 가지 속도 성분으로 나눌 수 있다. 하나는 대마젤란성운의 전반에 걸쳐 원반 모양으로 퍼져 있는 성분으로 질량의 72%를 차지하고 있다. 다른 하나는 그보다 시선속도가 작고 30 Dor의 동서 방향으로 존재하는 거대한 셸과 30 Dor의 남쪽에 펼쳐진 거대한 가스 덩어리를 포함하는 성분으로, 나머지 18%의 질량을 차지하고 있다. 최근 대규모 관측을 통해 30 Dor의 남쪽에 펼쳐진 거대한 가스 덩어리에서 뻗어 나온 희박한 가스는 마젤란성운류, 마젤란 다리(그림 7.11 참조), 그리고 소마젤란성운까지 연결되어 있는 것으로 밝혀졌다.

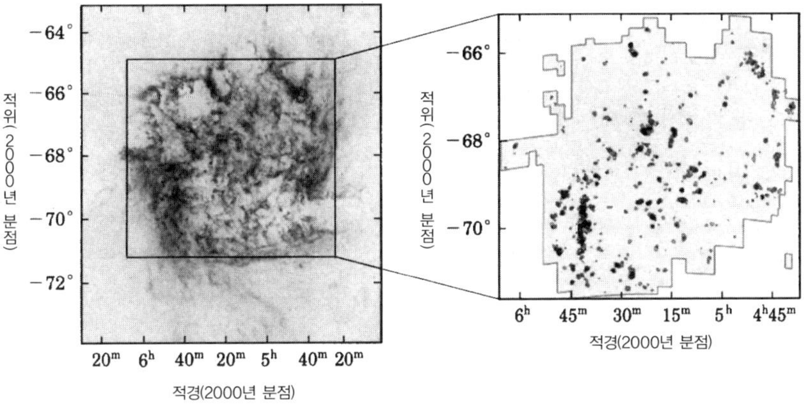

그림 7.3 대마젤란성운의 가스 분포. 호주 천문대의 전파간섭계 및 단일 전파 망원경 팍스를 통해 얻은 데이터를 합성하여 만든 HI 가스의 밀도분포를 음영으로 나타낸 것이다(왼쪽, Kim *et al.*, 2003, *ApJS*, 148, 473에서 옮김). 후쿠이 연구팀이 나고야 대학의 4 m 전파망원경 '난텐'을 이용하여 얻은 분자 가스의 밀도분포를 나타낸다(오른쪽, Fukui *et al.*, 2001, *PASJ*, 53, L41).

대마젤란성운의 분자 가스에 대한 관측은 1980년대부터 CO 분자가 내는 파장 2.6 mm의 전파를 이용하여 실행되었다. 최초의 CO에 의한 전체 매핑은 컬럼비아 대학의 1.2 m 망원경에 의한 것으로, 30 Dor의 남쪽에 있는 HI 가스 덩어리의 방향에 거대한 분자운 복합체가 존재하는 것 등이 밝혀졌다. 그 후 후쿠이 야스오福井康雄 등 나고야 대학의 그룹은 나고야 전파 망원경 '난텐'을 이용하여 더 높은 해상도로 광역 매핑을 실시하고, 은하계의 거대 분자운과 엇비슷한 큰 마젤란성운 내의 분자운을 분해하여 은하 전체에 걸쳐 검출했다. 그림 7.3(오른쪽)에 '난텐'으로 관측한 분자운의 분포를 나타냈다.

HI 가스의 질량은 약 $7 \times 10^8 M_\odot$이며, 분자운의 질량은 그것의 약 10 %로 추정된다. 또 대마젤란성운의 거대 분자운은 은하계 내의 거대 분자운과 비슷한 크기와 질량을 가진다는 것, 30 Dor 남쪽의 HI 가스 덩어리 부분에는 단독의 분자운 복합체가 아니라 많은 분자운이 늘어서서 분포하고 있다는 것, 이들이 가시광에서는 막대 구조의 동쪽 끝에 아크 모양으로 보이는 대마젤란성운의 흡수대와 잘 일치하고 있다는 것 등이 밝혀졌다.

또한 이러한 거대 분자운에 대해 SEST 망원경[3]과 일본 국립천문대, 일본 대학연합 및 칠레 대학교의 아타카마 서브밀리미터파 프로젝트에서 운용중인 ASTE 망원경을 이용하여 더 높은 해상도로 다多방출선 관측이 실시되었다. 그 결과 성단의 크기와 거의 같은 정도인 약 10 pc의 해상도로 분자운의 구조가 밝혀졌다.

대마젤란성운의 이온화 가스의 분포는 주로 Hα 방출선의 관측을 통해 알려졌다. 이온화 가스의 대부분은 셸 구조를 보이며, 수십 pc 정도의 셸과 수백 pc 정도의 거대 셸이 확인되었다. 또한 대마젤란성운에는 광도가 작은 콤팩트 H II 영역부터 30 Dor처럼 매우 높은 광도를 가진 거대한 H II 영역까지, 광도로 네 자릿수 이상에 걸치는 다양한 H II 영역이 존재한다.

이러한 H II 영역의 위치와 분자운을 비교하면 H II 영역과 분자운의 위치 상관관계는 매우 좋으며, 콤팩트 H II 영역을 포함하면 약 절반의 H II 영역이 분자운에 수반되어 있음을 알 수 있다. 한편 약 25 %의 분자운은 H II 영역을 수반하지 않으며, 거대 분자운 정도의 질량을 가지면서도 대질량성 형성의 조짐을 보이지 않는 분자운도 적지 않게 존재한다.

7.2.2 소마젤란성운의 성간물질

소마젤란성운의 H I 가스는 1950년대에 이미 관측되었다. 그 후 호주의 팍스 전파망원경과 전파간섭계로 상세한 전파지도를 얻었다(그림 7.4). H I 가스의 질량은 약 $5\times10^8 M_\odot$이며, 대부분은 막대 구조를 따라 존재한다. 막대 구조 중에서도 특히 남쪽에 가스가 집중되어 있으며, 그곳에는 여러

3 스웨덴 – 유럽 남천천문대(ESO)의 서브밀리미터파 망원경.

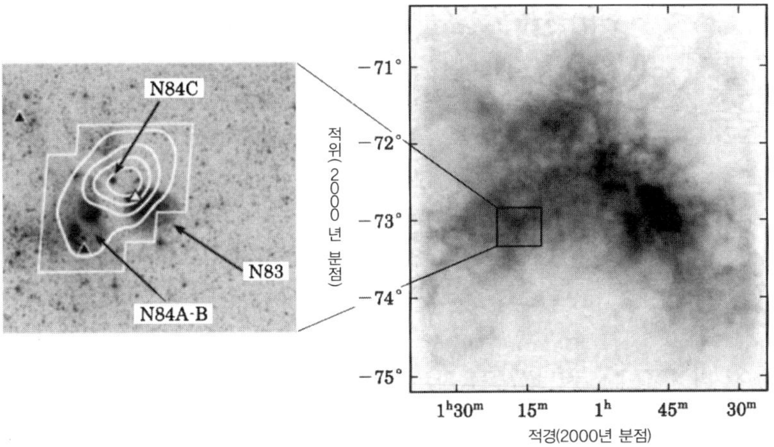

그림 7.4 소마젤란성운의 HI 가스 분포. 호주의 전파간섭계와 팍스 전파망원경의 데이터를 합성하여 얻은 HI의 가스 분포(오른쪽, Stanimirovic *et al.*, 1999, *MNRAS*, 302, 417). 소마젤란성운 내에 있는 N 84 방향의 가시광 이미지에 후쿠이 등이 '난텐'으로 얻은 분자 가스의 분포(등고선)를 겹친 것이다(왼쪽).

속도 성분을 가지는 가스가 존재하고 있다.

호주 천문대의 전파간섭계에서 검출된 HI 가스의 분포는 수많은 셀과 구멍이 나타나 있다. 이 모습은 Hα로 관측된 소마젤란성운의 모습과 잘 일치한다. 이 셀이 별 형성 활동에 의해 만들어졌다면 고립된 O형 별과 울프－레이에 별에 의한 것, OB성협에 의한 것, 그리고 폭발적인 별 형성(스타버스트)에 의한 것이 각각 약 3분의 1씩 존재할 것이다. HI 가스의 관측에서 얻은 이러한 셀의 팽창에너지는 소마젤란성운의 속박에너지보다 크고, 가스는 이윽고 소마젤란성운에서 벗어나 버린다고 생각하고 있다.

소마젤란성운의 분자운 탐사는 먼저 컬럼비아 대학 1.2 m 망원경을 이용하여 광범위하게 이루어졌다. 해상도는 낮지만, 막대 구조 방향을 망라하며 남북에서 각각 거대 분자운을 발견했다. 그 후 SEST 망원경으로 이들에 대해 고분해능 관측이 진행되었고, 또한 후쿠이福井 등의 그룹이 나고야 대학 전파망원경 '난텐'을 이용하여 윙 성분까지 포함하는 분자운 탐사가 이루어졌다. 그 결과 분자 가스의 총질량은 약 $5 \times 10^6 M_{\odot}$로, H I 가스의 1% 미만밖에 없으며, 대마젤란성운에 비해 분자운의 비율이 매우 낮은 것으로 밝혀졌다.

7.3 별 형성, 스타버스트, 30 Dor

측광 관측에 따르면, 대마젤란성운에서 막대 구조에는 비교적 진화가 진행된 별이 존재하는 반면, 원반부에는 새로운 별 형성 영역이 분포하고 있다고 알려졌다. 실제로 원반부는 그림 7.1(오른쪽)에 나타낸 황새치자리 30번 별(30 Dor), N 11, N 44와 같은 거대 H II 영역 복합체를 볼 수 있으며, 지금도 활발한 별 형성이 일어나고 있다. 또한 그곳에는 은하계의 산개성단에 비해 한 자릿수 이상으로 질량이 크고 젊은 성단이 존재한다.

대마젤란성운에는 다양한 규모로 별 형성이 활발하게 일어나고 있다. 이러한 별 형성 영역 중에서 가장 규모가 큰 것은 여러 각도에 걸쳐 펼쳐져 있어 별자리constellation라고 한다. 그림 7.5에 이 별자리의 분포를 나타냈다.

현재 30 Dor와 별자리 III에서 가장 활발한 별 형성 활동이 일어나고 있다고 생각할 수 있다. 30 Dor는 대마젤란성운 안에서뿐만 아니라 국부은하군 중에서도 가장 활발한 별 형성 영역이다. 약 400 pc으로 펼쳐져 있는 H II 영역 안에는 R 136, Hodge 301, N157B 등 여러 개의 막 형성된 성단이 관측되고 있다. H II 영역의 질량은 $8 \times 10^5 M_{\odot}$, Hα의 세기는 1.5×10^{33} J·s^{-1}으로 오리온 대성운의 몇 배나 되는 규모이다.

허블 우주망원경에 의해 30 Dor의 중심에는 O3형 이상의 대질량성을 여러 개 포함하는 거대한 성단 R 136이 존재하는 것으로 밝혀졌다. 그곳은 약 500만 년 전에 별 형성이 시작되어 약 100만 년 전까지 계속된 아주 젊

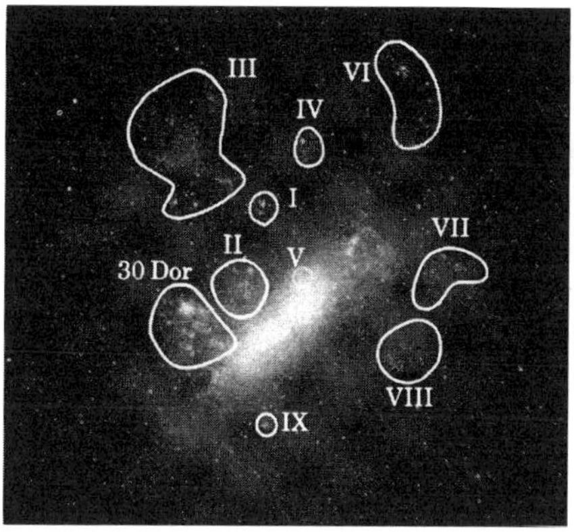

그림 7.5 대마젤란성운의 별자리 분포. 슈미트 망원경으로 얻은 UBVR 이미지에서 동정되었다.

은 별 형성 영역이다. 성단의 질량은 약 $1.7\times10^4 M_\odot$로, 존재하는 대질량성의 개수는 당시까지 대마젤란성운 안에서 발견된 대질량성의 개수보다 더 많았는데, 30 Dor가 얼마나 활발한 별 형성 영역인지를 보여준다.

최근 찬드라 X선 천문위성과 스피처 적외선 천문위성에 의해 30 Dor 속의 대질량성과 그들이 포함된 성단이 주위의 가스를 이온화시켜 산광성운으로 빛나고 있으며, 또한 성운이 없는 빈 구멍에는 더 고온의 가스로 채워져 있는 모습이 밝혀졌다(그림 7.6).

은하의 별 생성 역사는 성단과 별, 그리고 그들의 나이-금속 함량 관계 등을 통해 조사할 수 있다.

대소 마젤란성운에 있는 성단의 나이 분포는 두 가지 큰 특징이 있다. 하나는, 은하계 내에서는 나이가 약 100억 년이라는 오래된 구상성단밖에 존재하지 않지만, 대소 마젤란성운 내에서는 젊은 구상성단도 존재하고 있다는 것이다. 이는 구상성단 중 젊고 푸른 대질량성이 존재하기에 밝혀진 부분이다. 또 하나는, 산개성단과 구상성단의 중간 규모인 성단(조밀 성단[4]이라고 한다)이 존재한다는 것이다. 은하계와 대소 마젤란성운 내에 있

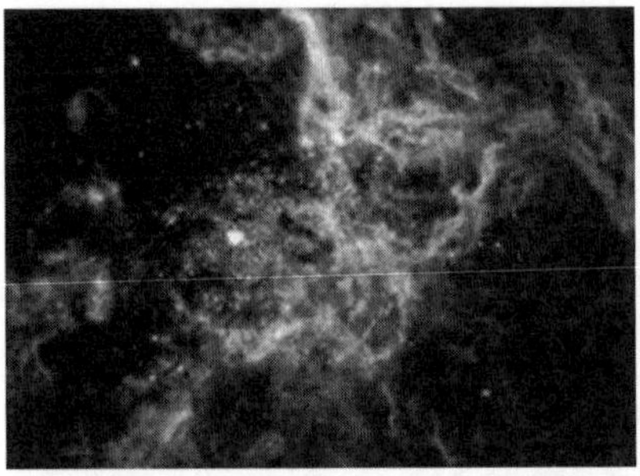

그림 7.6 30 Dor의 내부. 찬드라 X선 관측위성(0.5~0.7 keV)과 스피처 적외선 천문위성(3.2~9.5 μm)으로 얻은 이미지를 합성한 것으로, 별과 젊은 별 형성 활동을 나타내는 이온화 영역과 그 영역 안에서 빈 구멍으로 보이는 부분에 고온의 가스가 가득 차 있는 모습이 촬영되어 있다.

는 성단의 규모와 나이는 각각 완만한 상관관계가 있지만, 대소 마젤란성운에는 은하계에서는 볼 수 없는 중간 규모의 성단이 존재한다는 것을 쿠마이 야스키隈井泰樹 등이 밝혔다(그림 7.7). 은하계에서는 젊은 구상성단이 존재하지 않으므로 젊은 대규모 성단이 어떻게 형성되고 진화하는지를 관측적으로 밝히는 것이 불가능하다. 젊은 진화 단계에 있는 대소 마젤란성운의 대규모 성단을 조사하는 것으로 구상성단 등 대규모 성단의 일반적인 형성 과정을 살펴볼 수 있게 되었다.

대마젤란성운 내의 성단은 나이별로 공간분포의 퍼짐과 그 분포의 중심이 변화하고 있는 것으로 나타났다. 이를테면 가장 오래된 성단은 젊은 성단에 비해 3배 이상의 퍼짐을 갖는다. 또한 오래된 성단의 분포 중심은 젊은 성단의 분포 중심에서 1° 가까이 남북으로 이동하고 있다. 이것은 대마젤란성운의 별 형성 활동 모습이 변화하고 있음을 나타낸다고 할 수 있을 것이다. 그리고 가장 젊은 약 1000만 년 이하인 성단의 분포는 분자 가스의 분포와 잘 일치하는 것으로 알려졌다(그림 7.8).

4 populous cluster. 별 수가 약 1만 개 정도의 성단으로, 구상성단처럼 자체 중력으로 속박되어 있다.

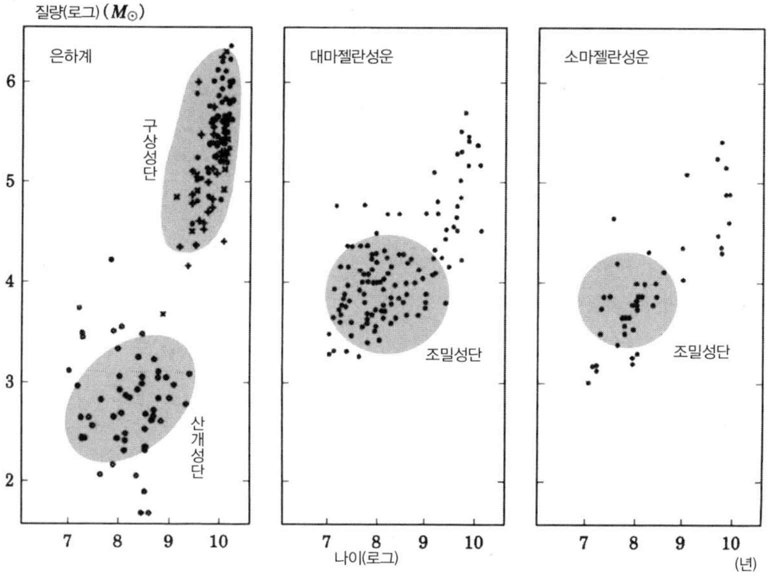

그림 7.7 은하계 및 대소 마젤란성운에 있는 성단의 나이와 규모의 관계(Kumai *et al*., 1993, *ApJ*, 404, 144).

성단의 나이 분포에서 볼 수 있는 또 하나의 특징은 마젤란성운 내의 성단에는 색의 간격gap, 즉 형성 시기의 간격이 존재한다는 것이다. 구체적으로는 약 100억 년([Fe/H]< −1.5)에서 약 40억 년([Fe/H]> −1.0)의 나이를 가진 구상성단이 존재하지 않는다는 것을 의미한다. 이것은 나이의 지표가 되는 다른 파장대에서의 광도 차이(색)를 성단에 대해 조사하여 알게 되었다. 즉, 이 기간에는 별 형성이 거의 일어나지 않았다. 그 후 약 40억 년 전에 폭발적으로 성단 형성이 시작되어 오늘날까지 계속되고 있다. 이 나이의 공백을 메우는 성단으로는, 현재 대마젤란성운 바깥에 존재하며 나이가 약 90억 년으로 알려진 성단 ESO 121−SC03뿐이다. 별의 관측에서 1970년대에 이미 이러한 간헐적인 별 형성, 스타버스트가 30억 년에서 50억 년 전에 일어났다고 생각해 왔다. 그리고 그 결과는 더 정밀한

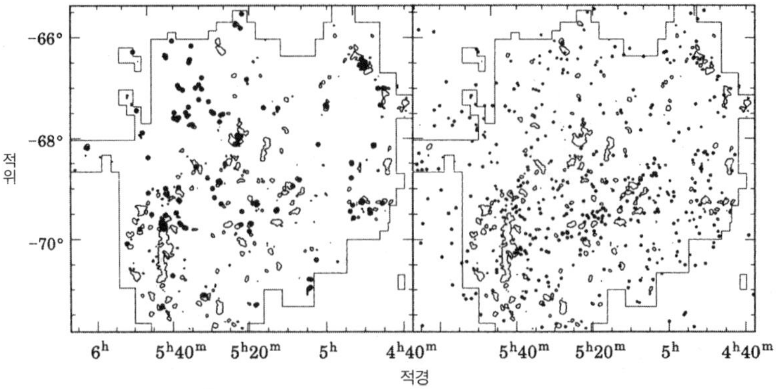

그림 7.8 대마젤란성운 내의 약 6°×6°에 걸친 성단의 분포. 왼쪽 그림은 나이가 약 1000만 년 이하인 가장 젊은 성단의 분포를 나타내고, 오른쪽 그림은 나이가 약 1000만 년 이상인 성단의 분포를 나타낸다. 배경의 등고선은 나고야 대학에서 관측한 분자운의 분포를 나타낸다. 나이가 약 1000만 년 이하인 성단의 분포는 약 6°×6° 정도인 반면, 가장 오래된 나이가 약 50~140억 년인 성단의 분포는 약 17°×10°에 걸쳐 있다.

관측을 통해 대마젤란성운의 일부 영역에서는 지지받았다. 그러나 허블 우주망원경에 의한 상세 관측이 진행되면서 같은 시대에 별 형성률에 변화가 보이지 않는 영역이 있다는 것을 알게 되거나, 또 더 최근에, 예를 들어 10억 년 전에, 별 형성률이 높아지고 있는 영역을 발견했다. 이러한 점에서 약 40억 년 전에 별 형성률이 높아졌는가의 여부를 확인하기 위해서는 앞으로 추가 연구가 필요하다.

한편, 소마젤란성운 내에는 구상성단은 NGC 121 하나밖에 없지만, 성단은 400개 정도 발견되고 있다. 또한 이 성단들과 성협은 소마젤란성운에서 대마젤란성운을 향하여 분포하며, 마젤란 다리를 형성하고 있다. 성단의 나이 분포는 대마젤란성운의 나이 분포에 비해 완만하고 간격이 있는 것 같지는 않다.

구상성단 NGC 121의 나이는 약 120억 년으로 구해졌다. 또 이 구상성단은 편평률이 0.25이며, 알려져 있는 구상성단 중에서 매우 편평한 것 중

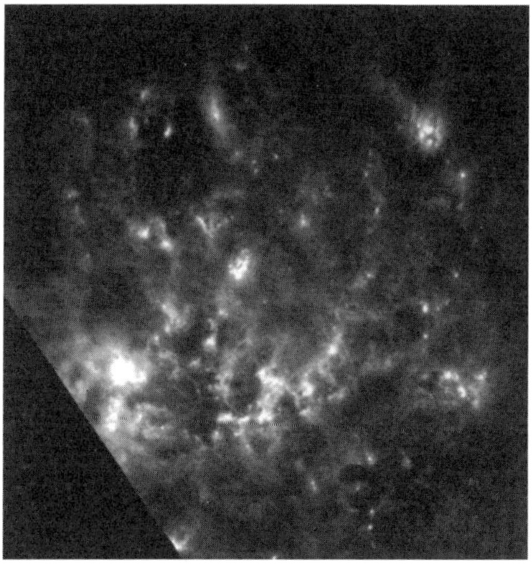

그림 7.9 '아카리'에 의한 대마젤란성운의 원적외선 이미지(화보 7 참조). 60 μm, 90 μm, 140 μm의 이미지로 유사 컬러 합성한 것.

하나이다.

2003년에 발사된 스피처 적외선 천문위성과 2006년 2월에 발사된 적외선 천문위성 '아카리'가 대소 마젤란성운의 서베이 관측을 수행했다(그림 7.9). 또 일본 국립천문대와 나고야 대학의 공동 연구인 IRSF/SIRIUS에 의한 근적외선 서베이 관측도 수행되었다. 이러한 관측 결과는 젊은 별과 점근거성가지 별 등의 조사, 성간 먼지의 분포나 물리량을 얻을 수 있는 매우 귀중한 데이터베이스이다. 실제로 이러한 근적외선부터 원적외선에 걸친 데이터로 수만 개에 이르는 젊은 진화 단계에 있는 별을 망라하는 것이 가능하게 되었다.

7.4 마젤란성운의 역학, 막대 구조, 암흑물질

역학적인 관점에서 보면 대마젤란성운은 매우 이상한 구조를 보인다. 그림 7.1의 대마젤란성운 사진에서 대부분의 별이 가늘고 긴 막대 모양으로 분포하고 있는 것을 알 수 있다. 그러나 이 막대 구조는 보통의 막대 은하의 구조와 다르기 때문에 대마젤란성운은 막대은하가 아닌 불규칙은하로 분류된다.

7.2.1절에서 언급한 바와 같이 H I 가스는 균일하게 분포하는 것이 아니라, 가스가 짙은 부분과 옅은 부분이 여기저기 흩어져 있으며, 그 안에 많은 공 껍질 모양의 구조가 보인다. 특히 짙은 H I 가스구름이 막대 구조의 동쪽에 해당되는 적경 $5^h 45^m$, 적위 $-69°$ 부근에 거의 남북을 향해서 분포한다(그림 7.3 왼쪽). 그림 7.3(오른쪽)에서 이 짙은 H I 가스구름의 속에는 많은 CO 분자운이 있을 뿐만 아니라, 짙은 CO 분자운이 남북으로 거의 일직선으로 뻗어 분포하고 있음을 알 수 있다. 이 분포의 북쪽 끝부분에는 갓 태어난 거대한 성단을 중심에 품고 있는 독거미 성운 30 Dor가 존재한다. 또한 H I 가스의 바깥쪽 가장자리를 따라가면 거의 원형이 되고, 별의 원반부와 잘 대응하고 있다. 대마젤란성운의 가스 원반도 별의 원반부와 마찬가지로 거의 바로 위에서 본 형태로 보인다.

대마젤란성운의 구조에서 이상한 점은 막대 구조의 중심, H I 가스의 회전 중심, H I 가스의 중심에 해당하는 위치가 모두 크게 어긋나 있다는 것이다. 이 위치를 2000년 분점의 적도 좌표 (α, δ)로 나타내면, 회전 중심은 $(5^h 21^m, -69°14')$에 있으며, 원반 모양으로 분포하는 H I 가스의 거의 중앙에 해당한다. 한편, 막대 구조의 중심은 그곳에서 약 0.6°(0.5 kpc) 정도 남남동쪽으로 어긋난 $(5^h 24^m, -69°45')$에 있으며, H I 가스 분포의 중심은 회전 중심보다 약 1.4°(1.2 kpc) 북동쪽으로 어긋난 $(5^h 34^m, -68°28')$

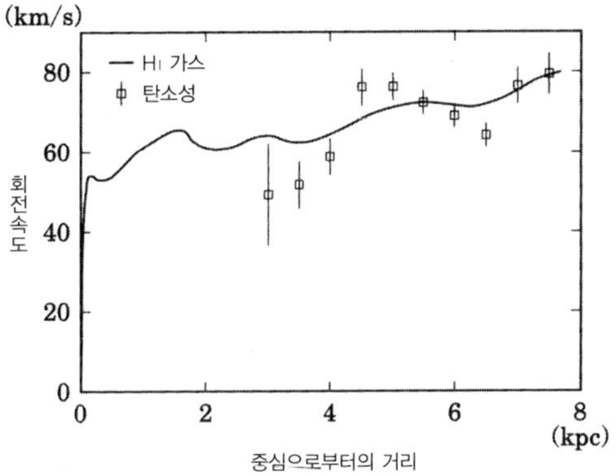

그림 7.10 대마젤란성운의 회전 곡선. 실선은 소후에祖父江, 탄소성은 김(S. Kim) 등이 구한 것이다.

에 위치한다. 이러한 차이는 7.6절에서 다루겠지만, 2억 년 전에 소마젤란성운과 충돌한 결과라고 생각된다.

그림 7.10은 대마젤란성운의 회전 곡선이다. 실선은 HI 가스에서 구한 것으로, □ 표시는 탄소성에서 구한 것이다. 대마젤란성운의 회전 속도는 중심부의 초속 55 km부터 바깥 가장자리의 초속 80 km까지 거의 일정한 비율로 완만하게 증가하고 있으며, 이 때문에 대마젤란성운에도 암흑물질이 존재할 것으로 생각된다.

은하 중심에는 거대 블랙홀이 존재하는 것이 많지만, 대마젤란성운의 회전 중심 위치에서 특별히 눈에 띄는 천체나 가스구름이 존재하지 않는다. 따라서 대마젤란성운에는 거대 블랙홀이 존재하지 않는 것 같다. 다만, 회전 중심은 중력의 중심으로 생각된다. 2억 년 전에 소마젤란성운과 충돌하여 별과 HI 가스의 분포에 편향이 발생했지만, 암흑물질은 충돌 전의 분포를 유지하여 회전 중심이 변하지 않았을 것이다. 그러나 암흑물질이 분포하는 범위와 양에 대해서는 아직 잘 알지 못한다.

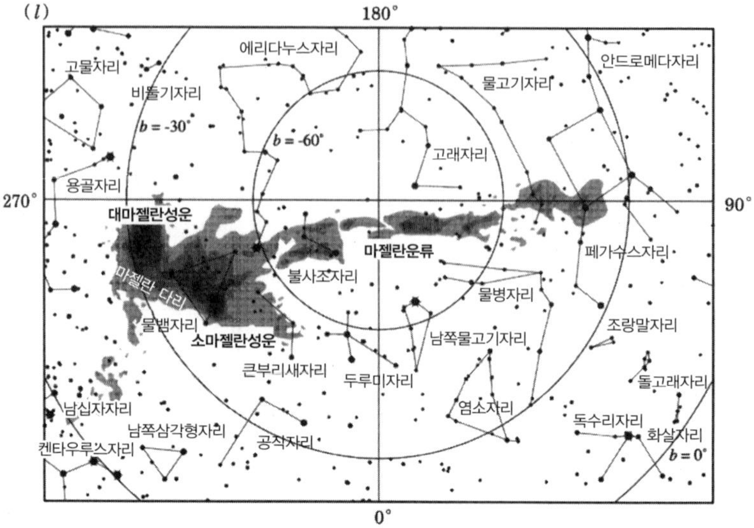

그림 7.11 천구상에 그린 대소 마젤란성운과 마젤란성운류. 좌표는 은하 좌표로 표시되어 있으며, 동심원의 중심이 은하 남극에 해당한다.

7.5 마젤란운류, 고속도 HI 운

1970년대에 대소 마젤란성운을 푹 감싸고 있는 거대한 HI 가스구름과 거기에서 은하 남극 부근을 지나 가을철의 대표적인 별자리 중의 하나인 페가수스자리 부근까지 100°에 걸쳐 거의 직선으로 뻗어 있는 폭 5~10°인 HI 가스의 띠가 발견되어, 마젤란운류라는 이름을 얻었다(그림 7.11). 마젤란운류의 HI 가스의 총량은 $2\times10^8 M_\odot$ 정도이고, 그 속에는 별과 분자운이 발견되지 않았다. 태양의 위치에서 본, 은하계 중심에 정지하고 있는 좌표계(은하 정지 기준Galactic Standard of Rest, GSR)에 대한 시선속도를 v_{GSR}로 나타내는데, 마젤란운류의 시선속도 v_{GSR}가 마젤란운류를 따라 어떻게 변화하고 있는지를 나타낸 것이 그림 7.12이다. 그림에서 × 표시는 마젤란운류의 가스를, 회색 타원은 대소 마젤란성운의 가스 원반부를 나

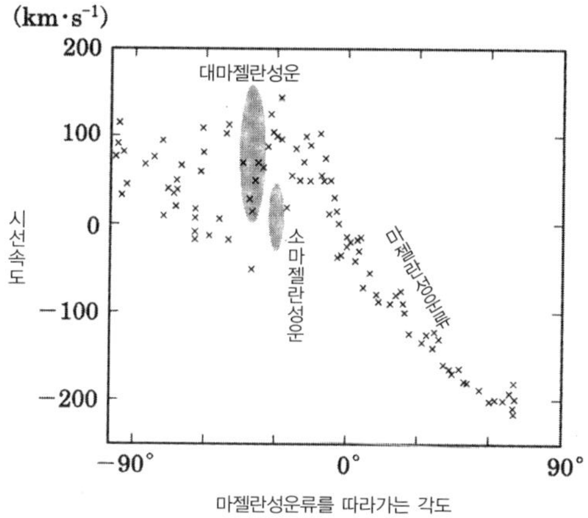

그림 7.12 마젤란성운류를 따르는 가스의 시선속도 v_{GSR}의 분포.

타낸다. 대소 마젤란성운 부근에서는 초속 100 km로 멀어지고 있는 반면, 페가수스자리 부근에 위치한 마젤란운류의 끝부분에서는 반대로 초속 200 km의 속도로 접근하고 있음을 알 수 있다.

1950년대에 H I 가스의 21 cm 선이 관측된 이래 은하계의 가스 분포 연구가 비약적으로 발전하여 은하계의 회전 곡선, 소용돌이 구조, 바깥쪽 가장자리의 휨 구조 등이 밝혀졌다. 이런 가운데 1960년대에는 보통의 은하 회전에 의한 시선속도로는 설명할 수 없는 큰 시선속도를 가진 가스구름의 존재가 밝혀졌다. 이 가스구름 중에서 관측된 H I 가스구름의 시선속도와 은하 회전에 의해 생기는 시선속도와의 차이가 초속 50 km 이상인 가스구름을 고속도 운이라고 한다.

그림 7.13에 고속도 운의 천구 분포를 나타냈다. 마젤란운류도 처음에는 그 끝부분이 고속도 운으로 발견되고, 후속 관측에 의해 전모가 드러났다는 역사가 있다. 고속도 운에 마젤란운류도 포함되지만, 대소 마젤란성운의 가스구름처럼 다른 은하에 포함된 가스구름은 고속도 운에 포함하지

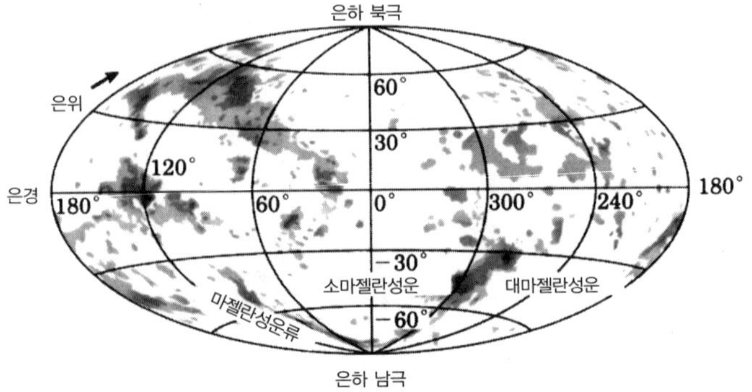

그림 7.13 고속도 HI 운의 천구 분포. 은하 좌표를 함메르 도법으로 그린 것으로, 타원의 중심이 은하계 중심, 타원의 장축이 은하면을 나타낸다. 고속 HI 운 외에 마젤란성운류와 대소 마젤란성운을 감싸고 있는 가스구름도 함께 그렸다.

않는다. 그러나 그림 7.13에서는 마젤란운류와 함께 대소 마젤란성운과 그것들을 감싸고 있는 가스구름도 함께 그렸다.

고속도 운은 고은위高銀緯에 많이 존재하지만, 그 분포에 뛰어난 특징이 있는 것은 아니다. 또 속도에 관해서도 은하회전에서의 차이가 양인 것도 음인 것도 존재하며, 계통적인 특징도 확실치 않다. 이러한 고속도 운 중에서 특히 눈에 띄는 것은 마젤란운류(그림의 아래쪽에 있는 길쭉한 띠 모양의 가스구름)와 왼쪽에서 중앙(은하 중심 방향)으로 뻗은 거대한 가스구름일 것이다. 후자의 거대한 가스구름이 은하 중심 방향으로 뻗어 있기 때문에 은하계에 낙하하고 있는 가스구름이라는 생각도 있지만, 고속도 운의 거리를 구하는 효과적인 방법이 없기 때문에 자세한 것은 아직 잘 알려져 있지 않다.

고속도 운의 기원에 대해서는 다양한 설이 제시되어 있다. 이를테면 초신성 폭발로 쓸어 모은 가스구름이라는 설, 휨에 의해 은하면에서 크게 어긋나 버린 은하계 바깥쪽 가장자리의 가스 원반이라는 설, 마젤란운류에서 튀어 흩어진 것이라는 설, 은하 중심에서 헤일로 공간으로 방출된 가스라는 설, 은하면 내에서 분출된 가스가 다시 은하계로 낙하하고 있다는 설, 우주 초기부터 존재했던 은하 간 가스가 현재 은하계로 낙하하고 있다는 설 등이다. 모든 고속도 운을 일목요연하게 설명할 수 있는 것은 없으며, 개별 고속도 운마다 그 기원이 다를지도 모른다. 단지, 이러한 주장 중에서 우주 초기부터 존재했던 은하 간 가스가 현재 은하계로 낙하하고 있다고 생각하는 설이 가장 일반적으로 받아들여지고 있다.

7.6 은하계와의 상호작용

마젤란운류의 발견 이후 그 생성 원인과 대소 마젤란성운의 궤도에 대한 연구가 활발히 이루어지게 되었다. 마젤란운류의 모양과 운동을 재현하려면 대소 마젤란성운의 궤도가 한정되기 때문이다. 많은 연구자들은 대소 마젤란성운의 2체 상호작용이나 은하계를 포함한 3체 상호작용을 통해 마젤란운류의 재현을 시도했다. 그러나 마젤란운류의 형태를 재현하는 데에는 성공하지만, 마젤란운류의 끝부분에 나타나는 큰 속도를 재현하지는 못했다.

이 마젤란운류의 재현을 처음으로 성공한 것은 1980년에 보고된 무라이 타다유키村井忠之와 후지모토 미츠아키藤本光昭의 연구이다. 그들은 은하계의 암흑물질이 대소 마젤란성운의 궤도를 감싸듯이 분포하고 있다고 가정하고, 마젤란운류의 끝부분에 나타나는 큰 속도(그림 7.12)를 재현하는 데 성공했다.

일반적으로 은하 등과 같은 퍼져 있는 천체 속을 왜소은하나 구상성단처럼 비교적 질량이 큰 천체가 통과할 때, 그 퍼져 있는 물질(은하의 경우 별과 가스, 암흑물질 등)의 중력으로 인해 통과하는 천체의 속도는 감속된다. 이 감속의 원인이 되는 힘을 역학 마찰이라고 한다.

물질이 분포하는 공간을 천체가 통과할 때, 주위의 물질은 천체의 중력에 이끌려 천체의 주위로 모이려고 한다. 그런데 그 물질이 모이기까지는 조금 시간이 걸리므로 그동안 천체는 진행 방향으로 이동해 버린다. 그러면 물질은 천체가 통과한 뒤쪽에 모이게 된다. 이 모인 물질이 앞서 나아가고 있는 천체에 중력을 미쳐 천체의 운동이 감속된다. 이것이 역학 마찰의 원리이다.

평균 속도 V_0에서 무질서하게 운동하고 있는 암흑물질 속을 질량 M인 천체(여기에서는 대소 마젤란성운)가 은하계 중심으로부터의 거리 r인 위치를 속도 $\boldsymbol{v}$로 운동할 때, 그 천체가 받는 역학 마찰 $\boldsymbol{F}$는 $X=v/V_0$로 둘 때 다음 식으로 나타낸다.[5]

$$\boldsymbol{F} = -\frac{GM^2 \ln\Lambda}{r^2 X^2}\left\{\mathrm{erf}(X) - \frac{2X}{\sqrt{\pi}}e^{-X^2}\right\}\frac{\boldsymbol{v}}{v} \tag{7.1}$$

여기서 $\ln\Lambda$는 퍼져 있는 물질의 질량과 분포의 범위로 결정되며, 크기가 1~10 정도의 상수로서 대소 마젤란성운과 은하계의 경우 $\ln\Lambda \simeq 3$으로 추정한다. 또한 $\mathrm{erf}(x)$는 오차 함수로 다음과 같이 정의한다.

$$\mathrm{erf}(x) = \frac{2}{\sqrt{\pi}}\int_0^x e^{-t^2}dt \tag{7.2}$$

통과하는 천체의 질량 M이 클수록 많은 물질을 모을 수 있기 때문에 역학 마찰은 심해진다. 또한 천체의 속도 v가 크면 물질이 모아지기 전에 천체가 멀어져 버리기 때문에 역학 마찰은 작아진다. 역학 마찰이 통과하

5 역학 마찰의 (식 7.1)의 유도에 대해서는 Binney & Tremaine 1987, *Galactic Dynamics*, Princeton Univ. Press를 참조.

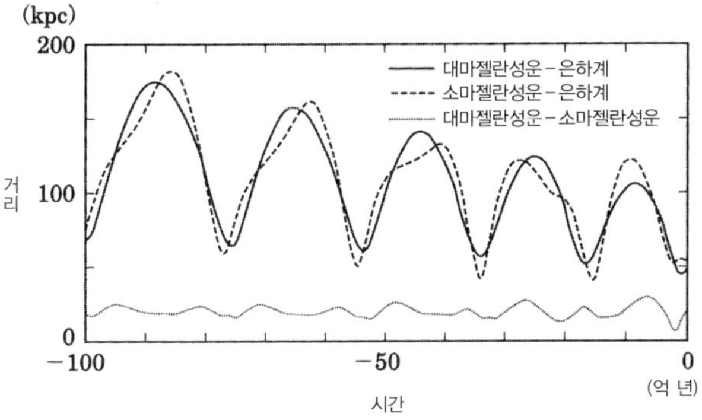

그림 7.14 과거 100억 년 동안의 대소 마젤란성운과 은하계 간 거리의 시간 변화. 가디너와 사와 등의 모델에 따랐다.

는 천체의 질량의 제곱에 비례하고 속도의 제곱에 반비례하는 것은 이러한 이유에서이다.

무라이村井와 후지모토藤本가 마젤란운류의 재현에 성공한 몇 년 후, 태양과 은하 중심 간의 거리 및 태양 위치에서의 은하회전의 속도 값이 개정되었다. 가디너L. Gardiner와 사와 타케후미沢武文 등은 무라이와 후지모토의 모델에 이 새로운 은하계의 값을 적용하여 대소 마젤란성운의 궤도를 다시 구해 무라이와 후지모토가 내린 결론은 본질적으로 변하지 않는다는 것을 보여주었다. 그림 7.14는 마젤란운류를 재현하는 궤도의 한 예로, 과거 100억 년간 대소 마젤란성운과 은하계 간의 거리의 시간 변화를 나타낸 것이다. 대소 마젤란성운은 서로의 주위를 돌면서 쌍은하 상태를 유지하고 있지만, 그 궤도의 원은점 거리와 근은점 거리는 모두 시간이 경과함에 따라 작아지고 있다. 은하계의 역학 마찰 때문에 대소 마젤란성운이 은하계로 조금씩 떨어져 들어오고 있는 것이다.

대소 마젤란성운이 궤도운동을 앞으로도 계속하면 어떻게 되는지를 나타낸 것이 그림 7.15이다. 대략 35억 년 후에는 대소 마젤란성운의 쌍은하

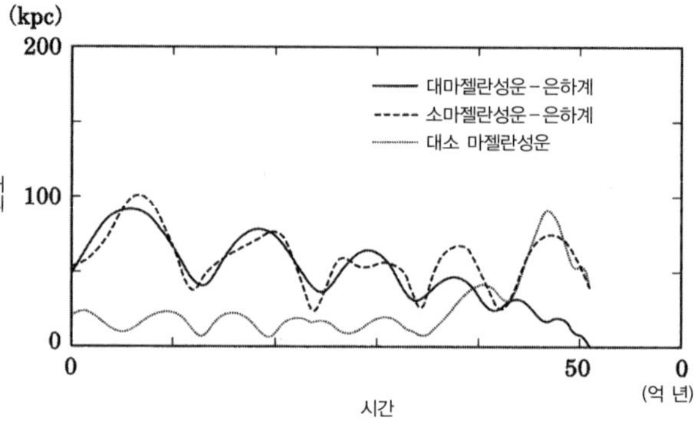

그림 7.15 미래 50억 년 동안의 대소 마젤란성운과 은하계 간 거리의 시간 변화.

상태는 부서지고, 대소 마젤란성운은 별도의 궤도운동을 하게 된다. 그리고 50억 년 후에는 역학 마찰 때문에 대마젤란성운이 은하에 떨어져 내릴 것이다. 덧붙여 소마젤란성운에 작용하는 역학 마찰은 대마젤란성운보다 훨씬 작기 때문에 은하계에 떨어지는 것은 대마젤란성운에 비해 수십억 년 후가 된다. 하지만 대마젤란성운이 떨어질 것으로 예상되는 약 50억 년보다도 이전에 은하계는 안드로메다은하와 충돌할 것으로 예상되며, 대소 마젤란성운의 궤도를 먼 미래까지 구하는 것은 어렵다.

그림 7.16에 약 20억 년 전부터 현재까지의 대소 마젤란성운이 은하계 주위를 도는 궤도와 마젤란운류가 형성되는 모습을 나타냈다. 그림 7.14에서 대소 마젤란성운은 약 18억 년 전에 은하계에 대한 근은점을 통과했다는 것을 알 수 있다. 이때, 은하계와 대마젤란성운에 의한 복합적인 조석력으로 소마젤란성운의 가스가 끌려나오기 시작하여, 16억 년 전에 대마젤란성운 방향과 그 반대편에 가스 띠가 형성되기 시작한다. 12억 년 전에는 그 쌍을 이룬 띠는 더욱 길어지지만, 대마젤란성운 쪽의 가스는 대마젤란성운의 중력에 붙잡혀 대소 마젤란성운을 둘러싸는 가스구름이 된다. 한편, 반대편으로 끌려나온 가스는 대소 마젤란성운의 궤도를 따라 운동

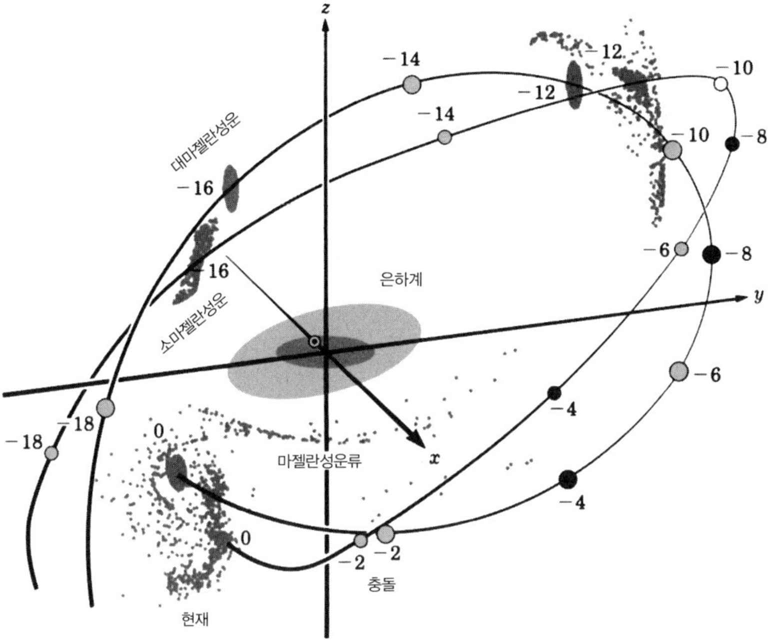

그림 7.16 마젤란성운류가 형성되는 모습. 가디너와 사와 등에 따랐다. 중앙의 타원은 은하계이며, 안쪽의 짙은 타원이 별의 은하 원반을, 바깥쪽의 옅은 타원은 가스 원반을, ⊙는 태양의 현재 위치를 나타낸다. 좌표축은 은하계의 중심이 원점, 태양에서 본 은하 중심 방향($l=0°$ 방향)이 x축, 태양의 은하 회전 방향($l=90°$ 방향)에 평행한 방향이 y축, 은하 북극($b=90°$)에 평행한 방향이 z축이다. 은하계를 둘러싼 두 곡선이 대소 마젤란성운의 궤도를 나타내며, 궤도에 그려진 크고 작은 원 또는 점의 집합체는 각각 대소 마젤란성운을 나타낸다. 또한 그 근처에 기록된 숫자는 억 년 단위로 나타낸 시각이며, −18이라는 수치는 18억 년 전을 의미한다. 크고 작은 원 표시는 어떤 시각에서 대소 마젤란성운의 위치관계를 쉽게 볼 수 있도록 회색과 흰색을 번갈아 사용하여 구분하였다.

하지만, 대소 마젤란성운보다 궤도운동이 느려져 거의 궤도를 따라가며 또한 더욱 길어져서 마젤란운류를 형성한다.

대소 마젤란성운은 2억 년 전 은하 간 거리가 7 kpc 정도로 접근하여 현재에 이르고 있다. 이 2억 년 전에 접근할 때에는 서로의 가스구름이 격렬하게 충돌한 것으로 추정되며, 7.4절에서 언급한 대마젤란성운이 이상한 구조를 갖게 된 원인과 대소 마젤란성운에서 현재 활발한 별 형성이 일어난 계기가 되었다고 생각된다. 또한 그림 7.16의 현재 모습에서 알 수 있듯이 소마젤란성운은 충돌에 의해 중심 부분이 더욱 늘어나 버렸다. 소마젤란성운에는 2종류의 가스 운동이 있으며, 7.1절에서도 언급했듯이 소마젤란성운 중의 세페이드는 태양으로부터의 거리가 분산이 크다. 이러한 것은 소마젤란성운이 태양과 소마젤란성운을 연결하는 방향으로 크게 늘어난 구조를 가졌음을 나타낸다. 이 구조는 2억 년 전의 대마젤란성운과 충돌했을 때, 소마젤란성운을 시선 방향으로 크게 잡아 늘인 시뮬레이션 결과와 잘 일치한다.

그림 7.16에서도 알 수 있듯이 대소 마젤란성운을 감싸는 가스구름과 마젤란운류의 가스는 모두 소마젤란성운에서 끌려나온 것이다. 대소 마젤란성운을 감싸는 가스구름의 금속 함량이 대마젤란성운 가스의 금속 함량보다 작은 것은 그 때문이다.

마젤란운류를 단서로 하여 대소 마젤란성운의 궤도에 대한 이론적 연구가 발전해 왔으며, 관측적으로도 별의 정밀위치 관측위성 히파르코스의 데이터에서 대소 마젤란성운의 고유운동을 구했다. 고유운동과 거리로부터 구한 대소 마젤란성운의 접선속도 (v_l, v_b)는 다음과 같다.

$$(v_{l\,\mathrm{LMC}},\ v_{b\,\mathrm{LMC}}) = (-52 \pm 82,\ 452 \pm 70)\,\mathrm{km \cdot s^{-1}}$$
$$(v_{l\,\mathrm{SMC}},\ v_{b\,\mathrm{SMC}}) = (-330 \pm 227,\ 330 \pm 203)\,\mathrm{km \cdot s^{-1}}$$

하지만 오차가 대마젤란성운에서 초속 ±80 km, 소마젤란성운에서 초속 ±200 km로 매우 크고, 관측적으로 대소 마젤란성운의 궤도를 결정하기까지는 이르지 못했다.

대소 마젤란성운은 약 2억 년 전에 충돌하였으며, 그 결과 현재 활발한 별 형성을 일으키고 있다. 따라서 7.3절에서 언급한 대마젤란성운에서 나타난 과거의 활발한 별 형성도 대소 마젤란성운 충돌에 의해 일어났을 가능성이 있다. 대마젤란성운에 있는 성단의 나이 분포로부터 대마젤란성운의 별 형성 역사와 소마젤란성운과의 상호작용 역사를 읽어내는 연구도 진행되고 있다.

지금까지 설명한 마젤란운류의 형성 모델은 은하계와 대소 마젤란성운의 조석 작용에 의한 모델로서 조석 모델이라고 한다. 마젤란운류의 기원에 대해서는 다른 모델도 존재한다. 그것은 대소 마젤란성운을 감싸는 가스구름이 우리 은하의 헤일로에 존재하는 가스의 램ram 압력[6]에 의해 깎여 나가 궤도 뒤쪽에 뻗어나와 생긴다는 것으로, 램 압력 모델이라고 한다. 하지만 관측되는 마젤란운류 및 대소 마젤란성운의 다양한 관측 데이터를 잘 설명할 수 있다는 점에서는 조석 모델이 훨씬 뛰어나다.

마젤란운류의 형성에 관한 조석 모델로서 가스의 성질과 자기 중력의 효과를 넣은 모의실험도 행해지고 있다. 이 모의실험에 따르면 마젤란운류의 반대쪽에도 가스의 일부가 끌려나온다는 것이 알려져 있다. 2003년에는 호주의 팍스 64 m 전파망원경을 이용한 마젤란운류의 상세 관측이 이루어져, 마젤란운류의 반대쪽에도 가늘고 옅지만 HI 가스의 띠가 늘어나 있는 것이 확인되었다. 이것으로부터도 마젤란운류의 근원이 조석 상

6 물체가 기체 속을 운동할 때 주위의 기체로부터 풍압을 받는다. 이 운동에 의한 풍압을 램 압력이라고 한다.

호작용에 의한 것이라는 사실이 더 확실하게 되었다고 할 수 있다.

지금까지 은하계가 마젤란성운에 미친 영향에 대해 살펴보았는데, 반대로 마젤란성운은 은하계에 어떠한 영향을 미쳤을까.

마젤란성운이 은하에 미치는 영향으로 먼저 생각할 수 있는 것은 조석작용에 의하여 은하계 바깥쪽 가장자리가 휘어지는 것이다. 은하계 가스 원반의 휨이 가장 큰 부분은 대소 마젤란성운의 궤도면 부근에 대응되며, $l=90°$ 방향에서는 은하 북극 방향으로 3 kpc 정도, $l=270°$ 방향에서는 은하 남극 방향(대소 마젤란성운이 있는 방향)으로 1 kpc 정도 휘어 있다. 이 때문에 은하계의 바깥쪽 가장자리가 휘어 있는 것은 대소 마젤란성운의 조석력으로 설명되는 듯하다. 그러나 마젤란운류를 재현하는 궤도에서는 조석력의 크기가 불충분하다는 점을 많은 연구자가 지적하고 있다. 은하계 주위를 약 20억 년에 한 바퀴 도는 대소 마젤란성운이지만, 지금까지 은하계에 대해 큰 영향을 미친 적은 없었다고 추정한다.

7.7 마젤란성운과 국부은하군

대소 마젤란성운의 궤도에 대한 연구는 마젤란운류의 형성에만 그치지 않고, 국부은하군 속의 마젤란성운이라는 관점에서도 이루어지게 되었다. 그중에서 우주 초기에 원시 은하계와 원시 안드로메다은하가 충돌하여 대소 마젤란성운 및 기타 왜소은하가 만들어지고, 주위에 흩뿌려졌다는 국부은하군의 구조와 운동에 대한 새로운 모델을 사와와 후지모토가 제시했다(SF 모델).

SF 모델의 개요를 그림 7.17에 나타냈다. 이 모델의 배경에는 대소 마젤란성운의 궤도가 은하면에 수직임에도 불구하고, 대소 마젤란성운의 궤도 각운동량이 은하계 원반의 은하회전 각운동량과 같은 정도의 크기를

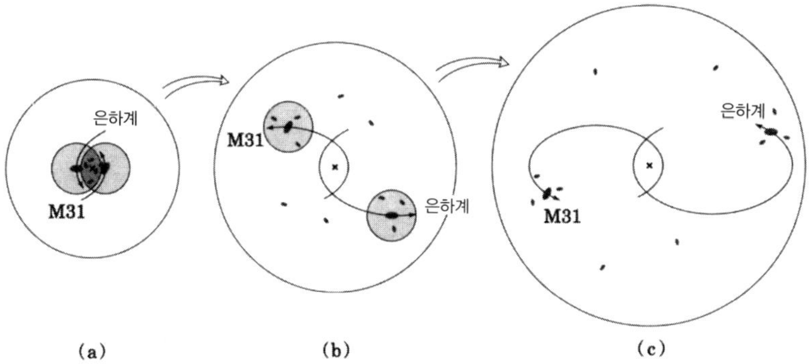

그림 7.17 SF 모델의 개요. (a) 약 100억 년 전. 우주 초기에 원시 안드로메다은하(M 31)와 원시 은하계의 헤일로 영역이 충돌하여 왜소은하가 형성된다. (b) 약 50억 년 전. 우주 팽창과 함께 안드로메다은하와 은하계는 떨어져 나가고 왜소은하는 그 근처에 흩뿌려진다. (c) 현재. 안드로메다은하와 은하계는 중력에 의해 되돌려져 다시 가까워지고 있다.

가지는 것, 국부은하군의 구성원 중 상당수는 안드로메다은하와 은하계를 연결하며 은하면에 거의 수직인 면의 근처에 분포하는 것, 이 면은 대소 마젤란성운의 궤도면과 30° 정도밖에 어긋나 있지 않다는 것 등의 관측 사실이 있다. 대소 마젤란성운의 큰 궤도 각운동량은 두 은하의 궤도운동에서 얻었다고 생각할 수 있어서, 국부은하군의 구성원이 안드로메다은하와 은하계를 포함한 평면 근처에 분포하는 것은 궤도운동 방향으로 흩뿌려졌다고 생각할 수 있기 때문이다.

이 SF 모델에서 대소 마젤란성운이 안드로메다은하의 궤도를 결정하는데 중요한 역할을 한다. 우주 초기에 안드로메다은하와 은하의 충돌에 의해 대소 마젤란성운이 형성된 후 마젤란운류를 형성하는 궤도를 취한다는 조건에 따라 안드로메다은하의 궤도가 크게 제한되기 때문이다. 이 제한 아래에서 안드로메다은하의 궤도를 조사한 결과, 안드로메다은하의 고유운동은 $(\mu_l,\ \mu_b) = (38 \pm 16\ \mu\mathrm{as \cdot yr^{-1}},\ -49 \pm 5\ \mu\mathrm{as \cdot yr^{-1}})$의 범위 안에 한정된다고 나타났다. 즉 안드로메다은하의 고유운동값을 예언한 것이다.

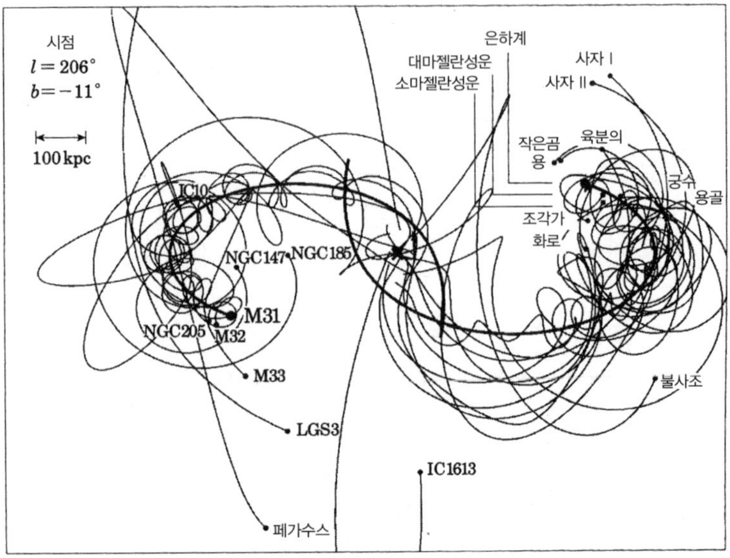

그림 7.18 SF 모델에 의한 국부은하군 구성원의 궤도. M 31은 안드로메다은하를 나타낸다.

또한 μas는 10^{-6} 아크세컨드를 나타내는 단위이다.

이 SF 모델에 따른 우주 초기부터 현재까지의 은하 궤도의 궤적을 그림 7.18에 나타냈다. 이 그림은 안드로메다은하와 은하계의 궤도면에 투영한 것이다. 왜소은하의 형성 모델은 5.2.3절과 6.2절에 보인 것처럼 몇 가지 모델이 제기되어 있다. 여기서 소개한 SF 모델은 어디까지나 이러한 모델 중의 하나이다. 이와 같이 천문학 연구는 다양한 각도에서 많은 모델이 제기되고 새로운 관측 데이터와의 비교에 의해 도태되어 간다. 안드로메다은하를 비롯하여 국부은하군에 있는 구성원의 고유운동은 앞으로 10년 이내에 발사가 예정되어 있는 몇 개의 고정밀 위치측정 위성에 의해 관측으로 구할 수 있게 될 것이다. 이 관측 데이터로 몇 가지 모델이 도태하게 될 것이다. 그날이 기다려진다.

제8장
중력 퍼텐셜 이론과 항성계 역학

이 장에서는 넓게 퍼진 질량분포를 가진 은하의 구조나 그 역학을 다룰 때 중요한 중력 퍼텐셜 이론의 개요를 설명하겠다. 중력을 기술하는 푸아송 방정식의 정확한 해解를 구하기 위하여 기하학과 물리수학의 다양한 방법을 구사해 왔다. 이 방법들은 알맞은 학습 자료이며, 해석해를 이용하여 수치 해법의 검사를 실시하는 등의 효용도 있다. 항성계의 역학에 대해서는 제12권에서 자세하게 다루지만, 이 장에서도 그 본질을 요약하여 설명하기로 한다. 또한 이 장에서는 대학의 교양과정에서 배우는 고전역학 정도의 지식을 갖고 있다고 가정한다.

8.1 중력 퍼텐셜 이론과 은하의 형상

8.1.1 푸아송 방정식

은하의 내부 구조와 내부 운동을 논의하기 위해서는 은하의 질량(밀도)분포에 의한 자기 중력장을 올바르게 다룰 필요가 있다. 중력 상수를 G, 은하의 질량 분포를 $\rho(\boldsymbol{r})$라고 하고 중력 퍼텐셜의 분포 $\phi(\boldsymbol{r})$를

$$\phi(\boldsymbol{r}) = -G\int \frac{\rho(\boldsymbol{r}')}{|\boldsymbol{r}'-\boldsymbol{r}|}\, d^3r' \tag{8.1}$$

로 정의하면, 중력장 $\boldsymbol{F}(\boldsymbol{r})$은 다음과 같은 중력 퍼텐셜 $\phi(\boldsymbol{r})$의 기울기로 기술된다.

$$\boldsymbol{F}(\boldsymbol{r}) = -\nabla\phi(\boldsymbol{r}) \tag{8.2}$$

다른 교과서에서는 (식 8.1) 우변의 마이너스 부호를 붙이지 않고 퍼텐셜

을 정의할 수도 있으므로 주의가 필요하다. (식 8.2)의 $\nabla\cdot$를 취하면 ρ와 ϕ는 다음과 같이 푸아송 방정식으로 묶인다.

$$\Delta\phi(\boldsymbol{r}) = 4\pi G\rho(\boldsymbol{r}) \tag{8.3}$$

(식 8.1)과 (식 8.3)을 충족하는 $\rho(\boldsymbol{r})$과 $\phi(\boldsymbol{r})$의 쌍을 밀도-퍼텐셜 쌍이라고 한다.

자기 중력계 전체의 중력 퍼텐셜 에너지 W는 다음과 같이 정의한다.

$$W = \frac{1}{2}\int \rho(\boldsymbol{r})\phi(\boldsymbol{r})\, d^3r \tag{8.4}$$

임의의 체적에 대해 푸아송 방정식 (8.3)을 적분하고, 발산 정리를 이용하여 체적 적분을 표면적분으로 고치면 다음의 가우스 정리를 얻을 수 있다.

가우스 정리 임의의 닫힌 표면을 따라 퍼텐셜 기울기의 수직 성분 $(\nabla\phi)_\perp$을 적분하면, 그 값은 그 표면 내에 포함된 질량의 $4\pi G$배가 된다.

8.1.2 구 대칭인 계

밀도분포가 구 대칭인 계의 경우 다음과 같이 두 뉴턴의 법칙이 성립한다.

뉴턴의 제1법칙 구 껍질shell의 내부에 있는 임의의 질점에서는 구 껍질의 중력이 상쇄되므로 구 껍질에 의한 알짜 중력은 0이 된다.

뉴턴의 제2법칙 구 껍질 외부에 있는 임의의 질점이 받는 중력은 구 껍질과 같은 질량의 질점이 구의 중심에 있을 때 받는 중력과 동등하다.

뉴턴의 제2법칙을 이용하면, 반경 r 이내의 질량 $M(r)$을

$$M(r) = 4\pi\int_0^r \rho(r')r'^2\, dr' \tag{8.5}$$

로 정의할 때, 중력 퍼텐셜은

$$\phi(r) = -\frac{GM(r)}{r} \tag{8.6}$$

라고 쓸 수 있고, $F(r) = -GM(r)/r^2$이 된다. 이 중력에 맞서는 원심력을 주는 원운동 속도 v_c는 다음 식으로 주어진다.

$$v_c^2 = G\frac{M(r)}{r} \tag{8.7}$$

단일 질점의 중력장

질량 M의 질점에 의한 중력장인 경우에는 다음과 같으며, 원운동 속도는 $r^{-1/2}$으로 감소한다.

$$\phi(r) = -G\frac{M}{r}, \quad v_c = \sqrt{G\frac{M}{r}} \tag{8.8}$$

이러한 회전 법칙은 행성의 공전에서 케플러가 발견한 법칙과 같아서 케플러의 법칙이라고 한다.

균일 구 모델

밀도 ρ가 일정한 구 내부의 중력장과 원운동 속도는 다음과 같다.

$$\phi(r) = -\frac{4}{3}\pi G\rho\, r^2, \quad v_c = \sqrt{\frac{4}{3}\pi G\rho}\, r \tag{8.9}$$

원운동 속도는 거리에 비례하고, 그 회전 주기 $T=\frac{2\pi r}{v_c}=\sqrt{\frac{3\pi}{G\rho}}$는 거리에 무관한 일정한 값이 된다.

플러머 모델

타원은하의 밀도 분포를 나타내는 간단한 모델로서

$$\phi_{\mathrm{P}}(r) = -\frac{GM}{(r^2+a^2)^{1/2}}, \quad \rho_{\mathrm{P}}(r) = \frac{3M}{4\pi a^3}\left(1+\frac{r^2}{a^2}\right)^{-5/2} \tag{8.10}$$

으로 주어지는 밀도-퍼텐셜 쌍이 있으며, 총질량 M, 유효 반경 a인 플러머Plummer 모델로 알려져 있다.

그 밖의 모델

킹King 모델 등이 자주 사용되는데, 자세한 사항은 문헌[1]을 참조하기 바란다.

8.1.3 편평한 축 대칭 원반

직경에 비해 두께가 얇은 원반 은하를 두께 0인 원반으로 가정하고, 푸아송 방정식 (8.3)은 원통 좌표계에서 면밀도를 $\Sigma(r)$, 면 위에서의 중력 퍼텐셜을 $\psi(r)$로 두면 다음 식이 된다.

$$\frac{1}{r}\frac{d}{dr}\left(r\frac{d\psi(r)}{dr}\right) = -2\pi\Sigma(r) \tag{8.11}$$

1 King 1996, *AJ*, 71, 64–75.

면의 바깥에서는 라플라스 방정식 $\Delta\phi=0$을 적용한다. 이러한 계에 대한 해는 몇 가지 해석해가 알려져 있다.

매클로린 원반

반경 R_0이고 밀도가 일정한 3차원 구를 z축 방향으로 눌러서 얻어지는 면밀도 분포 Σ를 갖는 원반의 밀도-퍼텐셜 쌍은 다음과 같다.

$$\phi_{\mathrm{M}}(r,\ z=0) = -\frac{3\pi GM(r^2-2R_0^2)}{8R_0^3} \tag{8.12}$$

$$\Sigma_{\mathrm{M}}(r) = \frac{3M}{2\pi R_0^2}\sqrt{1-\frac{r^2}{R_0^2}} \tag{8.13}$$

이러한 원반을 매클로린Maclaurin 원반이라고 한다.

쿠즈민 원반

다음과 같은 축대칭 퍼텐셜을 생각해 보자.

$$\phi_{\mathrm{K}}(r,\ z) = -\frac{GM}{\sqrt{r^2+(a+|z|)^2}} \tag{8.14}$$

그림 8.1에 나타낸 것처럼 $z>0$인 영역에서 이 퍼텐셜은 점 $(0,\ -a)$에 있는 질점 M이 만드는 중력 퍼텐셜과 동일하며, $z<0$인 영역에서 점 $(0,\ a)$에 있는 질점 M의 퍼텐셜과 같다. (식 8.14)에서 정의된 퍼텐셜은 $z=0$인 면에서 상하 값이 연속으로 이어지며 그 미분값은 불연속이 되고 있다. 따라서 $\Delta\phi$는 $z=0$ 이외에서는 0이 되고, 이러한 퍼텐셜은 가우스의 법칙에 따라 $z=0$인 면에 분포하는 면밀도 Σ에 의해 생기는 중력 퍼텐셜과 동일

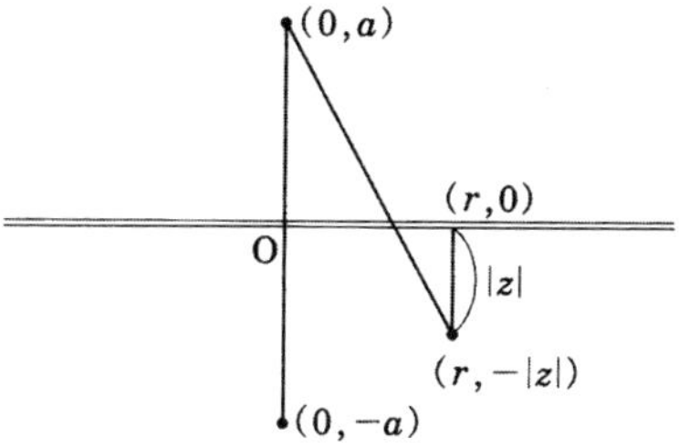

그림 8.1 쿠즈민 원반에서 퍼텐셜의 의미. 은하면의 아래쪽 반에 해당하는 무한 공간의 퍼텐셜은 좌표 (0, *a*)에 있는 질량 *M*인 질점에 의한 것으로 하고, 위쪽 반의 무한 공간에서는 좌표 (0, −*a*)에 있는 질량 *M*인 질점에 의한 것으로 한다. 퍼텐셜의 기울기가 은하면에서 불연속하게 되며 그에 대응하는 면밀도 분포 Σ를 준다.

하다. 면밀도 Σ는 다음 식으로 표현한다.

$$\Sigma(r) = \frac{aM}{2\pi(r^2+a^2)^{3/2}} \tag{8.15}$$

이 밀도-퍼텐셜 쌍을 쿠즈민Kuzmin 모델 또는 툼레Toomre 모델 1이라고 한다.

확장된 툼레 모델

(식 8.14)와 (식 8.15)로 표현되는 밀도-퍼텐셜 쌍을 각각 매개변수 a로 편미분하여 얻는 쌍도 밀도분포는 음수가 아니며, 또한 푸아송 방정식을 만족한다. $(n-1)$회 편미분한 쌍을 툼레 모델 n이라고 한다. 이 모델 계열에서 n을 무한대로 하면, 밀도 분포는 가우스 분포에 수렴한다는 것이 확인되어 있다(그림 8.2).

그 밖의 모델

이 밖에도 역사적으로 허블 모델, 슈미트Schmidt 모델, 아벨 적분을 이용

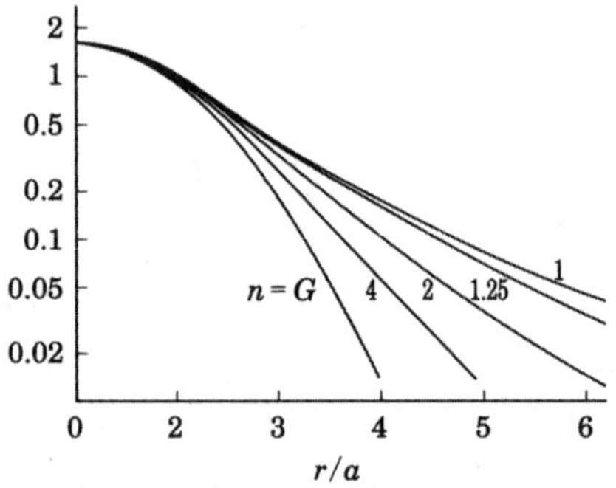

그림 8.2 툼레 모델 원반 (n)과 가우스 원반 (G)의 면밀도 분포(Toomre 1963, *ApJ*, 138, 385).

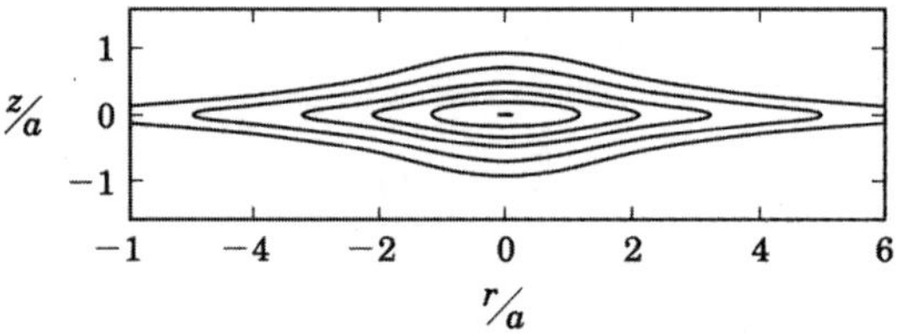

그림 8.3 3차원 미야모토-나가이 모델에서 (r, z) 단면의 등밀도 곡선의 한 예. b/a=0.2인 경우 (Miyamoto & Nagai 1975, *PASJ*, 27, 533).

한 브란트Brandt 모델 등이 있어 경우에 따라 사용된다.

8.1.4 3차원 모델

3차원 밀도-퍼텐셜 쌍의 예로, 미야모토-나가이宮本-永井 모델을 살펴보자. 중력 퍼텐셜 분포 ϕ_M과 질량밀도분포 ρ_M은 각각 다음과 같다.

$$\phi_M(r,\ z) = -\frac{GM}{\sqrt{r^2+(a+\sqrt{z^2+b^2})^2}} \tag{8.16}$$

$$\rho_M(r,\ z) = \frac{b^2M}{4\pi}\frac{ar^2+(a+3\sqrt{z^2+b^2})(a+\sqrt{z^2+b^2})^2}{[r^2+(a+\sqrt{z^2+b^2})^2]^{5/2}(z^2+b^2)^{3/2}} \tag{8.17}$$

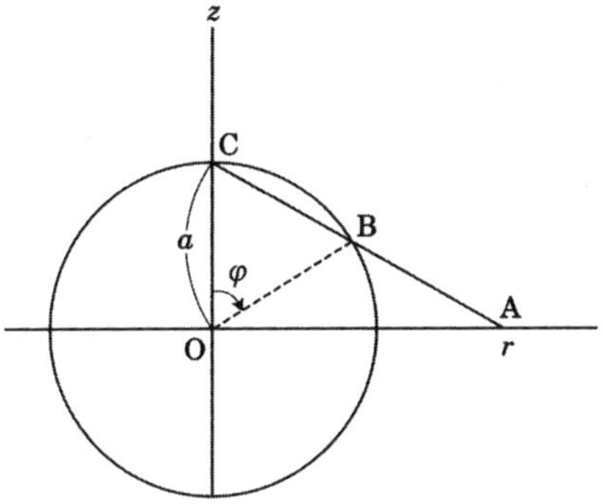

그림 8.4 구면에서 무한 평면으로의 사상. 북극점 N에서 구면 위의 점 A를 지나는 선을 그려서, 적도 평면 위에 있는 점 B로의 사상을 정의한다. 무한 평면 원반의 밀도-퍼텐셜 쌍을 구 함수의 연관 르장드르 함수로 전개할 수 있는 것은 이러한 좌표 변환을 이용했기 때문이다(Aoki & Iye 1978, *PASJ*, 30, 519).

눈금 길이 a와 b의 값에 의해 밀도분포 (식 8.17)은 벌지를 포함하는 원반 은하와 비슷한 다양한 형상을 재현한다(그림 8.3).

8.1.5 완전 연관 직교함수계

3차원 공간에서의 은하의 밀도 분포 $\rho(\boldsymbol{r})$ 및 대응하는 중력 퍼텐셜 분포 $\phi(\boldsymbol{r})$을 어떤 좌표계의 완전 직교함수계로 급수 전개하여

$$\rho(\boldsymbol{r}) = \sum_{k=1}^{n} \rho_k f_k(\boldsymbol{r}) \tag{8.18}$$

$$\phi(\boldsymbol{r}) = \sum_{k=1}^{n} \phi_k g_k(\boldsymbol{r}) \tag{8.19}$$

로 둘 때, 각 기저 함수 쌍은 푸아송 방정식의 해이고, 또한 다음 식을 만족시키는 급수 전개를 완전 연관 직교함수계라고 한다.

$$\int \rho_j f_j(\boldsymbol{r}) \phi_k g_k(\boldsymbol{r}) dr = \rho_j \, \phi_k \delta_{jk} \tag{8.20}$$

여기에서 δ_{jk}는 $j=k$일 때 1, $j\neq k$일 때 0이 되는 크로네커 델타이다.

그러한 함수계로서 구 좌표계 상의 푸리에-르장드르 전개나 극 좌표계 상의 푸리에-베셀 전개가 유명하다.

원반은하에 적용하는 예로, 구의 표면을 무한 평면상으로 사상mapping 하는 좌표 변환

$$\xi = \frac{r^2 - a^2}{r^2 + a^2} \tag{8.21}$$

을 이용하면(그림 8.4 참조), 쿠즈민 원반 모델에 대한 완전 직교함수계(아오키-이에青木-家의 밀도-퍼텐셜 쌍)를 다음과 같이 나타낼 수 있다.

$$\psi_n^m = -\frac{GM}{a}\left(\frac{1-\xi}{2}\right)^{1/2} P_n^m(\xi)\exp(im\theta) \tag{8.22}$$

$$\mu_n^m = \frac{M}{2\pi a^2}\left(\frac{1-\xi}{2}\right)^{3/2} P_n^m(\xi)\exp(im\theta) \tag{8.23}$$

여기서 ψ_n^m 및 μ_n^m은 동경 방향의 파수 n, 회전 방향 파수 m인 기저 함수가 되는 퍼텐셜과 밀도이며, $P_n^m(\xi)$는 연관 르장드르 함수이다. 예를 들어 두 개의 팔이 있는 소용돌이 구조나 막대 구조는 $m=2$인 성분의 중첩으로 표현할 수 있다. 그 밖의 해도 있어 은하의 중력장 흔들림과 안정성 분석에 이용된다.

8.2 항성계 역학

이 절에서는 은하나 성단과 같은 자기 중력 항성계, 즉 다수의 별이 서로의 중력을 받아 운동하고 있는 계에 대하여 그 상태를 기술하는 틀인 항성

계 역학의 기초를 간단하게 살펴보겠다. 보다 자세한 내용은 제12권 1장에서 다루겠다. 여기서는 주로 구 대칭인 항성계에 대해 기초 방정식인 무충돌 볼츠만 방정식부터 정상 상태를 나타내는 방정식, 그 모멘트를 취한 진스 방정식, 비리얼 정리 등의 기본적인 관계를 유도하고, 관측량으로부터 중력 퍼텐셜의 형태와 질량분포를 추정하는 원리에 대해 논하겠다. 또 정상 상태로의 역학 진화, 수많은 별로 이루어진 계가 열평형이 되는 진화에 대해 알아보기로 한다.

8.2.1 무충돌 볼츠만 방정식

타원은하와 원반은하의 헤일로처럼 매우 많은 별로 이루어진 계의 행동은 별과 암흑물질을 다수의 중력 상호작용하는 입자 군으로 간주하여 다음과 같은 무충돌 볼츠만 방정식으로 기술할 수 있다.

$$\frac{\partial f}{\partial t} + \boldsymbol{v}\cdot\nabla f - \nabla\Phi\cdot\frac{\partial f}{\partial \boldsymbol{v}} = 0 \tag{8.24}$$

여기서 f는 위치 (x, y, z), 속도 (v_x, v_y, v_z)로 구성된 6차원 위상공간에서의 입자 분포 함수이다. 외부 중력장이 없다고 하면, 중력 퍼텐셜 Φ는 푸아송 방정식 $\Delta\Phi = 4\pi G\rho$로 주어진다. 항성계의 경우 공간적인 질량 밀도 ρ는 입자 분포 함수 f를 속도 공간에서 적분하여 다음 식을 얻는다.

$$\rho = \int f\, d\boldsymbol{v} \tag{8.25}$$

이것이 '무충돌' 볼츠만 방정식이라는 것의 의미는 말 그대로 충돌을 무시하고 있는 것이다. 여기서 충돌이라는 것은 입자끼리의 직접적인 물리적 충돌뿐만 아니라 중력에 의한 개개의 근접 충돌까지 무시하는 것을 뜻한다. 수학적으로는 N개의 입자로 이루어진 계에 대한 $6N$ 차원 위상 공간(Γ공간)의 표현을 1입자의 분포 함수, 2입자의 상관 분포 함수, 그 이상 … 등으로 전개했을 때 1입자의 분포 함수의 항만을 남긴 경우가 무충돌 볼츠만 방정식이 된다.

8.2.2 2체 완화

2체 완화는 기본적으로 1입자의 분포 함수로 표현할 수 없는 상관 효과를 가리킨다. 어떤 자기 중력 질점계가 1입자 분포로서는 무충돌 볼츠만 방정식의 안정된 정상해라고 하자. 이 경우, 정의에 따라 무충돌 볼츠만 방정식으로 기술할 수 있는 범위에서는 계가 진화하지 않는다. 그러나 계가 유한 개의 입자로 이루어져 있을 때, 각 입자가 계 안에서 운동함에 따라 엄밀하게 보면 퍼텐셜이 변화한다. 이 변화에 의해 다른 입자의 궤도 자체가 변화한다. 이를 어떤 입자가 계 안의 다른 입자와 무작위로 상호작용하는 것에 의하여 분포 함수가 확산되는 것으로 표현하자는 것이 '2체 완화' 라는 개념이다.

더욱 엄밀하게 생각하면 어떤 입자의 궤도가 어떻게 변화했는지에 따라 다른 입자의 궤도가 변화하는 방법도 바뀌므로 2체 완화로 모든 것을 표현할 수는 없으며, 다체 간의 상관까지 고려할 필요가 있다. 또한 위상공간에서 가까운 두 개의 입자를 생각하면, 그 둘이 경험하는 다른 입자와의 상호작용에는 당연히 상관이 있을 것이므로 무작위한 상호작용이라는 가정은 분명히 성립되지 않는다.

그러나 지금까지의 다체 모의실험 등에 의한 연구에서는 다체 효과 중에서 2체 완화가 압도적이라는 것이 알려져 있다. 따라서 여기서는 그 이상의 이야기는 다루지 않겠다. 입자수 n, 개개의 질량 m, 속도는 맥스웰 분포로 그 평균 속도가 v_m인 입자 계의 완화 시간은 다음과 같다(자세한 사항은 제12권 참조).

$$t_{\mathrm{r}} = \frac{0.065 v_m^3}{n m^2 G^2 \log \Lambda} \tag{8.26}$$

여기서 G는 중력 상수, Λ는 쿨롱 로그이며, N개의 입자로 구성된 자기 중력계에서는 $\Lambda \sim N$이다. 질량 밀도 $\rho = nm$을 사용하면 $t_{\mathrm{r}} \propto 1/\rho m$로 되어, ρ가 같다면 m이 클수록 완화 시간이 짧아진다. 이것은 동일한 질량분포를 적은 입자수로 나타내면 완화 시간이 짧아진다는 뜻이다. 현실의 진짜 계에서는 별의 수가 적은 산개성단은 2체 완화의 영향이 크고, 구상성단, 왜소은하로 갈수록 별 수가 커짐에 따라 그 영향이 작아진다. 물론 완화 시간은 기본적으로 장소에 따라 변화하는 국부적인 양이므로, 평균적인 완화 시간이 긴 은하에서도 은하 중심부에서는 별의 수밀도가 높아서 완화가 중요해진다.

그렇지만 원반 은하와 타원은하의 대국적인 구조를 다루는 경우에는 일단 2체 완화를 무시할 수 있다.

8.3 역학 평형

여기에서는 역학 평형을 무충돌 볼츠만 방정식 (8.24)와 푸아송 방정식 (8.3)을 연립시킨 것의 정상해, 즉 2체 완화 등을 고려하지 않는 범위에서의 평형 상태라고 생각한다. 평형 상태의 분포 함수에는 이른바 진스의 정리가 성립한다. 그것은 무충돌 볼츠만 방정식 (8.24)은 원래 f의 라그랑주 미분 $Df/Dt = 0$이고, 별의 궤도에 따라 f의 값이 바뀌지 않는다는 것을 의미한다. 역학 평형이라면, 별의 궤도는 정적인 퍼텐셜 속에서의 궤도이며 보존량을 가진다. 따라서 궤도를 보존량에 따라 완전하게 분류할 수 있다면, f는 보존량의 함수가 된다. 이것은 진스의 정리를 다르게 표현한 것이다. 뒤집어 말하면, 어떤 퍼텐셜을 생각할 때 그 속에 있는 궤도의 보존량 함수로 분포 함수를 주면, 그것은 무충돌 볼츠만 방정식의 해가 된다. 그러나 푸아송 방정식은 일반적으로는 충족되지 않는다. 아래에서는 간단한 경우의 무충돌 볼츠만 방정식과 푸아송 방정식을 연립하여 풀어 보겠다.

8.3.1 구 대칭 항성계의 경우

먼저, 분포 함수가 구 대칭인 경우를 생각해 보자. 보존량은 에너지 E와 각운동량 $\boldsymbol{J}$의 3성분이므로 분포 함수는 이들의 함수로 쓸 수 있다. 하지만 분포가 구 대칭이기 위해서는 총 각운동량 $J=|\boldsymbol{J}|$에만 의존하여야 한다. 즉, 분포 함수를 $f(E, J)$의 꼴로 표현할 수 있다.

또 단순화하여 J에도 의존하지 않는 경우를 생각해 보자. 이것은 속도 분포가 등방인 경우에 해당한다. 아래에서는 다루기 쉽도록 퍼텐셜의 부호를 반전시켜 변수를 다시 잡는다.

$$\Psi = -\Phi + \Phi_0, \quad \mathcal{E} = -E + \Phi_0 = \Psi - v^2/2 \tag{8.27}$$

여기서 Φ_0는 상수이며, $\mathcal{E}>0$일 때 $f>0$이고, $\mathcal{E}\leqq 0$일 때 $f=0$이 되도록 잡는다.

이들을 사용하여 밀도를 v의 각도 방향에 걸쳐 적분한 것을 푸아송 방정식에 대입하면 다음과 같다.

$$\begin{aligned}\frac{1}{r^2}\frac{d}{dr}\left(r^2\frac{d\Psi}{dr}\right) &= -16\pi^2 G\int_0^{\sqrt{2\Psi}} f\left(\Psi-\frac{1}{2}v^2\right)v^2\,d\boldsymbol{v}\\ &= -16\pi^2 G\int_0^{\Psi} f(\mathcal{E})\sqrt{2(\Psi-\mathcal{E})}\,d\mathcal{E}\end{aligned} \tag{8.28}$$

이제 일반적으로 f에서 Ψ를 구할 수 있다. 또는 그 반대로 Ψ에서 f를 구하는 것도 가능하지만, 일반적으로는 구해진 f가 $f \geqq 0$인 조건을 충족한다는 보증이 없다는 것에 주의할 필요가 있다. 하지만 어쨌든 이제 관측된 밀도 분포에서 속도 분포를 취하거나 그 반대로 속도분포에서 밀도분포를 구하는 것이 가능하게 되었다.

속도분포가 비등방인 경우에는 밀도분포와 속도분포의 대응은 유일하지 않다.

8.3.2 축 대칭 항성계의 경우

항성계가 축 대칭이면 퍼텐셜도 축 대칭이다. 이때, 자명한 보존량은 에너지와 대칭축 주위의 각운동량(J_z)뿐이다. 그러나 이외에도 보존량이 없는 것은 아니다. 보존량이 있는지 푸앵카레 단면을 작성하여 알아낼 수 있다.

원통 좌표 (r, z, ψ)에서 생각하면, 각운동량 J_z가 보존되기 때문에 유효 퍼텐셜을 (r, z)만으로 쓸 수 있고, 궤도는 본질적으로 2차원 평면 안의 운동이다. 에너지가 보존량이므로 궤도는 (r, z, v_R, v_z)의 4차원 위상공간 속의 3차원적 영역에 국한되어 있다. 또 다른 보존량이 있으면 2차원 초곡면이 된다.

4차원 공간 속의 2차원 초곡면이라고 해도 잘 알 수 없기 때문에, 예를 들어 $z=0$로 제한하여 나머지 세 변수 중 두 변수만으로 이루어지는 평면 상에서 생각해 보자. 에너지만이 보존량이라면 제약은 두 개이므로 궤도는 이 평면 상에 있는 2차원적인 영역이 된다. 하지만 또 하나의 보존량이 있으면 제약이 세 개가 되므로, 궤도는 1차원적인 곡선이 되어 나타난다. 이처럼 두 개의 변수와 궤도의 교점을 그려낸 것이 푸앵카레 단면이다.

실제로 적당한 축 대칭 퍼텐셜에서 푸앵카레 단면을 작성해 보면, 많은 경우 보존량이 있다는 것을 알게 된다. 그러나 주어진 축 대칭 퍼텐셜에서 보존량을 구하는 일반적인 방법은 알려져 있지 않다.

원리적으로는 보존량이 있다고 하더라도, 실제 항성계에서 분포 함수가 그것에 의존하고 있는지는 다른 문제이다. 에너지와 각운동량 이외의 보존량, 즉 제3적분이 있는지는 현실의 은하가 어떻게 형성된 것인가라는 문제로 귀착된다.

우리 은하계의 경우, 제3적분에 의존하지 않는 모델에서는 원반 별의 분포는 표현할 수 없다는 것을 쉽게 보여준다. 분포 함수가 $f(E, J_z)$의 꼴로 쓸 수 있으면, 이것은 분포 함수가 (r, z) 평면 내부의 속도에 대해서는 그 절댓값에만 의존한다는 것을 의미한다. 이 때문에 R방향과 z방향의 속도 분산은 동일해야 한다. 그러나 태양 근방에 있는 별의 관측에서는 이 둘이 동등하지 않다. 이것은 제3적분이 존재하는 것을 시사하고 있다.

두 가지 중요한 경우에 대해서는 제3적분에 해당하는 것을 해석적으로 구할 수 있다. 하나는 구 대칭으로부터의 어긋남이 작은 경우이다. 또한 원래의 퍼텐셜이 케플러 퍼텐셜인 경우 궤도가 어떻게 될지를 구한 것이, 이른바 코자이古在 메커니즘이다. 대칭축 주위의 각운동량이 보존되므로, 이심률과 궤도 경사각 사이에 관련이 있으며, 또 제3적분에서 승강점 경도와 궤도 경사각 사이에도 관련이 생긴다. 다른 하나는 궤도가 대칭면 안의 원 궤도에 가까운 경우이다. 이때 궤도를 대칭면 내의 원 궤도 주위에 전개할 수 있고, 동경 방향과 수직 방향의 운동을 분리할 수 있다. 따라서 독립적인 보존량이 있다.

원반 은하를 생각할 때 중요한 것은 궤도가 대칭면 내의 원 궤도에 가까운 후자의 경우이다.

칼럼 **축 대칭이 아닌 항성계는 어떤가?**

축 대칭이 아닌 경우에는 궤도는 어떻게 될까. 관측적으로 상당수의 타원은하는, 특히 큰 타원은하는 삼축 부등이다. 삼축 부등은 암흑물질의 구조 형성 모의실험을 통해서도 계산할 수 있다. 따라서 퍼텐셜도 삼축 부등이며, 각운동량은 3성분 모두 보존되지 않으므로 자명한 보존량은 에너지밖에 없다. 하지만 보존량이 에너지뿐이라면, 속도 분포는 등방적이 되어 삼축 부등의 형태와 모순된다.

삼축 부등인 항성계의 모델로서 분포 함수까지 분석적으로 표현할 수 있는 것은 알려져 있지 않다. 퍼텐셜과 궤도의 조합에 대하여 잘 조사되어 있는 것은 분리 가능한 스토켈 퍼텐셜이다. 이것은 타원체 좌표를 이용하여 분리할 수 있는 형태의 퍼텐셜로, 대응하는 밀도분포도 구성할 수 있다. 이 퍼텐셜에는 궤도를 상자형과 원통형으로 분류할 수 있는데, 상자형 궤도는 원점을 통과(각운동량이 0이 될 수 있다)하는 궤도이며, 원통형 궤도는 하나의 축 주위를 도는 궤도이다. 이 궤도들을 이용하여 주어진 밀도분포를 구성하는 것은, 유일한가의 문제는 있지만 가능하다.

8.4 은하의 구조와 운동의 유체 근사

앞 절까지 설명한 은하를 항성계로 기술하는 방법과 함께 은하를 가스 유체로 다루는 방법이 있다. 항성계의 속도 분산을 유체의 압력으로 간주하여 위상공간을 다루지 않아도 되므로 취급이 간단하게 되어 거시적 관점에서 은하의 구조와 운동의 기본을 이해할 수 있는 장점이 있다.

8.4.1 기본 방정식

은하 회전면에 준한 원통 좌표계의 표기법을 사용하여 은하를 밀도 ρ, 압력 P, 중력 퍼텐셜 ϕ, 속도 $\boldsymbol{u}$인 유체로 생각하면 다음의 방정식계를 얻는다.

(1) 연속방정식(스칼라 방정식)

$$\frac{\partial \rho}{\partial t} + \rho \nabla \boldsymbol{u} = 0 \tag{8.29}$$

(2) 운동방정식(벡터 방정식)

$$\frac{\partial \boldsymbol{u}}{\partial t} + (\boldsymbol{u} \cdot \nabla)\boldsymbol{u} = -\nabla \phi - \frac{1}{\rho}\nabla P \tag{8.30}$$

여기서 우변 제1항은 중력, 제2항은 압력 기울기에 의한 힘을 나타낸다.

(3) 상태방정식(스칼라 방정식)

$$P = c^2 \rho, \quad c\text{는 음속} \tag{8.31}$$

(4) 중력장을 기술하는 푸아송 방정식(스칼라 방정식) : (식 8.3)

이 방정식계는 변수가 6개(밀도, 압력, 중력 퍼텐셜과 운동 속도 벡터의 3성분)이고, 방정식이 (8.3), (8.29), (8.30)의 3성분 식, (8.31)의 6개가 있으므로 초깃값 및 경곗값 문제에서는 결정론적으로 풀리는 것이 당연하다. 하지만 실제로 운동방정식에 나타나는 중력장의 항목을 구하려면, 푸아송 방정식을 전체 계에 대해 풀어서 중력 퍼텐셜을 구해야 하기 때문에 6개의 연립방정식을 그대로 푸는 것은 간단하지 않다.

그러므로 분석적 기법으로서 수직 방향의 균형을 분리하여 무한히 얇은 자기 중력 회전 원반을 가정하고, 국부 근사를 이용하거나, 푸아송 방정식을 충족하는 밀도 분포와 중력 퍼텐셜 분포의 쌍으로 이루어진 완전 직교 함수계(8.1.5절 참조)로 전개하여 유한 개의 항을 채용하는 방법이 자주 사용된다.

밀도분포를 주고 푸아송 방정식을 경곗값 문제로 수치적으로 푸는 경우도 있지만, 밀도가 음수로 되지 않는 해를 선택할 필요가 있다. 상태방정식으로는 (식 8.31)과 같이 국부적인 음속 c(항성계라면 속도 분산 σ)를 도입하고, 압력을 밀도만의 함수로 나타낼 수 있는 순압barotropic 관계 $P=P(\rho)$, 또는 더 한정적으로 압력이 밀도의 제곱에 비례한다는 폴리트로프polytrope 관계 $P=K\rho^{\gamma}$를 가정하는 등 더 단순화한다.

8.5 진스 방정식과 비리얼 정리

속도의 1차 모멘트를 취하기 위하여 무충돌 볼츠만 방정식 (8.24)에 v_j를 곱해 속도 공간에서 적분하여 적절히 변형하면 다음 식이 유도된다.

$$\rho\frac{\partial\bar{v}_j}{\partial t}+\rho\bar{v}_i\frac{\partial\bar{v}_j}{\partial x_i}=-\rho\frac{\partial\Phi}{x_j}-\frac{\partial(\rho\sigma_{ij}^2)}{\partial x_i} \tag{8.32}$$

여기서 $\sigma_{ij}^2=\overline{(v_i-\bar{v}_i)(v_j-\bar{v}_j)}$는 속도 분산 텐서이며, $\bar{x}$는 어떤 양 x의 국부 평균을 나타내고, ρ는 밀도이다. 이것은 유체의 오일러 방정식(운동방정식)과 거의 같은 모양으로 되어 있다. 좌변은 평균적인 흐름을 따라가며 보는 평균 속도의 라그랑주 미분이며, 우변 제1항은 퍼텐셜 힘이다. 마지막 항은 유체의 압력 항에 해당한다. 유체와 다른 것은, 이것이 비등방적인 스트레스 텐서 σ_{ij}^2으로 되어 있다는 것이다. 이것이 진스 방정식이다.

구 대칭인 역학 평형의 항성계에서 진스 방정식은 극좌표 (r,θ,ϕ)를 사용하여 다음의 형태로 고쳐 쓸 수 있다.

$$\frac{d(\rho\overline{v_r^2})}{dr}+\frac{\rho}{r}\left[2\overline{v_r^2}-(\overline{v_\theta^2}+\overline{v_\phi^2})\right]=-\rho\frac{d\Phi}{dr} \tag{8.33}$$

또한 속도 분포를 등방적이라고 하면 다음과 같이 된다.

$$M(r) = -\frac{r\overline{v_r^2}}{G}\left(\frac{d\ln\rho}{d\ln r} + \frac{d\ln\overline{v_r^2}}{d\ln r}\right) \tag{8.34}$$

여기서 $M(r)$은 반경 r 내부의 질량이지만, 퍼텐셜의 적분에서 구해지는 역학적 질량임을 주의하기 바란다.

그런데 진스 방정식 (8.32)에 x_k를 곱해 공간 전체로 적분하고, 또 역학 평형을 가정하여 트레이스를 취하는 등의 변형을 하면 결국 다음과 같은 (스칼라) 비리얼 정리를 얻게 된다.

$$2K + W = 0 \tag{8.35}$$

여기서 K는 계의 운동에너지, W는 퍼텐셜 에너지이다. 계의 총에너지를 E라고 하면 $E=K+W$이기 때문에 다음 식이 된다.

$$E = -K = \frac{W}{2} \tag{8.36}$$

즉, 정상 상태에 있는 자기 중력 항성계에서는 반드시 총에너지는 퍼텐셜 에너지의 정확히 절반이고 그 절댓값이 운동에너지와 같다. 이것은 구 대칭인 계뿐만 아니라 타원은하나 원반은하에서도 역학 평형이라면 반드시 성립한다. 이 상태를 비리얼 평형이라고 한다.

계의 질량을 M, 크기를 R 정도라고 하면 $W\sim -GM^2/2R$이다. 또한 계에 있는 전체 입자의 속도 분산(회전 등도 포함하여)의 평균을 v라고 하면, $K=Mv^2/2$이다. 따라서 $M\sim Rv^2/G$이 된다. 즉, 계의 크기와 속도 분산이 알려지면 질량이 결정된다.

8.6 동역학

8.6.1 진스 불안정

역학의 기본이 되는 것은 역학 평형 상태에서의 미세한 흔들림에 대한 반응을 다루는 선형 진동 모드의 분석이다. 그러나 구 대칭의 간단한 계에서도 진동 모드가 해석적으로 구해지는 예는 별로 없다. 가장 간단한 경우로 공간분포가 무한하고 균일한 경우를 생각하자. 무한하고 균질하며 시간적으로 정상 상태인 항성계는 물론 현실에서는 존재할 수 없지만, 이것은 팽창 우주에서의 중력 불안정이나 원반은하의 불안정성을 이해하기 위한 기초가 된다는 의미에서 중요하다. 더 이야기를 간단하게 하기 위해 유체로 생각하자. 유체와 항성계에서 안정성 조건은 속도분포가 동일하면 같아진다는 것을 알고 있기 때문이다.

유체의 운동은 연속방정식 (8.29), 운동방정식 (8.30), 푸아송 방정식 (8.3) 및 상태방정식으로 주어진다. 여기서 ρ는 밀도, P는 압력, Φ는 중력 퍼텐셜이며, 간단하게 하기 위해 상태방정식은 $P=P(p)$라고 하고, 압력은 밀도만의 함수로 주어진다고 하자.

이제 ρ, p, $\boldsymbol{v}$, Φ를 각각 $\rho=\rho_0+\rho_1$ 등의 형태로 바꾸고, 첨자 0이 붙는 것은 원 방정식의 평형해이며, 첨자 1이 붙는 것은 작은 편이(2차 이상의 항을 무시해도 좋다)라고 하여 방정식을 고쳐 쓴다. ρ_1, p_1, $\boldsymbol{v}_1$, Φ_1으로 선형화한 방정식계에서 p_1, $\boldsymbol{v}_1$, Φ_1을 소거하고 정리하면 다음 식이 된다.

$$\frac{\partial^2\rho_1}{\partial t^2} - v_s^2\nabla^2\rho_1 - 4\pi G\rho_0\rho_1 = 0 \tag{8.37}$$

여기서 v_s는 음속이다. 상태방정식은 선형화할 수 있는 범위에서는 음속만으로 나타낼 수 있다.

이 방정식은 처음 두 항을 보면 보통의 파동방정식이며, 마지막 항은 푸아송 방정식을 통해 나오는 중력 항이다. 따라서 파장이 짧은 극한에서는 보통의 파동방정식에 근접하며, 반면 파장이 긴 극한에서는 공간의 2차 미분 항은 효과가 없게 되므로 선형의 상미분방정식에서 고윳값은 음과 양의 두 실수가 되며, 반드시 불안정하다(진스 불안정).

해를

$$\rho_1 = Ce^{i(\boldsymbol{k}\cdot\boldsymbol{x}-\omega t)} \tag{8.38}$$

의 형태를 가정하여 대입하면 다음과 같은 분산 관계를 얻을 수 있다.

$$\omega^2 = v_s^2 k^2 - 4\pi G\rho_0 \tag{8.39}$$

따라서 다음 식으로 정해지는 파수 k_J를 경계로 행동이 바뀐다.

$$k_J^2 = \frac{4\pi G\rho_0}{v_s^2} \tag{8.40}$$

$k > k_J$라면, ω는 실수로서 보통의 음파와 같고, $k = k_J$라면 $\omega = 0$로 주어진 섭동은 시간적으로 발전하지 않는다(중립 안정). $k < k_J$라면, ω는 순허수로 이 경우 해는 감소하는 해와 발산하는 해가 모두 존재한다. 발산하는 해를 갖는 경우를 불안정(진스 불안정)이라고 한다.

k_J는 파수이므로 그 역수에 2π를 곱하면 파장이 된다. 이를 진스 파장 λ_J라고 하며 다음과 같이 주어진다.

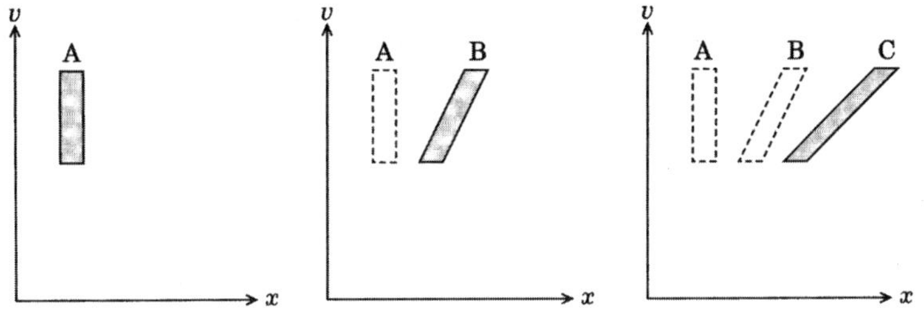

그림 8.5 위상공간에서 본 섭동의 시간 진화.

$$\lambda_J = \sqrt{\frac{\pi}{G\rho_0}} v_s \tag{8.41}$$

항성계의 경우에도 마찬가지로 진스 파장 λ_J를 계산할 수 있고, 속도 분포가 맥스웰 분포인 경우에는 위와 같은 표현으로 주어진다. 이것보다 긴 파장의 섭동은 성장하고, 계는 불안정하게 된다.

하지만 진스 파장보다 짧은 모드는 엄밀하게는 음파에 대응하는 것은 아니다. 간단한 예로, 그림 8.5과 같이 1차원의 중력이 없는 계에서, 어떤 유한한 영역에 섭동을 주었다고 하자. 그러면 시간이 지남에 따라 위상공간에서의 섭동이 공간적으로 퍼져 나가는 것을 알 수 있다. 이 때문에, 예를 들어 밀도의 변화라는 양은 시간이 지남에 따라 감소해 간다. 즉 위상공간에서 보면 섭동은 변형될 뿐이며 원래 상태로 존재하고 있지만, 공간 밀도는 복잡한 행동을 나타내면서 점점 줄어들어 약해지고 충분한 시간이 지나면 균일하게 된다. 이것을 위상 혼합이라고 한다.

중력을 무시할 수 없는 경우에도 평면파에서는 상황이 동일하며, 위상공간에서는 섭동이 그대로 남아 있어도 공간 밀도는 감소한다.

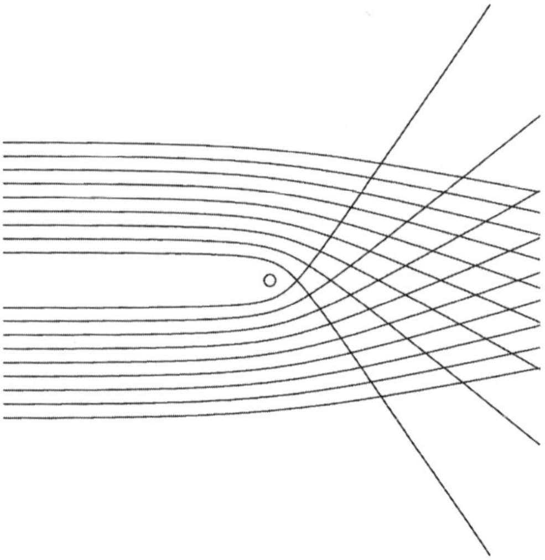

그림 8.6 무거운 입자 주위에서 산란된 입자의 궤적. 무거운 입자는 정지계에서는 왼쪽으로 운동하고 있지만, 무거운 입자에 고정된 좌표계에서는 주위 입자의 궤도는 이 그림과 같이 중력적으로 산란된다.

8.6.2 역학적 마찰

여기서 조금 다른 상황을 생각해 보자. 지금 온도 0(진스 불안정은 일어나지 않는다고 하자)의 무한하고 균일한 물질 분포 속을 적당한 크기를 가진 구 대칭 퍼텐셜의 중력장이 이동하고 있다고 하자. 분포 함수는 시간이 경과해도 모양은 바뀌지 않는다고 하자. 구체적으로 예를 들어 구상성단이 은하 속에서 움직이는 경우 주위의 별이 어떻게 행동하는지에 해당한다.

이때 주위 별의 움직임은 이동하는 퍼텐셜에 고정된 좌표계에서 그림 8.6과 같다. 즉 평행하게 들어온 것이 산란된다. 원래 정지되어 있던 물질 분포에 고정된 좌표계에서 생각하면, 산란된 입자는 왼쪽과 중심 방향의 속도를 얻게 되고 가속되어 에너지를 얻은 것이 된다.

주위가 에너지를 얻고 있기 때문에 움직이고 있는 구상성단은 감속된다. 이것이 역학적 마찰이다. 이 효과는 움직이는 물체가 단순한 질점에서도 퍼짐을 가진 집단에서도 항상 작동하는 것에 주의하기 바란다. 반대로 무한히 퍼져 있는 평면파로는 입자가 산란되지 않기 때문에 이러한 힘은 작동하지 않는다. 이것은 2체 완화의 극단적인 경우라고 생각할 수도 있다. 2체 완화는 국부적으로 열평형에 가까워지도록 분포 함수를 진화시킨다. 열평형에서는 임의의 자유도가 가지는 에너지의 기대치는 동등하기(에너지 등분배) 때문에 별, 암흑물질 입자, 거대 블랙홀, 위성은하의 운동에너지가 동등하게 되고자 한다.

$$\frac{d\boldsymbol{v}_s}{dt} = -16\pi^2 G^2 m(M_s+m) \log \Lambda \frac{\int_0^{v_s} f(\boldsymbol{r},\ v_m) v_m^2\, dv_m}{|\boldsymbol{v}_s|^3} \boldsymbol{v}_s \quad (8.42)$$

여기서 $\boldsymbol{v}_s$와 M_s는 역학적 마찰을 받는 이동 물체의 속도와 질량이며, m과 $f(x,\ v)$는 주위 입자의 질량과 분포 함수이다. 속도의 적분 범위는 주위 입자의 속도의 절댓값이 물체의 속도를 넘지 않는 범위로 된다(속도분포가 등방인 경우). 현실적인 경우에서는 보통 $\boldsymbol{v}_s$는 주위 입자의 속도 분산 정도이며, 이때 역학적 마찰의 시간 규모 t_{df}와 주위의 완화 시간 t_{r}의 관계는 다음과 같다.

$$t_{\mathrm{df}} \sim \frac{m}{M_s} t_{\mathrm{r}} \quad (8.43)$$

즉, 역학적 마찰의 시간 규모는 이동 물체의 질량과 주위 입자의 질량만으로 결정되며, 주위의 입자가 무엇인지에 의존하지 않는다.

8.6.3 급격한 완화와 NFW 프로파일

중력 불안정에 의한 구조 형성에서는 파장이 길고 규모가 큰 구조가 먼저 만들어지는 경우(하향식)에서도, 반대로 작은 구조부터 먼저 만들어지는 경우(상향식)에서도, 처음에는 역학 평형에 있지 않은 것이 생성되지만 차차 역학 평형으로 바뀌는 진화를 한다. 이러한 구조 형성 시나리오만으로 최종적인 평형 상태에 대하여 뭔가 말할 수 있는 것은 없을까? 또한 타원 은하는 모두 소위 $r^{1/4}$법칙으로 잘 근사할 수 있다. 이것은 역학 평형에 이르는 과정에서 구조에 뭔가 보편적인 성질이 출현하고 있는 것은 아닐까?

보편적인 성질을 낳는 과정으로 린든벨이 1967년에 '급격한 완화' 라는 것을 제안했다. 그의 이론은 대략적으로 말하면 다음과 같다.

- 계가 아직 역학 평형에 안정되어 있지 않는 동안 밀도 분포의 변화에 수반하여 퍼텐셜은 복잡한 시간 변화를 한다. 이것은 각각의 입자 에너지를 바꾼다.
- 입자의 에너지 변화 방법은 초기의(위상공간 내에서의) 위치에 따라 결정되므로 엔트로피가 달라진다거나 무작위화된다고 할 수는 없지만, 대략적으로 보면 입자의 에너지 변화 방법은 무작위적이라고 간주할 수 있다.
- 따라서 이 무작위적인 변화에 대한 열평형이 존재할 것이다. 이것을 린든벨 통계라고 명명하였다.
- 이 평형 상태에서는 등분배가 아닌 단위 질량당 에너지 등분배된다.

또한 보통의 볼츠만 통계가 아닌 린든벨 통계로 하는 이유는 f값에 제약이 있기(초기 분포의 최댓값을 초과할 수 없음) 때문이다.

이것은 이론적으로는 훌륭하지만, 여러 가지 무리가 있는 것도 사실이다. 기본적인 문제는 완화가 열평형 상태로 가는 것은 아니다. 첫째 역학 평형에 도달하면 에너지 변화는 멈춰 버리게 되며, 보통의 속도 공간에서 완화는 속도가 클 때에는 감속되는 항(역학적 마찰)과 확산 항 간의 균형으로 열평형이 실현되지만, 역학적 마찰에 해당하는 항목이 있는지 여부를 알 수 없기 때문이다.

그렇다고 해도 아이디어는 아름답기 때문에 수치실험과 다양한 이론적인 연구가 많이 이루어졌다. 그것들의 기본적인 결론은 초기 조건에 의해 최종 상태는 여러 가지로 나타나며, 어떤 하나의 결말로 향한다고 말할 만한 것이 아니라는 것이다.

그런데 암흑물질에 의한 우주의 구조 형성을 생각할 때, 초기의 밀도 흔들림은 제0 근삿값으로는 파장이 긴 흔들림에서 파장이 짧은 흔들림까지 동등하게 존재할 것이며, 작은 구조가 합체를 반복함으로써 큰 구조가 만들어졌다고 생각한다. 구조 형성의 과정이 하나라면 생성되는 것이 다 같은 형태이더라도 이상하지 않다. 나바로J. Navarro 등은 수치계산의 결과를 바탕으로 다음과 같은 주장을 했다.

• 차가운 암흑물질 시나리오에 의한 구조 형성을 생각했을 때, 암흑물질이 만드는(가스나 별을 고려하지 않는다) 자기 중력계의 밀도분포는 다음 형태로 쓸 수 있다.

$$\rho \propto \frac{1}{r_*(1+r_*)^2} \tag{8.44}$$

여기서 r_*는 정규화한 반경이다.

• 이 형태는 보편적이며, 개개의 은하와 은하단에서도 마찬가지이다.

(식 8.44)는 아주 유명하게 된 NFW 프로파일이다. 그러나 후쿠시게 토시유키福重俊幸와 마키노 쥰이치로牧野淳一郎, 무어B. Moore 등은 입자수가 많은 수치계산 결과에서 위의 '보편적'인 형태로 된 것은 수치 오차 탓이라는 주장을 하고 있다. 그들에 의하면 암흑물질 헤일로의 중심부 구조는 제0 근삿값으로는 반경의 −1.5 제곱 정도에서 끝난다. 즉, 보편적인 구조는 분명히 존재하는 것 같으나, 어떠한 메커니즘으로 이렇게 되는지는 아직 잘 알려져 있지 않다.

8.6.4 중력 열역학적 불안정

무충돌계에서는 열평형으로 향해 가는 것은 아니지만, 2체 완화에 의해 진화하는 충돌계에서는 어떻게 될까? 충돌계에서도 자기 중력계에서는 열평형이 될 수 없다. 그 이유는 간단하고, 열평형이라면 속도 분포 함수는 맥스웰 분포가 되는 것이지만, 이것은 속도가 무한대인 영역까지 분포 함수가 0으로 되지 않는다. 그런데 자기 중력계에서 입자가 계에 속박되어 있으려면 에너지가 음이 되어야 하기 때문에 속도 무한대의 입자는 존재할 수 없기 때문이다.

그러나 여기에서는 이상적인 열평형 상태에 있다고 한 계의 열역학적 안정성에 대해 간단하게 알아보겠다.

진스 불안정의 절에서 언급한 바와 같이 임계 파장은 항성계에서도 유체에서도 마찬가지이며, 열역학적 안정성에 대해서도 마찬가지로 중립 안정적인 분포는 항성계에서도 유체에서도 동일하다. 이것은 열역학적 안정성은 분포 함수가 엔트로피의 극대로 되어 있는지의 여부만으로 결정되기 때문이다.

8.6.5 등온 상태의 안정성

자기 중력계의 열평형을 생각하기 위하여 구 대칭의 단열 벽 속에 자기 중력적인 이상 기체가 들어 있는 경우를 생각하자. 온도가 높은 극한에서 중력은 무시될 수 있기 때문에 단순히 보통의 기체로 행동하지만, 에너지를 빼내어 온도가 내려가면 중력을 무시할 수 없게 되므로 중심 밀도가 증가할 것이다.

더욱 에너지를 낮추면 중심 밀도는 점점 더 증가한다. 그러나 어떤 곳에서는 안정적인 열평형 상태가 존재하지 않는다. 즉 그것보다 중심 밀도가 높은 열평형 상태를 이룰 수는 있지만, 그 에너지는 반대로 높아져 버린다. 이 극치의 점에서는 선형 범위에서 에너지도 엔트로피도 바뀌지 않을 만한 밀도 섭동이 존재한다. 이는 그 점에서 열역학적으로 중립 안정이라는 것이다.

그 점보다 중심 밀도가 높은 평형해는 열역학적으로 불안정하다. 즉 에너지를 바꾸지 않고도 엔트로피를 늘릴 수 있는 섭동이 존재한다.

선형 성장 모드가 어떻게 되는지는 고윳값 문제를 푸는 것으로 조사할 수 있다. 시간적으로 진화하는 모드의 구체적인 형태는 열전도가 온도 · 밀도에 어떻게 의존하는지에 따라 다르지만, 기본적으로 중심부에서 열을 빼앗아 주변에 주면 주변 온도가 상승하고 중심부는 그 이상으로 온도가 상승하므로, 주어진 섭동이 성장한다는 결론이 나온다. 중심에서 불필요하게 온도가 상승하는 것은 수축하여 중력에너지를 방출하기 때문이다. 진화해 나간 마지막 상태가 안정된 평형 상태가 아니기 때문에, 이상 기체라는 가정이 성립하는 한 중심 밀도는 점점 더 상승하게 된다.

다만, 선형 모드의 또 다른 해가 되는 주변에서 열을 빼앗아 중심부에 준다는 모드도 불안정하다. 이때는 전체적으로 온도가 내려가고 중심부는 팽창하여, 최종적으로는 동일한 에너지의 안정적인 해를 향해 진화한다.

8.6.6 유한 진폭에서의 진화와 중력 열역학적 진동

불안정한 구 대칭인 자기 중력계가 그 후 어떻게 되는지를 조사하려면 수치계산을 할 필요가 있다. 하치수 이즈미蜂巢泉 등은 1978년에 자기 중력유체에 대해 수치계산을 수행한 결과, 중요한 것은 중심에서 열을 제거할 때 '자기 유사 해' 가 나타나는 경우가 있다는 것을 발견했다. 완화 시간의 식에서 알 수 있듯이, 밀도가 올라가면 시간 규모가 짧아진다. 이때 밀도가 높은 '코어' 가 생기고, 그것이 점점 계속하여 수축하게 된다. 이때 중심의 수축 시간 규모는 밀도가 높아짐에 따라 짧아지고, 유한 시간에 밀도가 무한대가 된다. 따라서 블랙홀이 생길 수 있다는 가능성이 검토되었다.

그러나 전형적인 구상성단이나 왜소 타원은하에서는 블랙홀이 생길 것 같지 않다. 코어가 충분히 작아지면, 에너지 공급원이 생기기 때문이다.

여기에서 에너지 공급원은 쌍성이다. 가령 성단이 미리 쌍성을 가지고 있지 않았다 해도, 코어가 충분히 작아지면 그 안에서 3체 상호작용으로 쌍성이 생길 수 있다. 이것은 기본적으로 별 내부에서 온도와 밀도가 올라가면 핵융합이 시작된다는 것과 유사하기 때문에, 쌍성이 되는 정도는 밀도와 온도(평균 속도)의 관계만으로 결정된다. 이는 결국 코어의 입자수만으로 결정된다는 것이다.

쌍성에 의해 에너지가 공급되면 코어의 수축이 멈춘다. 열원으로 쌍성을 고려한 계산을 처음 수행한 사람은 에논M. Henon이며, 1982년 무렵까지 몇 가지 그러한 계산을 수행했다. 그 결과 코어에서 열전도에 의한 열의 유출과 쌍성에 의한 에너지의 유입이 균형을 맞춰 계 전체가 균일하게 팽창한다는 결과를 얻었다.

그러나 1983년에 스기모토 타이치로杉本大一郎와 베트바이저E. Bettwieser가 사실은 이 상응homologous 팽창해도 열역학적으로 불안정하다는 것을 발견하고, 그 결과로 생겨나는 진동을 '중력 열역학적 진동'이라고 했다. 이것은 그 후에 선형 안정성 해석도 이루어졌으며, 이러한 계를 기술하는 포커-플랑크 방정식의 수치 적분이나 다체 문제의 직접적인 수치 적분에서도 진동이 일어나는 것으로 확인되었다. 구상성단처럼 중심부에 있는 별의 대부분이 중성자성이나 무거운 백색왜성이라 기본적으로 질점으로 간주할 수 있는 경우에는 실제로 이 진동이 일어나고 있는 것으로 생각된다.

젊은 성단에서 별의 크기가 무시할 수 없는 때에는 어느 정도 밀도가 올라가면 별끼리 물리적으로 충돌할 확률도 무시할 수 없게 된다. 충돌의 시간 규모가 충분히 짧다면 폭발적으로 초대질량성이 형성될 가능성도 있다. 이것은 현재 활발하게 연구가 진행되고 있는 영역이다.

제9장

소용돌이 구조론

은하의 소용돌이 구조는 소용돌이 팔이라고도 하며, 은하에서 가장 눈에 띄는 구조이다. 젊고 푸른 별들이 빛나는 소용돌이 팔을 따라 예리한 그림자를 만드는 암흑 성운dark lanes, OB성협 및 H II 영역이 모여 있고, 성간 가스에서 활발히 별이 태어나고 있다는 것을 알 수 있다. 소용돌이 구조의 이해는 은하 동역학의 큰 주제이며, 국부 밀도파 이론과 대국 모드 이론이 발전했다. 소용돌이 팔은 소용돌이은하에서 중요한 별 생성 장소로, 은하의 여러 현상과 진화에 큰 역할을 하고 있다. 또한 소용돌이 팔은 비축대칭 구조로 은하 원반의 별과 가스에 토크torque를 주며, 각운동량 및 물질의 재배분에 의한 장기적인 은하 구조의 진화에도 기여한다.

9.1 은하의 소용돌이 구조론: 밀도파 이론

9.1.1 은하의 소용돌이 구조와 소용돌이 팔의 이론

소용돌이 팔에는 말려든 정도, 팔의 길이, 팔이 뚜렷한 정도 등 다양한 특징이 있는데 이러한 특징은 은하의 형태나 전체 구조와 상관이 있으며, 소용돌이 팔이 은하 원반의 구조를 반영한 지속적인 구조임을 보여준다.

소용돌이 팔은 관측하는 파장 영역에 따라 그 모습이 크게 달라진다. 가시광에서는 별 형성 영역과 다크 레인[1] 등의 젊은 천체가 눈에 띄어 소용돌이 팔은 매우 복잡한 모습을 나타내지만, 근적외선에서는 부드러운 소용돌이 구조를 볼 수 있다. 근적외선에서는, 가시광에서는 눈에 띄지 않는 늙은 별이 주로 보이므로 늙은 별의 원반에 부드러운 소용돌이 구조가 있다는 것을 알 수 있다. 은하 원반의 질량은 대부분 늙은 별이 차지하고 있

1 dark lanes. 성간 먼지가 응집하여 배경의 빛을 가리고 어두운 띠 모양으로 보이는 영역.

으므로, 은하 동역학적으로는 별 원반의 소용돌이 구조가 은하 소용돌이 구조의 본체이고, 별 생성 등 가스 원반에 수반되는 현상은 2차적인 구조로 생각할 수 있다.

회전운동에 따른 소용돌이 형태는 태풍 등 자연계에서 그러한 예가 광범위하게 나타나지만, 대부분 일시적인 것으로 곧 사라져 버린다. 그러나 은하의 소용돌이 팔은 앞서 이야기한 바와 같이 지속적인 구조로 생각할 수 있으므로, 소용돌이 구조를 유지하기 위한 은하 특유의 메커니즘이 작동하고 있다고 생각된다. 소용돌이 팔에서 가장 주목할 만한 것은 만기형의 소용돌이은하에서 발견되는, 그랜드 디자인이라고 하는 은하 전체에 넓게 퍼진 긴 소용돌이 팔이다. 소용돌이 구조 이론은 이러한 그랜드 디자인의 성질을 설명하는 것이어야 하지만, 은하는 반경에 따라 회전주기가 다른 차동회전을 하고 있으므로, 먼저 '말려들어서 곤란함'(뒤에 설명)에 직면한다. 만약 소용돌이 팔이 항상 같은 물질로 구성되어 있다면 차동회전에 의해 말려들어 장시간 유지할 수 없기 때문이다.

그래서 소용돌이 팔을 은하 원반의 파동 현상이라고 생각하는 이론이 등장했다. 그 기선을 제압한 것은 1960년대 중반에 린C.C. Lin과 슈F.H. Shu가 제안한 밀도파 이론이다. 린과 슈의 이론은 국부 이론이며, 헌터C. Hunter가 대국적인 선형 모드를 조사한 일련의 연구 내용은 9.2절에서 설명하기로 한다.

여기에서는 밀도파 이론을 바탕으로 은하의 소용돌이 구조의 성질을 검토하겠다. 은하 원반은 별 원반과 가스 원반의 이중 구조를 갖고 있지만, 앞으로 논의하는 밀도파는 별 원반의 파동 현상이다. 별 생성 등 가스 원반에 수반되는 현상은 밀도파의 중력 변동에 의해 가스 원반에서 발생하는 현상으로 9.3절 은하 충격파 이론에서 논의하기로 한다.

9.1.2 은하 원반의 차동회전과 '말려들어서 곤란함'

은하는 차동회전하고 있기 때문에 반경 방향으로 퍼진 물질의 분포는 안쪽이 빠르게 회전하여 먼저 나아가고, 바깥쪽은 남겨지기 때문에 시간이 경과하면서 바짝 말려들어 버린다. 따라서 소용돌이 팔이 항상 같은 물질로 구성되어 있다면, 관측되는 것과 같이 열려 있는 소용돌이 구조를 설명할 수 없다. 이것이 '말려들어서 곤란함' 이다.

차동회전에 의한 말려들기 효과는 반경 방향으로 일직선으로 나열한 별이 은하회전에 의해 시간에 따라 어떻게 움직이는지를 추적하면 잘 알게 된다. 그래서 은하 중심으로부터 거리 R에 있는 별의 방위각을 $\phi(R,\ t)$라 하고, $t=0$일 때 $\phi(R,\ 0)=0$으로 둔다. 이 별이 회전 각속도 $\Omega(R)$로 은하회전을 하면, 시각 t일 때 R에 있는 별의 방위각 $\phi(R,\ t)=\Omega(R)t$가 되며 별은 소용돌이 모양으로 늘어서게 된다. 소용돌이가 원의 접선 방향과 이루는 각(피치각)을 i라고 하면, 소용돌이에 따라서 반경 방향의 증분 dR과 각도 방향의 증분 $Rd\phi$의 비가 $\tan i$가 되기 때문에 $\cot i=R(d\phi/dR)=Rt(d\Omega/dR)$이다. 또한 한 바퀴 돌아서 인접하는 소용돌이의 간격 ΔR은 $dR=R\tan i d\phi$에서 $\Delta R \ll R$이라고 하면, R은 일정하다고 간주할 수 있으므로, $d\phi=2\pi$라고 하면 다음 식이 된다.

$$\Delta R \approx 2\pi R \tan i = 2\pi/t(d\Omega/dR) \tag{9.1}$$

따라서 피치각 i 또는 ΔR은 시간에 반비례하여 감소하고, 소용돌이 팔은 시간이 경과함에 따라 급속하게 말려들어 간다. 은하계의 경우 $R=10\,\text{kpc}$, $d\Omega=V_c=220\,\text{km}\cdot\text{s}^{-1}$(일정)이라고 하면, $t=10^{10}$년에서 피치각은 $i\approx0.3°$, 소용돌이 팔의 간격은 $\Delta R\approx0.3\,\text{kpc}$이 되겠지만, 실제 은하계의 소용돌이 구조는 이 정도로 말려들어 있지는 않다.

9.1.3 운동학적 밀도파

'말려들어서 곤란함' 을 해결하기 위해 소용돌이 구조는 은하 원반의 파동 현상이라고 생각하게 되었다. 파의 특징을 예로 들면 수면의 파를 생각할 때, 다양한 물결무늬가 생성되어 수면 위로 전달되어 가지만, 물은 그 자리에서 진동할 뿐이며 물결무늬(파동 유형)와 같이 운동하는 것은 아니다. 따라서 만약 은하회전과는 별도로 은하 원반에 소용돌이 모양의 파동 유형pattern을 가진 파가 존재한다면, 말려들기의 어려움을 회피할 수 있을 것이다.

소용돌이 모양의 파에 대한 구체적인 이미지를 얻기 위해 회전하는 원반에 소용돌이 모양의 유형이 나타나는 예를 사고실험으로 보여주었다.

은하 원반의 별은 은하 중심 주위를 각속도 Ω로 원운동하면서 반경 방향으로는 주전원 진동수 κ로 진동운동한다.[2] 그 궤도는 정지계에서 이른바 장미꽃 궤도를 그리며 닫혀 있지 않다. 이러한 별의 운동을 각속도 $\Omega_\kappa \equiv \Omega - \kappa/2$인 회전 좌표계에서 바라보자. 회전계에서 본 별은 회전 방향으로 각속도 $\Omega - \Omega_\kappa$로 회전(공전)하고 1회 공전하는 동안에 반경 방향으로 2회 진동하기 때문에 궤도는 타원을 그리며 닫히게 된다. 즉 회전 좌표계에서는 별의 궤도는 정지된 타원으로 보이고, 이 타원을 정지 좌표계에서 보면 그 축이 각속도 Ω_κ로 회전하는 것처럼 보인다.

그래서 먼저 그림 9.1 (a)와 같이 장축이 모두 같은 방향을 향하고 있는 타원 궤도로 운동하는 별이 모인 원반을 생각한다. 각각의 타원 궤도에 별이 균일하게 분포하고, Ω_κ는 반경에 무관하게 일정하다고 가정한다. 그러

2 행성의 타원 궤도는 평균적인 각속도로 원운동하는 관측자가 보면 그 주위를 역회전하는 작은 타원 궤도(주전원)를 그리며 움직이는 것처럼 보인다. 케플러가 타원 궤도임을 발견하기 이전에는 행성 운동을 주전원 궤도로 설명했다. 은하 원반에 있는 상당수의 별도 원운동에서 약간 벗어난 궤도를 그린다. 그 운동은 반경 방향과 은하면에 수직 방향으로 각각 단진동한다고 간주할 수 있다.

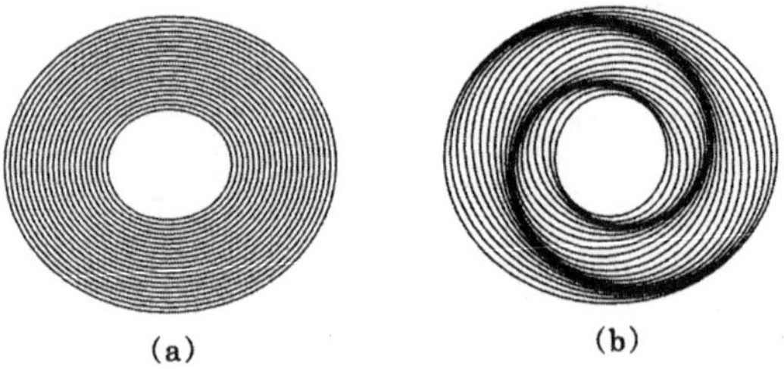

그림 9.1 운동학적 밀도파(Binney & Tremaine 1987, *Galactic Dynamics*, Princeton Univ. Press, p.350).

면 원반은 장축 방향으로 조금 늘어난 형태를 유지하고 특별한 변화나 모양은 나타나지 않는다. 그런 다음 타원 궤도의 장축을 궤도 반경이 증가함에 따라 조금씩 같은 방향(그림에서는 반시계 방향)으로 이동시켜 본다. 그러면 그림 9.1 (b)와 같이 궤도가 조밀해지는 위치가 소용돌이 모양으로 나타난다.

이 소용돌이 구조는 각속도 Ω_κ로 회전하는 계에서 정지된 것처럼 보이지만, 정지 좌표계에서는 Ω_κ의 각속도로 회전하고 있는 것처럼 보인다. 이 원반의 별은 은하회전을 하면서 소용돌이 모양 구조를 통과하는데 그곳에 머무르는 것이 아니라 소용돌이 모양 구조를 스쳐 지나가는 것이다. 즉, 여기에 나타난 소용돌이 모양은 일종의 물결무늬이다. 이 소용돌이 모양의 파는 별끼리의 중력(자기 중력)을 무시하고 있기 때문에 운동학적 밀도파라고 한다.

이상의 고찰에서 $\Omega_\kappa = \Omega - \kappa/2$가 반경과 무관하게 일정하다고 했지만, 실제 은하에서는 반경에 따라 변한다. 따라서 타원 궤도의 장축 방향은 반경에 따라 다른 각속도로 회전하여 소용돌이 모양의 구조는 점차 무너져 간다. 이렇게 운동학적 밀도파는 역학적으로는 불완전하지만 밀도파의 특징을 잘 갖추고 있다. 또한 은하는 은하 원반의 상당히 넓은 범위에서

$\Omega-\kappa/2$의 값이 거의 일정하게 유지되는 것이 있으므로 만약 은하 원반에서 조금만 타원 궤도의 방향을 맞춰주는 기구가 있다면, 지속적인 소용돌이 모양 구조가 실현될 것으로 기대된다.

9.1.4 자기 보존적 밀도파

운동학적 밀도파는 소용돌이 모양 구조가 파로서 존재할 수 있다는 것을 설명하지만, 그대로는 장시간 지속되지 못한다. 그러면 소용돌이 모양 파가 지속되기 위해서는 어떤 조건이 필요할까. 은하 원반에 변동이 발생하면, 그것이 원인이 되어 새로운 변화를 불러일으키고, 그것이 연쇄적으로 반복되어 파가 전파된다. 파는 은하면으로 퍼져 나가면서 서로 섞여 감쇠해 간다. 이들 중에서 만약 변동의 결과가 '원인'과 같아지는 경우, 파는 재생산되고 장시간 지속될 것으로 예상된다. 이러한 파를 자기 보존적 파라고 하자.

구체적으로 자기 보존적으로 되는 조건을 생각해 보자. 먼저 은하 원반에 소용돌이 모양 밀도파가 존재하고, 그 밀도의 변동을 $\delta\rho$(작용)라고 한다. 그것에 의해 생기는 중력 퍼텐셜을 $\delta\Phi$라고 하면, $\delta\Phi$는 푸아송 방정식을 풀어 구할 수 있다. $\delta\Phi$에 의한 중력은 원반 내에 운동 변화를 불러일으키는데, 그 운동 속도의 변화 $\delta\boldsymbol{v}$는 운동방정식을 풀어 얻을 수 있다. 이 운동에 의해 새롭게 밀도의 흔들림 $\delta\rho$(응답)가 생기는데, 이것은 연속방정식을 풀어 얻을 수 있다. 이러한 연쇄를 거친 결과, 파도가 자기 보존적으로 재생산되기 위해서는 다음과 같이 되는 것이 필요하다.

$$\delta\rho(\text{작용}) = \delta\rho(\text{응답}) \tag{9.2}$$

은하 원반의 변동을 파로 나타내면, 이 조건에서 파의 진동수와 파수 사이의 관계를 얻는다. 이것을 분산 관계라고 하며 이에 따라 파도의 성질이 결정된다.

9.1.5 국부 밀도파 이론

밀도파의 분산 관계를 유도하기 위해서는 은하 원반의 동역학 방정식을 풀고, 은하 원반 내의 변동을 구체적으로 구하지 않으면 안 된다. 그러나 일반적인 은하 원반의 동역학은 수학적으로 복잡하여 간단하게 풀 수 없다. 그래서 린과 슈를 모방하여 은하의 간단한 모델과 근사 방법을 이용하여 분산 관계식을 유도하는 과정을 따라가 보자.

은하 원반은 주로 별의 집단인데, 별의 집단적인 행동은 별의 속도 분산(무질서 운동)을 가스의 열운동 속도(음속)에 대응하면 근사적으로 가스로 다룰 수 있다. 그래서 은하 원반을 유체(가스)로 취급하여 음속 v_s는 별의 속도 분산이라고 해석한다. 태양 근처에서는 별의 속도 분산은 초속 약 30 km이다. 또 은하 원반의 두께는 무시할 수 있을 만큼 얇다고 한다. 따라서 은하 원반의 변동은 2차원적인 유체의 운동으로 유체 역학적으로 취급할 수 있다.

소용돌이 팔은 바짝 감은 소용돌이라고 하자. 이 가정에 의해 은하 원반의 좁은 영역에 한정해서라도 밀도파의 진동은 여러 주기 분량이 있으므로, 국부적으로 파의 성질을 알아낼 수 있다. 실제로 소용돌이 팔은 그다지 말려들어 있지 않기 때문에 이 가정은 잘못된 것으로 보이지만, 이 가정에 의해 수학적인 취급이 수월하게 됨과 동시에, 은하계의 구조를 생각하지 않아도 국부적으로 밀도파의 성질을 조사할 수 있다. 이러한 밀도파 이론을 국부 밀도파 이론이라고 한다. 그 경로를 다음과 같이 나타냈다.

먼저 은하 원반에 극좌표 $(R,\ \phi)$를 도입하고, 표면 밀도를 $\Sigma(R,\ \phi,\ t)$, 속도벡터장을 $\boldsymbol{v}(R,\ \phi,\ t)$, 중력 퍼텐셜을 $\Phi(R,\ \phi,\ t)$라고 한다. 이

러한 물리량을 밀도파가 없고 원운동하는 축 대칭 상태(무섭동 상태)와 소용돌이 모양 파에 의한 변동(섭동)의 합으로 나타낸다.

$$\Sigma(R,\ \phi,\ t) = \Sigma_0(R) + \Sigma_1(R,\ \phi,\ t) \tag{9.3}$$

$$\boldsymbol{v}(R,\ \phi,\ t) = \boldsymbol{v}_0(R) + \boldsymbol{v}_1(R,\ \phi,\ t) \tag{9.4}$$

$$\boldsymbol{\Phi}(R,\ \phi,\ t) = \boldsymbol{\Phi}_0(R) + \boldsymbol{\Phi}_1(R,\ \phi,\ t) \tag{9.5}$$

여기서 Σ_0, $\boldsymbol{v}_0$, $\boldsymbol{\Phi}_0$는 밀도파가 존재하지 않는 무섭동 상태를, Σ_1, $\boldsymbol{v}_1$, $\boldsymbol{\Phi}_1$는 밀도파에 의한 미소 섭동을 나타낸다. 또한 밀도파의 섭동을 방위각 방향으로 m회의 주기성을 가지며 진동수 ω로 진동하는 파로 다음과 같이 표현한다.

$$\begin{pmatrix} \Sigma_1 \\ \boldsymbol{v}_1 \\ \boldsymbol{\Phi}_1 \end{pmatrix} = \mathrm{Re}\left[\begin{pmatrix} S(R) \\ \boldsymbol{V}(R) \\ F(R) \end{pmatrix} e^{i(\omega t - m\phi + f(R))}\right] \tag{9.6}$$

여기서 S, $\boldsymbol{V}$, F는 밀도파의 표면 밀도, 속도 벡터, 중력 퍼텐셜의 진폭이며, Re는 실수 부분을 나타낸다. $f(R)$은 밀도파의 반경 방향의 진동(위상의 변화)을 나타내며, 소용돌이 모양 구조를 나타내기 위해서는 단조증가 또는 단조감소 함수라야 한다. 또한 국부적으로 파수 k와 파장 λ를 다음과 같이 정의할 수 있다.

$$k = 2\pi/\lambda \equiv df/dR \tag{9.7}$$

바짝 감긴 소용돌이 모양 팔의 근사로는 k가 크고(파장 λ는 짧고), 밀도파는 반경 방향으로 격렬하게 진동한다. 그리고 국부적으로는 위상 변화를 $f(R) \approx kR$, 즉 파수가 일정한 평면파로 간주할 수 있다.

소용돌이 모양 파의 기하학

밀도파의 진동에 대한 위상 $\chi(R, \phi, t)$를 $\chi(R, \phi, t) \equiv \omega t - m\phi + f(R)$로 쓸 때, 표면 밀도가 최대인 궤적이 소용돌이 모양 팔을 나타낸다고 생각하면, $\chi(R, \phi, t) = 2n\pi$(n은 정수)의 궤적이 소용돌이 모양 팔을 나타낸다. 반경 R과 시간 t를 고정하고, ϕ 방향의 위상 변화를 보면, ϕ 방향으로 한 바퀴 돌 때 m회 진동하기 때문에 m은 소용돌이 모양 팔의 개수를 나타낸다.

R이 일정한 장소에서, 위상이 일정한 궤적의 시간 변화를 보면, $d\phi = (\omega/m)dt$이므로, 소용돌이 유형은 회전 각속도(유형 속도) $\Omega_p = d\phi/dt = \omega/m$으로 강체 회전한다.

또한 소용돌이 팔의 피치각 i는 그 정의에서 $\cot i = Rd\phi/dR = R(df/dR)/m = kR/m$이다. 피치각이 일정한 소용돌이는 로그 소용돌이라고 하며 자연계에서 흔히 볼 수 있는데, 은하의 소용돌이 팔도 로그 소용돌이로 근사할 수 있는 것이 많다.

소용돌이는 은하회전 방향에 대해 두 가지 방향이 있는데 그것은 k의 부호로 결정된다. 은하회전은 ϕ가 증가하는 방향이면 $k>0$인 경우이고, ϕ가 증가하면 R이 증가하기 때문에 은하회전에 의해 소용돌이가 풀리는 방향이 된다. 이를 선행leading 팔이라고 한다. 한편, $k<0$이면 소용돌이가 나부끼는(감겨드는) 방향이 되고, 이를 후행trailing 팔이라고 한다. 실제 은하에서 소용돌이 모양 팔의 방향은 회전 방향을 알고 있는 경우는 모두 후행 팔이다.

밀도 파의 분산 관계식

이러한 가정 아래 밀도파에 의한 섭동량의 진폭은 작다고 하고 2차 이상의 항을 무시하면, 섭동량에 대한 선형 방정식계를 얻을 수 있으며 해석적으로 풀 수 있다. 밀도파에 의한 중력 퍼텐셜 Ψ가 주어질 때, 운동방정식과 연속방정식을 선형화한 방정식을 풀면, 최종적으로 생기는 밀도의 변동은 다음과 같이 주어진다.

$$-\frac{k^2\Sigma_0\Psi}{\kappa^2-(\omega-m\Omega)^2+kv_s^2} \tag{9.8}$$

한편, 중력 퍼텐셜 Ψ를 생기도록 하는 밀도는, 푸아송 방정식의 근사해로부터 다음과 같이 주어진다.

$$-\frac{|k|\Psi}{2\pi G} \tag{9.9}$$

이것들이 동등하다는 자기 보존의 조건이 성립하기 위해서는 다음 식이 성립해야 한다.

$$(\omega-m\Omega)^2 = k^2v_s^2 + \kappa^2 - 2\pi G\Sigma_0|k| \tag{9.10}$$

이것이 린과 슈가 처음으로 유도했던 밀도파의 분산 관계식이다.

각 항의 의미를 생각해 보자. 좌변은 정지계에서 본 진동수인데, 원반이 회전하고 있기 때문에 일종의 도플러 효과로 진동수는 $(\omega-m\Omega)$가 된다. 이것은 m개의 소용돌이 팔이 각속도 Ω로 회전하면, 진동수 $m\Omega$로 진동하는 것처럼 보이기 때문에 $m\Omega$만큼 진동수가 바뀌어 보이는 것이다.

우변의 제1항 $k^2v_s^2$은 음파의 분산 관계와 마찬가지로 압력의 효과를 나타내며, $(\omega-m\Omega)^2$을 양의 방향으로 증가시킨다. 별을 소용돌이 팔에 모으려고 하면, 압력은 원래대로 되돌리려는 복원력으로 작동한다. 제2항은 차동회전의 효과로서, 이것도 별을 모으려고 하면 각운동량 보존법칙 때문에 주전원의 주기로 진동하여 원래대로 되돌리려고 한다. 회전의 효과는 복원력으로 작동하기 때문에 부호는 양이다. 제3항은 중력의 효과이다. 별을 소용돌이 팔에 모으려고 하면 더욱 그것을 촉진하며 복원력을 약화시킨다. 중력의 효과는 $(\omega - m\Omega)^2$를 감소시키므로, 중력의 효과가 한계를 넘어 $(\omega - m\Omega)^2 < 0$이 되면 실수 해가 없는 상태가 되어 밀도파가 존재하지 않게 된다. 따라서 분산 관계식으로부터 밀도파는 회전과 중력의 효과를 고려한 원반 위로 전파되는 음파로 생각할 수 있다.

축 대칭 섭동의 안정성

섭동이 축 대칭인 경우에는 $m=0$이므로 분산 관계는 다음과 같다.

$$\omega^2 = \kappa^2 + k^2 v_s^2 - 2\pi G |k| \Sigma_0 \tag{9.11}$$

분산 관계식을 k에 대한 2차식으로 생각하여, 항상 $\omega^2 > 0$이 되는 조건을 구하면 다음과 같다.

$$Q \equiv \frac{v_s \kappa}{\pi G \Sigma_0} > 1 \tag{9.12}$$

이것이 가스 원반의 축 대칭 섭동에 대한 안정성의 조건이다. Q는 툼레의 Q라고 하며, 은하 원반의 안정도를 나타내는 매개변수이다. 음속 v_s(별의 속도 분산)가 크면 Q가 커지고 원반은 더욱 안정된다. 실제 은하 원반은 안정하다고 생각되기 때문에 Q는 1보다 크지만, 소용돌이은하의 경우 Q값이 너무 크면 소용돌이 모양의 구조가 생길 수 없기 때문에 1에서 멀리 떨어진 큰 값으로 되지는 않는다.

밀도파의 분류: 단파와 장파

밀도파의 분산 관계식을 파수 k에 대해 풀면 다음과 같다.

$$\frac{|k|}{k_{\rm crit}} = \frac{2\{1 \pm [1 - Q^2(1-\nu^2)]^{1/2}\}}{Q^2} \tag{9.13}$$

여기서 $k_{\rm crit} \equiv \kappa^2/2\pi G\Sigma_0$이고, 또 ν는 무차원 진동수로서 다음과 같다.

$$\nu = \frac{\omega - m\Omega}{\kappa} = \frac{m(\Omega_{\rm p} - \Omega)}{\kappa} \tag{9.14}$$

ν는 은하회전하는 별이 소용돌이 팔과 만나는 진동수를 주전원 진동수 κ를 단위로 나타낸 것이다. 분산 수식 안에 $\pm$가 있는데, 이 부호에 의해 2종류의 파로 나뉜다. 양(+)의 부호인 경우 파수의 절댓값이 큰 파(파장이 짧은 파)가 되므로 단파Short wave이고, 음(−)의 부호인 경우 파수의 절댓값이 작은 파(파장이 긴 파)가 되므로 장파Long wave이다. 따라서 주어진 무차원 진동수 ν에 대해 단파(S) · 장파(L)와 선행(L) · 후행(T)의 조합으로 4종류의 파가 존재한다. 이제부터는 파의 종류를 나타내는 데 필요한 경우 이 ST, SL, LT, LL의 약호를 사용하기로 한다.

분산 관계를 그림 9.2에 나타냈다. 파수가 큰 영역이 단파, 작은 영역이 장파에 해당한다. $Q=1$인 경우 해가 $\nu=0$까지 도달하지만, Q가 커지면 해는 $\nu=0$에서 벗어나 밀도파의 존재 범위가 좁아진다.

여기까지 은하 원반을 유체(가스)로 다루어 왔는데, 은하 원반을 더 현실적인 별 원반(무충돌 입자계)으로 보는 무충돌 볼츠만 방정식에 의한 분석에서도 유사한 분산 관계가 얻어진다. 그러나 그림 9.2와 같이 $|\nu|=1$ 부근에서는 유체 원반과 별 원반과의 차이가 두드러지게 된다. 즉 유체 원반에서는 단파의 해가 $|\nu|>1$인 영역까지 뻗어 있는 반면, 별 원반에서는

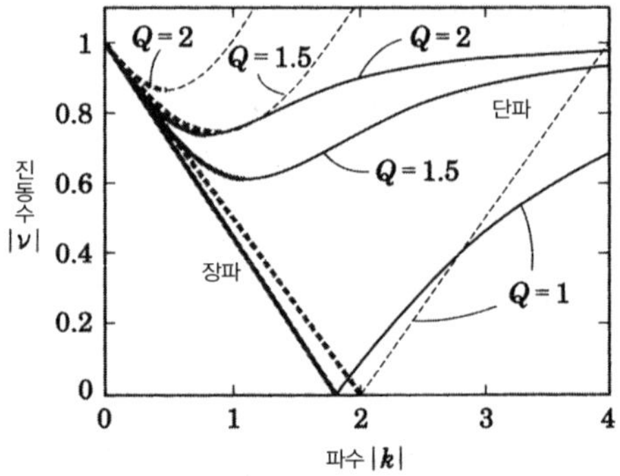

그림 9.2 밀도파의 분산 관계. 가로축은 파수 k의 절댓값, 세로축은 무차원 진동수 ν의 절댓값. 세 개의 쌍은 $Q=1$, 1.5, 2에 해당한다. 실선은 별 원반, 점선은 유체 원반에 대한 분산 관계. 밀도파는 $Q=1$일 때는 공회전 반경($\nu=0$)에 도달할 수 있지만, $Q>1$이 되면 공회전 반경($\nu=0$)에 도달할 수 없게 된다 (Binney & Tremaine 1987, *Galactic Dynamics*, Princeton Univ. Press, 366).

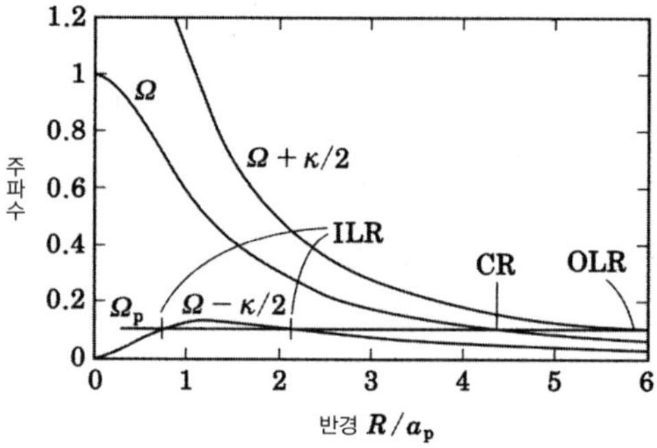

그림 9.3 밀도파의 전파 영역. 유형 속도 Ω_p가 주어지면, 공회전(CR), 내외 린드블라드 공명(ILR, OLR)의 위치가 정해진다. 공회전 반경 부근에는 Q값에 따라 Q장벽이 나타나는데, 그곳을 제외하고 ILR 및 OLR 사이에 밀도파가 존재한다. a_p는 반경의 규격화 상수(Sparke & Gallagher 2000, *Galaxies in the Universe: An Introduction*, Cambridge Univ. Press, 211, Fig 5.29).

$|\nu|<1$의 범위로 제한된다.

9.1.6 밀도파의 전파 영역과 공명

은하 원반에는 은하회전과 주전원 진동의 두 진동이 있고, 밀도파의 진동과 공명하는 장소가 있다(그림 9.3).

공회전

$\nu=m(\Omega_{\rm p}-\Omega)/\kappa=0$일 때, 즉 $\Omega_{\rm p}=\Omega$일 때 은하회전과 소용돌이 모양파가 같은 각속도를 가진다. 이때 별과 소용돌이 팔이 함께 회전하게 된다. 이러한 경우를 공회전 공명이라 하고, 그 장소를 공회전 반경이라고 한다. 나중에 살펴보는 것처럼 공회전 반경을 사이에 두고 밀도파의 종류와 에너지의 부호가 바뀌며 밀도파의 들뜸(excitation, 여기)과 증폭에 중요한 역할을 한다.

린드블라드 공명

$\nu=\pm1$인 경우, 즉 다음과 같은 경우, 별이 소용돌이 팔을 만나는 진동수 $m(\Omega_{\rm p}-\Omega)$와 주전원 운동의 진동수 κ가 동등하게 되어 주전원 진동과 밀도파가 공명을 일으킨다.

$$\Omega_{\rm p}=\Omega\pm\frac{\kappa}{2} \tag{9.15}$$

이러한 공명을 린드블라드 공명이라고 한다. $\nu=-1$일 때는 공회전 반경 안쪽에 공명 반경이 있고 내부 린드블라드 공명(Inner Lindblad Resonance, ILR)이라고 한다. 또한 $\nu=+1$일 때에는 공회전 반경의 바깥쪽에 공명 반경이 있으며, 외부 린드블라드 공명(Outer Lindblad Resonance, OLR)이라고 한다.

린드블라드 공명에서는 공명 현상에 의해 밀도파의 진동이 별의 주전원 운동(무질서 운동)을 증대시킨다. 그 때문에 밀도파의 진동에너지가 별의 무질서 운동으로 바뀌고, 밀도파가 급격히 감소한다. 따라서 Q장벽의 금지 영역(나중에 설명)을 제외하고, 밀도파가 존재할 수 있는 영역(전파 영역)은 ILR($\Omega-\kappa/m$)과 OLR($\Omega+\kappa/m$) 사이(전파 영역)로 제한된다. 별 원반의 경우, 분산 관계로부터 해가 이 범위로 제한된다. 밀도파의 전파 영역은 소용돌이 팔의 개수 m이 증가하면 좁아지므로 그랜드 디자인처럼 긴 소용돌이 팔은 개수가 적어지고, 또 개수가 많은 팔은 짧게 된다. 이들은 관측되는 소용돌이 팔의 성격과 잘 일치한다.

Q 장벽

그림 9.2의 분산 관계에서 알 수 있듯이 $Q>1$이면 공회전 부근에 밀도파가 도달하지 못하고, 금지 영역이 나타난다. 이것을 Q장벽이라고 한다. 이 금지 영역은 분산 관계식 (9.13)의 제곱근 기호 안이 음수가 되는 영역 $\nu^2>1-1/Q^2$이며, Q가 크면 그 폭이 넓어진다. Q장벽에 도달한 밀도파는 거기서 반사되며, 그때 분산 관계에서 정해지는 종류의 파로 바뀐다.

Q장벽은 은하의 중심부에도 형성된다. 은하의 중심부에는 속도 분산이 큰 벌지 등이 있고, 중심부로 갈수록 Q가 급격히 증가한다. Q가 큰 영역은 밀도파에게는 '딱딱한 벽' 처럼 보이고, 그곳에서 밀도파가 반사된다. 만약 ILR 반경 바깥쪽에 Q장벽이 있으면, 밀도파는 ILR 반경에 도달하기 전에 반사되어 린드블라드 공명에 의한 흡수 또는 감쇠를 방지할 수 있다.

파속과 군속도

분산 관계를 충족하는 파가 여러 개 중복하여 존재하면, 서로 간섭하여

표 9.1 밀도파의 종류와 파속의 전파 방향.

파속의 전파	공회전에서 벗어난다	공회전에 접근한다
후행(trailing) $k<0$	ST(Short Trailing)	LT(Long Trailing)
선행(leading) $k>0$	LL(Long Leading)	SL(Short Leading)

파의 진동이 보강되는 부분(파속, wave packet)이 나타나 그곳에 에너지가 집중된다. 파속이 전해지는 속도를 군속도라고 하며, 파의 에너지가 전해지는 속도와 방향을 부여한다. 군속도 v_g는 분산 관계가 주어지면 $v_g = \partial\omega(k)/\partial k$로 구해진다. 밀도파의 분산 관계에서 군속도를 계산하면 다음과 같다.

$$v_g(R) = \pm \frac{|k| v_s^2 - \pi G \Sigma_0}{\omega - m\Omega} \tag{9.16}$$

부호 +는 후행파($k<0$), 부호 −는 선행파($k>0$)를 나타낸다. 파속의 전파 방향을 알기 위해 v_g의 부호를 조사한다. 분자에 대해서는, 분산 관계식으로부터 단파에서는 $|k| < \pi G \Sigma_0 / v_s^2$이므로 분자의 부호가 음이 되고, 반대로 장파에서는 양이 된다.

또한 분모 $(\omega - m\Omega)$의 부호는 공회전 반경 안쪽에서는 음, 바깥쪽에서는 양이다. 이를 정리하면, 군속도의 방향은 공회전 반경을 기준으로 하여 ST파와 LL파에 대해서는 공회전에서 벗어나는 방향으로, LT파와 SL파는 공회전으로 접근하는 방향으로 전파한다.

은하계의 경우, 반경 $R = 10$ kpc 부근에서 군속도를 평가해 보면 $v_g \approx 60\ \mathrm{km \cdot s^{-1}}$이고, 은하면을 횡단하는 시간은 $10\ \mathrm{kpc}/v_g \approx 2 \times 10^8$년이 된다. 따라서 파속은 은하 회전의 시간 척도로 은하면을 횡단하여, 린드블라드 공명으로 흡수된다면 이 정도의 시간 척도에서 감쇠하게 된다.

9.1.7 밀도파의 증폭 기구

밀도파는 린드블라드 공명에 의한 흡수나 가스에 의한 산일 등으로 감쇠되기 때문에 그것을 유지하기 위해서는 밀도파를 증폭하는 기구가 필요하다. 몇몇 증폭 기구가 제안되어 있는데, 그중에서 밀도파를 자발적으로 증폭하는 WASER 기구와 스윙 증폭 기구를 소개하겠다.

밀도파의 에너지

일반적으로 파의 에너지는 양이지만 특별한 상황에서는 음으로 된다. 은하 원반의 밀도파의 경우, 음의 에너지인 파가 존재하면 밀도파가 존재하지 않는 경우에 비해 은하 원반의 에너지가 감소한다. 즉, 은하 원반으로부터 에너지를 빼내는 것으로 밀도파를 발생시킬 수 있다.

WASAR 기구

공회전 반경 부근에서 파의 상호작용을 고려하면, 공회전 반경을 사이에 두고 파의 종류와 에너지의 부호가 변하기 때문에 재미있는 현상이 일어난다. 지금 안쪽에서 -1의 에너지를 가진 LT파가 공회전 반경에 접근했다고 하자. $Q=1$이면 파가 공회전 반경 바깥으로 전해질 수 있지만, 분산 관계에서 ST파로 바뀐다. 공회전 반경의 바깥쪽 ST파의 에너지는 양이므로, 공회전에 입사한 L파에 의해 $+1$의 에너지를 가진 ST파로 여기勵起되었다고 생각해도 좋다.

에너지의 보존이 성립되기 위해서는 -2인 에너지를 가진 파가 필요하다. 이것은 공회전 반경의 안쪽에 에너지가 -2인 ST파가 발생하여 실현된다. 결과적으로 공회전 반경에 입사한 LT파가 반사되어 에너지가 2배로 증폭된 셈이 된다. 일반적으로는 $Q>1$이므로 공회전 반경 부근에 Q장벽이 생기지만, Q가 1에 가까운 경우 터널 효과로 공회전 반경 바깥쪽의 파를 여기시키는 것이 가능하다. 그러나 Q의 크기에 따라서 바깥쪽 파의 에너지 증폭률이 작아진다. 이 문제는 마이크로파가 특수한 상태(들뜸 상태)에 있는 물질에 입사되면, 입사파에 유도되어 강한 마이크로파가 방출되는 현상과 비슷하다. 이러한 마이크로파의 증폭 메커니즘을 메이저 MASER 기구라고 한다. 위에서 설명한 밀도파의 증폭 기구는 WASER 기구라고 한다. 밀도파는 WASER 기구에 의해 공회전 반경에 입사 및 반사될 때마다 증폭되는 것으로 생각된다.

여기에서 안쪽으로 향하는 ST파는 ILR에 도달하면, ILR에서 파의 에너지가 흡수되어 버릴 우려가 있다. 하지만 만약 ILR 바깥쪽에 Q장벽에 의한 반사벽이 있으면, 그곳에서 반사되어 외부로 향하는 LT파가 되어 다시 공회전 반경에 접근하여 더욱 증폭하게 된다.

스윙 증폭 기구

국부 선형 밀도파 이론에서는 적절하게 취급할 수 없지만, 선행 모양의 밀도파 파속이 차동회전에 의해 풀어져서 후행 형태의 소용돌이 모양 파로 바뀔 때 파가 강하게 증폭될 수 있다. 이 경우 소용돌이 모양 파로 끌어당겨진 별은 주전원 운동을 하면서 소용돌이 모양 파와 일종의 공명 상태가 되어 소용돌이 모양 파의 중력을 강하게 받는다. 그 결과, 별의 운동은 소용돌이 모양 파의 내부로 향하게 되고, 더 긴 시간 소용돌이 모양 파에 머무르려고 한다. 또 소용돌이 모양 파가 후행으로 되어 차동회전에 의해 말려들게 되면 소용돌이 모양 파에 끌어당겨진 별을 더욱 소용돌이 모양 파로 긁어모으는 것처럼 작동한다. 이렇게 소용돌이 모양 파의 중력과 차동회전에 의한 효과가 상승 작동하고, 별이 장시간 소용돌이 모양 파에 체류하게 되어 일시적으로 소용돌이 모양 파가 강하게 증폭된다. 이러한 선행 소용돌이 모양 파가 후행 소용돌이 모양 파로 바뀔 때 강하게 증폭되는 기구를 스윙 증폭 기구라고 한다.

이 기구가 작동하려면 어디에서 어떻게 선행파leading wave가 형성되는지가 문제가 된다. 하나의 가능성으로 내부 린드블라드 공명이 없는 경우를 생각할 수 있다. 이 경우 안쪽으로 향하는 후행파trailing wave는 내부 린드블라드 공명에 의해 흡수되지 않기 때문에 중심까지 도달할 수 있게 된다. 이러한 파가 중심을 지나면, 이번에는 대칭성으로부터 선행파가 되어 바깥쪽으로 전해진다. 이것은 스윙 증폭될 가능성이 있다.

9.1.8 밀도파와 은하 원반의 진화

정상적인 밀도파는 증폭 및 감쇠가 평형을 이루어 지속적인 소용돌이 모양 구조를 유지한다고 생각되는데, 밀도파를 여기하고 증폭하는 에너지는 어디에서 오는 것일까. 고립된 은하는 그러한 에너지원을 은하 내부에서 찾지 않으면 안 되며, 그것은 은하가 구조를 바꿈으로써 생겨난다. 은하 원반은 바깥을 향해 회전 각속도가 감소하기 때문에 반경 방향으로 각운동량의 교환이 일어나면, 고온부터 저온으로 열에너지가 흐르듯이 안쪽에서 바깥쪽으로 각운동량과 에너지가 흐른다. 그 결과, 각 운동량을 잃은 부분은 수축되고 중력에너지를 방출한다.

소용돌이 모양 밀도파는 비축대칭이므로 그 토크에 의해 은하 원반에 각운동량의 흐름을 일으킨다. 후행의 소용돌이 모양 파는 각운동량을 바깥쪽으로 운반하는 효과가 있기 때문에 그 결과 방출된 에너지를 밀도파의 증폭에 이용할 수 있다. 따라서 후행 소용돌이 모양 팔이 존재하면, 이를 통해 각운동량이 수송되고 그 결과 방출된 중력에너지에 의해 밀도파를 증폭 · 유지하는 피드백 루프가 형성된다. 이렇게 하여 각운동량의 수송이 일어나고 은하 원반은 천천히 진화한다고 생각된다.

9.1.9 밀도파의 관측과 유형 속도의 측정

은하 원반은 별과 가스의 원반으로 이루어진 이중 구조를 하고 있는데, 지금까지 논의한 밀도파는 별 원반의 구조이다. 은하 원반은 주로 어둡고 늙은 별로 구성되어 있기 때문에 가시광 영역에서는 고온의 밝은 별빛에 숨겨져 거의 보이지 않지만, 근적외선 상像에는 부드러운 소용돌이 모양 구조가 보인다.

밀도파는 중력장의 흔들림에 따라 별과 가스의 속도 변동을 일으킨다. 은하의 회전 곡선이나 속도 맵에서 원운동으로부터의 차이를 밀도파에 의한 것으로 치면, 이 변동의 크기에서 밀도파에 의한 중력의 세기를 추정할 수 있다. 은하계의 경우 변동의 크기는 초속 20~30 km 정도로 소용돌이 모양 팔의 중력 세기는 은하회전과 맞먹는 중력의 5% 전후가 된다.

유형 속도 Ω_p는 선형 밀도파 이론에서는 정해지지 않는다. 그래서 밀도파는 주로 공회전 반경 안쪽에 있다고 생각하고, 소용돌이 팔의 바깥쪽 가장자리가 공회전 반경 근처에 있다고 하면 소용돌이 팔의 바깥쪽 가장자리 위치의 은하회전 속도가 곧 유형 속도가 된다.

은하계의 경우 회전 곡선 및 가스 운동의 흔들림 분석에서 피치각은 약 8°로, $\Omega_p \approx 11 \sim 14\,\mathrm{km \cdot s^{-1} \cdot kpc^{-1}}$ 이라고 생각된다.

소용돌이 팔의 강한 가스 집중이나 별 생성에 수반된 현상은 크게 눈에 띄지만, 이들은 가스 원반에 딸려 있는 현상이다. 여기에서는 은하 충격파(뒤에 설명)로 압축된 가스에서 별이 형성되기까지의 시간차(수백만 년)로 인해 나타나는 가스 팔과 별 팔 간의 공간적 격차를 이용하여 유형 속도를 측정하는 방법을 소개하겠다(그림 9.4).

가스 팔과 별 팔의 궤도에 맞춰 측정한 각거리 θ는 가스의 각속도 Ω와 유형 속도 Ω_p의 차이에 별 형성에 걸리는 시간 t_{sf}를 곱한 것과 같다.

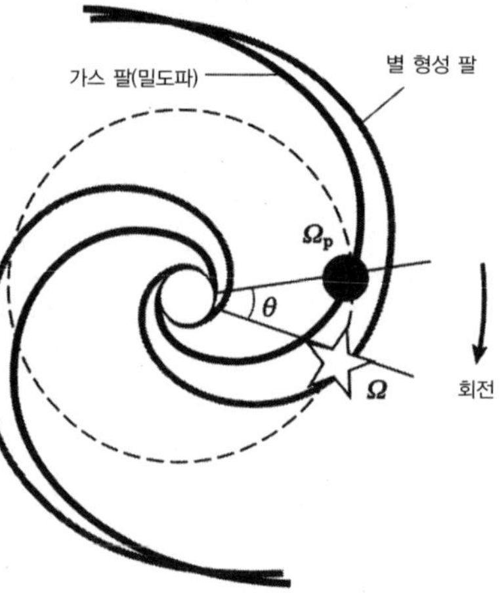

그림 9.4 밀도파에 따라 압축된 가스의 팔(dark lanes)에서 별 형성이 시작되는데, 별이 빛나기 시작하는 것은 수백만 년 후가 된다. 공회전의 안쪽에서는 유형을 추월한 뒤에 별이 빛나기 시작한다.

$$\theta = (\Omega - \Omega_{\rm p})t_{\rm sf} \tag{9.17}$$

여기서 $t_{\rm sf}$를 알고 있다면 어떤 반경에서 θ를 측정하여, 회전 곡선과 반경으로부터 Ω를 측정하는 것으로 $\Omega_{\rm p}$를 구할 수 있다. 별 형성 시간을 모르더라도 위의 식에서 Ω와 θ가 선형 관계임을 이용하면, 여러 반경에서 구한 θ를 관측된 값 Ω에 대해 그림을 그려 직선(1차함수)으로 나타내면 가로축의 절편이 유형 각속도 $\Omega_{\rm p}$이고, 기울기가 별 형성 시간 $t_{\rm sf}$에 해당한다. 이 방법을 사용하여 실제 은하에 대해 측정해 보면 유형 속도 $\Omega_{\rm p} \approx$ 20~30 km·s^{-1}·kpc^{-1}, 별 형성 시간 $t_{\rm sf} \approx$500만 년이라는 값을 얻게 된다(그림 9.5).

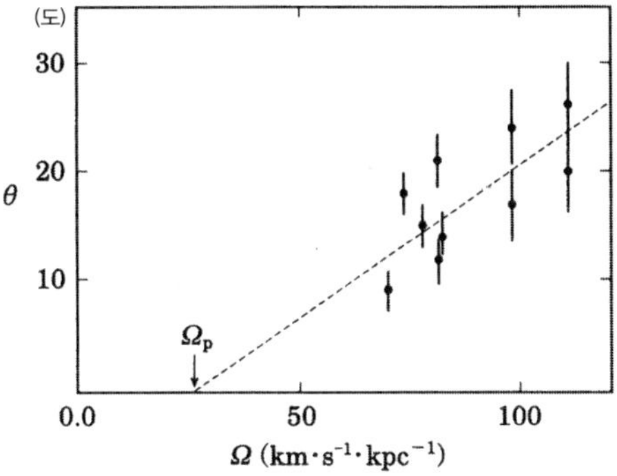

그림 9.5 가스 팔 위치와 별 팔 위치의 편차각 θ가 Ω에 대하여 선형 관계가 있어서, 유형 속도 Ω_p(가로축 절편)와 별 형성 시간 t_{sf}(기울기)가 동시에 구해진다. NGC 4254에 대한 측정 결과(Egusa *et al.*, 2004, *PASJ*, 56, 45).

9.2 소용돌이 팔의 발생과 성장

9.2.1 대국 모드의 불안정성

밀도파 이론은 국부적인 파의 성질을 논의했지만, 대국적인 소용돌이 모양 구조 자체는 설명하고 있지 않다. 이 문제는 역학 평형상태에 있는 은하 원반의 진동 안정성을 조사하는 방법의 하나인 '고유진동 모드'를 구하는 문제로 다룰 수 있다. 선형 이론의 범위 내에서 고윳값 문제로서 다루는 것은 물리학적 · 수학적으로도 사리가 명쾌한 정식화가 가능하며, 유체 근사의 범위 안에서는 별의 고유진동을 다루는 문제와 물리학적으로 공통적인 개념을 다양한 분야에 이용할 수 있다.

별의 진동 문제와 달리 특히 원반 모양 은하의 진동 문제는 회전의 효과가 크기 때문에 역학 평형형태가 구 대칭이 아니다. 따라서 구 대칭 극좌표가 아니라 평형형태를 반영한 타원체 좌표계나 공간 매핑을 이용하여 극좌표에서의 좌표변환으로 정의되는 직교좌표계에서 방정식계를 변수 분리하여 풀려는 시도가 연구되어 왔다.

경곗값 문제로서가 아닌 초깃값 문제로서 수치 유체역학적 또는 N체 문제로서 연구의 접근 방법은 컴퓨터의 능력이 향상됨에 따라 다양한 물리과정을 포함할 수 있게 되어 점차 현실적인 모의실험으로 진화했다. 이러한 수치 모의실험에 대해서는 제12권에서 자세하게 다룬다.

아래에서는 자기 중력 회전 가스로 이루어진 유체 원반의 진동 문제에 대해 그 방법을 설명하기로 한다.

9.2.2 유체 근사

8.4절에서 은하면을 적도면으로 하는 원통 좌표계에서 오일러 표기에 의한 유체 근사의 기초 방정식 계, 즉 (1) 연속방정식(스칼라 방정식), (2) 중력과 압력 기울기에 의한 가속도를 나타내는 운동방정식(벡터 방정식), (3) 상태방정식(스칼라 방정식) 및 (4) 중력장을 설명하는 푸아송 방정식(스칼라 방정식)을 유도했다.

8.4.1절에서 언급한 바와 같이 이러한 방정식 계의 변수가 6개(밀도, 압력, 중력 퍼텐셜과 운동 속도 벡터의 3성분), 방정식이 6개이므로 초깃값 경곗값 문제에서는 결정론적으로 풀릴 것이다. 하지만 실제로 운동방정식에 나타나는 중력을 구하려면 푸아송 방정식을 전체 계에 대해 풀어 중력 퍼텐셜을 구해야 하기 때문에 6개의 연립방정식을 그대로 푸는 것은 일반적으로 쉽지 않다.

따라서 분석적 방법으로서 수직 방향의 균형을 분리하여 무한히 얇은 자기 중력 회전 원반을 가정하고, 푸아송 방정식을 충족하는 밀도 분포와 중력 퍼텐셜 분포의 쌍으로 구성되는 완전 연관 직교함수계로 섭동량을 전개하여 유한 개의 항을 채택하는 방법이 사용된다.

상태방정식으로는 국부적인 음속 c_s(항성계의 경우 속도 분산 σ)를 도입하여, $p=c_s^2\rho$로 표현하거나 폴리트로프 관계 $p=K\rho^\gamma$를 가정하는 등 단순화를 시도하는 경우가 많다.

9.2.3 원반 은하의 구조

은하 원반에서 두께 방향의 구조는 별들의 무작위 운동으로 퍼져 나가려는 효과와 은하면으로 끌어당기려는 중력의 균형으로 정해져 있다. 무작위 운동의 크기가 회전운동의 4분의 1 정도인 경우 은하 원반의 실효 두께는 직경의 약 16분의 1이 된다.

앞 장의 운동방정식 (8.30)의 평형상태를 감안할 때, 면 내에서 힘의 평형에 대해 다음 식을 얻을 수 있다.

$$\frac{v_0(r)^2}{r}=\frac{d\phi_0(r)}{dr}+\frac{1}{\rho_0(r)}\frac{dP_0(r)}{dr} \tag{9.18}$$

속도 분산 곡선 $\sigma_0(r)$의 관측 데이터에서 $P_0(r)=\sigma_0(r)^2\rho_0(r)$ 또는 다른 상태방정식을 이용하여 압력장 $P_0(r)$을 결정하고, (식 9.18)로부터 중력장 $d\phi_0(r)/dr$의 세기를 구하면, 푸아송 방정식 (8.3)에서 그러한 중력 퍼텐셜 $\phi_0(r)$을 형성하는 데 필요한 밀도분포 $\rho_0(r)$을 계산할 수 있다.

9.2.4 균일한 회전 원반의 안정성

균일한 밀도의 타원체를 적도면으로 압축하여 얻는 면밀도 분포 $\mu(r)=\mu_0\xi=\mu_0\sqrt{1-(r^2/a^2)}$(단, 여기서 $\mu_0=3M/2\pi R^2$)를 가진 질량 M, 반경 R의 매크롤린 원반은, 회전에너지 E_R과 열에너지 E_T의 합에 대한 열에너지의 비율 $\beta=E_T/(E_R+E_T)\,(0\leqq\beta\leqq1)$를 온도의 기준 매개변수라고 하면, 회전 각속도 Ω가 일정한 값 $\Omega=\sqrt{(1-\beta)3\pi GM/4R^3}$인 균일 회전하는 역학 평형상태를 가진다. 역학 평형상태로부터의 선형 변화량인

μ', ψ', u', v', p'에 대한 섭동 미분방정식계는 다음과 같다.

(1) 연속방정식(스칼라 방정식)

$$\frac{\partial \mu'}{\partial t} + \frac{\partial(\mu u')}{\partial r} + \frac{\mu u'}{r} + \frac{\mu}{r}\frac{\partial v'}{\partial \theta} + \frac{V}{r}\frac{\partial \mu'}{\partial \theta} = 0 \tag{9.19}$$

(2) 운동방정식(벡터 방정식)

$$\mu\left(\frac{\partial u'}{\partial t} + \frac{v}{r}\frac{\partial u'}{\partial \theta} - 2\frac{vv'}{r}\right) - \frac{v^2}{r}\mu' = -\frac{\partial p'}{\partial r} + \mu\frac{\partial \psi'}{\partial r} + \mu'\frac{\partial \psi}{\partial r} \tag{9.20}$$

$$\mu\left(\frac{\partial v'}{\partial t} + u'\frac{\partial v'}{\partial r} + \frac{v}{r}\frac{\partial v'}{\partial \theta} + \frac{vu'}{r}\right) = -\frac{1}{r}\frac{\partial p'}{\partial \theta} + \frac{\mu}{r}\frac{\partial \psi'}{\partial \theta} \tag{9.21}$$

(3) 상태방정식(스칼라 방정식)

$$\frac{\delta p}{p} = \gamma\,\frac{\delta \mu}{mu} \tag{9.22}$$

여기서 δp, $\delta\mu$는 흐름에 따른 라그랑주 섭동량이라고 한다.

(4) 푸아송 방정식(스칼라 방정식)

$$\triangle \phi' = 4\pi G \mu' \delta(z) \tag{9.23}$$

이 원반에 대한 밀도 흔들림을 직교좌표계 $(\xi,\ \theta)$에서 다음과 같이 연관 푸리에-르장드르 함수로 전개한다.

$$\mu'(r,\ \theta) = \sum_m \sum_n a_n^m \mu_n^m = \frac{M}{2\pi a^2}\sum_m \sum_n a_n^m \xi^{1/2} P_n^m(\xi) e^{im\theta} \tag{9.24}$$

여기서 밀도 흔들림의 각 기저 함수

$$\mu_n^m = (M/2\pi a^2)\,\xi^{1/2} P_n^m(\xi) e^{im\theta} \tag{9.25}$$

에 대응하는 중력 퍼텐셜 분포

$$\psi_n^m = -(GM/a)\xi^{-1/2} P_n^m(\xi) e^{im\theta} \tag{9.26}$$

는 완전 직교함수계를 이루고, 중력에너지를 E_j^i라고 하면 다음 식을 만족한다.

$$\iint \mu_j^i(r,\ \theta)\psi_l^k(r,\ \theta) r\, dr d\theta = E_j^i \delta_{ik} \delta_{jl} \tag{9.27}$$

따라서 이 경우 퍼텐셜의 흔들림을 다음과 같이 급수 전개할 수 있다.

$$\psi'(r,\ \theta) = \sum_m \sum_n a_n^m \psi_n^m \tag{9.28}$$

이러한 함수계로서 구좌표계 상의 푸리에-르장드르 전개와 극좌표계에서의 푸리에-베셀 전개가 자주 이용된다. 한편, 원반 은하에 대한 대처로는 유한 반경의 원반에 대한 타원체 좌표 상의 연관 푸리에-르장드르 함수 전개, 또한 8.1절에서 언급한 무한 반경의 원반에 공간 매핑을 이용하여 정의된 좌표계에서 연관 푸리에-르장드르 함수 전개의 예가 있다.

연속방정식 및 운동방정식에 나타나는 속도 $\boldsymbol{v}=(u,\ v)$와 그 섭동량에 대해서도 밀도와 중력 퍼텐셜 쌍과 공통적인 기저 함수의 급수 전개

$$u' = \sum_m \sum_n b_n^m P_n^m(\xi) e^{im\theta} \tag{9.29}$$

$$v' = \sum_m \sum_n c_n^m P_n^m(\xi) e^{im\theta} \tag{9.30}$$

를 실시하고, 위의 방정식에 대입하여 각 식에 기저 함수를 곱하여 전체

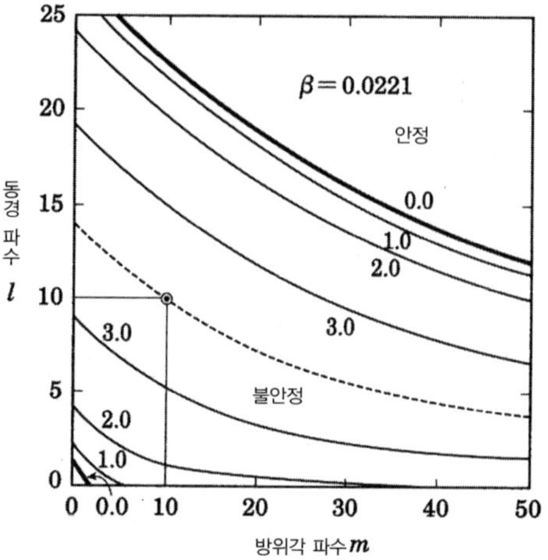

그림 9.6 항성계 원반에 대한 불안정 모드의 성장률 분포. $m \sim l \sim 10$인 위치(◉)에서 성장률이 최대가 된다(Iye 1978, *PASJ*, 30, 223).

공간에서 적분을 실행하면, 완전 연관 직교성 덕분에 선형화 미분방정식계를 섭동 물리량의 전개 계수에 대한 다음과 같은 대수방정식계로 바꿀 수 있다.

$$A(\boldsymbol{x}) = \lambda \boldsymbol{x} \tag{9.31}$$

여기서 A는 선형화 방정식에서 각 섭동 물리량에 대한 작용 요소의 모멘트를 요소로 하는 실수 행렬이며, $\boldsymbol{x}=(\boldsymbol{a},\ \boldsymbol{b},\ \boldsymbol{c})$는 섭동 물리량의 전개 계수를 요소로 하는 벡터, λ는 고윳값이다. 균일 회전하는(Ω=일정) 매클로린 원반의 경우 행렬 A는 대각 행렬이 되며, 각 기저 함수가 고유함수가 된다.

이를테면 열에너지 비율 $\beta=0.0221$의 비교적 '차가운' 원반인 경우에서 불안정 모드의 성장률 분포를 그림 9.6에 나타냈다. 자기 중력 불안정성은 동경 파수 l, 방위각 파수 m이 큰(파장이 짧은) 섭동은 음파로 고르게 되고 안정되기 때문에 중간 파수 모드(그림에서는 $m \sim l \sim 10$)의 성장률이 최대가 된다.

9.2.5 소용돌이 발현의 메커니즘

일반적으로 차동회전하는 원반에 대한 행렬 A는 모든 요소가 실수인 실수 행렬이 된다. 실수 행렬의 고윳값은 실수 또는 복소 켤레쌍이 된다.

고윳값이 실수인 경우에는 진폭이 일정한 성장을 수반하지 않는 단진동 모드에 대응하며, 고유 모드의 공간 유형은 소용돌이 형태로는 되지 않는다. 이를 '반 소용돌이 정리' 라고 한다.

한편, 고윳값이 복소수인 경우 시간이 경과함에 따라 진폭이 증가하는 해가 있으므로 불안정 성장하는 해가 존재한다. 고유벡터는 그 성분이 복소수이므로, 각 기저 함수로의 전개 계수에 복소 위상이 수반되어 나온다. 따라서 고유 모드의 공간 유형은 필연적으로 소용돌이치게 된다. 또한 자기 중력 원반에서 마지막으로 남는 불안정 모드는 막대 모양 구조로 된다는 것도 보여주었다.

각 섭동 물리량을 기저 함수로 전개할 때 본래는 무한 개의 항이 필요하지만, 대국적 행동을 보기 위해서는 예를 들어 낮은 차수인 N항까지의 기저 함수에서 자르기로 하면, 연속방정식 및 은하면에서 운동방정식만을 다루는 경우 행렬 A는 $3N \times 3N$항으로 이루어진 실수 행렬이 된다.

이를테면 상태방정식으로 2차원 폴리트로프 관계 $P = \beta\mu^3$를 가정하여, 각속도 $\Omega = \Omega_0(1-\beta)^{1/2}$로 균일 회전하는 역학 평형 원반계를 만들고, 그러한 원반의 고유진동 모드를 해석적으로 구하면, 원반의 '온도' β를 상승시켜 진스 불안정성을 완화시키는 것에 따라 순차적으로 불안정 모드가 해소되지만, 막대 모양 구조에 해당하는 진동 모드가 끝까지 불안정한 상태로 남기 쉽다는 것을 보여준다.

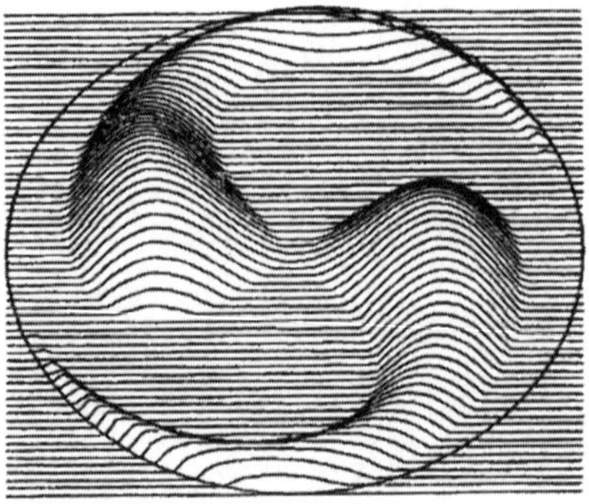

그림 9.7 자기 중력 불안정성으로 인해 성장하는 소용돌이 진동 모드(Iye 1978, *PASJ*, 30, 223).

이와 같이 원반에서 중력 불안정의 고유진동 모드는 필연적으로 소용돌이 모양이 된다는 것을 알 수 있다. 역학 평형상태에 있는 은하의 밀도 분포, 회전 속도장, 속도 분산장이 주어지면 진동의 유형이 결정되고, 어떤 모드가 중력적으로 성장하는지를 계산할 수 있다.

은하 원반의 속도 분산이 작고, 말하자면 원반이 차가운 경우에는 복잡하고 미세한 소용돌이 유형이 여럿 발생한다. 속도 분산이 큰 원반이 따뜻한 경우에는 소용돌이 유형은 단순하고 깔끔하다. 소용돌이 유형의 성장률도 원반이 따뜻해질수록 작아지고 심한 중력 불안정은 없어진다. 선형 섭동의 범위에서 은하 모델에 따라 다르지만, 두 개의 팔(그림 9.7)뿐만 아니라 세 개의 팔이나 네 개의 팔을 가진 소용돌이가 동시에 발생할 수 있다.

9.2.6 소용돌이 팔의 모드 해석에 의한 은하구조의 해명

S0 은하(렌즈형 은하)는 원반부의 속도 분산이 크고, 중력 불안정한 모드가 없기 때문에 소용돌이 구조가 성장하지 않는 은하이다. S0 은하 NGC 3115(그림 9.8)에서 관측된 회전 곡선 및 속도 분산 곡선을 재현하는 역학 모델을 만들어(그림 9.9) 그 중력 안정성을 살펴보면, 은하 원반이 안

그림 9.8 NGC 3115(http://nedww.ipac.caltech.edu/).

정되기 위해서는 전체 질량의 30% 이상의 헤일로 질량이 필요하다는 것을 알게 된다. 이것은 은하의 안정성 조건에서 역학 평형 모델에 대한 제한을 시도한 예이다.

지진학이나 성진학(별의 표면 진동에서 내부 구조를 탐구하는 학문)은 지구나 태양, 별에 대한 진동 모드 스펙트럼의 관측 데이터를 재현하도록 내부 구조를 조정함으로써 직접 볼 수 없는 내부 구조를 진단할 수 있다. 지구나 태양과 달리 별의 경우 관측 데이터는 밝기의 시간 변화 등의 시계열 데이터이다.

이에 반해 은하의 진동은 주기가 길기 때문에 시간 변화를 측정할 수는 없지만, 소용돌이 구조나 막대 구조 등 은하 진동 모드의 공간 유형을 관측할 수 있다. NGC 4254의 비대칭적인 소용돌이 구조는 m이 홀수인 푸리에 성분이 존재하는 것을 나타내며, NGC 6922의 소용돌이 팔에는 역방향의 소용돌이 성분이 공존하는 것으로 알려져 있다. 열역학적으로 뜨거운 벌지와 헤일로 성분이 강해지면 원반부의 자기 중력 불안정성이 억

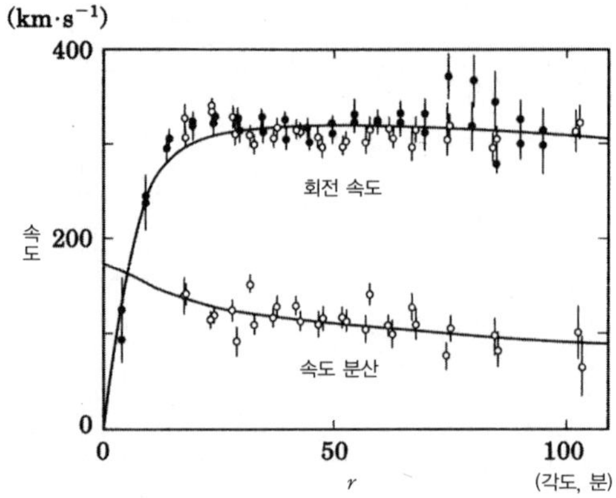

그림 9.9 S0 은하 NGC 3115의 회전 곡선(위)과 속도 분산 곡선(아래)을 재현하는 은하 원반의 틈레 모델(Ueda *et al.*, 1985, *ApJ*, 288, 196).

제된다. 은하의 내부 구조는 선형 불안정하고 성장률이 큰 모드의 발현으로 간주하여, 속도장이나 속도 분산장 및 광도 분포를 재현하는 모델 계열의 범위 내에서, 거듭 모델을 골라내어 은하 내부 구조를 진단하는 '은진학銀震學' 적인 기법을 생각할 수 있다.

밀도의 조밀파로서의 진동 유형은 은하면 내의 종파이다. 이에 반해 은하면이 휘어지는 진동 유형도 있다. 이 경우 파로는 횡파이고 중력 불안정이 되지 않는다. 따라서 이러한 진동은 다른 은하의 중력에 의한 영향이 없는 한 발생하지 않는다. NGC 5907 등 은하면이 활처럼 굽어 있는 소용돌이은하가 실제로 일부 확인되고 있다.

소용돌이의 유형 인식

소용돌이은하의 광도 분포를 극좌표로 표시하여 푸리에 변환하면 은하의 소용돌이 구조에 2개의 팔 성분, 3개의 팔 성분이 얼마나 있는지를 객관적으로 확인할 수 있다. 이러한 객관적 표현을 하면 2개의 팔 성분이 강

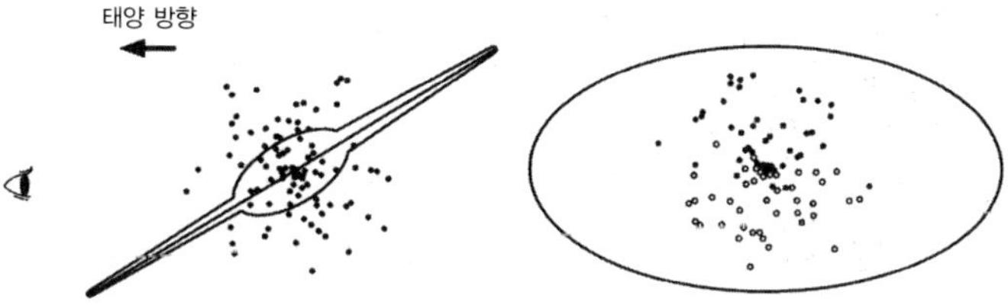

그림 9.10 은하 원반의 기울기: 구상성단의 적화량 차이에 의한 은하면의 기울기 판정. 오른쪽 그림에서 흰색 동그라미는 구상성단이 붉다는 것을 나타낸다(Iye & Richter 1985, *A&Ap*, 144, 471).

한 은하뿐만 아니라, 예를 들어 NGC 4254와 같이 1개의 팔 및 3개의 팔의 소용돌이 성분을 가진 은하라는 것을 알 수 있다. 인간의 눈은 대칭이 좋은 2개 팔 성분을 인식하기 쉽기 때문에 소용돌이은하의 그림을 그리게 하면 대부분의 사람들은 2개 팔의 소용돌이를 그리지만, 실제로 관측되는 소용돌이은하에서 방위각 방향의 푸리에 스펙트럼은 반드시 $m=2$ 성분만이 탁월한 것은 아니다. 중력 불안정 모드가 소용돌이 구조를 만드는 원인이라고 하면, 선형 섭동의 범위는 2개의 팔뿐만 아니라, 3개의 팔과 4개의 팔의 소용돌이 구조가 자연스럽게 발생하는 것으로 보인다.

은하의 소용돌이가 차동회전의 흐름을 탔을 때, 앞으로 더욱 감겨드는 형태(후행)인지 아니면 풀려가는 형태(선행)인지는 소용돌이 구조의 생성 원인과 관련하여 논쟁거리가 되었다. 이 문제의 결정에는 은하면이 우리에 대해 어느 방향으로 기울어져 있는지를 결정할 필요가 있다. 다크 레인의 그림자(뒤에 설명)가 비대칭으로 보이는 것이나 은하면 뒤에 있는 구상성단의 색이 성간 먼지에 의한 소광 작용으로 붉어지는 적화 현상(그림 9.10) 등으로부터 은하면의 기울기가 몇몇 은하에서 결정되었다. 그 결과로부터 거의 모든 소용돌이는 후행이라고 생각되고 있다.

그림 9.11 소용돌이은하 M51의 가시광 이미지(화보 8 참조). 허블 우주망원경 촬영(NASA, http://hubblesite.org/newscenter/archive/releases/2001/10/image/a/).

9.3 은하 충격파 이론

9.3.1 소용돌이 팔의 구조

그림 9.11은 소용돌이은하 M 51의 가시광 이미지이다. 밝게 빛나는 2개의 소용돌이 팔이 돋보이지만, 그 안에 다양한 구조가 보인다. 소용돌이 팔은 푸른빛에서 더 뚜렷하다. 별빛을 배경으로 소용돌이 팔의 안쪽을 따라 예리한 다크 레인이 눈에 띈다. 이것은 소용돌이 팔을 따라 성간 가스가 강하게 집중되어 있는 것을 나타낸다. 또한 일산화탄소 분자의 전파 지도는 분자운이 소용돌이 팔에 강하게 집중되어 있고, 그 피크는 다크 레인과 일치한다. 다크 레인의 바깥쪽 가장자리 부근에는 밝은 고온의 별과 H II 영역이 점점이 늘어서 있는데, 이것이 활발한 별 생성 영역이다. H II

영역의 분포는 Hα 방출선 이미지에 더욱 뚜렷이 보이는데, 활발한 별 생성 영역이 소용돌이 팔을 따라 매우 좁은 영역에 집중되어 있다는 것을 알 수 있다.

밀도파 이론에 따르면 별과 가스는 은하회전에 의해 소용돌이 팔의 안쪽에서 바깥쪽으로 빠지는 방향으로 운동하기 때문에 소용돌이 팔의 구조는 가스의 흐름 방향에 체계적으로 변화하고 있다. 이러한 소용돌이 팔에 강한 가스의 집중이나 좁은 공간의 활발한 별 생성 등은 별 원반의 선형 밀도파 이론으로는 설명할 수 없지만, 기본적인 성질은 밀도파에 의해 발생하는 가스 원반의 비선형 현상, 특히 소용돌이 팔을 따라 형성되는 은하 충격파에 의해 자연적으로 이해할 수 있다. 이 절에서는 은하 가스 원반의 비선형 현상, 특히 은하 충격파에 대해 소개하겠다.

9.3.2 밀도파에 의한 은하원반의 변동

밀도파 이론에 따르면 소용돌이 팔은 별의 밀도가 높기 때문에 소용돌이 모양으로 중력 퍼텐셜의 골짜기가 형성되고, 그것이 일정한 각속도(유형 속도)로 강체 회전한다.

소용돌이 유형의 회전 속도는 공회전 반경의 안쪽은 은하회전 속도보다 느리기 때문에 별과 가스는 은하회전을 하면서 소용돌이 모양 퍼텐셜을 추월해 간다. 이때 소용돌이 모양 퍼텐셜의 중력장에 의해 별과 가스의 운동이 교란된다. 밀도파 중력의 세기는 평균 중력(은하회전과 맞먹는 중력)의 10 % 전후로, 그것에 의해 생기는 별과 가스의 속도 변화는 초속 약 20~25 km이다.

별 원반과 가스 원반의 차이

밀도파에 대해 별과 가스 모두 같은 중력을 받지만, 그 행동은 확연히 다르다. 이것은 속도 분산(또는 음속)이 별의 계 및 가스 계에서 서로 다르기 때문이다.

은하 원반의 별은 은하회전하면서 무작위 운동을 하며, 그 은하면 내의 속도 분산은 태양계 근방에서 초속 약 30 km이다. 이와 같은 별의 집단을 조금 큰 규모로 평균화하면, 음속이 초속 약 30 km인 기체로 간주할 수 있다. 따라서 밀도파에 의한 별의 속도 변동은 음속보다 작아 그 변화는 원활하다. 또한 변동의 진폭도 작기 때문에 선형 이론에서 처리할 수 있으며, 은하 원반 질량의 대부분은 별이 차지하므로 은하 원반의 중력은 주로 별에 의해 정해진다.

성간 가스는 매우 균일하지 않으며 가스구름과 가스구름 사이의 희박한 가스가 무작위 운동을 하는 난류 상태로 평균 초속 약 10 km 정도의 속도 분산을 가진다. 이것을 조금 큰 규모로 평균화하면 음속이 초속 10 km 정도인 가스로 간주할 수 있다. 따라서 밀도파에 대한 가스의 변동은 초음속이 된다. 이러한 이유로 가스 원반에는 초음속 흐름에 특징적인 비선형 현상이 나타난다. 가장 주목할 만한 것이 소용돌이 구조를 따라 발생하는 대규모의 충격파, 즉 은하 충격파이다.

성간 가스의 난류 속도는 은하 원반의 넓은 범위에서 위치와 무관하게 거의 일정하다. 또한 성간 가스의 열적 성질이 등온이라는 것 등으로부터 성간 가스의 평균적인 성질은 근사적으로 등온 가스로 간주할 수 있다. 그래서 가스 원반은 음속이 초속 약 10 km인 등온 가스로 취급한다.

이와 같이 은하 원반은 '고온'의 별 원반과 '저온'의 가스 원반으로 이루어진 이중 구조를 가지며, 가스 원반은 별 원반의 중력장에 지배되어 수동적으로 변동한다고 생각할 수 있다. 아래에서 이러한 모델에서 가스 원반의 행동을 검토해 보자.

9.3.3 초음속 흐름과 충격파

가스 흐름의 본질은 속도가 음속 이하(아음속)인지, 또는 음속을 초과(초음속)하는지에 따라 크게 다르다. 아음속의 경우에는 가스 흐름이 흐트러지면 그 혼란이 음파가 되고 사방팔방으로 전파되어 평활화되고 가스는 원활하게 흐른다. 바꿔 말하면 아음속의 경우 상류의 가스는 사전에 하류의 정보를 얻을 수 있으므로 거기에 맞추어 흐름을 조절하고 원활하게 흐를 수 있다.

한편 초음속의 경우에는 흐름이 음속보다 빠르기 때문에 하류의 정보가 상류로 전해질 수 없다. 따라서 하류에 흐름을 방해하는 장애물이 있어도 상류 가스는 그것을 눈치채지 못하고, 갑자기 하류 가스의 혼란과 부딪친다. 따라서 가스의 흐름은 혼란의 원인이 있는 지점에서 불연속적으로 변한다. 이 불연속적인 변화가 충격파이다.

충격파는 그 전후로 물리량이 불연속으로 변하는데, 이들 사이에 질량, 운동량의 보존법칙이 성립한다. 흐름이 단열적인 경우에는 에너지 보존법칙이 성립한다. 이러한 보존법칙으로부터 충격파 뒤의 물리량을 충격파로 들어가기 전의 가스 물리량으로 나타낼 수 있다(랭킹 – 유고니오의 관계식).

등온 가스의 경우, 음속을 v_s로 하면 $p=v_s^2\rho$이므로, 운동량 플럭스(유속)는 $\rho v^2+p=\rho v^2+v_s^2\rho$가 되고, 충격파 전후의 질량과 운동량의 보존법칙은 다음과 같다.

$$\rho_2 v_2 = \rho_1 v_1, \qquad \rho_2 v_2^2 + v_s^2 \rho_2 = \rho_1 v_1^2 + v_s^2 \rho_1 \tag{9.32}$$

여기서 첨자 1은 충격파의 상류, 2는 하류를 나타낸다. 이로부터 충격파 전후의 밀도 비는 $v_1 v_2 = v_s^2$에 의해 다음과 같이 된다.

$$\rho_2/\rho_1 = v_1/v_2 = v_1^2/v_s^2 = M_1^2 \tag{9.33}$$

$M_1 \equiv v_1/v_s$는 충격파에 들어가기 전의 마하mach 수이다. 따라서 등온 가스의 경우, 충격파 전후의 밀도 비는 마하수의 제곱에 비례하여 증가한다. 성간 가스를 등온 가스로 간주하는 경우, 충격파의 세기에 따라 밀도가 높아지므로 충격파에 의한 가스의 압축이 별 생성의 방아쇠가 될 수 있다는 점에서 중요하다.

여기에서 단열적인 충격파와의 차이에 대해 언급하겠다. 강한 충격파의 경우, 충격파 전면에서 충격파에 충돌하는 가스의 압력 $\rho_1 v_1^2$과 충격파 영역의 압력 p_2 간의 균형으로 충격파 구조를 유지한다. 즉, $\rho_1 v_1^2 \approx p_2 \propto T_2\rho_2$로 된다. 단열 가스의 경우, 충격파 뒤에 온도가 증가하여 압력에 기여하기 때문에 그만큼 밀도의 상승이 작다. 단원자 기체의 경우, 마하수가 무한대의 극한이라도 밀도는 최대 4배까지밖에 상승하지 않는다. 한편 등온 가스의 경우, 충격파 전후에서 온도가 변하지 않기 때문에 그만큼 압력을 높이기 위해 밀도가 증가해야 한다.

일반적으로 가스가 충격파 면에 비스듬하게 흐르는 경우에는 경사 충격파가 된다. 이 경우 충격파에 수직인 속도 성분은 불연속적으로 변하여 가스를 압축하지만, 평행 성분은 불변으로 가스의 압축에는 관여하지 않는다. 또한 수직 성분은 충격파로 줄어들기 때문에 가스의 유선은 충격파 하류에서는 충격파에 가까워지듯이 꺾인다.

9.3.4 은하 가스 원반의 비선형 역학과 은하 충격파

밀도파에 의한 소용돌이 모양 중력 퍼텐셜의 계곡이 은하 원반 내에서 회전하고, 가스의 혼란이 초음속이 되는 경우를 상정하여 후지모토 미츠아키藤本光昭와 로버츠W.W. Roberts는 국부 밀도파 이론을 기초로 가스의 비선형 운동을 조사하고, 소용돌이 팔을 따라 큰 충격파가 발생하는 것을 보여 주었다. 소용돌이 팔과 함께 회전하는 좌표계에 소용돌이 팔에 준거하는 직교 곡선 좌표계를 도입하고, 바짝 감긴 소용돌이 팔(국부 밀도파)의 근사를 이용하여 충격파를 포함한 주기적인 정상해를 구했다. 지금부터 그 개요를 살펴보기로 한다.

소용돌이 모양 밀도파의 유형 속도 Ω_{p}로 회전하는 좌표계에서는 밀도파의 중력 퍼텐셜이 정지하고 정상적인 가스의 흐름이 기대된다. 이 좌표계는 은하회전 각속도를 Ω라고 하면, 중심으로부터 거리 R의 은하회전 속도는 $V_{\mathrm{c}}=(\Omega-\Omega_{\mathrm{p}})R$이 되며, 은하회전하는 가스는 V_{c}로 소용돌이 팔을 추월해 간다. 가스의 흐름에 따라 중력 퍼텐셜이 밀도파에 의해 출렁이고 있으므로 가스는 가속과 감속을 반복하면서 은하회전을 계속한다.

가스 원반은 그 두께가 반경 방향의 퍼짐에 비해 충분히 얇기 때문에 두께는 무시하고 은하 원반면 내의 운동만을 고려한다. 거기에서 표면 밀도를 $\Sigma=\int_{-\infty}^{\infty}\rho dz$로 정의하여, 밀도 ρ 대신에 Σ를 사용한다.

압력에 대해서는 등온 가스라고 두며, $p=v_{\mathrm{s}}^2\rho$ 대신에 $p=v_{\mathrm{s}}^2\Sigma$라고 하면 $\nabla p=v_{\mathrm{s}}^2\nabla\Sigma$가 된다.

또한 속도는 z에 의존하지 않는다고 두고, 회전계에서 은하 가스 원반의 연속방정식과 운동방정식을 z방향(은하면에 수직 방향)으로 적분하면, 다음과 같은 회전계에서의 얇은 가스 원반의 기초 방정식을 얻는다.

$$\frac{\partial\rho}{\partial t}+\nabla\cdot(\Sigma\boldsymbol{v})=0 \tag{9.34}$$

$$\frac{\partial\boldsymbol{v}}{\partial t}+\boldsymbol{v}\cdot\nabla\boldsymbol{v}=-v_{\mathrm{s}}^2\frac{\nabla\Sigma}{\Sigma}-\nabla\Phi+2\boldsymbol{r}\Omega_{\mathrm{p}}^2-2\Omega_{\mathrm{p}}\boldsymbol{e}_z\times\boldsymbol{v} \tag{9.35}$$

여기서 $\boldsymbol{e}_z$는 z방향의 단위벡터, 우변의 3번째, 4번째 항은 회전에 의한 효과로, $\boldsymbol{r}\Omega_{\rm p}^2$은 원심력이고, $-2\Omega_{\rm p}\boldsymbol{e}_z\times\boldsymbol{v}$는 코리올리힘이다.

이러한 식을 $\Omega_{\rm p}$로 회전하는 원통 좌표 $(R,\ \phi)$에 나타내기 위해 속도 성분을 $\boldsymbol{v}=(v_R,\ v_\phi)$라고 하고, 은하회전에 의한 원운동 부분(첨자 0)과 밀도파에 의한 변동 부분(첨자 1)으로 나눈다.

$$v_R = v_{R1}, \qquad v_\phi = v_{\phi 0} + v_{\phi 1} \tag{9.36}$$

은하회전에 의한 원운동 부분은 R방향의 성분이 없기 때문에 $v_{R0}=0$이며, ϕ방향으로는 $v_{\phi 0}=V_{\rm c}=R(\Omega-\Omega_{\rm p})$이다. 또한 중력 퍼텐셜도 축대칭 퍼텐셜 Φ_0와 밀도파의 퍼텐셜 Φ_1으로 나누어 $\Phi=\Phi_0+\Phi_1$이라고 두면, 연속방정식과 운동방정식의 R, ϕ 성분은 다음과 같다.

$$\frac{\partial\Sigma}{\partial t}+\frac{\partial(\Sigma R v_R)}{\partial R}+\frac{\partial(\Sigma v_\phi)}{\partial\phi}=0 \tag{9.37}$$

$$\frac{\partial v_R}{\partial t}+v_R\frac{\partial v_R}{\partial R}+\frac{v_\phi}{R}\frac{\partial v_R}{\partial\phi}-\frac{{v_{\phi 1}}^2}{R}=-\frac{v_{\rm s}^2}{\Sigma}\frac{\partial\Sigma}{\partial R}-\frac{\partial\Phi_1}{\partial R}+2\Omega v_{\phi 1} \tag{9.38}$$

$$\frac{\partial v_\phi}{\partial t}+v_R\left(\frac{\partial v_{\phi 1}}{\partial R}+\frac{v_{\phi 1}}{R}\right)+\frac{v_\phi}{R}\frac{\partial v_{\phi 1}}{\partial\phi} =-\frac{v_{\rm s}^2}{\Sigma}\frac{\partial\Sigma}{\partial\phi}-\frac{1}{R}\frac{\partial\Phi_1}{\partial\phi}-\frac{\kappa^2}{2\Omega}v_R \tag{9.39}$$

다음으로, 소용돌이 팔을 기준으로 한 직교 곡선 좌표계 $(\eta,\ \xi)$를 도입하여(그림 9.12), η축은 소용돌이 팔에 수직으로, ξ축은 소용돌이 팔에 평행하게 설정한다. 소용돌이 팔을 피치각 i가 일정한 로그 소용돌이라고 하면, 피치각의 정의로부터 $\cot i=R(d\phi/dR)$이므로 소용돌이 팔을 따라 $d\phi=\cot i\, dR/R$이다. 또 $(R,\ \phi)$와 $(\eta,\ \xi)$의 관계는 국부적으로는 양자의 좌표축이 각도 i만큼 기울어져 있을 뿐이므로 다음과 같이 정의한다.

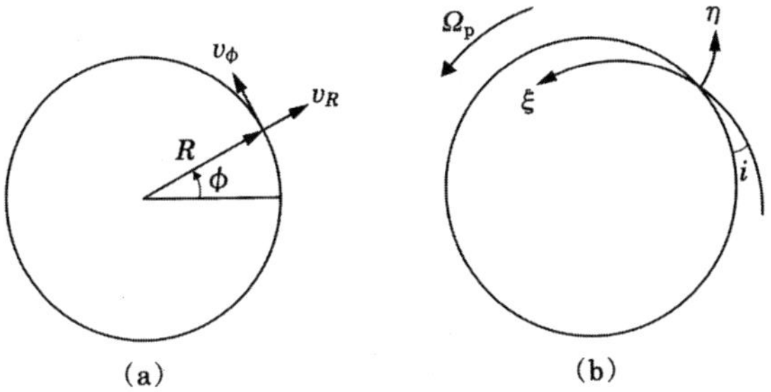

그림 9.12 (a) 원기둥 좌표 (R, ϕ)와 (b) 소용돌이 팔에 준거한 곡선 직교 좌표계 (η, ξ)(Roberts 1969, *ApJ*, 158, 123).

$$d\eta = \cos i\, dR/R + \sin i\, d\phi,\ d\xi = -\sin i\, dR/R + \cos i\, d\phi \quad (9.40)$$

여기서 η가 일정한 궤적이 소용돌이 팔에 평행하게 된다. 이 좌표계에서 은하회전의 원운동 부분(첨자 0)과 밀도파에 의한 부분(첨자 1)을 나누면 η 및 ξ성분은 다음과 같다.

$$v_\eta = v_{\eta 0} + v_{\eta 1}, \qquad v_\xi = v_{\xi 0} + v_{\xi 1} \quad (9.41)$$

좌표 변환에 의한 변수 변환 관계를 이용하여 기초 방정식을 소용돌이 팔에 준거한 (η, ξ)계로 변환한다. 이때 바짝 감은 소용돌이 팔의 근삿값을 사용하여 η방향의 변화에 비해 ξ방향의 변화를 무시하면, 기초 방정식은 η방향의 1차원 방정식이 되어, 연속방정식과 운동방정식의 η 및 ξ성분은 다음과 같다.

$$\frac{\partial \Sigma}{\partial t} + \frac{\partial(\Sigma v_\eta)}{\partial \eta} = 0 \quad (9.42)$$

$$\frac{\partial v_\eta}{\partial t} + v_\eta \frac{\partial v_\eta}{\partial \eta} = 2\Omega r v_{\xi 1} - \frac{v_s^2}{\Sigma}\frac{\partial \Sigma}{\partial \eta} - \frac{\partial \Phi_1}{\partial \eta} \quad (9.43)$$

$$\frac{\partial v_\xi}{\partial t}+v_\eta\frac{\partial v_\xi}{\partial \eta} = -\left(\frac{\kappa^2}{2\Omega}\right)rv_\eta \tag{9.44}$$

여기서 $v_{\eta 1}$과 $v_{\xi 1}$은 작은 값으로 두지 않는 것에 주의한다.

이러한 식을 원통 좌표 $(R,\ \phi)$의 방정식과 비교하면 $\partial/\partial\phi$, v_1^2/R을 포함하는 항을 무시하고, $\cos i \approx 1$로 하여 $(v_R,\ v_\phi)$를 $(v_\eta,\ v_\xi)$로 대체한 것으로 되어 있다. 이것은 바짝 감은 소용돌이 팔의 근사에서 물리량의 변화는 주로 소용돌이 팔에 수직한 방향(η 방향)으로 생기며, 피치각 i는 작다고 하는 극한에서는 η축 방향은 거의 R에 일치하기 때문이다.

마지막으로, 밀도파의 중력 퍼텐셜은 2개의 소용돌이 팔로 이루어지며, 매끄럽게 변화한다고 하여 다음과 같이 나타낸다.

$$\Phi_1 = A\cos\left(-\frac{2\eta}{\sin i}-\varphi\right) \tag{9.45}$$

여기서 φ는 η의 기준점을 주는 상수로, 이 중력 퍼텐셜은 η방향으로 $\pi\sin i$의 주기로 주기적으로 바뀌며, 중력의 η방향 성분은 $f_\eta = -(\partial\Phi_1/\partial\eta)/R = FR\Omega^2\sin(2\eta/\sin i+\varphi)$이다. 여기서 F는 밀도파의 중력의 세기를 $R\Omega^2$, 즉 은하회전과 맞서는 중력을 단위로 나타내고, A와의 관계는 $F = (2A/R\sin i)(1/R\Omega^2)$이 된다.

이렇게 하여 바짝 감은 밀도파에 대한 가스의 기초 방정식을 얻었다. 이러한 방정식을 수치적으로 풀면, 밀도파에 대한 가스 흐름의 시간 발전을 추적할 수 있다. 밀도파의 진폭을 일정값까지 천천히 증가시키면, 가스의 흐름은 밀도파의 중력에 가속 · 감속되면서 변동이 늘어나고, 이윽고 중력 퍼텐셜의 계곡 부근에서 정상적인 충격파가 발생한다.

위의 식에서 시간 미분을 0이라고 하면($\partial/\partial t=0$) 정상적인 흐름에 대한

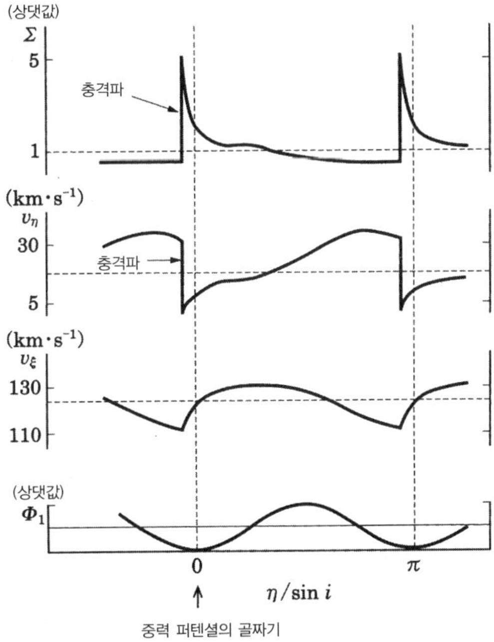

그림 9.13 밀도파에 대한 정상적인 가스 흐름(Roberts 1969, *ApJ*, 158, 123). 가로축은 가스의 흐름에 따른 위치($\eta/\sin i$)를 나타내고, 가스는 왼쪽에서 오른쪽으로 흐른다. 밑에서부터 Φ_1, v_ξ, v_η, Σ. 면밀도 Σ는 평균값을 1로 한 상댓값, 속도는 km · s^{-1}, 중력 퍼텐셜은 상대적인 변화를 나타내고 그 골짜기가 소용돌이 팔의 중심에 해당한다. 밀도파의 매개변수는 $\Omega_p = 12$ km · s^{-1} · kpc^{-1}, $i = 8°.1$, $F = 0.05$이며, 은하계의 모델에 대한 $R = 10$ kpc 부근의 해이다.

미분방정식이 된다. 중력 퍼텐셜이 η방향으로 $\pi\sin i$주기로 주기적이므로, 주기적인 해가 기대되지만, 이 미분방정식을 수치적으로 풀면 일반적으로는 주기적인 해가 나오지 않는다. 그러나 적절한 위치에 충격파를 도입하면 주기적인 해를 얻을 수 있다. 충격파의 위치는 미리 알 수 없기 때문에 미분방정식을 음속 지점에서 상류와 하류를 향해 적분하고, 그것들의 수치해가 한 바퀴 돌아서 만난 곳에서 충격파의 불연속 조건을 충족시키는 위치를 찾아 그곳에 해를 연결한다. 이렇게 하여 충격파를 포함하는 정상적 주기해를 근사적으로 얻을 수 있다. 그 일례를 그림 9.13에 나타냈다.

밀도파의 중력 퍼텐셜 Φ_1과 함께 흐름에 따른 밀도 $\sum$, 속도의 각 성분의 변화(v_η, v_ξ)가 나타나 있다. 표면 밀도와 속도의 수직 성분 $v_{\eta 1}$에 주목하면, 가스는 밀도파의 중력 퍼텐셜 골짜기로 흘러들어와 가속되고 충격파를 만나 거기서 표면 밀도는 급격히 증가하고 속도는 감소한다. 이때, 충격파 전후의 밀도 비는 약 10배에 달한다. 충격파에 수직인 속도는 초속 약 30 km, 가스의 음속은 초속 10 km이므로 마하수는 약 3이다. 등온 가스의 경우 밀도 점프는 마하수의 제곱이므로, 약 10배가 되고 있다. 충격파를 통과하면 가스의 표면 밀도는 급격히 감소하지만, 그 후 밀도분포는 완만하게 꼬리를 끌며 소용돌이 팔의 골짜기 부분에 조금 밀도가 높은 영역을 만든다. 머지않아 가스는 퍼텐셜 골짜기를 기어올라 다음 소용돌이 팔로 향한다.

9.3.5 은하 충격파와 소용돌이 팔의 구조

은하 충격파가 발생하면 큰 속도 점프가 생겨 그 배후에서 강하게 압축된 가스가 밀도의 날카로운 피크를 만든다. 은하 충격파에 의해 압축된 가스의 피크가 소용돌이 팔을 따라 다크 레인이나 분자운 분포의 피크를 만든다고 생각하면 관측된 고밀도 가스의 성질을 잘 설명할 수 있다. 또한 은하 충격파 이론에서 소용돌이 팔을 따라 가스 속도의 불연속적인 변화가 예상되는데, 이론에서 예측한 것 같은 시선속도의 변화(원운동에서의 차이)가 가스의 전파 관측에 의해 확인되고 있다.

소용돌이 팔에는 가스가 집중되어 있어서 별들이 태어나기 쉬운 환경인데, 소용돌이 팔을 따라 활발한 별 생성은 은하 충격파에 의한 가스 압축이 발단이 되어 대규모의 별 생성이 일어난다고 생각하면 이해하기 쉽다. 충격파가 방아쇠가 되어 다크 레인에서 별 생성이 시작되었다고 하면, 별로 빛나기까지는 시간이 걸리므로 새롭게 태어난 별은 다크 레인의 하류

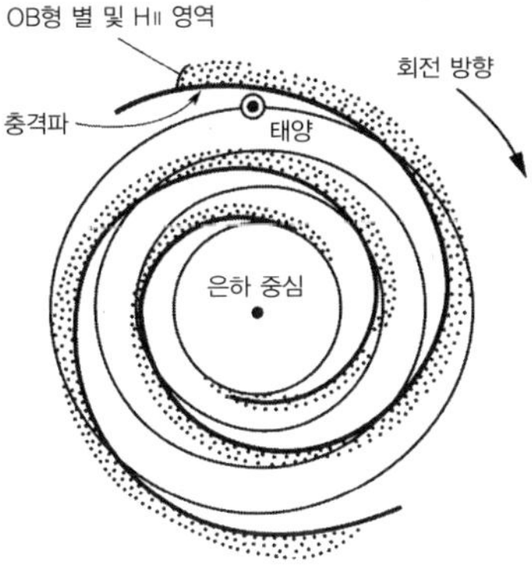

그림 9.14 은하 충격파와 소용돌이 팔의 구조(Roberts 1969, *ApJ*, 158, 123).

에서 빛나기 시작한다. 이렇게 태어난 별은 수명에 따라 하류로 퍼져 나가며 빛나는 소용돌이 팔을 만든다.

O, B형 별의 경우, 그 수명이 짧아 10^7년 정도이므로, 소용돌이 팔에서 떠나기 전에 수명이 끝난다. 따라서 이 별들은 소용돌이 팔을 따라 가스의 피크 뒤의 매우 좁은 영역에서만 볼 수 있다. 이것이 O, B형 별 및 HII 영역이 소용돌이 모양 팔을 따라 매우 좁은 영역에 집중되어 있는 이유이다.

가스와 별은 은하회전에 의해 안쪽에서 바깥쪽으로 향하는 방향으로 소용돌이 팔을 가로지른다. 따라서 그림 9.14처럼 압축된 가스가 만드는 다크 레인, 새롭게 태어난 O, B형 별과 HII 영역, 조금 수명이 긴 밝고 푸른 별이 소용돌이 팔의 안쪽에서 바깥쪽으로 향하여 늘어선다. 이렇게 하여 소용돌이 팔의 기본적인 구조를 은하 충격파 이론에 의해 자연스럽게 이해할 수 있다.

9.3.6 소용돌이 팔에서의 별 형성

좀 더 자세하게 생각해 보자. 지금까지 가스는 단일한 등온 가스라고 했기 때문에 은하 충격파는 단순한 불연속면이었다. 그러나 실제로 가스는 매우 고르지 않으며, 은하 충격파의 구조도 복잡하다. 은하 충격파 영역에서 별 생성의 과정으로 기존의 가스구름이 은하 충격파에 흘러들어와 중력 불안정해질 경우와 먼저 별 생성의 전단계로 은하 충격파 영역에서 분자운과 그 집단이 형성되고, 이어서 별이 형성되는 경우를 생각할 수 있다.

최초에 가스구름이 압력이 높은 충격파 영역에 돌입한 경우를 생각해 보자. 이때 가스구름은 높은 압력으로 압축되고, 한계를 넘으면 중력적으로 불안정해져서 별이 태어나는 것으로 생각된다. 외압에 의해 압축된 가스구름의 안정성은 비리얼 정리를 이용하여 조사할 수 있다. 질량 M, 온도 T인 가스구름이 중력 평형을 유지할 수 있는 최대의 외압 $p_{\max}$는 표면의 압력을 고려하여 비리얼 정리를 통해 내부 운동과 자기장을 무시하면 $p_{\max} \approx (kT/\mu)^4/G^3M^2$이 된다. 즉 외압이 $p_{\max}$를 초과하면 가스구름은 역학 평형을 유지할 수 없게 되어 찌그러진다. 또는 온도가 변함없다고 하면 역학 평형을 유지할 최대의 질량은 외압의 1/2 제곱에 비례하여 감소하게 된다. 따라서 은하 충격파에 의한 외압의 증가에 의해 그때까지 안정이던 가스구름이 중력 불안정으로 될 가능성이 있다.

가스구름이 정적으로 압축되는 경우를 생각했지만, 실제로는 다양한 동력학적 현상이 일어나며 충격파 영역에 돌입한 가스의 행동은 복잡하다. 가스구름이 압력 높은 충격파 영역에 돌입한 경우를 상정하면, 가스구름은 풍압을 받으면서 충격파 영역을 초음속으로 진행하고 점차 제동되어 정지한다. 그동안 가스구름은 감속에 의한 관성력(전방으로 향하는 겉보기 중력)을 받고 전면이 강하게 짓눌린다. 이러한 상황에서는 가스구름의 전면이 불안정하게 되어 물결치고, 일부 가스가 앞으로 밀려나갈 수 있다(레일리-테일러 불안정). 또 가스구름의 측면에서는 주위의 가스와 속도의 불연속이 있기 때문에 소용돌이가 발생하여 표면이 물결치고, 가스구름이 교란된다(켈빈-헬름홀츠 불안정). 이러한 가스구름과 주위 가스 사이의 상호작용은 가스구름이 분열되도록 하거나, 일부 가스를 강하게 압축하여 중력 불안정을 촉진하거나 할 가능성이 있다.

또한 충격파 영역에는 가스구름이 많이 밀집해 있기 때문에 가스구름끼리의 충돌이 빈번하게 일어난다. 가스구름의 충돌도 가스를 강하게 압축하게 되므로, 별 형성의 방아쇠로서 중요하다.

별 생성 전단계로는 분자운의 형성이 중요하고, 은하 충격파 영역에서는 거대 분자운이나 그 집단의 형성이 촉진된다. 먼저 은하 충격파 영역에서 가스구름의 밀도가 높기 때문에 가스구름의 충돌과 합체에 의해 거대 분자운의 형성이 촉진된다. 또한 표면 밀도의 증가에 따라 가스 원반의 중력 불안정이 성장하고, 압축되어 강해진 자기장이 떠오르는 파커 불안정에 의해 자기장의 계곡 사이로 가스구름이 모아지게 되어 거대 분자운이나 그 집합체가 형성될 가능성이 있다. 이렇게 하여 소용돌이 팔을 따라 별 생성의 환경이나 조건이 갖춰지게 되어 활발한 별 생성 영역을 형성할 것으로 생각된다. 또 질량이 큰 별이 형성되면 강한 자외선이나 성풍으로 주위의 가스를 압축하여, 별 생성이 차례차례 연쇄적으로 일어나리라 생각된다.

이러한 과정 중에서 어느 것이 지배적인가는 반드시 확실한 것은 아니지만, 모두 은하 충격파 영역에서 발생할 수 있는 과정이며, 상황에 따라 별 생성에 기여할 것으로 추측한다.

9.3.7 은하 충격파의 형성과 밀도파의 감쇠

밀도파의 중력 퍼텐셜은 주기적이므로 가스의 흐름도 주기적으로 될 것으로 기대된다. 주기적이기 위해서는 한 바퀴 돈 다음 동일한 상태로 돌아가야 하지만, 충격파는 비가역 과정으로 가스가 충격파를 통과하면 엔트로피가 증가하기 때문에 한 바퀴 돈 다음에도 동일한 상태로는 되지 않고, 엄밀하게는 주기적일 수 없다. 실제로, 공회전 반경 내부에서는 가스가 충격파 뒤에서 충돌하기 때문에 그곳에서 제동되며, 가스는 각운동량과 에너지를 잃고 조금씩 중심으로 향하여 낙하하고 유선은 닫히지 않는다. 이 반작용을 받아서 밀도파의 에너지와 각운동량은 가스가 잃은 양만큼 증가한다. 그런데 밀도파를 설명할 때 지적했듯이, 공회전 반경 안쪽에서는 밀도파의 에너지와 각운동량은 음수이므로 양의 에너지와 각운동량을 주는 것은 밀도파를 감쇠시키는 것이 된다.

이 외에도 공명 현상에 의한 밀도파의 감쇠 등이 있으므로 밀도파를 유지하기 위해서는 밀도파를 증폭하는 기구가 필요하다.

9.4 소용돌이 팔 이론의 수치적 검증

9.4.1 바짝 감긴 소용돌이 근사의 한계

앞 절까지 소용돌이 모양 구조를 바짝 감긴(즉, 피치각이 작은) 소용돌이 팔의 근사라고 하여 소용돌이 모양 충격파의 정상해에 대해 조사했다. 그러나 실제 은하에서는 소용돌이 구조의 피치각은 다양한 값을 가지며, 이 근사는 엄밀하게는 올바르지 않다. 또 충격파 구조는 정상이라고는 할 수 없기 때문에 기초 방정식에서 시간 미분항을 무시하여 구한 정상해가 현실 은하의 구조를 나타내지 못할 가능성도 있다. 실제로 작은 피치각의 근사에서 충격파의 시간 발전을 조사한 수치계산에서는 소용돌이 모양 퍼텐셜에 충격파의 위치가 시간적으로 변하는 것으로 나타났다. 피치각를 바꾼 경우의 충격파 구조에 주어지는 영향이나, 은하 원반 전체에 걸친 소용돌이 구조의 변화 등 보다 현실적인 문제를 조사하기 위해서는 적어도 2차원

시간 진화의 유체 모의실험이 필요하다. 이 절에서는 그 같은 모의실험을 통해 밝혀진 소용돌이 충격파의 구조와 그 불안정성으로 기인한 2차적 구조에 대해 살펴보자.

9.4.2 2차원 모의실험

여기서는 퍼텐셜 $\Phi_{\rm ext}$ 중에서 회전으로 균형을 맞추고 있는 얇은 등온 가스 원반의 2차원 시간 진화를 해석한다. 간단하게 하기 위해 가스의 상태 방정식은 등온이라 두고, 가스의 자기 중력도 무시한다. 또 중력 퍼텐셜은 가스 운동의 영향을 받지 않는다고 한다. 중력 퍼텐셜 $\Phi_{\rm ext}$를 다음과 같이 가정한다.

$$\Phi_{\rm ext}(R,\ \phi,\ i) = \Phi_0(R)[1+\Phi_1(R,\ \phi,\ i)] \tag{9.46}$$

여기서 i는 피치각, ϕ는 방위각이다. Φ_0와 Φ_1은 퍼텐셜의 축대칭 및 비축대칭 성분이며, 비축대칭 퍼텐셜은 강체 회전하고 있다고 한다. 소용돌이 모양 퍼텐셜을 나타내는 비축대칭 퍼텐셜은 다음과 같은 로그 소용돌이를 가정한다.

$$\Phi_1(R,\ \phi,\ i) = \varepsilon_0 \cos\left[2\phi+2\cot i\cdot\ln\left(\frac{R}{R_0}\right)\right] \tag{9.47}$$

여기서 ε_0는 소용돌이 모양 퍼텐셜의 세기를 나타내는 매개변수로, 전형적인 값은 $\varepsilon_0=0.01\sim0.1$ 정도이다. R_0는 임의의 상수이다. 축대칭 성분인 Φ_0는 축대칭 성분의 질량을 $M_{\rm axi}$라고 하여, 이를테면 다음과 같이 주어진다.

$$\Phi_0(R) = \frac{GM_{\rm axi}}{(R^2+a^2)^{1/2}} \tag{9.48}$$

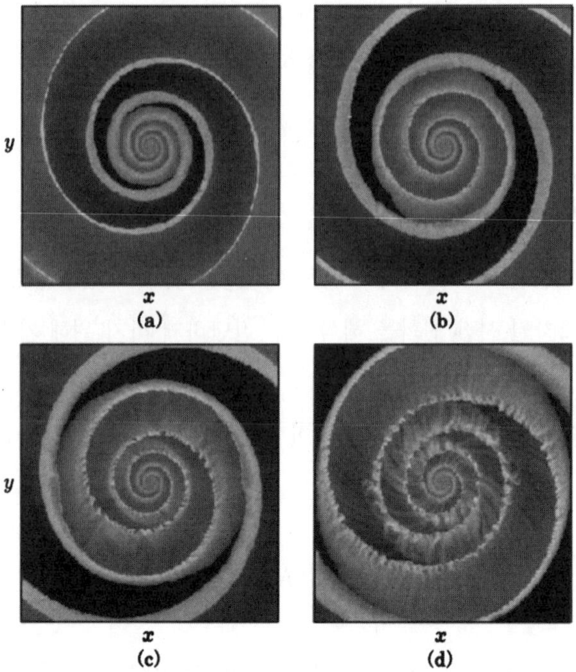

그림 9.15 소용돌이 모양 충격파의 형성 과정. 피치각은 $i=10°$. $\varepsilon_0=0.1$, 소용돌이 모양 퍼텐셜의 회전 각속도, $\Omega_p=26\,km \cdot s^{-1} \cdot kpc^{-1}$. 회전계에서 퍼텐셜의 밀도분포를 보였다. 가스의 온도는 10^4K. 격자의 수는 2048^2. 왼쪽 위부터 (a) $t=750$만 년, (b) 1250만 년, (c) 1750만 년, (d) 2800만 년. 그림의 크기는 1변이 4 kpc.

여기서 a는 코어 반경으로 은하의 벌지 정도의 크기로 둔다.

그림 9.15는 밀도의 2차원 분포의 시간 진화를 보여준다. 소용돌이 모양 구조가 형성되어 있는 것을 알 수 있다. 그림 9.16에 방위각 방향의 단면도를 보여준다. 정상 모델(9.3절, 그림 9.13)에서 예상했던 것과 같이 밀도가 100배 정도 변한 날카로운 충격파가 형성되어 있는 것을 알 수 있다. 그러나 충격파 후면의 구조는 매끈하지 않고 충격파 사이에 주기적인 밀도의 조밀이 생기고 있다. 2차원 시간 발전의 모의실험에 의해 처음으로 밝혀진 구조이다.

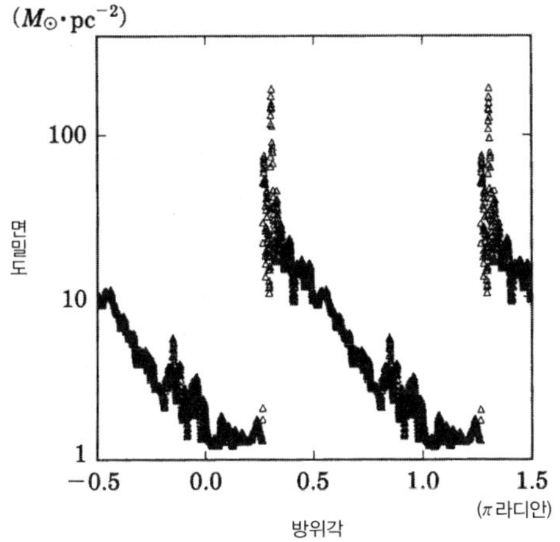

그림 9.16 방위각 방향의 밀도 변화. 그림 9.15 (d)의 반경 1.5 kpc에서의 밀도를 나타낸 것.

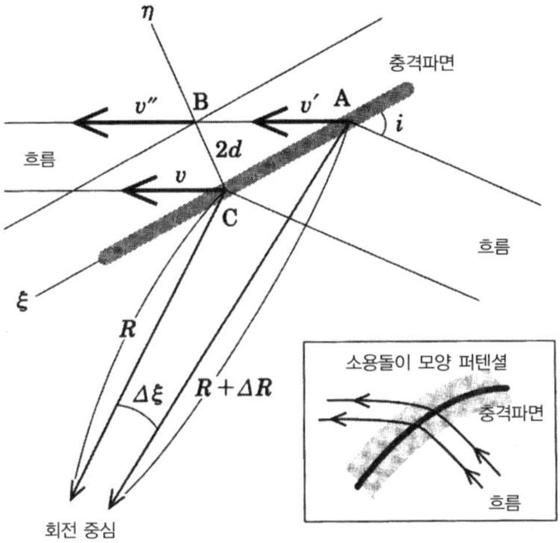

그림 9.17 소용돌이 모양 충격파 근방의 흐름. 충격파에 속도 v로 입사한 흐름은 충격파면 통과 후 v'으로 감속된다. 그 후 v''까지 가속된다.

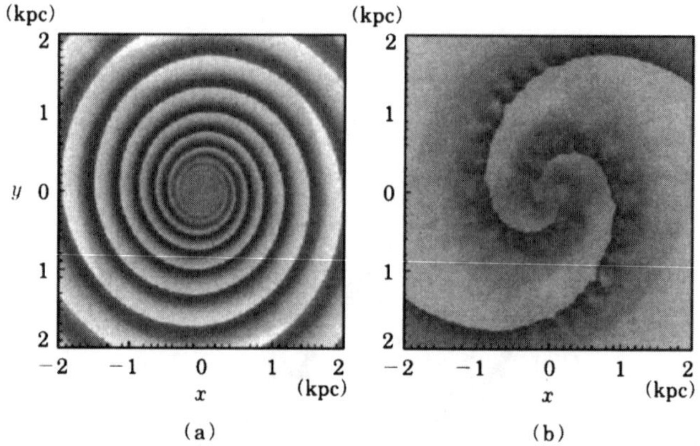

그림 9.18 충격파의 안정성은 소용돌이 모양 퍼텐셜의 피치각에도 영향을 받는다($i=5°$(a)와 $i=20°$(b)를 나타낸다). $\varepsilon_0=0.1$, $\Omega_p=26\,\mathrm{km\cdot s^{-1}\cdot kpc^{-1}}$. 가스의 온도 $T_g=10^5\,\mathrm{K}$를 가정. 1024^2 격자를 사용하였다.

이것은 뒤에 언급하는 바와 같이 충격파 후면의 유체 불안정성에 기인하며, 소용돌이은하에 종종 보이는 박차spur라는 소용돌이 팔에 수직인 다크 레인 구조를 만드는 하나의 원인이라고 생각된다.

그림 9.17에 소용돌이 모양 충격파 근방의 흐름에 대한 모식도를 나타냈다. 소용돌이 모양 충격파는 충분히 작은 규모로 보면, 곡률을 무시하고 경사 충격파로 근사할 수 있다. 흐름이 경사 충격파에 입사하면 충격파에 수직인 속도 성분 $v_\perp$만 감소한다. M을 마하수라고 할 때, 하류에서의 속도는 $v_\perp/M^2$ 정도가 된다(강한 등온 충격파의 경우). 그 결과 소용돌이 모양 충격파에 비스듬하게 입사한 흐름은 충격파에 따른 방향으로 꺾이며, 충격파 후면(그림 9.17의 점 B와 점 C 사이)에서 속도의 차이가 발생한다. 강한 충격파(즉 M이 큰)일수록 흐름은 충격파에 의해 급격하게 꺾이고, 충격파 후면에서는 충격파에 수직으로 밀도가 감소한다.

이 속도 전단velocity shear과 밀도 기울기에 의해, 일종의 켈빈-헬름홀츠 불안정성에 기인하는 밀도 흔들림이 충격파 후면에 성장하는 경우가 있다.

그림 9.15의 (d)를 보면, 은하 중심 가까운 곳에 소용돌이 모양 충격파가 분열하고 소용돌이에 따라 고밀도의 덩어리가 형성되어 있는 것을 알 수 있다. 이러한 덩어리는 내부의 각운동량이 균일하지 않고, 그 때문에 흔들림이 비선형 성장하면 소용돌이 모양 충격파 사이를 늘리게 된다. 이것이 위에서 말한 박차 구조의 원인이 되고 있다.

정성적으로는 속도 전단이 클수록 더 켈빈-헬름홀츠 불안정하게 되기 쉬우므로 박차도 발생하기 쉽다. 경사 충격파에서는 흐름이 꺾이는데(그림 9.17), 그 때문에 생기는 속도 전단은 피치각 i가 클수록 강해지므로 피치각이 더 큰 충격파가 더 불안정하게 되기 쉽다(그림 9.18).

참고문헌

이 책을 읽을 때 참고가 될 도서이다. 특별한 단서가 없는 것은 전반적인 참고에, 장을 표시한 것은 해당 장을 읽을 때 참고하면 좋다.

赤羽賢司 · 海部宣男 · 田原博人 著, 『宇宙電波天文學』, 共立出版, 1988 (第3章)

有本信雄 著, 『球狀星團』, 地人書館, 1982 (第4章~第6章)

家 正則 著, 『銀河が語る宇宙の進化』, 培風館, 1992

岡村定矩 著, 『銀河系と銀河宇宙』, 東京大學出版會, 1999

奧田治之 · 祖父江義明 · 小山勝二 著, 『天の川の眞實-超巨大ブラックホールの巣窟を暴く』, 誠文堂新光社, 2006 (第2章, 第3章)

R. Kippenhahn 著, 祖父江義明 譯, 『宇宙とその起源-銀河からビッグバンへ』, 朝倉書店, 1991

沢武文, 「天の川銀河アンドロメダ銀河」, 『パリテイ一』 Vol.21, No.7, pp.47 - 53, 丸善, 2006 (第7章)

祖父江義明 著, 『電波でみる銀河と宇宙』, 共立出版, 1988

祖父江義明 著, 『コンピュ一タ一が描く宇宙-ギャラクシ一 · グラフイックス』, 恒星社厚生閣, 1989

高原文郎 著, 『宇宙物理學』, 朝倉書店, 1999 (第8章, 第9章)

藤本光昭 編, 『銀河と銀河団』(現代天文學講座 9), 恒星社恒星閣, 1980

R. Berendzen · R. Hart · D. Seeley 著, 高瀬文志郎 · 岡村定矩 譯, 『銀河の發見』, 地人書館, 1980

宮本昌典 編, 『銀河系』(現代天文學講座 8), 恒星社恒星閣, 1980

横尾武夫 編, 『新宇宙を解く-現代天文學演習』, 恒星社厚生閣, 1993

L. L. Landau · E. M. Lifshitz 著, 広重徹 · 恒藤敏彦 譯, 『場の古典論-電氣力學, 特殊および 一般相對性理論』, 東京圖書, 1971 (第8章, 第9章)

Binney, J. and Tremaine, S., *Galactic Dynamics*, Princeton University Press, 1987

MacMillan, M. D., *The Theory of Potential*, Dover, 1958

Mihalas, D., *Galactic Astronomy : Structure and Kinematics of Galaxies*, W. H. Freeman & Co., 1981

Verschuur, Gerrit L., Kellermann, K. I., *Galactic and Extragalactic Radio Astronomy*, Springer Verlag, 1988

Westerlund, W. E., *The Magellanic Clouds*, Cambridge University Press, 1997(제7장).

현대의 천문학 시리즈 제5권

은하 II _은하계

초판 1쇄 발행 | 2015년 9월 10일

엮은이 | 소후에 요시아키祖父江義明 · 아리모토 노부오有本信雄 · 이에 마사노리家正則
옮긴이 | 노덕규

펴낸이 | 이원중
펴낸곳 | 지성사
출판등록일 | 1993년 12월 9일 등록번호 제10 - 916호
주소 | (03408) 서울시 은평구 진흥로1길, 4, 2층
전화 | (02)335 - 5494 팩스 (02)335 - 5496
홈페이지 | 지성사.한국 www.jisungsa.co.kr **이메일** | jisungsa@hanmail.net

ISBN 978-89-7889-307-7 (94440)
978-89-7889-255-1 (세트)
잘못된 책은 바꾸어드립니다. 책값은 뒤표지에 있습니다.

「이 도서의 국립중앙도서관 출판예정도서목록(CIP)은 서지정보유통지원시스템 홈페이지(http://seoji.nl.go.kr)와
국가자료공동목록시스템(http://www.nl.go.kr/kolisnet)에서 이용하실 수 있습니다.(CIP제어번호: CIP2015023506)」